人生修养感悟 上册

霍宪章
HuoXianzhang 著

中州古籍出版社

HuoXianzhang

行为遵道　修身有德

霍宪章同志利用业余时间编纂了这本《人生修养感悟》，准备付梓，邀我作序写上两句。书稿放在办公桌上已经有点时间了，却一直未能动笔。原因有二，一是从市里到省里工作后，关注的问题虽然没有在基层那么具体了，宏观事情却似乎更忙了。新的岗位需要适应，新的事务需要疏理，新的环境也需要熟悉，所以，本职工作之外的事情也就放下了。二是我本人就是政治教育和社会管理专业毕业的，虽然不敢说有多么深的研究，却也算个门内人吧。加上这些年有多个岗位变化，还算丰富了人生阅历，对中国优秀传统道德价值观的继承及当前社会道德价值观存在的一些现象，一直在悉心观察，也一直在认真思考，也有点想法，不想草草写几句了事。所以拖到今天。

宪章同志长期从事文化界工作，对人生修养有一定的思考，现将许多古今中外的名人箴言编纂在一起，引用典型事例加上自己的人生学习感悟，出版发行，给人们以借鉴和启发，是一件很有意义的事，值得称颂。

改革开放以来，我国的社会主义建设获得举世瞩目的成就，由原来一个游离于世界主流之外的"一穷二白"的国家，一跃成为当今世界经济总量第二的大国，成为影响国际社会政治秩序与经济生活的主要国家之一，屹立在世界东方，这是以前想都不敢想的事情。

社会经济发展了，国民收入增加了，生活条件改善了，物质供应丰富了，这是好事，天大的好事。这对国民生活质量的提高，社会秩序的稳定，民族素质的提升，无疑都是有益的。民以食为天，国以民为本。世上有哪个民族会心甘情愿地过颠沛流离、朝不保夕的穷困生活呢！没有基本的生存保障，又有哪个国家和社会能保持长期稳定的发展呢。这是普天下共知的道理。但凡事都要一分为二地看待，如果过分地强调社会的物质需求，而忽视了支撑社会文化架构的精神需求，无疑也是片面的，物质文明与精神文明，以法治国与以德治国两手抓，两手都要硬，才符合社会发展的辩证法。

人活在世上是要有点精神的，而这种"精神"又常常是与优秀传统道德与价值观有关系的。中华文明是现今世界上唯一一个持续几千年主脉络不变的悠久历史文明体，中华民族是现今世界上唯一一个保持基本传统道德观与价值观主线络不变的多民族集合体。这在世界文明发展史上绝无仅有的，这不仅充分显示了中华文明与中华民族所具有的超乎常态的稳定性及强有力的生命力，而且向世界展示了中华文明与中华民族所具有的强大的历史共进性与文化包容性，中华民族这种优势在世界上是独一无二的。

我们今天常常谈的中华民族传统中优秀的道德观与价值观中，既有中华民族的独创，但其中也有许多内容原本不是产生于中国本土的东西，而是舶来品，是学习借鉴其他民族或国家的先进东西，已经将其很好地吸收改进，成为中华文明的有机组成。中华文明发展史上有两次大规模的外来冲击，一是来自古印度地区佛教文化，一是来自欧美的近代西方文化（包括诞生于近代西方文化大背景下的马克思主义理论），不仅没有从根本上动摇中华传统文化的根基，反而极大地丰富了中华文化的内容，使其更加强大，更加丰富多彩，更加富有生命力。有人认为，中国人故步自封，极不善于向外国人学习，更不善于向外来文化学习，从而导致了近代中国的落后，并将最终导致中华文化的衰亡。我却不这样认为。我觉得，中华民族不仅敢于向外来异质文化学习，而且十分善于向外来异质文化学习，只是这种学习一定是要在坚持传统道德观与价值观根本不变的前提进行的，是在长期的文化磨合中逐渐进行的，吸纳其中适合中华文明的部分，与中国的国情相结合，使其起到促进中华文明发展，丰富中华文化内容的目的，这也就是中华文明为什么能坚持几千年基本道德价值观不变的原因，也是中华民族历经外来冲击却保持基本稳定的原因所在。

我们还以上面说的古代的佛教入华与近代的西学东渐为例。由释迦牟尼创建于公元前6世纪左右的古印度佛教,进入中原地区之后,经过几百年的改造,成为本质几乎完全不同的度人度己的入世宗教,即所谓的汉传佛教。这种文化改造几乎可以说是脱胎换骨式的,其许多内容不仅演化为中华传统文明的一部分,成为中原普通民众的精神寄托,并且以中国为中心向周边地区及全世界传播,其影响力至少在东亚远远超出了坚持原始宗教观的上座部佛教。经过中国人改造过的汉传佛教,只不过是借用了古印度佛教的外壳,在内质上是全新的,它已经与古印度的佛教毫无关系了,经过改造,成为纯粹的中国人自己的宗教。

再说说近代西方文化对中国传统文化的冲击。由于社会经济的超级稳定性以及社会道德观与价值观的强大继承性,进入近代以来,面对迅猛发展的西方经济与社会文化,中国的发展步伐明显地慢了下来。制度的落后带来政府的腐败无能,被动挨打的痛苦经历迫使国人努力寻求重生的道路。对国家社会流弊深恶痛绝的国人,发出"我们必须承认我们自己百事不如人。不但物质上不如人,机械上不如人,并且政治、社会、道德上都不如人"(胡适《介绍我自己的思想》)的生音正在此时,不计其数的西方文化思潮、学说流派伺机涌入中国,自以为找到了救世良药,不仅喊出了"打倒孔家店",甚至提出了"废除汉字",从基本上消除"汉文化",断定"我们的唯一办法,是全盘接受西化"(陈序经《中国文化的出路》)。真可谓是阴云密布,来势汹汹,中华文明大有灭顶之灾。实践结果是,中华民族在中国共产党的领导下,从数以百计的西方近代文化理论中选择了最能代表人类社会发展方向的马克思主义,并将其与中国革命的实践相结合,形成了具有中国特色的马克思主义理论,不仅使中国成功推翻了"三座大山"的压迫,实现了中华民族的解放,经过革命、建设、改革,把我国成功地建设成为具有中国特色的社会主义强大国家,使中华民族重新屹立于世界民族之林,使中华文明重放光辉,正在为实现中华民族振兴之梦而努力奋斗。

历史证明,中华民族是最讲行为原则的民族,这就是我们常说的"道"。我的理解,所谓的"道"就是事物发展的"规律",是为人处世的"规矩",是基本的道德观与价值观。"事"有千万种,"道"只有一个。不违"道"的万事都可通融,违"道"

的一事不能跨越。现在有些人之所以犯错误，甚至犯罪，就是不懂得"守道"，不懂得行正道。"守道"就是遵纪守法，这是一个公民的基本素质，也是法律要求必须拥有的。只有全民自觉地遵纪守法，整体社会才能有序发展，稳定发展，人民生命财产才能有根本保证，以法治国就是这个道理。

"道"是社会秩序层面的东西，是法律层面的东西，是任何人在任何时候都必须遵守的。"德"就是不同了，它更是一种精神层面的东西，是"自觉自愿"的。"有德"是基于"守道"之上的东西，是对那些自以为的"杂念"自觉摒弃的行为。"一住寒山万事休，更无杂念挂心头。"它更多的是行为人为自己制定的更高层次的行为准则，甚至是思维准则。教育倡导人们遵守道德规范，这里讲的就是以德治国的道理。党和国家提出要树立社会主义核心价值观，就是要提倡"富强、民主、文明、和谐，自由、平等、公正、法治，爱国、敬业、诚信、友善"。进一步弘扬以爱国主义为核心的民族精神和以改革创新为核心的时代精神，为实现"两个百年"奋斗目标和中华民族伟大复兴的中国梦而努力奋斗！

本来只想简单地谈两句读后感的，可话头一开，就收不住了。讲了这些我的真实感想，也是我这些年做事做人的原则，即"行为遵道，修身有德"。为人处世必须要有灵活性，但"道"一定是要"守"的。修身养性的目的既不是为了附庸风雅，也不是为了长命百岁，而是为了提高自己的"德性"，使自己能在更高层次上坚定为人民服务，为社会贡献的信念。

话可能不尽全对，但心是诚的。共勉吧。

是为序。

(作者系河南省副省长)

前言

　　人类社会从野蛮到文明一步步发展到今天,是人类在不断征服自然灾害、战胜人类邪恶、提高自身素质中逐渐进步起来。一个民族、一个国家、一个政党的成长,也是在社会艰难中提升其成员素质的过程中成熟起来。要达到人类世界的大同,实现共产主义社会,没有人的素质提高,是难以完成的。如果到处是人与自然的破坏毁灭,人与人之间的诋毁对抗,人与自身个体的失控放任,那么要想人类和谐相处,"人人为我,我为人人"将永远不会实现。

　　这就给我们提出一个尖锐的命题,人类个体将如何正确地对待自然、对待社会、对待自己,必须作出明确的回答。自然界本身有矛盾,人类社会有矛盾,人类与自然有矛盾,人自身也有矛盾,地球本身就是一个矛盾的世界。人们就要正确处理自然间矛盾,处理人与自然矛盾,处理人类的矛盾,处理人自身的矛盾。那么,作为人的一生就是要处理好三种关系:即人与自己心身关系、人与社会的人际关系、人与自然的天人关系。这不仅需要自然科学家、社会政治家、思想教育家等的帮助,然而具体到个体人的矛盾的处理,除了外界的因素外,也不能离开人的个体主观因素——自己。作为个体人自己要处理好自身的各种矛盾,无疑只有靠自身的素质和修养,使自己处在客观和谐的人际关系和自身内部平衡关系的协调中。这样,有了和谐的关系,才能有工作的胜任、家庭的和睦、心境的愉悦、身体的健康,正常的进步及对社会的奉献。

　　要做一个真正有价值的人,社会的实践和经验反复告诫我们,就是要做一个善良的人、乐观的人、宽容的人、真诚的人、智慧的人、正直的人、谨慎的人、有志向的人、有修养的人、有高尚情操的人。因此，活在世界的人们，在社会这个大家庭中，在人生的道路上，不断地通过自身的学习增智，生活的磨炼，在了解社会、适应社会、改造社会同时改造自己，从思想意识、专业知识、智慧能力、素质水平多方面不断提高修养，从而战胜自身弱点，纠正存在不足，取得他人的帮助，克服各种困难，不断取得进步。做人就要有这种高深的精神境界，共产党人更应有共产主义的远大情怀。

"人无德不立，国无德不兴。"中华民族有着崇德向善的悠久传统，对高尚道德的强烈呼唤始终伴随着社会前进的步伐。时代进步离不开道德建设，和谐社会更需要道德支撑，现代化国家的实现必然要求人们有高水平的修养。我国改革开放的航船现已涉入深水区，全面建设小康社会的伟业进入攻坚阶段，道德问题日益成为社会广泛关注的热点、焦点问题。社会道德呈现出感动与疼痛并存、谴责与反思交织、忧虑与希望同在的图景。新时期以来，我国大力推进道德建设，精神文明建设取得明显成效。但是由于社会处在转型期，社会利益关系复杂，各种思想理念交织，在一些领域，一些利益集团，一些人的身上出现了道德滑坡现象，道德"天平"失衡，引起人们广泛关注和社会反响。如何认识社会转型期道德问题，推动社会主义道德建设，提高公民道德素质，提升人们修养水平，刻不容缓，亟待解决。

党的十八大提出，要加强社会主义核心价值体系建设，这是兴国之魂、立党之质、执政之基，决定着中国特色社会主义发展方向。大力弘扬民族精神和时代精神，深入开展爱国主义、集体主义、社会主义教育，丰富人民精神世界，增强人民精神力量。倡导富强、民主、文明、和谐，倡导自由、平等、公正、法治，倡导爱国、敬业、诚信、友善，积极培育和践行社会主义核心价值观。要求全面提高公民道德素质，要坚持依法治国和以德治国相结合，加强社会公德、职业道德、家庭美德、个人品德教育，弘扬中华传统美德，弘扬时代新风，推进公民道德建设工程，弘扬真善美，贬斥假恶丑，引导人们自觉履行法定义务、社会责任、家庭责任，营造劳动光荣、创造伟大的社会氛围，培育知荣辱、讲正气、作奉献、促进和谐的良好风尚。无论你是处在人生的哪个阶段，是少年、青年时期，还是中年、老年时期，都应有一定的善行，无论你是从事何种事情，是学习、工作、创业、奉献、生活，无论你是从事何种职业，是党政干部、业务骨干、理论研究者、企业管理者、企业生产者，处事都要具有一定的修养境界和做人的准则，这样才能成就你辉煌的一生。这是作者编写本书的目的和期盼。

为了避免说教式的方式，减少论理性的生涩，本书从自身加强修养的基本要素的角度出发，把内容分为治学、修身、齐家、社交、理想、价值、守纪、幸福若干篇，各篇内容下又各分六项子目排列，为方便读者，先用生动活泼方式，综合阐述作者的感悟、体会，然后用典型事例画龙点睛，加以例证，再引用精湛的名人箴言引导启发，使之受益，以期实现事论结合、箴言启迪、躬以践行。假如阅读后有所收获和教育，作者也就心满意足了。

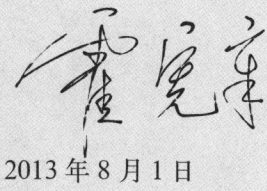

2013 年 8 月 1 日

目录

01 一 治学篇
- (一) 教育 - 2 -
- (二) 求知 - 20 -
- (三) 学习 - 30 -
- (四) 智慧 - 64 -
- (五) 勤奋 - 84 -
- (六) 真理 - 102 -

123 二 修身篇
- (一) 修养 - 124 -
- (二) 人格 - 164 -
- (三) 善良 - 176 -
- (四) 诚信 - 187 -
- (五) 谦虚 - 200 -
- (六) 朴实 - 207 -

215 三 齐家篇
- (一) 爱情 - 216 -
- (二) 家庭 - 231 -
- (三) 勤俭 - 247 -
- (四) 责任 - 265 -
- (五) 和睦 - 277 -
- (六) 生活 - 283 -

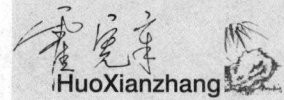

人生修养感悟

第一篇·治学篇

(一) 教育

个人感悟

教育从狭义上讲主要指学校对适龄儿童、少年、青年进行培养的过程；从广义上讲，凡是增进人们的知识和技能、影响人们的思想品德的活动，都是教育。所以说，接受教育和主动学习一样，都是需要终身践行的事情，在人生的过程不可或缺，应该把立德树人作为教育的根本任务。

古今中外的教育家、思想家对教育都有过许多论述，孔子认为"大学之道，在明明德，在亲民，在止于至善"，教育的根本目的就是提升人们的品行和修养；鲁迅认为"教育是要立人"，教育的根本目的就是如何让人成为一个人；蔡元培则认为"教育是帮助被教育的人给他能发展自己的能力，完成他的人格，于人类文化上能尽一分子的责任，不是把被教育的人造成一种特别器具"，主张因材施教，发挥每一个人的个性与特点，为社会服务；陶行知认为教育是依据生活、为了生活的"生活教育"，培养有行动能力、思考能力和创造力的人，强调在生活中接受教育的重要性。国际 21 世纪教育委员会向联合国教科文组织提交的教育研究报告说："教育是保证人人享有他们为充分发挥自己的才能和尽可能牢牢掌握自己的命运而需要的思想、判断、感情和想象方面的自由。"

社会上对教育定义和理解各有差异，但对教育目的的认识却相对一致，认为教育是一种改变人类对客观世界认识的途径，一种积极引导人类的思想、认识和改造世界的积极有效的途径。在教育中，世界观、人生观、价值观的培养比知识获取更加重要。教育只有以核心价值观凝神聚魂，才能真正立德树人，培养身心健康、品质高尚的有用人才。总之，教育的本质属性是一种影响，一种对人类认识和改造客观世界及自身的的影响，而影响有积极和消极之分，积极的教育应该有助于人们客观认识自身和世界，有助于人们树立正确的人生观、世界观、价值观，有助于人们制定正确的方针、规划、制度，促进个人和整个社会的进步。

无论是对于个人来说，还是对于社会、国家而言，教育总是起着特别重要的作用。教育的功能大致可分为个体发展功能和社会发展功能，个体发展功能又分为个体社会化功能与个体个性化功能两方面；社会发展功能分为教育的经济功能、政治功能和文化功能等。

梁启超在《少年中国说》中写道："少年智则国智，少年富则国富，少年强则国强，少年独立则国独立，少年自由则国自由，少年进步则国进步，少年胜于欧洲，则国胜于欧洲，少年雄于地球，则国雄于地球。"热情歌颂了少年教育对于一个国家、一个民族的重要性。他的这种认识是具有前瞻性的，值得今人深思，重视青少年时期教育和培养。

教育的根本应该是对个性的尊重，最理想的方式应该是人文教育，我国虽然一直注重加大对青少年的教育，但人文教育在我们的学校课堂里却非常缺失。人文教育讲究的就是做人的基本道理和情感，这其中包括人的人性和灵性，而灵性开发追求的就是人类最了不起的原创性和思想性。

教育应该坚持从人性出发，以追求幸福和自由为根本，以真善美和对人的尊重为途径。我们应该清楚，一个人和一个地方的发展归根结底是取决于人文的提高和品位的差别上。人文教育的失缺将会导致科学越发达人类越野蛮的可怕后果，那就是异化人性，扼杀灵性，因此，教育要为人的全面发展提供精神滋养，坚持育人第一，修业第二。

教育是振兴国家之本，教育是民族兴旺之基，教育是提升国民素质的途径，教育是人类文明进步的前提。

经典事例

钱学森（1911—2009）是中国最著名的科学家之一。2005年，这位科技帅才在温家宝总理登门拜访他时，对中国的教育和科技发展提出更高期待："现在中国没有完全发展起来，一个重要原因是没有一所大学能够按照培养科学技术发明创造人才的模式去办学，没有自己独特的创新的东西，老是冒不出杰出人才。"为什么我们的学校总是培养不出杰出的科技创新人才？这便是著名的"钱学森之问"。其实,近几十年来,中外学术界曾广泛关注过"李约瑟难题":尽管古代中国人发明了指南针、火药、造纸术和印刷术,但为什么近代自然科学和工业革命都起源于欧洲,而不是中国?

相比而言,英国人李约瑟(1900—1995)只是对世界史上已经发生了的事实不能释怀,随之提出了一个"虚拟"的问题。"钱学森之问"则是一个为中国科技发展作出巨大贡献的科学家针对中国科技和教育发展的现实提出来的,是一个"真实"的问题。尽管李约瑟和钱学森是同时代人,但李约瑟钟情于中国的历史与文化,钱学森则献身于中国的航天事业。李约瑟的研究帮助人们了解中国的过去,钱学森的事业却直接影响了中国的现实,"钱学森之问"则直接针对中国的现实,其思考的锋芒则指向了中国的未来。

名人箴言

大学之道,在新民,在明明德,在止于至善。 ——《大学》

教人者必知至学之难易,知人之美恶,当知谁可先传此,谁将后倦此。 ——张载

家教宽中有严,家人一世安然。 ——吕近溪

夫子循循然善诱人,博我以文,约我以礼,欲罢不能。 ——孔子

见贤思齐,见不贤而内自省。 ——孔子

三人行必有我师。 ——孔子

人生欲念千千万,且莫图利忘教子。 ——字严

才须学也。非学无以广才,非志无以成学。 ——孔明

大学之法,禁于未发之谓豫,当其可之谓时,不陵节而施之谓孙,相观而善之谓摩。此四者,教之所由兴也。 ——《礼记·学记》

发然后禁,则格而不胜;时过然后学,则勤苦而难成;杂施而不孙,则坏乱而不修;独学而无友,则孤陋而寡闻;燕朋逆其师;燕辟废其学。此六者,教之所由废也。

——《礼记·学记》

学者有四失,教者必知之。人之学也,或失则多,或失则寡,或失则易,或失则止。

此四者，心之莫同也。知其心，然后能救其失也。教也者，长善而救其失者也。
——《礼记·学记》

然后知不足，教然后知困。知不足，然后能自反也；知困，然后能自强也。故曰：教学相长也。《兑命》曰："学学半。"其此之谓乎？　——《礼记·学记》

人恒过，然后能改。困于心，衡于虑，而后作。征于色，发于声，而后喻。　——《孟子·告子下》

孟子曰："君子深造之以道，欲其自得之也。自得之则居之安，居之安则资之深，资之深则取之左右逢其源。故君子欲其自得之也。"　——《孟子·离娄下》

善政不如善教之得民也。　——孟子

学非有碍于思，而学愈博则思愈远；思正有功于学，而思之困则学必勤。　——王夫之

达师之教也，使弟子安焉、乐焉、休焉、游焉、肃焉、严焉。此六者得于学，则邪辟之道塞矣，理义之术胜矣。　——《吕氏春秋》

疾学在于尊师，尊师则言信矣，道论矣。　——《吕氏春秋》

先生不应该专教书；他的责任是教人做人。学生不应当专读书；他的责任是学习人生之道。　——陶行知

学校的目标始终应当是：青年人在离开学校时，是作为一个和谐的人，而不是作为一个专家。发展独立思考和独立判断的一般能力，应当始终放在首位，而不应当把获得专业知识放在首位。　——爱因斯坦

青年人的教育是国家的基石。　——富兰克林

如果你想要儿童变成顺从而守教条的人，你就会用压服的教学方法；而如果你想让他们能够独立地、批判地思考并且有想象力，你就应当采取能够加强这些智慧品质的方法。　——皮特斯

教员不是拿所得的结果教人，最要紧的是拿怎样得着结果的方法教人。　——梁启超

欲改革国家，必先改革个人；如何改革个人？唯一方法，厥为教育。　——张伯苓

穷苦和学问是好友，富贵和学问是仇敌。　　——陶行知

若在中小学内，并没有建筑好基础，等到自悟不够时，再要补习起来，那就很不容易了。　　——蔡元培

为了孩子，一切为了孩子，为了孩子的一切，为了一切的孩子。　　——朱永新

捧着一颗心来，不带半根草去。　　——陶行知

学校是为社会设立的。学校没有改造社会的能力，简直可以关门。　　——陶行知

我们必须会变成小孩子，才配做小孩子的先生。　　——陶行知

教育为公以达天下为公。　　——陶行知

要想学生好学，必须先生好学。唯有学而不厌的先生才能教出学而不厌的学生。　　——陶行知

师生年龄有差别，知识有差别，身份有差别，人格无差别！　　——储昌楼

前后不一致是教育中最严重错误之一。　　——斯宾塞

要教育人民，有三件东西是必要的：第一学校，第二学校，第三还是学校。
　　——托尔斯泰

一年之计，莫如树谷；十年之计，莫如树木；终身之计，莫如树人。　　——管子

学校，王政之本也。　　——欧阳山

人要么不生孩子，要么就应把他们哺育成人，完成教育。　　——柏拉图

过去中国之衰，原因虽有种种，但教育的不振，当然是主要的基因之一。　　——郁达夫

正确的教育是我们幸福的晚年，不好的教育是我们将来的苦痛、辛酸，是我们对其他的人们和整个国家的罪过。　　——马卡连柯

我学到的任何有价值的知识，都是由自学中得来的。　　——达尔文

对于青少年，最关键的是从小要有好奇心，遇到问题追问下去，这种精神比考试得到好分数更重要。　　——李政道

最有效的教育方法：不是告诉他们答案，而是向他们提问。　　——苏格拉底

当在学校所学的一切全都忘记之后，还剩下来的才是教育。　　——爱因斯坦

德性愈高的人，其他一切成就的获得也愈容易。　——洛克

教育不是灌输，而是点燃火焰。　——苏格拉底

教育的伟大目标不只是装饰而是训练心灵，使具备有用的能力，而非填塞前人经验的累积。　——爱德华兹

教育是把人内心勾引出来的工具和方法。　——苏格拉底

孩子的言行就像一面镜子，反映着家庭和父母的精神，所以希望孩子好，首先自己要起模范作用。父母或教育者的日常性言行，对培养孩子的人格有最强的说服力。　——谷口雅春

在道德教育方面，只有一条，既适合于孩子，又要对各种年龄的人来说都最为重要，那就是：绝不损害别人。　——卢梭

人的教育在他出生的时候就开始了，在他不会说话和听别人说话以前，他已经就受到教育了。　——卢梭

我们要提出两条教育的戒律，一、"不要教过多的学科"；二、"凡是你所教的东西，要教得透彻"。　——罗素

我相信，不论孩子将来从事哪一种事业，都应当从小做起。真不知道有多少父母能够认识到他们给予孩子们的所谓"教育"，只会迫使子女陷于平庸，剥夺他们创造美好事物的任何机会。　——邓肯

只要在我国存在文盲现象，那就很难谈得上政治教育……文盲是站在政治之外的，必须先教他们识字。不识字就不能有政治，不识字只能有流言蜚语、传闻偏见，而没有政治。　——列宁

教育的艺术是使学生喜欢你所教的东西。　——卢梭

什么是教育？教育就是帮助学生学会自己思考，作出独立的判断，并作为一个负责的公民参加工作。　——赫钦斯

教育的最大的秘诀是：使身体锻炼和思想锻炼互相调剂。　——卢梭

学校是个应用心理学的实验室。　——杜威

名副其实的教育，本质上就是品格教育。　——布贝尔

教育人就是要形成人的性格。　——欧文

有了真正的方法，还是不够的；还要懂得运用它。　——狄德罗

一个人只能为别人引路，不能代替他们走路。　——罗曼·罗兰

不能总是牵着他的手走，而还是要让他独立行走，使他对自己负责，形成自己的生活态度。　——苏霍姆林斯基

知识本身没有告诉人怎样运用它，运用的方法乃在书本之外。这是一门技艺，不经实验就不能学到。　——培根

一个人的知识如果只限于学校学习到的那一些，这个人的知识必然是十分贫乏的。　——于光远

兴趣是最好的老师。　——爱因斯坦

能培养独创性和唤起对知识愉悦的，是教师的最高本领。　——爱因斯坦

没有疑问就等于没有学问。　——托·富勒

学习知识要善于思考、思考、再思考，我就是靠这个学习方法成为科学家的。
　　　　　　　　　　　　　　　　　——爱因斯坦

天才不过是不断思索，凡有头脑的人，都有天才。　——莫泊桑

把美德、善行传给你的孩子们，而不是留下财富，只有这样才能给他们带来幸福——这是我的经验之谈。　——贝多芬

即使是普通孩子，只要教育得法，也会成为不平凡的人。　——爱尔维修

教育的伟大目标不只是装饰而是训练心灵，使具备有用的能力，而非填塞前人经验的累积。　——爱德华兹

培养人，就是培养他对前途的希望。　——马卡连柯

最重要的教育方法总是鼓励学生去实际行动。　——爱因斯坦

劳动受人推崇。为社会服务是很受人赞赏的道德理想。　——杜威

为子孙富贵作计者，十有九败。　——林逋

没有自我教育就没有真正的教育。这样一个信念在我们的教师集体的创造性劳动中起着重大的作用。　——苏霍姆林斯基

得不到别人的尊重的人,往往有最强烈的自尊心。 ——马卡连柯

你的教鞭下有瓦特,你的冷眼里有牛顿,你的讥笑中有爱迪生。你别忙着把他们赶跑。你可不要等到坐火轮、点电灯、学微积分,才认识他们是你当年的小学生。

——陶行知

教育是一个逐步发现自己无知的过程。 ——杜兰特

凡学之道,严师为难。 ——《礼记·学记》

没有一种礼貌会在外表上叫人一眼就看出教养的不足,正确的教育在于使外表上的彬彬有礼和人的高尚的教养同时表现出来。 ——歌德

玉不琢,不成器。人不学,不知义。 ——《三字经》

我的主要办法,首先是通过孩子们对共同生活的初步感觉和在发展他们初步的能力上,使他们产生姊妹兄弟般的友爱,把整个团体融化于一种大的家庭的朴实精神中;并且就在这种基础上,以及由此而产生的情感中,鼓舞他们一般的义务感和道德感。 ——裴斯泰洛齐

尽信书,则不如无书。 ——孟子

教育是国家的主要防御力量。 ——伯克

教子功夫:第一在起家,第二在择师。 ——陆世仪

幼是定基,少是勤学。 ——洪应明

因为道德是做人的根本。根本一坏,纵然使你有一些学问和本领,也无甚用处。

——陶行知

荣誉感是一种优良的品质,因而只有那些禀性高尚积极向上或受过良好教育的人才具备。 ——爱迪生

只有爱才是最好的教师,它远远超过责任感。 ——爱因斯坦

我确实相信:在我们的教育中,往往只是为着实用和实际的目的,过分强调单纯智育的态度,已经直接导致对伦理教育的损害。 ——爱因斯坦

好的先生不是教书,不是教学生,乃是教学生学。 ——陶行知

未来将属于两种人:思想的人和劳动的人。实际上这两种人是一种人,因为思想也

是劳动。　——雨果

我们要活的书，不要死的书；要真的书，不要假的书；要动的书，不要静的书；要用的书，不要读的书。总起来说，我们要以生活为中心的教学做指导，不要以文字为中心的教科书。　——陶行知

要做人民的先生先做人民的学生。　——毛泽东

智力教育就是要扩大人的求知范围。　——詹·拉·洛威尔

教育人就是要形成人的性格。　——欧文

任何人都应该有自尊心、自信心、独立性，不然就是奴才。但自尊不是轻人，自信不是自满，独立不是孤独。　——徐特立

我们深信教育是国家万年根本大计。　——陶行知

我们有无产阶级道德，我们应该发展它，巩固它，并且以这种无产阶级道德教育未来的一代。　——加里宁

人像树木一样，要使他们尽量长上去，不能勉强都长得一样高，应当是：立脚点上求平等，于出头处谋自由。　——陶行知

没有情感，道德就会变成枯燥无味的空话，只能培养出伪君子。

——苏霍姆林斯基

一个坏的教师奉送真理，一个好的教师则教人发现真理。　——第斯多惠

教之而不受，虽强告之无益。譬之以水投石，必不纳也，今夫石田虽水润沃，其干可立待者，以其不纳故也。　——张载

先生不应该专教书，他的责任是教人做人；学生不应该专读书，他的责任是学习人生之道。　——陶行知

盘基广大高原之上的一个高峰；假如把喜马拉雅山建立在河海平原上，八千公尺的高峰是难以存在的，犹如无源之水易于枯竭的。　——徐特立

学然后知不足，教然后知困。知不足，然后能自反也；知困，然后能自强也。

——孔子

学校要求教师在他的本职工作上成为一种艺术家。　——爱因斯坦

没有哪种教育能及得上逆境。　——萨克雷

播种行为，可以收获习惯；播种习惯，可以收获性格；播种性格，可以收获命运。

要尊重儿童，不要急于对他作出或好或坏的评判。　——卢梭

人生百年，立于幼学。　——梁启超

教师的威信首先建立在责任心上。　——马卡连柯

天赋的力量大于教育的力量。　——伏尔泰

教师必须具有健康的体魄，农人的身手，科学的头脑，艺术的兴味，改革社会的精神。　——陶行知

一生的生活是否幸福、平安、吉祥，则要看他的处世为人是否道德无亏，能否作社会的表率。因此，修身的教育，也成为他的学校工作的主要部分。

——裴斯泰洛齐

父亲和母亲是如同教师一样的教育者，他们不亚于教师，是富有智慧的人类创造者，因为儿子的智慧在他还未降生到人间的时候，就从父母的根上伸展出来。

——苏霍姆林斯基

我对两种对立的教育方法思考过好多次：一种是人们力求保持学生的天真，将天真与无知混淆起来，认为避开被认识的恶不如避开未被认识的恶；另一种是待学生一达到明白事理的年龄，除了那微妙的叫人害羞的事以外，就勇敢地把恶极其丑陋地、赤裸裸地给他看，让他痛恨它、避开它。我认为，应当认识恶。　——巴莱拉

上帝不能处处都在，于是他便创造了母亲。　——谚语

师也者，教之以事而喻诸德也。　——《礼记》

谁要是自己还没有发展培养和教育好，他就不能发展培养和教育别人。

——第斯多惠

教育者应当深刻了解正在成长的人的心灵……只有在自己整个教育生涯中不断地研究学生的心理，加深自己的心理学知识，才能够成为教育工作的真正的能手。

——苏霍姆林斯基

培养教育人和种花木一样，首先要认识花木的特点，区别不同情况给以施肥、浇水

和培养教育，这叫"因材施教"。　——陶行知

道德教育最简单的要素是"爱"，是儿童对母亲的爱，对人们积极的爱。这种儿童道德教育的基础，应在家庭中奠定。儿童对母亲的爱是从母亲对婴儿的热爱及其满足于身体生长需要的基础上产生的。进一步巩固和发展这一要素，则有待于学校教育。教师对儿童也应当具有父子般的爱，并把学校融化于大家庭之中。

——裴斯泰洛齐

活的人才教育不是灌输知识，而是将开发文化宝库的钥匙，尽我们知道的交给学生。　——陶行知

人之初生，不食则死；人之幼稚，不学则愚。食以养其生，充之使长；学以养其良，充之至于圣照、贤人。　——戴震

一切学科本质上应该从心智启迪时开始 。　——卢梭

要有生活目标，一辈子的目标，一段时期的目标，一个阶段的目标，一年的目标，一个月的目标，一个星期的目标，一天的目标，一个小时的目标，一分钟的目标。　——托尔斯泰

即使是孩子，也有一个人格，也是一个独立的人，这个前提必须明确，孩子决不是父母的所有物，他的人格是构成社会的组成部分之一，这一个人格必须用充沛的爱来培养。　——池田大作

道德行为训练，不是通过语言影响，而是让儿童练习良好道德行为，克服懒惰、轻率、不守纪律、颓废等不良行为。　——夸美纽斯

尊重孩子的人格，孩子便学会尊重人。在家里，要从小就把孩子当作独立的社会人来养育。这样培育出来的孩子，走上社会变能够成为独立的社会人，并具有"后生可畏"的劲头。　——池田大作

父母可以有自己的理想，但干涉孩子各自的理想，就等于不承认孩子的人格。青少年不良行为的种子，最初就是从这里萌芽的。　——池田大作

为了成功地生活，少年人必须学习自立，铲除埋伏各处的障碍，在家庭要教养他，使他具有为人所认可的独立人格。　——戴尔·卡耐基

一分耕耘，一分收获，要收获得好，必须耕耘得好。　——徐特立

动人以言者，其感不深；动人以行者，其应必速。　——李贽

劳动的崇高道德意义还在于，一个人能在劳动的物质成果中体现他的智慧、技艺、对事业的无私热爱和把自己的经验传授给同志的志愿。　——苏霍姆林斯基

家庭教育的另一个内容是培养子女的服从性，服从性的培养可以使子女产生长大成人的渴望。反之，如果不注意子女服从性的培养，他会变得唐突孟浪，傲慢无礼。　——黑格尔

只有让学生不把全部时间都用在学习上，而留下许多自由支配的时间，他才能顺利地学习，这是教育过程的逻辑。　——苏霍姆林斯基

有人问鹰："你为什么到高空去教育你的孩子？"鹰回答说："如果我贴着地面去教育他们，那它们长大了，哪有勇气去接近太阳呢？"　——莱辛

爱子不教，犹饥而食之以毒，适所害之也。　——申涵煜

中国教育之通病是教用脑的人不用手，不教用手的人用脑，所以一无所能。中国教育革命的对策是手脑联盟，结果是手与脑的力量都可以大到不可思议。

——陶行知

中国留学生学习成绩往往比一起学习的美国学生好得多，然而十年以后，科研成果却比人家少得多，原因就在于美国学生思维活跃，动手能力和创造精神强。

——杨振宁

教养决定一切。桃子从前本是一种苦味的扁桃；卷心菜只是受大学教育的黄芽罢了。　——马克·吐温

习惯真是一种顽强而巨大的力量，它可以主宰人生。因此，人自幼就应该通过完美的教育，去建立一种好的习惯。　——培根

培养人，就是培养他对前途的希望。　——马卡连柯

只有受过教育的人才是自由的。　——爱比克泰德

要把学生造就成一种什么人，自己就应当是什么人。　——车尔尼雪夫斯基

在教师手里操着幼年人的命运，便操着民族和人类的命运。　——陶行知

惟德学，惟才艺；不如人，当自励。若衣服，若饮食；不如人，勿生戚。
——《弟子规》

贫农特别吃没有文化的亏，特别需要受教育。 ——列宁

教育植根于爱。 ——鲁迅

初期教育应是一种娱乐，这样才更容易发现一个人天生的爱好。 ——柏拉图

父善教子，教于孩褆。 ——林逋

教育的唯一工作与全部工作可以总结在这一概念之中——道德。 ——赫尔巴特

教育工作中的百分之一的废品，就会使国家遭受严重的损失。 ——马卡连柯

较高级复杂的劳动，是这样一种劳动力的表现，这种劳动力比较普通的劳动力需要较高的教育费用，它的生产需要花费较多的劳动时间。因此，具有较高的价值。
——马克思

衣服要从新的时候爱惜，孩子要从小的时候教育。 ——维吾尔族谚语

凡为教者必期于达到不须教。 ——叶圣陶

有天赋的人不受教育也可获得荣誉和美德，但只受过教育而无天赋人却难做到这一点。 ——西塞罗

教育中要防止两种不同的倾向：一种是将教与学的界限完全泯除，否定了教师主导作用的错误倾向；另一种是只管教，不问学生兴趣，不注重学生所提出问题的错误倾向。前一种倾向必然是无计划，随着生活打滚；后一种倾向必然把学生灌输成烧鸭。 ——陶行知

人各欲善其子，而不知自修，惑矣。 ——张履祥

一个人的各种品性之中，德行是第一位的。 ——洛克

知道事物应该是什么样，说明你是聪明的人；知道事物实际是什么样，说明你是有经验的人；知道怎样使事物变得更好，说明你是有才能的人。 ——狄德罗

青年人的教育是国家的基石。 ——富兰克林

每当我们给个人一种影响的时候，而这影响必定同时应当是给予集体的一种影响。 ——马卡连柯

朋友是宝贵的，但敌人也可能是有用的；朋友会告诉我，我可以做什么，敌人将教育我，我应当怎样做。　——席勒

教师的职务是"千教万教，教人求真"；学生的职务是"千学万学，学做真人"。
　　　　　　　　　　　　　　　　　　　　　　　　——陶行知

我们发现了儿童有创造力，认识了儿童有创造力，就须进一步把儿童的创造力解放出来。　——陶行知

有小孩的父母，即使对家畜等，也不可使用粗野的语言。　——木村久一

培养人就是培养他对前途的希望。　——马卡连柯

手脑双全，是创造教育的目的。中国教育革命的对策是使手脑联盟。　——陶行知

人类本质中最殷切的需求是渴望被肯定。　——威廉·詹姆士

教师之为教，不在全盘授予，而在相机诱导。　——叶圣陶

遵守纪律的风气的培养，只有领导者本身在这方面以身作则才能收到成效。
　　　　　　　　　　　　　　　　　　　　　　　　——马卡连柯

要解放孩子的头脑、双手、脚、空间、时间，使他们充分得到自由的生活，从自由的生活中得到真正的教育。　——陶行知

临期上马无他嘱，多买诗书教子孙。　——陈世卿

道德普遍地被认为是人类的最高目的，因此也是教育的最高目的。　——赫尔巴特

教学必须从学习者已有的经验开始。　——杜威

年轻人把受教育求进步的责任和对恩人及支持者所负的义务联结起来，是最适宜不过的事，我对我的双亲做到了这一点。　——贝多芬

与其守成法，毋宁尚自然；与其求划一，毋宁展个性。　——蔡元培

教师的爱是滴滴甘露，即使枯萎的心灵也能苏醒；教师的爱是融融春风，即使冰冻了的感情也会消融。　——巴特尔

生产劳动和教育的早期结合是改造现代社会的最强有力的手段之一。
　　　　　　　　　　　　　　　　　　　　　　　　——马克思

学校要求教师在他的本职工作上成为一种艺术家。　——爱因斯坦

对人民来说，第一是面包，第二是教育。 ——格林西安

心术不可得罪于天地，言行要留好样与儿孙。 ——袁崇焕

美育者，应用美学之理论于教育，以陶养感情为目的者也。 ——蔡元培

只有受过教育的诚心诚意的人才是有趣味的人，也只有他们才是社会所需要的。这样的人越多，天国来到人间也就越快。 ——契诃夫

一味地挖苦、贬低，会导致孩子的反抗，反对父母，反对学校，或者反对整个世界。 ——布鲁诺

只求成绩好，能战胜竞争考试合格是不能成为出色的人的，也不会度过幸福的人生。确实，再聪明的孩子，如果心里乌云笼罩，是个连父母的话都不听的不诚实的孩子，那就再糟糕不过了。培养好孩子不仅是成绩好，还要陶冶"人格"。

——和田加津

学校的目标始终应当是：青年人在离开学校时，是作为一个和谐的人，而不是作为一个专家。 ——爱因斯坦

美育者，与智育相辅而行，以图德育之完成者也。 ——蔡元培

其身正，不令而行；其身不正，虽令不从。 ——孔子

教，上所施，下所效也。 ——许慎

情感和愿望是人类一切努力和创造背后的动力，不管呈现在我们面前的这种努力和创造外表上是多么高超。 ——爱因斯坦

事实上教育便是一种早期的习惯。 ——林肯

凡是教师缺乏爱的地方，无论品格还是智慧都不能充分地或自由地发展。 ——卢梭

只有受过教育的、诚心诚意的人才是有趣味的人，也只有他们才是社会所需要的。

教子勿溺爱，子堕莫弃绝。 ——王永彬

黄金满，富有余，一经教子金不如。 ——张景修

幸福，就在于创造新的生活，就在于改造和重新教育那个已经成了国家主人的、社会主义时代的伟大的智慧的人而奋斗。 ——奥斯特洛夫斯基

学校的目标应当是培养有独立行动和独立思考的个人，不过他们要把为社会服务看

作是自己人生的最高目标。 ——爱因斯坦

学习中经常取得成功可能会导致更大的学习兴趣,并改善学生作为学习的自我概念。 ——布鲁姆

儿童集体里的舆论力量,完全是一种物质的实际可以感触到的教育力量。
　　　　　　　　　　　　　　　　　　　　　　　　　　——马卡连柯

即使是最好的儿童,如果生活在组织不好的集体里,也会很快变成一群小野兽。 ——马卡连柯

大德不官,大道不器,大信不约。 ——《礼记·学记》

教育不是注满一桶水,而且点燃一把火。 ——叶芝

读史使人明智,读诗使人聪慧,演算使人精密,哲理使人深刻,伦理学使人有修养,逻辑修辞使人善辩。 ——培根

作为一个父亲,最大的乐趣就在于:在其有生之年,能够根据自己走过的路来启发教育子女。 ——蒙田

一个人所受的教育超过了自己的智力,这样的人才有学问。 ——詹·马修斯

宠子未有不骄,骄子未有不败。 ——吴楚材

教育能开拓人的智力。 ——贺拉斯

教育之于心灵,犹雕刻之于大理石。 ——爱迪生

问题不在于告诉他一个真理,而在于教他怎样去发现真理。 ——卢梭

教师的职业是太阳底下最光辉的职业。 ——夸美纽斯

创造人的是自然界,启迪和教育人的却是社会。 ——别林斯基

发明千千万,起点是一问。禽兽不如人,过在不会问。智者问得巧,愚者问得笨。人力胜天工,只在每事问。 ——陶行知

善歌者使人继其声,善教者使人继其志。 ——《礼记·学记》

名字有什么关系?把玫瑰花叫作别的名称,它还是照样芳香。 ——莎士比亚

教育者的关注和爱护在学生的心灵上会留下不可磨灭的印象。 ——苏霍姆林斯基

只有能够激发学生去进行自我教育的教育,才是真正的教育。 ——苏霍姆林斯基

没有爱，就没有教育。　——苏霍姆林斯基

"蒙以养正"，使蒙者不失其正，教人者之功也。　——张载

业精于勤，荒于嬉；行成于思，毁于惰。　——韩愈

教也者，长善而救其失者也。　——《礼记·学记》

一个无任何特色的教师，他教育的学生不会有任何特色。　——苏霍姆林斯基

从我手里经过的学生成千上万，奇怪的是，留给我印象最深的并不是无可挑剔的模范生，而是别具特点、与众不同的孩子。　——苏霍姆林斯基

父否母然，子无适从。　——宋初

国将兴，必贵师而重傅。　——荀子

学校没有纪律便如磨坊没有水。　——夸美纽斯

不愤不启，不悱不发。　——孔子

建国君民，教学为先。　——《礼记·学记》

做老师的只要有一次向学生撒谎撒漏了底，就可能使他的全部教育成果从此为之毁灭。　——卢梭

一个好的教师，是一个懂得心理学和教育学的人。　——苏霍姆林斯基

要学生做的事，教职员躬亲共做；要学生学的知识，教职员躬亲共学；要学生守的规则，教职员躬亲共守。　——陶行知

师者，所以传道授业解惑者也。　——韩愈

教育！科学！学会读书，便是点燃火炬；每个字的每个音节都发射火星。

——雨果

你知道用什么方法一定可以使你的孩子成为不幸的人吗？这个方法就是对他百依百顺。　——卢梭

纪律是集体的面貌、集体的声音、集体的动作、集体的表情、集体的信念。

——马卡连柯

教育的根是苦的，但其果实是甜的。　——亚里士多德

身教重于言传。　——王夫之

人遗子孙以钱财，我遗子孙以清白。　　——姚思廉

多办一所学校，就可少建一座监狱。　　——雨果

养不教，父之过。教不严，师之惰。　　——《三字经》

生命短促，只有美德能将它留传到辽远的后世。　　——莎士比亚

父兄之教不先，则子弟之率不谨。　　——班固

教育是知识创新、传播和应用的主要基地，也是培育创新精神和创新人才的摇篮。　　——江泽民

教育上的水是什么？就是情，就是爱。教育没有了情爱，就成了无水的池，任你四方形也罢、圆形也罢，总逃不出一个空虚。班主任广博的爱心就是流淌在班级之池中的水，时刻滋润着学生的心田。　　——夏丏尊

错误在所难免，宽恕就是神圣。　　——波普

把自己的私德健全起来，建筑起"人格长城"来。由私德的健全，而扩大公德的效用，来为集体谋利益。　　——陶行知

爱其子而不教，犹为不爱也；教而不以善，犹为不教也。　　——黄宗羲

教育者，非为已往，非为现在，而专为将来。　　——蔡元培

我并无过人的特长，只是忠诚老实，不自欺欺人，想做一个"以身作则"来教育人的平常人。　　——吴玉章

精神的浩瀚，想象的活跃，心灵的勤奋，就是天才。　　——狄德罗

教育的目的在于能让青年人毕生进行自我教育。　　——哈钦斯

人的本质并不是单个人所固有的抽象物，实际上，它是一切社会关系的总和。
　　——马克思、恩格斯

没有时间教育儿子就意味着没有时间做人。　　——苏霍姆林斯基

科学书籍让人免于愚昧，而文艺作品则使人摆脱粗鄙；对真正的教育和对人们的幸福来说，二者同样的有益和必要。　　——车尔尼雪夫斯基

领导学校，首先是教育思想上的领导，其次才是行政上的领导。　　——苏霍姆林斯基

善于鼓舞学生，是教育中最宝贵的经验。　　——苏霍姆林斯基

我最担心的是教育,教育是百年树人,如果中国的教育再不改变,人种都会退化,这就像土豆要退化一样,因为你教育出来的学生,再过十年,他就是老师,然后他再接着用这一套方法去教育下一代,这样一代一代下去的话,教育就是在不断摧毁人。 ——资中筠

本科教育是大学的关键。对大学来说,第一位的工作是教书育人,而后才是学术研究。特别好的研究型大学,可以强调教学和研究并重,但一般的大学应以教学为主、研究为辅。这个思路必须明确。目前中国拼命发展研究生教育,在我看来属于"超前消费"。 ——陈平原

(二)求知

个人感悟

列宁说得好:"只有用全人类的知识丰富自己的头脑,才能成为共产主义者。"从油灯到电灯到无影灯,从刀剑到枪械到炸弹,从热气球到飞机到火箭……从古以来,人们的发展进步总是离不开知识。正因人们不断地丰富知识,掌握技能,才在自然中生存下来。

试想,我们没有猛犸象的庞大,没有猎豹的速度,没有致命的毒液,没有尖锐的牙齿……是什么让人类得以生存?是知识!枪械让我们驯服野兽,飞机让我们在天空中翱翔,船只让我们在海洋中畅游……就连诸葛亮草船借箭、巧借东风的神技能够成功,靠的也是他对天文气象知识的掌握,从而可以让他明确地知道什么时候下雾,什么时候刮东风,并将其应用在战略中……可见,知识的力量多么伟大!我们用知识挽救生命,用知识改变历史……知识无处不在!

马克·吐温曾说过:"19世纪有两个奇人,一个是拿破仑,另一个就是海伦·凯勒。"读过海伦·凯勒的自传《假如给我三天光明》应该都知道,她曾在在黑暗中度过了87个春秋,要是换成其他人的话,恐怕过不了几天,他们就会承受不起家庭的负担。海伦·凯勒是不幸运的,但是因为有了知识,她才那么幸运。在她19

个月失去了视觉和听觉后,就与这个世界失去了沟通,失去了联系,她变得古怪、粗暴、无礼,直到她的莎莉文老师走进了她的生活,教她识字,才是她张开了心灵的"眼睛",得以与人沟通。

海伦·凯勒在书中这样写道:"知识给人以爱,给人以光明,给人以智慧,应该说知识就是幸福,因为有了知识,就是摸到了有史以来人类活动的脉搏,否则就不懂人类生命的音乐!"的确,知识的力量是无穷的,因为正是知识使海伦·凯勒创造了这些神话。

在二十一世纪的今天,人类已经进入了知识经济的时代。知识经济是以知识为基础的经济,与农业经济、工业经济相对应的一个概念,是一种新型的富有生命力的经济形态。工业化、信息化和知识化是现代化发展的三个阶段。创新是知识经济发展的动力,教育、文化和研究开发是知识经济的先导产业,教育和研究开发是知识经济时代最主要的部门,知识和高素质的人力资源是最为重要的资源。

知识经济的兴起,使知识上升到社会经济发展中前所未有的重要地位。知识成了最重要的资源,"智能资本"成了最重要的资本,在知识基础上形成的科技实力成了最重要的竞争力。国家的富强、民族的兴旺、企业的发达和个人的发展,无不依赖于对知识的掌握和创造性的开拓与应用,而知识的生产、学习、创新,则成为人类最重要的活动,知识已成了时代发展的主流,尤其是以高科技信息为主体的知识经济体系,迅速扩展令世人瞩目。

知识和技术创新是人类经济、社会发展的重要动力源泉。知识经济正在给中国的经济发展与社会发展注入更大的活力和带来更好的际遇。

知识是人类劳动的硕果,知识是靠劳动获得的,知识是取得成功的条件,知识会给你带来丰富的生活。

经典事例

英国著名科学家焦耳从小就很喜爱物理学,他常常自己动手做一些关于电、热之类的实验。有一年放假,焦耳和哥哥一起到郊外旅游。

聪明好学的焦耳就是在玩耍的时候,也没有忘记做他的物理实验。

他找了一匹瘸腿的马,由他哥哥牵着,自己悄悄躲在后面,用电池将电流通到马身上,想试一试动物在受到电流刺激后的反应。结果,他想看到的反应出现了,马受到电击后狂跳起来,差一点把哥哥踢伤。

尽管已经遇到过危险,但这丝毫没有影响到爱做实验的小焦耳的情绪。他和哥哥又划着船来到群山环绕的湖上,焦耳想在这里试一试回声有多大。

他们在火枪里塞满了火药,然后扣动扳机。谁知"砰"的一声,从枪口里喷出一条长长的火苗,烧光了焦耳的眉毛,还险些把哥哥吓得掉进湖里。

这时,天空浓云密布,电闪雷鸣,刚想上岸躲雨的焦耳发现,每次闪电过后好一会儿才能听见轰隆的雷声,这是怎么回事?

焦耳顾不得躲雨,拉着哥哥爬上一个山头,用怀表认真记录下每次闪电到雷鸣之间相隔的时间。开学后,焦耳几乎是迫不及待地把自己做的实验都告诉了老师,并向老师请教。老师望着勤学好问的焦耳笑了,耐心地为他讲解:"光和声的传播速度是不一样的,光速快而声速慢,所以人们总是先见闪电再听到雷声,而实际上闪电雷鸣是同时发生的。"

焦耳听了恍然大悟。从此,他对学习科学知识更加入迷。通过不断的学习和认真的观察计算,他终于发现了热功当量和能量守恒定律,成为一名出色的科学家。

名人箴言

只有用全人类的知识丰富自己的头脑,才能成为共产主义者。　——列宁

知识是心灵的眼睛。　——德雷克斯

知识是心灵的活动。　——本·琼森

知识的确是天空中伟大的太阳,它那万道光芒投下了生命,投下了力量。

——丹·伯斯特

知识是产生对人类自由的热爱和原则的唯一源泉。　——韦伯斯特

知识能使你增加一双眼睛。 ——叙利亚谚语

缺乏知识就无法思考,缺乏思考也就得不到知识。 ——日本

少量的常识,当得大量的学问。 ——英语谚语

人们常说,常识是两点之间最短的直线。 ——爱默生

人无常识,百事难成。 ——哈利法克斯

常识很少会把我们引入歧途。 ——爱·扬格

只愿带金子的人每天都会为缺少零钱而束手无策。 ——蒲柏

常识是人类的守护神。 ——歌德

常识是我所知道的最高的通情达理。 ——切斯特菲尔德

常识是本能,有足够的常识便是天才。 ——萧伯纳

世界之大,而能获得最公平分配的是常识。 ——笛卡尔

智者的智慧是一种不平常的常识。 ——拉尔夫·英

常识是事物可能性的尺度,由预见和经验组成。 ——亚美路

常识并不是大家都知道的,常见的东西。 ——伏尔泰

我们不会把常识僵化并使它变成信条。 ——沃尔特·白哲特

引诱肉体的是金钱和奢望,吸引灵魂的是知识和理智。 ——伊朗谚语

知识可羡,胜于财富。 ——英语谚语

知识越多越令人陶醉。 ——威·柯珀

知识招引朋友。 ——土耳其谚语

没有比知识更好的朋友,没有比病魔更坏的敌人。 ——印度谚语

有知识的人会得到世人的美誉。 ——朝鲜谚语

知识比金子宝贵,因为金子买不到它。 ——前苏联谚语谚语

永不毁灭的无价之宝,是一个的学问。 ——欧洲谚语

黄金的宝藏比不上知识的宝藏。 ——越南谚语

积累知识,胜于积累金银。 ——欧洲谚语

与其积攒满箱子的金银,不如积攒满肚子的学问。 ——蒙古谚语

知识是头上的花环，而财产是颈上的枷锁。　——伊朗谚语

学问胜于皇冠。　——欧洲谚语

技艺是无价之宝，知识是智慧的明灯。　——欧洲谚语

实践是知识的母亲，知识是生活的明灯，知识是智慧的火炬。　——英语谚语

知识的用处就是夜行人的火把。　——阿拉伯谚语

知识像烛光，能照亮一个人，也能照亮无数的人。　——英语谚语

知识是万物中的指路明灯。　——非洲谚语

人有知识，则有力矣。　——《论衡》

真正的知识使人真正地、实实在在地胜过他人。　——爱迪生

知识给世界带来光明，知识给人类增长财富。　——非洲谚语

富有臂力的人只能战胜一人；富有知识的人却所向无敌。　——前苏联谚语

知识比金钱宝贵，比刀剑锋利，比枪炮威力大。　——前苏联谚语

送饥者一条鱼，只管一天不饿；教他学会捕鱼，能使他永不受饿。

——斯里兰卡谚语

知识就是飞上天的羽翼。　——英语谚语

知识是青年人的最佳的荣誉，老年人最大的慰藉，穷人最宝贵的财产，富人最珍贵的装饰品。　——第欧根尼

知识是为老年准备的最好的食粮。　——亚里士多德

当我们步入晚年，知识将是我们舒适而必要的隐退的去处；如果我们年轻时不去栽种知识之树，到老就没有乘凉的地方了。　——切斯特菲尔德

学者的一天比不学无术的人一生还有价值。　——阿拉伯谚语

人如果没有知识，无异于行尸走肉。　——托·因哲伦德

知识分子优于文盲，如同活人优于死人。　——亚里士多德

人的威严蕴藏在知识之中，因此，人有许多君主的金银无法买到、君主的武力不可征服内在的东西。　——培根

除了知识和学问之外，世上没有其他任何力量能在人们的精神和心灵中，在人的思

想、想象、见解和信仰中建立起统治和权威。 ——培根

正直但无知识是软弱的，也是无用的；有知识但不正直是危险的，也是可怕的。
——塞·约翰逊

知识的价值不在于占有，而在于使用。 ——希腊谚语

知识虽宝贵，但更可贵的却在于运用。 ——阿拉伯谚语

有了知识不运用，等于耕耘播种。 ——缅甸谚语

无论你有多少知识，假如不用便是一无所知。 ——阿拉伯谚语

知己知彼，百战不殆。 ——《孙子兵法》

知识就是力量。 ——培根

知无不言，言无不尽。 ——苏洵

纸上得来终觉浅，绝知此事要躬行。 ——陆游

至长反短，至短反长。 ——《吕氏春秋》

智者千虑，必有一失；愚者千虑，必有一得。 ——《晏子春秋》

不知则问，不能则学，虽能不让，然后为德。闻之不见，虽博必谬；见之而不知，虽识不妄；知之而不行，虽敦必困。 ——荀况

不登高山，不知天之高也；不临深谷，不知地之厚也；不闻先王之遗言，不知学问之大也。 ——荀况

凡事都要脚踏实地去作，不驰于空想，不骛于虚声，而惟以求真的态度作踏实的工夫。以此态度求学，则真理可明；以此态度作事，则功业可就。 ——李大钊

讲到学习方法，我想用六个字来概括："严格、严肃、严密。"这种科学的学习方法，除了向别人学习之外，更重要的是靠自己有意识的刻苦锻炼。 ——苏步青

读书有三到，谓心到、眼到、口到。心不在此，则眼不看仔细，心眼即不专一，却只漫浪诵读，决不能记，记不能久也。三到之中，心到最急。 ——朱熹

学和行本来是有联系着的，学了必须要想，想通了就要行，要在行的当中才能看出自己是否真正学到了手。否则读书虽多，只是成为一座死书库。 ——谢觉哉

要读好书，必须先打好基础，读好了基础，才能在这基础上做个别问题的研究，基

础要求广，钻研则要求深，广和深也是统一的，只有广了才能深，也只有深了才要求广。　——吴晗

知识的问题是一个科学的问题，来不得半点虚伪和骄傲，决定的倒是其反面——诚实和谦逊的态度。　——毛泽东

懒于思索，不愿意钻研和深入理解，自满或满足于微不足道的知识，都是智力贫乏的原因。这种贫乏用一个词来称呼，就是"愚蠢"。　——高尔基

知识的历史犹如一只伟大的复音曲，在这只曲子里依依次响起各民族的声音。
　　　　　　　　　　　　　　　　　——歌德

知识和能力是一点一点积累起来的，要注意有扎实的基础，要注意复习和巩固，不能急于求成。　——谷超豪

运用一分知识，需要十分积累。　——伊朗谚语

如果一个人的知识缺乏条理，那他的知识越多，他就越感到困惑不解。　——斯宾塞

知识越少越准确，知识越多，疑惑也就越多。　——歌德

追求过多的权力会使天使跌落，追求过多的知识会使人摔跤。　——培根

学识太广反而憨头憨脑。　——罗·伯顿

知识使智慧者更聪明，使愚昧者更愚蠢。　——英语谚语

知识，当智慧无力驾驭它时，会像一匹倔犟的马掀翻它的骑手。　——弗·夸尔斯

只有知识才是力量，只有知识能使我们诚实地爱人，尊重人的劳动，由衷地赞赏无间断的伟大劳动的美好成果；只有知识才能使我们成为具有坚强精神的、诚实的、有理性的人。　——高尔基

除了知识和学问之外，世上没有任何力量能在人的精神和心灵中，在人的思想、想象、见解和信仰中建立起统治和权威。　——培根

想象力比知识更重要，因为知识是有限的，而想象力概括着世界的一切，推动着进步，并且是知识进化的源泉。严格地说，想象力是科学研究中的实在因素。
　　　　　　　　　　　　　　　　　——爱因斯坦

天然的才能好像天然的植物，需要学问来修剪。　——培根

人不光是靠他生来就拥有一切，而是靠他从学习中所得到的一切来造就自己。

——歌德

聪明的人有长的耳朵和短的舌头。　——弗莱格

人的天才只是火花，要想使它成熊熊火焰，哪就只有学习！学习！！！　——高尔基

有教养的头脑的第一个标志就是善于提问。　——普列汉诺夫

我的努力求学没有得到别的好处，只不过是愈来愈发觉自己的无知。　——笛卡儿

学问是异常珍贵的东西，从任何源泉吸收都不可耻。　——阿卜·日·法拉兹

学习是劳动，是充满思想的劳动。　——乌申斯基

把学问过于用作装饰是虚假；完全依学问上的规则而断事是书生的怪癖。　——培根

当你还不能对自己说今天学到了什么东西时，你就不要去睡觉。　——利希顿堡

求学的三个条件是：多观察、多吃苦、多研究。　——加菲劳

学到很多东西的诀窍，就是一下子不要学很多。　——洛克

知识，只有当它靠积极的思维得来而不是凭证记得来的时候，才是真正的知识。　——托尔斯泰

多则价廉，万物皆然，唯独知识例外。知识越丰富，则价值就越昂贵。　——马戈

作为心智脂肪储备起来的知识并无用处，只有变成了心智肌肉才有用。　——斯宾塞

知识和世故不同，真有学问的人往往是很天真的。　——罗曼·罗兰

知识有两种，其一是我们自己精通的问题；其二是我们知道在哪里找到关于某问题的知识。　——约翰生

自然赐给了我们知识的种子，而不是知识的本身。　——塞涅卡

知识是治疗恐惧的药。　——爱默生

知识有重量，但成就有光泽。有人感觉到知识的力量，但更多的人只看到成就的光泽。　——切斯特菲尔德

重复是学习之母。　——狄慈根

我所学到的任何有价值的知识都是由自学中得来的。　——达尔文

在观察的领域中，机遇只偏爱那种有准备的头脑。　——巴斯德

知识本身并没有告诉人们怎样运用它，运用的方法乃在书本之外。　——培根

读一切好书，就是和许多高尚的人谈话。　——笛卡尔

知识有如人体血液一样宝贵。人缺了血液，身体就会衰弱；人缺少知识，头脑就要枯竭。　——高士其

作家当然必须挣钱才能生活、写作，但是他决不应该为了挣钱而生活、写作。
　　　　　　　　　　　　　　　　　　　　　　　　——马克思

我平生从来没有做过一次偶然的发明。我的一切发明都是经过深思熟虑，严格实验的结果。　——爱迪生

人的价值蕴藏在人的才能之中。　——马克思

把语言化为行动，比把行动化为语言困难得多。　——高尔基

不要在已成的事业中逗留着！　——巴斯德

学习，永远不晚。　——高尔基

学而不思则惘，思而不学则殆。　——孔子

好动与不满足是进步的第一必需品。　——爱迪生

好奇心造就科学家和诗人。　——法朗士

具有丰富知识和经验的人，比只有一种知识和经验的人更容易产生新的联想和独到的见解。　——泰勒

人的知识愈广，人的本身也愈臻完善。　——高尔基

一切假知识比无知更危险。　——萧伯纳

书籍使我变成了一个幸福的人，使我的生活变成轻松而舒适的诗。　——高尔基

我的成就，当归功于精力的思索。　——牛顿

知识是引导人生到光明与真实境界的灯烛。　——李大钊

如果你希望成功，当以恒心为良友，以经验为参谋，以当心为兄弟，以希望为哨兵。　——爱迪生

重要的不是知识的数量，而是知识的质量。有些人知道得很多，但却不知道最有用的东西。　——托尔斯泰

在天才和勤奋两者之间,我毫不迟疑地选择勤奋,她是几乎世界上一切成就的催产婆。 ——爱因斯坦

一个能思考的人,才真是一个力量无边的人。 ——巴尔扎克

生活便是寻求新的知识。 ——门捷列夫

书读得越多而不加思索,你就会觉得你知道得很多;而当你读书而思考得越多的时候,你就会越清楚地看到,你知道得还很少。 ——伏尔泰

我从来不记在辞典上已经印有的东西。我的记忆力是运用来记忆书本上还没有的东西。 ——爱因斯坦

学习知识要善于思考、思考、再思考,我就是靠这个方法成为科学家的。 ——爱因斯坦

无论掌握哪一种知识,对智力都是有用的,它会把无用的东西抛开而把好的东西保留住。 ——达·芬奇

知识不多就是愚昧;不习惯于思维,就是粗鲁或蠢笨;没有高尚的情操,就是卑俗。 ——车尔尼雪夫斯基

知识的主要问题是不在于博,而在于精。 ——安东·亨利·约米尼

知识是精神食粮。 ——柏拉图

谁要想得到有利战果,他就应当依靠艺术和知识来进行战争,而不是依靠偶然性。 ——韦格·蒂乌斯

学需志也,才需学也,非学无以广才,非志无以成学。 ——诸葛亮

学贵常,又贵新。 ——祝允明

知识,只有当它靠积极的思维得来而不是凭证记得来的时候,才是真正的知识。 ——托尔斯泰

知识和世故不同,真有学问的人往往是很天真的。 ——罗曼·罗兰

知识好像沙石下面的泉水,掘得越深越清澈。 ——佚名

知识是珍宝,但实践是得到它的钥匙。 ——托马斯·富勒

知识,只有当它靠积极的思维得来而不是凭证记得来的时候,才是真正的知

识。　——托尔斯泰

知识本身就是财富。　——萨迪

啊，人啊！知识，这是大自然的礼物；因为它给予了你获得一切必需的智慧。
　　　　　　　　　　　　　　　　　　　——休谟

知识是集无数思想与经验之大成的东西。　——爱默生

知识就是我们借以飞上天堂的羽翼。　——莎士比亚

心灵中的黑暗必须用知识来驱除。　——卢克莱修

世上只有一样东西是珍宝，那就是知识，世上只有一样东西是罪恶，那就是无知。　——苏格拉底

知识是青年人最佳的荣誉，老年人最大的慰藉，穷人最宝贵的财富，富人最珍贵的装饰品。　——第欧根尼

知识是一切能力中最强的力量。　——柏拉图

知识投资收益最大。　——本·富兰克林

只有知识才能构成巨大的财富的源泉，既使土地获得丰收，又使文化繁荣昌盛。　——左拉

（三）学习

个人感悟

学习是文明传承之途、人生成长之梯、政党巩固之需、国家兴盛之要。

英国哲学家培根说过："读史使人明智，读诗使人灵秀，数学使人周密，自然哲学使人精邃，伦理学使人庄重，逻辑修辞学使人善辩。"知识能够塑造一个人的性格，而学习恰恰能够使人获得更多的知识，由此可见学习的重要性。

学习，是一种享受——享受阳光，明媚；享受空气，清新；享受历练，深邃。

学习，是一种情怀——关照自然，渴望倾听，亲近生命，走进心灵。

学习，是一种幸福——自然中的小草、大树，人类中的快意与波澜，都会闪烁

爱的火花、情的充溢，都会流露出笑的宽慰、苦的涩味。庄子的超脱，陶潜的隐逸，岳飞的壮怀，路遥的奋力，都会给你一颗澄澈之心、平静之心、充沛之心、向上之心。

学习，使你如风，掠过千山万水，黄河黄山，长江长城；使你如燕，翔过绿色、蓝色与黄色的家园，领略西双版纳与大兴安岭，倾听雅鲁藏布与喜马拉雅。

遨游学海，跋涉书山，知识上的满足给我们快乐；山重水复，曲径通幽，破解难题的柳暗花明给我们快乐；思想境界上的不断开阔，心灵上的不断净化给我们快乐。

学习是一个人毕生都需要孜孜不倦、持之以恒的事情，每个人，不管他已经取得了多么伟大的成就，都不能绝对地说自己有多聪明多厉害，也没有人敢说自己已经无需学习了。任何一个人的成功都是通过自己的努力学习获得的，如果不学习，即使有天才的智慧也只是浪费，然而只要你努力了，成就如何已经没什么关系了。

方仲永幼时是天资聪颖的神童，但他最终成为一个平凡的人，是因为他没有受到后天良好的教育。像他那样天生聪明，如此有才智的人，没有受到后天的教育，尚且要成为平凡的人，那我们呢？如果不学习，那不就连一个普通人都算不上了吗？

战国时有位名为苏秦的好学者，昼夜勤读，困倦时就用锥子扎自己的大腿，清醒后继续学习。晋代名士孙敬，昼夜苦读，唯恐困倦，就用绳系发悬在房梁上，瞌睡时把自己拽醒，继续学习。这两位最后都取得了伟大的成功。由此可见，努力学习是一个人成功的必经之路。

爱因斯坦曾说：千万不要把学习当成一个任务，而应该看成一个令人羡慕的机会。是的，只要我们不辞劳苦，敢于面对学习中的困难，你会发现，学习中自有情趣，更有快乐。

学习永无止境，学习永不满足，学习使你进步，学习使你纠错，学习使你成功，学习使你辉煌。

高尔基曾说过"书籍是人类进步的阶梯"；英国哲学家培根在《随笔录·论读书》中也说"读史使人聪慧"；郭沫若也常常教育青年"能读书才必博"；在我国传统的谚语中也有"三代不读书，犹如一圈猪"的说法。可见，无论伟人还是人民，都站在不同角度，用自身体会或当时的社会背景共同诠释读书对人生的重要性。

　　读书不仅可以使我们开阔视野，增长知识，培养良好的自学能力和阅读能力，还可以进一步巩固课内学到的各种知识，提高我们的认读水平和作文能力，乃至对于各科学习，都有极大的帮助。

　　我们的知识体系是通过课内外的自主学习而逐渐建立起来的。读书是搜集和汲取知识的一条重要途径。我们从课堂上掌握的知识不是很具体和容易理解的，需要再消化才会吸收。大量的阅读，可以将自己从课内学到的知识，融会到从课外书籍中所获取的知识中去，相得益彰，形成"立体"的、牢固的知识体系，直至形成能力。

　　读书不仅对我们的学习有着重要作用，对道德素质和思想意识也有重大影响。"一本好书，可以影响人的一生。"这句话是有道理的。我们都有自己心中的英雄或学习的榜样，如军人、科学家、老师、英雄人物等。这些令我们崇拜或学习和模仿的楷模，也可以通过阅读各类书籍所认识。我们在进行阅读时，会潜意识地将自己的思想和行为与书中所描述的人物形象进行比较，无形中就提高了自身的思想意识和道德素质。

　　苏联著名教育家苏霍姆林斯基说得好："如果学生的智力生活仅局限于教科书，如果他做完了功课就觉得任务已经完成，那么他是不可能有自己特别爱好的。"每一个学生要在书籍的世界里，有自己的生活。把读书视为自己的乐趣。

　　读书，是一种享受生活的艺术。当你枯燥烦闷时，读书能使你心情愉悦；当你迷茫惆怅时，读书能平静你的心，让你看清前路；当你心情愉快时，读书能让你发现身边更多美好的事物，让你更加享受生活。读书是一种最美丽的享受。"书中自有黄金屋，书中自有颜如玉。"

　　读书，是一种提升自我的艺术。"玉不琢，不成器，人不学，不知义。"读书是一种学习的过程，一本书有一个故事，一个故事叙述一段人生，一段人生折射一个世界，"读万卷书，行万里路"说的正是这个道理。读诗使人高雅，读史使人明智，读每一本书都会有不同的收获。"悬梁刺股""萤窗映雪"，自古以来，勤奋读书，提升自我是每一个人的毕生追求，读书是一种最优雅的素质，能塑造人的精神,升华人的思想。

读书,是一种充实人生的艺术。没有书的人生就像空心的竹子一样,空洞无物。书本是人生最大的财富,犹太人让孩子们亲吻涂有蜂蜜的书本,是为了让他们记住:书本是甜的,要让甜蜜充满人生就要读书。读书是一本人生最难得的存折,一点一滴地积累,你会发现自己是世界上最富有的人。

读书是一种感悟人生的艺术。教会我们如何去看待人生。读书是人生的一门最不缺少的功课,读书使我们在前进的道路上畅通无阻。

经典事例

毛主席痴迷读书,他的中南海故居,简直是书天书地,卧室的书架上,办公桌、饭桌、茶几上,到处都是书,床上除一个人躺卧的位置外,也全都被书占领了。为了读书,毛主席把一切可以利用的时间都用上了。在游泳下水之前活动身体的几分钟里,有时还要看上几句名人的诗词。游泳上来后,顾不上休息,就又捧起了书本。连上厕所的几分钟时间,他也从不白白地浪费掉。一部重刻宋代淳熙本《昭明文选》和其他一些书刊,就是利用这时间,今天看一点儿,明天看一点儿,断断续续看完的。毛主席晚年虽重病在身,仍不废阅读。他重读了新中国成立前出版的从延安带到北京的一套精装《鲁迅全集》及其他许多书刊。有一次,毛主席发烧到39度多,医生不准他看书。他难过地说,我一辈子爱读书,现在你们不让我看书,叫我躺在这里,整天就是吃饭、睡觉,你们知道我是多么难受啊!工作人员不得已,只好把拿走的书又放在他身边,他这才高兴地笑了。毛主席从来反对那种只图快、不讲效果的读书方法。他在读韩昌黎诗文全集时,除少数篇章外,都一篇篇仔细琢磨,认真钻研,从词汇、句读、章节到全文意义,哪一方面也不放过。通过反复诵读和吟咏,韩集的大部分诗文他都能流利地背诵。《西游记》《红楼梦》《水浒传》《三国演义》等小说,他从小时候就看过,到了60年代又重新看过。他看过的《红楼梦》的不同版本差不多有10种以上。一部《昭明文选》,他上学时读,50年代读,60年代读,到了70年代还读过好几次。他批注的版本,现存的就有3种,毛主席私人藏书达 10 万多种。

名人箴言

好好学习，天天向上。 ——毛泽东

学知不足，业精于勤。 ——韩愈

富贵必从勤苦得，男儿须读五车书。 ——杜甫

惜时专心苦读是做学问的一个好方法。 ——蔡尚思

生而知之者上也；学而知之者次也；困而学之又其次也；困而不学，民斯为下矣。 ——《论语》

学者贵知其当然与所以然，若偶能然，不得谓为学。 ——孙中山

学者如登山焉，动而益高，如寐寐焉，久而益足。 ——徐干

情况是在不断的变化，要使自己的思想适应新的情况，就得学习。 ——毛泽东

在寻求真理的长河中，唯有学习，不断地学习，勤奋地学习，有创造性地学习，才能越重山跨峻岭。 ——华罗庚

三人行，必有我师焉。择其善者而从之，其不善者而改之。 ——孔子

韬略终须建新国，奋发还得读良书。 ——郭沫若

夫学须志也，才须学也。非学无以广才，非志无以成学。 ——诸葛亮

古今来许多世家，无非积德。天地间第一人品，还是读书。 ——《格言联璧》

唯一能持久的竞争优势是胜过竞争对手的学习能力。 ——盖亚斯

兴于诗，立于礼，成于乐。 ——孔子

知之者不如好之者，好之者不如乐之者。 ——孔子

非静无以成学。 ——诸葛亮

谁游乐无度，谁就没有工夫学习。 ——谚语

我学习了一生，现在我还在学习，而将来，只要我还有精力，我还要学习下去。 ——别林斯基

学习有如母亲一般慈爱，它用纯洁和温柔的欢乐来哺育孩子，如果向它要求额

外的报酬，也许就是罪过。　　——巴尔扎克

　　读书志在圣贤，为官心存君国。　　——朱用纯

　　学习文学而懒于记诵是不成的，特别是诗。一个高中文科的学生，与其囫囵吞枣或走马观花地读十部诗集，不如仔仔细细地背诵三百首诗。　　——朱自清

　　你们要学习思考，然后再来写作。　　——布瓦罗

　　青年是学习智慧的时期，中年是付诸实践的时期。　　——卢梭

　　现在，我怕的并不是那艰苦严峻的生活，而是不能再学习和认识我迫切想了解的世界。对我来说，不学习，毋宁死。　　——罗蒙诺索夫

　　没有艰苦的学习，就没有最简单的科学发明。　　——南斯拉夫谚语

　　学习这件事不在乎有没有人教你，最重要的是在于你自己有没有觉悟和恒心。　　——法布尔

　　书山寻宝；学海泛舟。　　——《对联集锦》

　　千教万教教人求真，千学万学学做真人。　　——陶行知

　　学习专看文学书，也是不好的。先前的文学青年，往往厌恶数学、理化、史地、生物学，以为这些都无足轻重，后来变成连常识也没有。　　——鲁迅

　　任何倏忽的灵感事实上不能代替长期的功夫。　　——罗丹

　　略翻书数则，便不愧三餐。　　——陈字自

　　读书如行路，历险毋惶恐。　　——《清诗铎·读书》

　　学而时习之，温故而知新。　　——《论语》

　　文须字字作，亦要字字读。咀嚼有余味，百过良自知。　　——元好问

　　人若志趣不远，心不在焉，虽学不成。　　——张载

　　家贫志不移，贪读如饥渴。　　——范仲淹

　　好书有不朽的能力，它是人类活动最丰硕长久的果实。　　——史美尔斯

　　聪明在于学习，天才在于积累。　　——华罗庚

　　熟读之法，于循序而渐进，熟读而精思。　　——朱熹

　　年少从他爱梨栗，长成须读五车书。　　——王安石

至乐莫如读书，至要莫如教子。　——《增广贤文》

人无贤愚，非学曷成？　——陆以田

奇文共欣赏，疑义相如析。　——陶渊明

读不在三更五鼓，功只怕一曝十寒。　——郭沫若

圣人无常师。　——韩愈

凡欲显勋绩扬光烈者，莫良于学矣。　——王符

人能不食十二日，惟书安可一日无。　——陆游

不要靠馈赠来获得一个朋友。你须贡献你挚情的爱，学习怎样用正当的方法来赢得一个人的心。　——苏格拉底

必须记住我们学习的时间是有限的。时间有限，不只由于人生短促，更由于人事纷繁。我们应该力求把我们所有的时间用来做最有益的事。　——斯宾塞

好问，是好的。如果自己不想，只随口问，即能得到正确答复，也未必受到大益。所以学问二字，"问"放在"学"的下面。　——谢觉哉

士欲宣其义，必先读其书。　——王符

闲有余日，正可学问。　——陈继儒

人不光是靠他生来就拥有一切，而是靠他从学习中所得到的一切来造就自己。　——歌德

学习，永远不晚。　——高尔基

立身以立学为先，立学以读书为本。　——郑耕老

努力向学，尉为国用。　——孙中山

业精于勤，荒于嬉。　——韩愈

读和写是学生最必要的两种学习方法，也是通向周围世界的两扇窗口。

——苏霍姆林斯基

我们愈是学习，愈觉得自己的贫乏。　——雪莱

不读书的人，思想就会停止。　——狄德罗

古今中外有学问的人，有成就的人，总是十分注意积累的。知识就是积累起来

的，经验也是积累起来的。我们对什么事情都不应该像"过眼云烟"。　——邓拓

学而不已，阖棺乃止。　——孔子

喜爱读书，就等于把生活中寂寞无聊的时光换成巨大享受的时刻。　——孟德斯鸠

旦旦而学之，久而不怠焉，迄乎成。　——彭瑞淑

我们要振作精神，下苦功学习。下苦功，三个字，一个叫下，一个叫苦，一个叫功，一定要振作精神，下苦功。　——毛泽东

玉不琢，不成器；人不学，不知道。　——《礼记》

只要心还在跳，就要努力学习。　——张海迪

处处是创造之地，天天是创造之时，人人是创造之人。　——陶行知

学习中经常取得成功可能会导致更大的学习兴趣，并改善学生作为学习的自我概念。　——布鲁姆

日习则学不忘，自勉则身不坠。　——徐干

读书如吃饭，善吃者长精神，不善吃者长疾瘤。　——袁牧

读书勿求多，岁月既积，卷帙自富。　——冯班

聪明在于学习，天才在于积累。所谓天才，实际上是依靠学习。　——华罗庚

与其找糊涂导师，倒不如自己走，可以省却寻觅的功夫，横竖他也什么都不知道。　——鲁迅

人有坎，失于盛年；犹当晚学，不可自弃。　——颜之推

无限相信书籍的力量，是我的教育信仰的真谛之。　——苏霍姆林斯基

书籍是人类知识的总结。　——莎士比亚

读书是学习，使用也是学习，而且是更重要的学习。　——毛泽东

钉子有两个好处：一个是挤劲，一个是钻劲。我们在学习上要提倡这种"钉子"精神，善于挤和钻。　——雷锋

嗜书如嗜酒，细味乃笃好。　——范成大

我所遇见的每一个人，或多或少都是我的老师，因为我从他们身上学到了东

西。　——爱默生

未来真正出色的企业，将是能够设法使各阶层人员全心投入，并有能力不断学习的组织。　——彼得·圣吉

藜羹麦饭冷不尝，要足平生五车书。　——陆游

不学，则不明古道，而能政治太平者未之有也。　——吴兢

学如逆水行舟，不进则退，不学则殆。　——陈独秀

只有让学生不把全部时间都用在学习上，而留下许多自由支配的时间，他才能顺利地学习，（这）是教育过程的逻辑。　——苏霍姆林斯基

书籍的使命是帮助人们认识生活，而不是代替思想对生活的认识。　——科尔查克

博学笃志，神闲气静。　——王永彬

学会学习的人，是非常幸福的人。　——米南德

勤者读书夜达旦；青藤绕屋花连云。　——《对联集锦》

独学而无友，则孤陋而寡闻。　——孔子

愈学习，愈发现自己的无知。　——笛卡儿

己所不欲，勿施于人。　——孔子

天赋如同自然花木，要用学习来修剪。　——培根

知而好学，然后能才。　——荀况

劳动教养了身体，学习教养了心灵。　——史密斯

读书谓已多，抚事知不足。　——王安石

如果学校不能在课堂中给予学生更多成功的体验，他们就会以既在学校内也在学校外都完全拒绝学习而告终。　——林格伦

构成我们学习最大障碍的是已知的东西，而不是未知的东西。　——贝尔纳

读书是最好的学习，追随伟大人物的思想，是富有趣味的事情啊。　——普希金

至哉天下乐，终日在书案。　——欧阳修

我们全都要从前辈和同辈学习到一些东西。就连最大的天才，如果想单凭他所

特有的内在自我去对付一切，他也决不会有多大成就。　——歌德

青春是有限的，智慧是无穷的，趁短的青春，去学习无穷的智慧。　——高尔基

读书贵神解，无事守章句。　——徐洪钧

阅读的最大理由是想摆脱平庸，早一天就多一份人生的精彩；迟一天就多一天平庸的困扰。　——余秋雨

学习知识要善于思考，思考，再考，我就是靠这个方法成为科学家的。
——爱因斯坦

任何一个人，都要必须养成自学的习惯，即使是今天在学校的学生，也要养成自学的习惯，因为迟早总要离开学校的！自学，就是一种独立学习，独立思考的能力。行路，还是要靠行路人自己。　——华罗庚

培育能力的事必须继续不断地去做，又必须随时改善学习方法，提高学习效率，才会成功。　——叶圣陶

你们要学习思考，然后再来写作。　——布瓦罗

生活中没有书籍，就好像没有阳光；生活中没有书籍，就好像鸟儿没了翅膀。　——莎士比亚

青年人首先要树雄心，立大志，其次就要决心为国家、人民做一个有用的人才；为此就要选择一个奋斗的目标来努力学习和实践。　——吴玉章

劳于读书，逸于作文。　——程端礼

学者政出之，政者学之施。　——张孝祥

倘能生存，我当然仍要学习。　——鲁迅

书籍是培植智慧的工具。　——夸美绍斯集

学习如果想有成效，就必须专心。学习本身是一件艰苦的事，只有付出艰苦的劳动，才会有相应的收获。　——谷超豪

在今天和明天之间，有一段很长的时间；趁你还有精神的时候，学习迅速地办事。　——歌德

学习要有三心，一信心，二决心，三恒心。　——陈景润

早知今日读书是，悔作从前任侠非。　——李欣

故书不厌百回读，熟读深思子自知。　——苏轼

一篙不可须臾缓，为学如撑水上船。　——邓雅声

看书和学习——是思想的经常营养，是思想的无穷发展。　——冈察洛夫

不向前不知道路远，不学习不明白真理。　——朝鲜谚语

不学习的人总以后悔而告终。　——土耳其谚语

少年喜书策，白首意未足。幽窗灯一点，乐处超五欲。　——陆游

学习是劳动，是充满思想的劳动。　——乌申斯基

大志非才不就，大才非学不成。　——郑心材

学必求其心得，业必贵其专精。　——章学诚

学习，学习，再学习！学，然后知不足。　——列宁

不要靠馈赠来获得一个朋友。你须贡献你挚情的爱，学习用正当的方法来赢得一个人的心。　——苏格拉底

至于我，是向自然学习，是只爱真理的，哪怕只是真理的一个影子，也使我感到欢欣鼓舞，胜过一切给人带来荣华富贵的谬误。我宁愿在光天化日之下凭着我短绌的天资到处碰壁，也不肯在黑暗中凭着谨小慎微使自己得救或者发财。　——拉美特利

要循序渐进！我走过的道路，就是一条循序渐进的道路。　——华罗庚

必须记住我们学习的时间有限。时间有限，不只由于人生短促，更由于人事纷繁。　——斯宾塞

我们在我们的劳动过程中学习思考，劳动的结果，我们认识了世界的奥妙，于是我们就真正来改变生活了。　——高尔基

立身以立学为先，立学以读书为本。　——朱熹

外物之味，久则可厌；读书之味，愈久愈深。　——程颢

一本书像一艘船，带领我们从狭小的地方，驶向生活的无限广阔的海洋。

——凯勒

要知天下事，须读古人书。　——冯梦龙

有教养的头脑的第一个标志就是善于提问。　——普列汉诺夫

情况是在不断的变化，要使自己的思想适应新的情况，就得学习。　——毛泽东

学习的敌人是自己的满足，要认真学习一点东西，必须从不自满开始。对自己，"学而不厌"，对人家，"诲人不倦"，我们应采取这种态度。　——毛泽东

必须记住我们学习的时间是有限的。时间有限，不只由于人生短促，更由于人的纷繁。我们应该力求把我们所有的时间用去做最有益的事。　——斯宾塞

学者贵于行之，而不贵于知之。　——司马光

目标既定，在学习和实践过程中无论遇到什么困难、曲折都不灰心丧气，不轻易改变自己决定的目标，而努力不懈地去学习和奋斗，如此才会有所成就，而达到自己的目的。　——吴玉章

努力学习，勤奋工作，让青春更加光彩。　——王光美

如果不想在世界上虚度一生，那就要学习一辈子。　——高尔基

各种各样的蠢事，在每天阅读好书的作用下，仿佛烤在火上的纸一样渐渐燃尽。　——雨果

人要独立生活，学习有用的技艺。　——凯德

敏而好学，不耻下问。　——孔子

为学贵如疑，知疑贵问师。　——书摘

只要愿意学习，就一定能够学会。　——列宁

书不成诵，无以致思索之功；书不精读，无以得义理之益。　——胡达源

不知理义，生于不学。　——《吕氏春秋》

越学习，越发现自己的无知。　——笛卡尔

为了成功地生活，少年人必须学习自立，铲除埋伏各处的障碍，在家庭要教养他，使他具有为人所认可的独立人格。　——戴尔·卡耐基

读书患不多，思义患不明；足己患不学，既学患不行。　——韩愈

学到很多东西的诀窍，就是一下子不要学很多。　——洛克

许多年轻人在学习音乐时学会了爱。　——莱杰

学习和钻研，要注意两个不良，一个是"营养不良"，没有一定的文史基础，没有科学理论上的准备，没有第一手资料的收集，搞出来的东西，不是面黄肌瘦，就是畸形发展；二是"消化不良"，对于书本知识，无论古人今人或某个权威的学说，要深入钻研，过细咀嚼，独立思考，切忌囫囵吞枣，人云亦云，随波逐流，粗枝大叶，浅尝辄止。　——马寅初

同君一席话，胜读十年书。　——刘鹗

不动笔墨不读书。　——徐特立

善学者，假人之长以补其短。　——吕不韦

只要还有什么东西不知道，就永远应当学习。　——小塞涅卡

要成为德、智、体兼优的劳动者，锻炼身体极为重要。身体健康是求学和将来工作之本。运动能治百病，能使人身体健康，头脑敏捷，对学习有促进作用。

——吴耕民

读书贵精不贵多。　——书摘

读书不要贪多，而是要多加思索，这样的读书使我获益不少。　——卢梭

经常不断地学习，你就什么都知道。你知道得越多，你就越有力量。　——高尔基

熟读唐诗三百首，不会作诗也会吟。　——孙洙

物之成于气，人之成于学。　——陈确

生命是一种语言，它为我们转达了某种真理；如果以另一种方式学习它，我们将不能生存。　——叔本华

生活、工作、学习倘使都能自动，则教育之收效定能事半功倍。所以我们特别注意自动力之培养，使它关注于全部的生活工作学习之中。自动是自觉的行动，而不是自发的行动。自觉的行动，需要适当的培养而后可以实现。　——陶行知

人天天都学到一点东西，而往往所学到的是发现昨日学到的是错的。　——B.V

读书是最好的学习。追随伟大人物的思想，是最富有趣味的一门科学。

——普希金

学习并不等于就是摹仿某些东西,而是掌握技巧和方法。 ——高尔基

要在座的人都停止了说话的时候,有了机会,方才可以谦逊地把问题提出,向人学习。 ——约翰·洛克

不怨天,不尤人,下学而上达。 ——《论语》

在学习上做一眼勤、手勤、脑勤,就可以成为有学问的人。 ——吴晗

聪明的人有长的耳朵和短的舌头。 ——弗莱格

读未见书,如得良友;读已见书,如逢故人。 ——左宗棠

积财千万,无过读书。 ——颜之推

或作或辍,一曝十寒,则虽读书百年,吾未见其可也。 ——吴梦祥

游手好闲的学习并不比学习游手好闲好。 ——约·贝勒斯

读书要玩味。 ——程颢

学习和研究好比爬梯子,要一步一步地往上爬,企图一脚跨上四五步,平地登天,那就必须会摔跤了。 ——华罗庚

与其用华丽的外衣装饰自己,不如用知识武装自己。 ——马克思

学业攻炉冶,炼尽三山铁。 ——寒山

在今天和明天之间,有一段很长的时间;趁你还有精神的时候,学习迅速办事。 ——歌德

读重要之书,不可不背诵。 ——司马光

我的努力求学没有得到别的好处,只不过是愈来愈发觉自己的无知。 ——笛卡儿

学习永远不晚。 ——高尔基

我们不需要死读硬记,我们需要用基本的知识来发展和增进每个学习者的思考力。 ——列宁

构成我们学习最大障碍的是已知的东西,不是未知的东西。 ——贝尔纳

读书是易事,思索是难事,但两者缺一,便全无用处。 ——富兰克林

人而不学，虽无忧，如禽何！ ——扬雄

如果学生在学校里学习的结果是使自己什么也不会创造，那他的一生永远是模仿和抄袭。 ——列夫·托尔斯泰

学以治之，思以精之。 ——扬雄

读书忌死读，死读钻牛角。 ——叶圣陶

我们一定要给自己提出这样的任务：第一，学习，第二是学习，第三还是学习。 ——列宁

伟大的成绩和辛勤劳动是成正比例的，有一分劳动就有一分收获，日积月累，从少到多，奇迹就可以创造出来。 ——鲁迅

自得读书乐，不邀为善名。 ——王永彬

礼貌是一种语言。它的规则与实行，主要要从观察，从那些有教养的人们举止上去学习。 ——洛克

无贵无贱，无长无少，道之所存，师之所存也。 ——韩愈

我们大家要学习他毫无自私自利之心的精神。从这点出发，就可以变为大有利于人民的人。一个人能力有大小，但只要有这点精神，就是一个高尚的人，一个纯粹的人，一个有道德的人，一个脱离了低级趣味的人，一个有益于人民的人。

——毛泽东

不能把小孩子的精神世界变成单纯学习知识。如果我们力求使儿童的全部精神力量都专注到功课上去，他的生活就会变得不堪忍受。他不仅应该是一个学生，而且首先应该是一个有多方面兴趣、要求和愿望的人。 ——苏霍姆林斯基

如果学习只在于模仿，那么我们就不会有科学，也不会有技术。 ——高尔基

在学习中，在劳动中，在科学中，在为人民的忘我服务中，你可以找到自己的幸福。 ——捷连斯基

活着就要学习，学习不是为了活着。 ——培根

学习外语并不难，学习外语就像交朋友一样，朋友是越交越熟的，天天见面，朋友之间就亲密无间了。 ——高士其

人皆知以食愈饥,念莫知以学愈愚。　——刘向

一日不书,百事荒芜。　——李诩

学习要注意到细处,不是粗枝大叶的,这样可以逐步学习、摸索,找到客观规律。　——徐特立

年轻只知学习营利,乃生命中最黯淡之时刻。　——格里尔

学习知识要善于思考,思考,再思考。　——爱因斯坦

重复是学习之母。　——狄更斯

士不厌学,故能成其圣。　——管仲

积书须善学,隙土可深耕。　——朱霞

加紧学习,抓住中心,宁精勿杂,宁专勿多。　——周恩来

对世界上的一切学问与知识的掌握也并非难事,只要持之以恒地学习,努力掌握规律,达到熟悉的境地,就能融会贯通,运用自如了。　——高士其

凿壁偷光,聚萤作囊;忍贫读书,车胤匡衡。　——许名奎

青年是整个社会力量中的一部分最积极最有生气的力量。他们最肯学习,最少保守思想,在社会主义时代尤其是这样。　——毛泽东

我们应该赞美岩石的坚定。我们应该学习岩石的坚定。我们应该对革命有着坚强的信念。　——陶铸

学然后知不足,教然后知困。知不足,然后能自反也;知困,然后能自强也。

——孔子

腹有诗书气自华,读书万卷始通神。　——苏轼

读书之法,在循序而渐进,熟读而精思。　——朱熹

德可以分为两种:一种是智慧的德,另一种是行为的德,前者是从学习中得来的,后者是从实践中得来的。　——亚里士多德

知识是珍贵宝石的结晶,文化是宝石放出的光泽。　——泰戈尔

古来一切有成就的人,都很严肃地对待自己的生命,当他活着一天,总要尽量多劳动,多工作,多学习,不肯虚度年华,不让时间白白地浪费掉。　——邓拓

与肝胆人共事，无字句处读书。　——周恩来

学无早晚，但恐始勤终随。　——张孝祥

自家慢诩便便腹，开卷方知未读书。　——张月楼

情况是在不断地变化，要使自己的思想适应新的情况，就得学习。　——毛泽东

为学之道，莫先于穷理；穷理之要，必先于读书。　——朱熹

深思立身道；精读修业书。　——《对联集锦》

游手好闲地学习，并不比学习游手好闲好。　——约翰·贝勒斯

学者如取水，终日取而不能逾其量。操瓢者止于瓢；操盎者止于盎。故善学者不自溢其器。　——左元臣

好学则老而不衰，可免好得之患。　——申涵光

要时常、听时常想、时常学习，才是人生真正的生活方式。什么事也不抱希望，什么事也不学的人，没有生存的资格。　——佚名

多见者博，多闻者智，拒谏者塞，专己者孤。　——桓宽

一日学一日功，一日不学十日空。　——谚语

立品直须同白玉；读书何止到青云。　——《对联集锦》

问渠那得清如许，为有源头活水来。　——朱熹

学如逆水行舟，不进则退；心似平原走马，易放难收。　——《对联集锦》

胸中不学，犹如手中无钱也。　——王充

吾尝终日不食，终夜不寝，以思，无益，不如学也。　——孔丘

立志宜思真品格，读书须尽苦功夫。　——阮元

人永远是要学习的。死的时候，才是毕业的时候。　——萧楚女

磋砣莫遗韶光老，人生惟有读书好。　——《宋诗纪要》

人若志趣不远，心不在焉，虽学无成。　——张载

记诵之法，学问之舟。　——章学诚

保持和培养每个学生的自尊心，取决于教师如何看待学生的个人学习成绩。　——苏霍姆林斯基

学习是劳动，并且应当永远是劳动，是充满了思想的劳动，使求学的兴趣本身依赖于严肃的思想，而不是依赖于任何不合乎实际的表面文章。 ——乌申斯基

要建设，就必须有知识，必须掌握科学。而要有知识，就必须学习，顽强地、耐心地学习。向所有的人学习，不论向敌人或朋友都要学习，特别是向敌人学习。 ——斯大林

教学必须从学习者已有的经验开始。 ——杜威

读书之法无它，惟是笃志虚心，反复详玩，为有功耳。 ——朱熹

人有知学，则有力矣。 ——王充

不学习的人像不长谷物的荒地。 ——印度谚语

为了在教学上取得预想的结果，单是指导学生的脑力活动是不够的，还必须在他身上树立起掌握知识的志向，即创造学习的诱因。 ——赞科夫

学如才识，不日进，则日退。 ——左宗棠

看书和学习是思想的经常营养，是思想的无穷发展。 ——冈察洛夫

为了成功地生活，少年人必须学习自立，铲除埋伏各处的障碍，在家庭要教养他，使他具有为人所认可的独立人格。 ——戴尔·卡耐基

读书贵能疑，疑乃可以启信。读书在有渐，渐乃克底有成。 ——《格言联璧》

为学，正如撑上水船，一篙不可放缓。 ——朱熹

钢是在烈火和急剧冷却里锻炼出来的，所以才能坚硬和什么也不怕。我们的一代也是这样的在斗争中和可怕的考验中锻炼出来的，学习了不在生活面前屈服。 ——奥斯特洛夫斯基

不怕读得少，只怕记不牢。 ——徐特立

学习有两忌，自高和自狭。 ——书摘

水不流要臭，刀不磨要锈，人不学习会落后。 ——谚语

忧愁非书不释，忿怒非书不解，精神非书不振。 ——阮元

一般青年的任务，尤其是共产主义青年团及其他一切组织的任务，可以用一句话来表示，就是要学习。 ——列宁

自古圣贤，盛德大业，未有不由学而成者也。　——黄宗羲

善学者尽其理，善行者究其难。　——荀况

读书欲精不欲博，用心欲专不欲杂。　——黄庭坚

天才不能使人不必工作，不能代替劳动。要发展天才，必须长时间地学习和高度紧张地工作。人越有天才，他面临的任务也越复杂，越重要。　——阿·斯米尔诺夫

学者有自立之志，当拔出流俗，不可泛泛与世浮沉。　——唐斌

人之进学在于思，思则能知是与非。　——朱熹

社会主义是科学和文化的社会。要成为社会主义社会的当之无愧的成员，应当努力地和好好地学习，获得很多的知识。　——加里宁

不读诗书形体陋。　——吴嘉纪

求学的三个条件是：多观察、多吃苦、多研究。　——加菲劳

我认为人生最美好的主旨和人类生活最幸福的结果，无过于学习了。　——巴尔扎克

做学问的功夫，是细嚼慢咽的功夫。好比吃饭一样，要嚼得烂，方好消化，才会对人体有益。　——陶铸

学习从来无捷径，循序渐进登高峰。　——高永祚

贫寒更须读书，富贵不忘稼穑。　——王永彬

大抵观书须先熟读，使其言皆若出于吾之口；继以精思，使其意皆若出于吾之心，然后可以有得也。　——朱熹

把学问过于用作装饰是虚假；完全依学问上的规则而断事是书生的怪癖。

——培根

书籍是朋友，虽然没有热情，但是非常忠实。　——雨果

进学致和，行方思远。　——字严

人的影响短暂而微弱，书的影响则广泛而深远。　——普希金

人非生而知之，孰能无惑？惑而不从师，其为惑也，终不解矣。　——韩愈

看书如服药，药多力自行。　——陈秀明

体力劳动对于小孩子来说，不仅是获得一定的技能和技巧，也不仅是进行道德教育，而且还是一个广阔无垠的惊人的丰富的思想世界。这个世界激发着儿童的道德的智力的审美的情感，如果没有这些情感，那么认识世界（包括学习）就是不可能的。　——苏霍姆林斯基

对所学知识内容的兴趣可能成为学习动机。　——赞科夫

书到精绝潜心读；文穷情理放声吟。　——《对联集锦》

读书即未成名，究竟人高品雅；修德不期获报，自然梦稳心安。　——《对联集锦》

书籍是最有耐心、最能忍耐和最令人愉快的伙伴。在任何艰难困苦的时刻，它都不会抛弃你。　——史美尔斯

如果把生活比喻为创作的意境，那么阅读就像阳光。　——池莉

夫道成于学而藏于书，学进于振而废于穷。　——王符

人臣若无学业，不能识前言往行，岂堪大任。　——吴兢

明灯常作伴；益书常为朋。　——《对联集锦》

凡读无益之书，皆是玩物丧志。　——王豫

善读者日攻、日扫。攻则直透重围，扫则了无一物。　——郑燮

壮士腰间三尺剑；男儿腹中五车书。　——《对联集锦》

谁在装束和发型上用尽心思，谁就没有精力用于学习；谁只注意修饰外表的美丽，谁就无法得到内在的美丽。　——杨尊田

我们的事业就是学习再学习，努力积累更多的知识，因为有了知识，社会就会有长足的进步，人类的未来幸福就在于此。　——契诃夫

知不足者好学，耻不问者自满。　——林逋

书不可不成诵，或在马上，或在中夜不寝时，咏其文，思其义，所得多矣。

　　　　　　　　　　　　　　　　　　　　——司马光

不敢妄为些子事，只因曾读数行书。　——陶宗仪

一个爱书的人，他必定不致于缺少一个忠实的朋友，一个良好的老师，一个可爱的伴侣，一个温情的安慰者。　——巴罗

学习必须与实干相结合。　——泰戈尔

三朋四友，吃喝玩乐，这叫作"酒肉朋友"，朋友相聚，不谈工作，不谈学习，不谈政治，只谈个人之间私利私愤的事，这叫作"群居终日，言不乃义"。

——谢觉哉

不是享乐，也不是受苦；而是行动，在每个明天，我们命定的目标和道路，都要比今天前进一步。　——朗费罗

我们要真正学到一点东西，就要虚心。譬如一个碗，如果已经装得满满的，哪怕再有好吃的东西，像海参、鱼翅之类，也装不进去，如果碗是空的，就能装很多东西。　——雷锋

你们必须向上代学习，必须掌握人类已经取得的最优秀的成果，然后再由此推陈出新。　——加里宁

学而时习之，不亦说乎？　——孔子

治学有三大原则：广见闻，多阅读，勤实验。　——戴布劳格利

温故而知新，可以为师矣。　——孔子

不愤不启，不悱不发。举一隅不以三隅反，则不复也。　——孔子

把学问过于用作装饰是虚假；完全依学问上的规则而断事是书生的怪癖。

——培根

学到很多东西的诀窍，就是一下子不要学很多。　——洛克

学问是异常珍贵的东西，从任何源泉吸收都不可耻。　——阿卜·日·法拉兹

学习是劳动，是充满思想的劳动。　——乌申斯基

敏而好学，不耻下问。　——孔子

知之者不如好之者，好之者不如乐之者。　——孔子

读书之法，在循序而渐进，熟读而精思。　——朱熹

书卷多情似故人，晨昏忧乐每相亲。　——于谦

书犹药也，善读之可以医愚。　——刘向

莫等闲，白了少年头，空悲切。　——岳飞

立志宜思真品格，读书须尽苦功夫。　——阮元

书到用时方恨少，事非经过不知难。　——陆游

旧书不厌百回读，熟读精思子自知。　——苏轼

路漫漫其修远兮，吾将上下而求索。　——屈原

读书破万卷，下笔如有神。　——杜甫

读万卷书，行万里路。　——刘彝

黑发不知勤学早，白发方悔读书迟。　——颜真卿

鸟欲高飞先振翅，人求上进先读书。　——李苦禅

书痴者文必工，艺痴者技必良。　——蒲松龄

书能保持我们的童心；书能保持我们的青春。　——严文井

读书如饭，善吃饭者长精神，不善吃者生疾病。　——章学诚

善于想，善于问，善于做的人，其收效则常大而且快。　——谢觉哉

勤奋就是成功之母。　——茅以升

书籍便是这种改造灵魂的工具。人类所需要的，是富有启发性的养料。而阅读，则正是这种养料。　——雨果

书籍是朋友，虽然没有热情，但是非常忠实。　——雨果

书籍是造就灵魂的工具。　——雨果

我扑在书上，像饥饿的人扑在面包上一样。　——高尔基

书是人类进步的阶梯，终生的伴侣，最诚挚的朋友。　——高尔基

书籍或许是人类在通向未来的幸福富强道路上所创造的一切奇迹中最复杂和伟大的奇迹。　——高尔基

书籍鼓舞了我的智慧和心灵，它帮助我从腐臭的泥潭中脱身出来，如果没有它们，我就会溺死在那里面，会被愚笨和鄙陋的东西呛住。　——高尔基

书籍使我变成了一个幸福的人，使我的生活变成轻松而舒适的。　——高尔基

每一本书是一级小阶梯，我每爬上一级，就更脱离畜生而上升到人类，更接近美好生活的观念，更热爱书籍。　——高尔基

书籍是最有耐心、最能忍耐和最令人愉快的伙伴。在任何艰难困苦的时刻，它都不会抛弃你。　——赫尔岑

知识本身并没有告诉人们怎样运用它，运用的方法乃在书本之外。　——培根

书籍是最好的朋友。当生活中遇到任何困难的时候，你都可以向它求助，它永远不会背弃你。　——都德

书籍是少年的食物，它使老年人快乐，也是繁荣的装饰和危难的避难所，慰人心灵。在家庭成为快乐的种子，在外也不致成为障碍物，但在旅行之际，却是夜间的伴侣。　——西塞罗

阅读使人完美，思考使人深刻，交谈使人清晰。　——富兰克林

要多读书，但不要读太多的书。　——富兰克林

书籍把我们引入最美好的社会，使我们认识各个时代的伟大智者。　——史美尔斯

书籍具有不朽的能力。它是人类活动的最长久的果实。　——史美尔斯

书籍是人类思想的宝库。　——乌申斯基

书籍是人类知识的总统。　——莎士比亚

经验丰富的人读书用两只眼睛，一只眼睛看到纸面上的话，另一只眼睛看到纸的背面。　——歌德

书籍是举世之宝。　——梭罗

先读最好的书，否则你根本没有机会去读了。　——梭罗

它还像一个宝瓶，把作者生机勃勃的智慧中最纯净的精华保存起来。　——弥尔顿

好书是伟大心灵的宝贵血脉。　——弥尔顿

书是我们时代的生命。　——别林斯基

好的书籍是最贵重的珍宝。　——别林斯基

书是唯一不死的东西。　——丘特

书籍使人们成为宇宙的主人。　——巴甫连柯

书中横卧着整个过去的灵魂。　——卡莱尔

书籍是当代真正的大学。　——卡莱尔

书不仅是生活,而且是现在、过去和未来文化生活的源泉。　——库法耶夫

书籍就像一盏神灯,它照亮人们最遥远、最黯淡的生活道路。　——乌皮特

书籍乃世人积累智慧之长明灯。　——寇第斯

书籍能引导我们进入高尚的社会,并结识各个时代的最伟大人物。　——斯迈尔斯

书籍使人变得思想奔放。　——革拉特珂夫

书籍使我们成为以往各个时代的精神生活的继承者。　——钦宁格

书籍是天才留给人类的遗产,世代相传,更是给予那些尚未出世的人的礼物。　——爱迪生

书籍是幼年人的导师,是老年人的护士,在岑寂的时候,书籍使我们欢娱,远离一切的痛苦。　——柯里叶尔

书籍是培育我们的良师,无需鞭答和根打,不用言语和训斥,不收学费,也不拘形式,对图书倾注的爱,就是对才智的爱。　——德伯里

书籍——通过心灵观察世界的窗口。住宅里没有书,犹如房间没有窗户。

——威尔逊

书籍陶冶情操。　——博维

书是随时在近旁的顾问,随时都可以供给你所需要的知识。　——王继东

书籍是培植智慧的工具。　——夸美纽斯

书就是社会,一本好书就是一个好的世界,好的社会。它能陶冶人的感情和气质,使人高尚。　——波罗果夫

读书使人心明眼亮。　——伏尔泰

无论掌握哪一种知识,对智力都是有用的,它会把无用的东西抛开而把好的东

西保留住。　——达·芬奇

书籍是寂寞时的朋友。读书可以使人心旷神怡。　——杜阿美

读书时，我愿在每一个美好思想的面前停留，就像在每一条真理面前停留一样。　——爱默生

人的影响短暂而微弱，书的影响则广泛而深远。　——普希金

人离开了书，如同离开空气一样不能生活。　——科洛廖夫

不能像走兽那样活着，应该追求知识和美德。　——但丁

选择作者如同选择朋友。　——W·狄龙

任何时间皆可读书，不需桌椅器具，不需约定时间地点。　——J·艾肯

书虫将自己裹在言辞之网中，只能看见别人思想反映出来的事物的朦胧影象。　——W·哈兹里特

有些人为思想而读书——罕见；有些人为写作而读书——常见；有些人为搜集谈资而读书，这些人占读书人的大多数。　——C·科尔顿

每个有知识的人，应该在自己的一生中，好好读上8—10本书。究竟该读哪些书？若想了解这点，那至少得读上15000本才行。　——巴比达

读书要有感受，要有审美感，对他人的金玉良言，要能融会贯通，并使之付诸实现。　——巴金

无限相信书籍的力量，是我的教育信仰的真谛之。　——苏霍姆林斯基

书籍是生活的加速器。　——尼克拉耶娃

书不仅是生活，而且是现在、过去和未来文化生活的源泉。　——库法耶夫

一本新书像一艘船，带领着我们从狭隘的地方，驶向生活的无限广阔的海洋。　——凯勒

书是随时在你近旁的顾问，随时都可以供给你所需要的知识，而且可以按照你的心意，重复这个顾问的次数。　——凯勒斯

书是巨大的力量。　——列宁

一本好书就是一个好的社会，它能够陶冶人的感情与气质，使人高尚。

——皮罗果夫

书，能保持我们的童心；书能保持我们的青春。　——严文井

书籍是任何一种知识的基础，是任何一门学科的基础的基础。　——茨威格

书籍是屹立在时间的汪洋大海中的灯塔。　——惠普尔

书籍是天才留给人类的遗产，世代相传，更是给予那些尚未出世的人的礼物。　——爱迪生

书读的越多而不加思考，你就会觉得你知道得很多；而当你读书而思考得越多的时候，你就会越清楚地看到，你知道得很少。　——伏尔泰

读书，始读，未知有疑；其次，则渐渐有疑；中则节节是疑。过了这一番，疑渐渐释，以至融会贯通，都无所疑，方始是学。　——朱熹

人是活的，书是死的。活人读死书，可以把书读活。死书读活人，可以把人读死。　——郭沫若

书本上的知识而外，尚须从生活的人生中获得知识。　——茅盾

人做了书的奴隶，便把活人带死了。把书作为人的工具，则书本上的知识便活了。有了生命力了。　——华罗庚

读一本好书，就是在和高尚的人在谈话。　——歌德

为中华之崛起而读书。　——周恩来

优秀的书籍是抚育杰出人才的珍贵乳汁，它作为人类财富保存下来，并为人类生活的进一步发展服务。　——弥尔顿

要多读书，但不要读太多的书。　——富兰克林

好的书籍是最贵重的珍宝。　——别林斯基

书籍把我们引入最美好的社会，使我们认识各个时代的伟大智者。　——史美尔斯

书是唯一不老的东西。　——丘比特

书是这一代对下一代精神上的遗训。　——赫尔岑

读书时，我愿在每一个美好思想的面前停留，就像在每一条真理面前停留一

样。　——爱默森

　　书籍是在时代的波涛中航行的思想之船，它小心翼翼地把珍贵的货物运送给一代又一代。　——培根

　　书是伟大心灵的富贵血脉。　——弥尔顿

　　不去读书就没有真正的教养，同时也不可能有什么鉴别力。　——赫尔岑

　　书不仅是生活，而且是现在、过去和未来文化生活的源泉。　——库法耶夫

　　在所阅读的书本中找出可以把自己引到深处的东西，把其他一切统统抛掉，就是抛掉使头脑负担过重和会把自己诱离要点的一切。　——爱因斯坦

　　书籍是人类的编年史，它将整个人类积累的无数丰富的经验，世世代代传下去。　——坎耶

　　用心念书，是为了避免成为不中用的人。　——纪伯伦

　　学习必须与实干相结合。　——泰戈尔

　　我们读书时，是别人在代替我们思想，我们只不过重复他的思想活动的过程而已，犹如儿童启蒙习字时，用笔按照教师以铅笔所写的笔画依样画葫芦一般。我们的思想活动在读书时被免除了一大部分。因此，我们暂不自行思索而拿书来读时，会觉得很轻松，然而在读书时，我们的头脑实际上成为别人思想的运动场了。所以，读书愈多，或整天沉浸读书的人，虽然可借以休养精神，但他的思维能力必将渐次丧失，此犹如时常骑马的人步行能力必定较差，道理相同。　——叔本华

　　学习有如母亲一般慈爱，它用纯洁和温柔的欢乐来哺育孩子，如果向它要求额外的报酬，也许就是罪过。　——巴尔扎克

　　我们的事业就是学习再学习，努力积累更多的知识，因为有了知识，社会就会有长足的进步，人类的未来幸福就在于此。　——契诃夫

　　读书是最好的学习。追随伟大人物的思想，是最富有趣味的一门科学。

　　　　　　　　　　　　　　　　　　　　　　　　　——普希金

　　读书可以培养一个完人，谈话可以训练一个敏捷的人，而写作则可造就一个准确的人。　——培根

韬略终须建新国，奋发还得读良书。　——郭沫若

只要还有什么东西不知道，就永远应当学习。　——小塞涅卡

光明给我们经验，读书给我们知识。　——奥斯特洛夫斯基

学之不精，由于多心。　——师旷

多读名家著作，多向有经验的人请教，同样是必要的。　——郭沫若

青年最主要的任务是学习。　——朱德

发奋识遍天下字，立志读尽人间书。　——苏东坡

除了野蛮国家，整个世界都被书统治着。　——福尔特尔

莫放春秋佳日过，最难风雨故人来。　——孙星衍

书籍使人变得思想奔放。　——革拉特珂夫

书籍是前人的经验。　——拉布雷

鸟欲高飞先振翅，人求上进先读书。　——李苦禅

我并没有什么方法，只是对于一件事情很长时间很热心地去考虑罢了。
　　　　　　　　　　　　　　　　　　　——牛顿

只要愿意学习，就一定能够学会。　——列宁

有时候读书是一种巧妙地避开思考的方法。　——赫尔普斯

读书对于智慧，就像体操对于身体一样。　——英国谚语

夫道成于学而藏于书，学进于振而废于穷。　——王符

喜爱读书，就等于把生活中寂寞无聊的时光换成巨大享受的时刻。　——孟德斯鸠

我读的书愈多，就愈亲近世界，愈明了生活的意义，愈觉得生活的重要。
　　　　　　　　　　　　　　　　　　　——高尔基

把一页书好好地消化，胜过匆匆地阅读一本书。　——英国谚语

看别的书也一样，仍要自己思索，自己观察。倘只看书，便变成书橱，即使自己觉得有趣，而那趣味其实是已在逐渐硬化，逐渐死去了。　——鲁迅

凡读无益之书，皆是玩物丧志。　——王豫

从来没有人为了读书而读书，只有在书中读自己，在书中发现自己，或检查自己。 ——罗曼·罗兰

进学致和，行方思远。 ——字严

善读者日攻、日扫。攻则直透重围，扫则了无一物。 ——郑燮

为学大病在好名。 ——王守仁

读书是易事，思索是难事，但两者缺一，便全无用处。 ——富兰克林

在科学著作中，你最好读最新的书，在文学著作中，你最好读最老的书。古典文学作品永远不会衰老。 ——布尔韦尔·利顿

任何一个人，都要必须养成自学的习惯，即使是今天在学校的学生，也要养成自学的习惯，因为迟早总要离开学校的！自学，就是一种独立学习，独立思考的能力。行路，还是要靠行路人自己。 ——华罗庚

一日学一日功，一日不学十日空。 ——谚语

读书何所求？将以通事理。 ——张维屏

不学，则不明古道，而能政治太平者未之有也。 ——吴兢

教师进行劳动和创造的时间好比一条大河，要靠许多小的溪流来滋养它。教师时常要读书，平时积累的知识越多，上课就越轻松。 ——苏霍姆林斯基

读书之乐何处寻，数点梅花天地心。 ——朱熹

读书欲精不欲博，用心欲专不欲杂。 ——黄庭坚

为学之道，莫先于穷理；穷理之要，必先于读书。 ——朱熹

人的影响短暂而微弱，书的影响则广泛而深远。 ——普希金

要痊愈的病人不辞热痛的针灸，要上进的读者也决不怕要恶辣的书。 ——鲁迅

每天读上五小时的书，人很快就会变得渊博起来。 ——塞缪尔·约翰逊

在经验的指导下读书，价值要大得多，因为经验是他们的老师的导师。

——达·芬奇

读书是灵魂的壮游，随时可发现名山巨川、古迹名胜、深林幽谷、奇花异卉。 ——法朗士

光读书、不思考也许能使平庸之辈知识丰富，但它决不能使他们头脑清醒。

——约·诺里斯

读书，永远不恨其晚。晚比永远不读强。 ——梁实秋

读书不能囫囵吞枣，而要从中吸取自己需要的东西。 ——易卜生

人们对博览群书的人推崇备至，这一点足以被视为对文学的赞扬。 ——爱默生

读书，这个我们习以为常的过程，实际上是人的心灵和上下古今一切民族的伟大智慧相结合的过程。 ——高尔基

两个人如果读过同一本书，他们之间就有一条纽带。 ——爱默生

读书是至乐的事。 ——林语堂

知识无涯，而生命有限。既要博古，又要通今，时间实在不够用。所以，用功读书开始要早。青年不努力，更待何时？ ——梁实秋

爱看书的青年，也可以看看本分以外的书，即课外的书，不要只将课内的书抱住。 ——鲁迅

应做的功课已完而有余暇，大可以看看各样的书，即使和本业毫无相干的，也要泛览。 ——鲁迅

倘要完全的书，天下可读的书怕要绝无，倘要完全的人，天下配活的人也就有限。 ——鲁迅

行万里路，究不若读万卷书之重要。 ——梁实秋

读书是一种探险，如探新大陆，如征新土壤。 ——杜威

一个人处在沉闷的时代，是容易喜欢看古书的，作为研究，看看也不要紧，不过深入之后，就容易受其浸润，和现代离开。 ——鲁迅

专读书也有弊病，所以必须和实际社会接触，使所读的书活起来。 ——鲁迅

少年读书，如隙中窥月；中年读书，如庭中望月；老年读书，如台上玩月。皆以阅历之深浅，为所得之深浅耳。 ——张潮

读书勿求多，岁月既积，卷帙自富。 ——冯班

读书之法无它，惟是笃志虚心，反复详玩，为有功耳。　——朱熹

读书譬如饮食，从容咀嚼，其味必长；大嚼大咀，终不知味也。　——朱熹

为学之道，莫先于穷理；穷理之要，必先于读书。　——朱熹

读书不知味，不如束高阁；蠹鱼尔何如，终日食糟粕。　——袁牧

读书欲精不欲博，用心欲专不欲杂。　——黄庭坚

外物之味，久则可厌；读书之味，愈久愈深。　——程颢

读书应自己思索，自己做主。　——鲁迅

读书是在别人思想的帮助下，建立起自己的思想。　——鲁巴金

读书而不能运用，则所读的书等于废纸。　——华盛顿

读书补天然之不足，经验又补读书之不足。　——培根

真正的读书使瞌睡者醒来，给未定目标者选择适当的目标。正当的书籍指示人以正道，使其避免误入歧途。　——卡耐基

读书人不一定有知识，真正的常识是懂得知识，会思想，能工作。　——徐特立

日出照亮大地，读书清醒头脑。　——蒙古谚语

读书而不理解，等于不读。　——夸美纽斯

没有比读书更廉价的娱乐，更持久的满足了。　——蒙台居

不读书的人，思想就会停止。人都向往知识，一旦知识的渴望在他身上熄灭，他就不再成为人。　——南森

风声，雨声，读书声，声声入耳；国事，家事，天下事，事事关心。　——顾宪成

有时间读书，有时间又有书读，这是幸福；没有时间读书，有时间又没书读，这是苦恼。　——莫耶

任何时候，我也不会满足，越是多读书，就越是深刻地感到不满足，越感到自己知识贫乏。科学是奥妙无穷的。　——马克思

读书可以培养一个完人，谈话可以训练一个敏捷的人，而写作则可造就一个准确的人。　——培根

要是童年的日子能重新回来，那我一定不再浪费光阴，我要把每分每秒都用来读书！　——泰戈尔

读书，这个我们习以为常的平凡过程，实际上是人们心灵和上下古今一切民族的伟大智慧相结合的过程。　——高尔基

身边永远要带着铅笔和笔记本，读书和谈话时碰到的一切美妙的地方和话语都把它记下来。　——列夫·托尔斯泰

出现了不少空谈家，他们读书只是为了"驳斥"别人，高声宣扬自己的革命精神，以便跳到那些比较谦虚，比较严肃的同志面前去。　——高尔基

读书对于我来说是驱散生活中的不愉快的最好手段。没有一种苦恼是读书所不能驱散的。　——孟德斯鸠

喜欢读书，就等于把生活中寂寞的辰光换成巨大享受的时刻。　——孟德斯鸠

在读书上，数量并不列于首要，重要的是书的品质与所引起的思索的程度。　——富兰克林

养心莫若寡欲，至乐无如读书。　——戚继光

当一个伟大的思想作为一种福音降临这个世界时，它对于受陈规陋习羁绊的大众会成为一种冒犯，而在那些读书不少但学识不深的人看来，却是一桩蠢事。

——歌德

读书全靠自用功，先生不过引路人。　——民间谚语

我读书总是以少为贵，从不贪多。不怕读得少，只怕记不牢。　——徐特立

人家不必论富贵，唯有读书声最佳。　——唐寅

立身以立学为先，立学以读书为本。　——郑耕老

好读书，不求甚解。　——陶渊明

自家慢诩便便腹，开卷方知未读书。　——张月楼

为乐趣而读书。　——毛姆

幼小读书要琢磨，休怪老师批评多，生铁百炼才成钢，宝剑再快也要磨。

——民间谚语

读书不思考，等于吃饭不消化。　——英国谚语

理想的书籍是智慧的钥匙。　——列夫·托尔斯泰

人的影响短暂而微弱，书的影响则广泛而深远。　——普希金

书籍是青年人不可分离的生活伴侣和导师。　——高尔基

不读书的人，思想就会停止。　——狄德罗

读书不要贪多，而是要多加思索，这样的读书使我获益不少。　——卢梭

读书是在别人思想的帮助下，建立起自己的思想。　——鲁巴金

饭可以一日不吃，觉可以一日不睡，书不可以一日不读。　——毛泽东

读书也像开矿一样"沙里淘金"。　——赵树理

不怕读得少，只怕记不牢。　——徐特立

与其用华丽的外衣装饰自己，不如用知识武装自己。　——马克思

知识是珍贵宝石的结晶，文化是宝石放出的光泽。　——泰戈尔

知识就是力量。　——培根

无限相信书籍的力量，是我的教育信仰的真谛之。　——苏霍姆林斯基

能够摄取必要营养的人要比吃得很多的人更健康，同样的，真正的学者往往不是读了很多书的人，而是读了有用的书的人。　——亚里斯提卜

我们自动的读书，即嗜好的读书，请教别人是大抵无用，只好先行泛览，然后决择而入于自己所爱的较专的一门或几门；但专读书也有弊病，所以必须和现实社会接触，使所读的书活起来。　——鲁迅

只看一个人的著作，结果是不大好的：你就得不到多方面的优点。必须如蜜蜂一样，采过许多花，这才能酿出蜜来。倘若叮在一处，所得就非常有限，枯燥了。

——鲁迅

加紧学习，抓住中心，宁精勿杂，宁专勿多。　——周恩来

阅读一本不适合自己阅读的书，比不阅读还要坏。我们必须会这样一种本领，选择最有价值、最适合自己所需要的读物。　——别林斯基

不好的书也像不好的朋友一样，可能会把你戕害。　——菲尔丁

积累知识，也应该有农民积肥的劲头，捡的范围要宽，不要限制太多，牛粪、人粪、羊粪都一概捡回来，让它们统统变成有用的肥料，滋养作物的生长。　——邓拓

有些书可供一尝，有些书可以吞下，有不多的几部书则应当咀嚼消化；这就是说，有些书只要读读他们的一部分就够了，有些书可以全读，但是不必过于细心地读；还有不多的几部书则应当全读、勤读，而且用心地读。　——培根

书富如入海，百货皆有。人之精力，不能兼收尽取，但得所欲求者尔。故愿学者每次作一意求之。　——苏轼

我阅读关于我所不懂的题目之书籍时，所用的方法，是先求得该题目的肤表的见解，先浏览许多页和好多章，然后才从头重新读起，以求获得精密的智识。我对该书的终末，就懂得它的起音。这是我所能介绍给你唯一正解的方法。　——狄慈根

重要的不是知识的数量，而是知识的质量，有些人知道很多很多，但却不知道最有用的东西。　——托尔斯泰

各种蠢事，在每天读书的影响下，仿佛在火上一样，渐渐熔化。　——雨果

书，这是这一代对另一代人精神上的遗言，这是将死的老人对刚刚开始生活的青年人的忠告，这是准备去休息的哨兵向前来代替他的岗位的哨兵的命令。

　　　　　　　　　　　　　　　　　　　——赫尔岑

不去读书就没有真正的教养，同时也不可能有什么鉴别力。　——赫尔岑

好的书籍是最贵重的珍宝。　——别林斯基

书是我们时代的生命。　——别林斯基

生活在我们这个世界里，不读书就完全不可能了解人。　——高尔基

书和人一样，也是有生命的一种现象，它也是活的、会说话的东西。　——高尔基

读书，这个我们习以为常的平凡过程，实际上是人的心灵和上下古今一切民族的伟大智慧相结合的过程。　——高尔基

每一本书是一级小阶梯，我每爬一级，就更脱离畜牲而上升到人类，更接近美好生活的观念，更热爱这本书。　——高尔基

读书在于造成完全的人格。 ——培根

图书馆使我得以有恒地研习而增进我的知识,每天我停留在里面一两个钟头,用这个办法相当的补足了我失掉的高深教育。 ——富兰克林

和书籍生活在一起,永远不会叹气。 ——罗曼·罗兰

读书是大众技巧,却是小众艺术。没有什么能取代不在场的作者与在场的读者之间复杂的交流。电子阅读器不会全面取代实体书。因为每一本书都给人不同的感受和外观,每一部电子书给人的感受和外观则是一模一样的。 ——朱利安·巴恩斯

阅读有着怎样的神奇呢?我们人生只有一辈子,通过阅读你可以获得几个一辈子。通过阅读,可以体验李白的一辈子,崔颢的一辈子。我们人类没有翅膀,阅读会为我们插上翅膀。阅读就是给你一个非常丰满的想象力,这就是阅读的神奇。 ——池莉

阅读有什么好处,不读书的人是不知道的。因为不读书,你可能连自己都不认识;因为读书,你可能了解所有人,包括五百年前和五百年后的。 ——麦家

读书分为谋生和谋心两种:谋生的读书是从小学一直读到大学,为的是找个工作,这不是真正的读书;而谋心的读书则是为了心灵的寄托和安慰,这才是真正的读书。 ——易中天

读书的好处在于:他总能发现原来他的感受早已被世上某个人明白地说清楚了。他终于明白,他并不是一个独特的他,他只是他们中模糊的某个。 ——梁冬

(四)智慧

个人感悟

一个缺少思考智慧的民族是一个没有未来的民族!一个缺少思考智慧的民族是一个没有希望的民族!思考得智慧,智慧就是力量,一个民族需要有智慧的人才,拥有智慧人才的多少,决定着一个国家和人民的整体素质和科学教育等领域的发展趋势。但智慧人才从哪里来?只能从智慧教育中来。所以,智慧教育是民族之根、

民族之魂。不会思考，哪来的智慧，只有在学习中思考，在实践中思考，才能获得智慧和真知。

纵观人类历史上产生的许多思想家、哲学家、教育家、艺术家和科学家等。他们可能没有多少文化，但却有着自我智慧、纯朴和勤劳的性格，他们总是能够自觉运用自我思考智慧去探索智慧教育。

我们中华民族历来是一个重视思考智慧教育的民族，正是智慧教育造就了中国历史上的一个思想家、哲学家、教育家孔子；正是智慧教育造就了中华大地的一代英才孙子；正是智慧教育造就了一个没有学历，但却具有自我智慧的科学家、发明家——爱迪生等许多杰出精英人才。事实证明，只有智慧教育才能够为人类、为社会造就出成千上万的精英人才。

智慧教育，就是要提高人们生命质量和生活的品位的教育；智慧教育，就是要引领人们获得自我智慧的教育；智慧教育，就是要尊重人们的智慧生命精神的教育。智慧教育怀有着天地自然广博的胸怀；智慧教育具有着人类特有的自然本性；智慧教育敢于突破传统的思维模式；智慧教育懂得真正的爱是赋予了人类智慧生命意义的爱；智慧教育是一种让人不执着苦难，能够运用自我智慧之剑去战胜任何困难的法宝。

智慧教育的实质，是要从根本上去提升人们的心身素质的教育。智慧教育的最终目的就是使人们真正懂得人类自然生命智慧的本来意义。

"智慧教育"本应是全人类都来重视的问题，可现在已经很少有人去关注她了，特别是现代社会的年轻人们更是如此，总认为那是思想家、哲学家和教育家们的事情，和我们无大关系。目前人们对智慧教育的误解，已经使社会变得不和谐，许多人变得不自然、不智慧，这只能说社会和人都存在问题，但归根结底还是人的问题，人的自我智慧发生的问题，所以，如果智慧教育问题解决不好，肯定会影响社会和个人的进步与发展。

世间任何事物都是有规律可寻的，自然有规律可寻，社会有规律可寻，生命也有规律可寻。只有运用自我智慧，才有可能做到每个人真正的独立，才能在思想方面、工作方面、生活方面,达到真正达到自然、智慧与和谐的状态。

我们每个人都有自我思考智慧,只是没有发现而已。这就像金矿埋在地里是一样的道理,不去发现和开采,金矿是不会自己跑出来的。同理,自我智慧是人人都有的,只是有待于由每个人自己去思考发现、掌握和运用。每个人都能够发现自我智慧,每个人都能够掌握自我智慧,每个人都能在生活实践中运用自我智慧,每个人都应懂得给自己带来成功少不了智慧。让大家思考吧,智慧就会到来。

经典事例

曾经有个小国到中国来,进贡了三个一模一样的金人,金碧辉煌,把皇帝高兴坏了。可是这小国不厚道,同时出一道题目:这三个金人哪个最有价值? 皇帝想了许多的办法,请来珠宝匠检查,称重量,看做工,都是一模一样的。怎么办?使者还等着回去汇报呢。泱泱大国,不会连这个小事都不懂吧?最后,有一位解组的老大臣说他有办法。 皇帝将使者请到大殿,老臣胸有成竹,拿着三根稻草,插入第一个金人的耳朵里,这稻草从另一边耳朵出来了。第二个金人的稻草从嘴巴里直接掉出来,而第三个金人,稻草进去后掉进了肚子,什么响动也没有。老臣说:第三个金人最有价值!使者默默无语,答案正确。这个故事告诉我们,最有价值的人,不一定是最能说的人。老天给我们两只耳朵一个嘴巴,本来就是让我们多听少说的。善于倾听,才是有智慧的人最基本的素质。

名人箴言

思考是理性的劳动,而幻想是理性的愉悦。 ——雨果

问题解决之前,尽可能地全力思考。但是事情决定了,就压根儿再不要去忧虑。 ——卡耐基

没有几个人具有逻辑性的思考。我们多数人都犯有武断、偏见的毛病。我们多数人都具有固执、嫉妒、猜忌、恐惧和傲慢的缺点。 ——卡耐基

无论在何种情况之下,"拘束"都不是好的现象。身体上的拘束固然不好,心

理上的拘束更不应该。因为心理上一旦有了拘束，思考就迟钝起来。不可能产生好的构想。　——松下幸之助

　　思考和知识应该是经常同步而行。如若不然，知识就是个死物，而且会毫无成果地消亡。　——洪保德

　　认定某件事已没问题，便不再去思考，正是人的致命伤，人生的一大半错误也肇因于此。　——弥尔

　　对于好思考的人而言，世界里满是喜剧；对于好感觉的人而言，世界里满是悲剧。　——华尔波尔

　　许多人在重组自己的偏见时，还以为自己是在思考。　——威廉·詹姆斯

　　我们必须作为思考的人而行动；作为行动的人而思索。　——柏格森

　　当我想要考虑一个特殊的问题时，我便打开某一个抽屉。等我在脑海里解决了这个问题时，我就关上那个抽屉并打于另一个。我想要睡觉时，则把所有的抽屉都关上。　——拿破仑

　　凡是值得思考的事情，没有不是被人思考过的；我们必须做的只是试图更新加以思考而已。　——歌德

　　谁不用脑子去思索，到头来他除了感觉之外将一无所有。　——歌德

　　仅有一种想法比任何事情都可怕。　——埃米尔·查特依尔

　　一盎司自己的智慧抵得上一吨别人的智慧。　——斯特恩

　　过去的一切都是智慧的镜子。　——克·罗塞蒂

　　当智慧骄傲到不肯哭泣，庄严到不肯欢乐，自满到不肯看人的时候，就不成为智慧了。　——纪伯伦

　　在智慧提供给整个人生的一切幸福之中，以获得友谊最为重要。　——伊壁鸠鲁

　　智慧是经济之女。　——达·芬奇

　　机会先把前额的头发给你捉而你不捉之后，就要把秃头给你捉了；或者至少它先把瓶子的把儿给你拿，如果你不拿，它就要把瓶子滚圆的身子给你，而那是很难捉住的。在开端起始时善用时机，再没有比这种智慧更大的了。　——培根

真正的美德不可没有实用的智慧,而实用的智慧也不可没有美德。　——亚里士多德

哲人的智慧,加上孩子的天真,或者就能成个好作家了。　——老舍

一个人的智慧不够用,两个人的智慧用不完。　——民间谚语

谋无主则困,事无备则废。　——庄子

简洁是智慧的灵魂,冗长是肤浅的藻饰。　——莎士比亚

好人之所以好是因为他是有智慧的,坏人之所以坏是因为人是愚蠢的。

——柏拉图

团结就有力量和智慧,没有诚意实行平等或平等不充分,就不可能有持久而真诚的团结。　——欧文

从伟大的认知能力和无私的心情结合之中最易于产生出思想智慧来。　——罗素

没有智慧的头脑,就像没有蜡烛的灯笼。　——民间谚语

要热爱书,它会使你的生活轻松;它会友爱地来帮助你了解纷繁复杂的思想情感和事件;它会教导你尊重别人和你自己;它以热爱世界热爱人类的情感来鼓舞智慧和心灵。　——高尔基

集体的力量如钢铁,众人的智慧如日月。　——雷锋

由智慧所养成的习惯能成为第二本性。　——培根

一个有智慧的人,才是真正一个无量无边的人。　——巴尔扎克

人们将永远赖以自立的是他的智慧、良心、人的尊严。　——苏霍姆林斯基

智慧表现在下一次该怎么做,美德则表现在行为本身。　——约尔旦

德可以分为两种:一种是智慧的德,另一种是行为的德,前者是从学习中得来的,后者是从实践中得来的。　——亚里士多德

有些女子的见识就寓于容貌之中,她们所有智慧在眸子里闪动。　——爱·扬格

聪明智慧,然而缺少果断,这就只能是婆婆妈妈;有勇气但不聪明机灵,毫无疑问,这只是兽性大发。　——《五卷书》

智慧之于灵魂犹如健康之于身体。　——拉罗什富科

智慧存在于真理之外。　——德国谚语

财富的增长和闲暇的增多是人类文明的二大要素。　——迪斯累利

智慧只能在真理中发现。　——歌德

创造靠智慧，处世靠常识；有常识而无智慧，谓之平庸，有智慧而无常识，谓之笨拙。智慧是一切力量中最强大的力量，是世界上唯一自觉活着力量。　——高尔基

缺乏智慧的幻想才得以产生怪物，与智慧结合的幻想是艺术之因和奇迹之源。　——戈雅

智慧是命运的一部分，一个人所遭遇的外界环境是会影响他的头脑的。
　　　　　　　　　　　　　　　　　　　　——莎士比亚

人在智慧上应当是明豁的，道德上应该是清白的，身体上应该是清洁的。
　　　　　　　　　　　　　　　　　　　　——契诃夫

需要给人以智慧。　——威·霍曼

智慧愿我们——勇敢、无忧、矜高、刚强，她是一个女人，永远只爱着战士。
　　　　　　　　　　　　　　　　　　　　——尼采

愚人通过不幸而得到智慧。　——德谟克利特

智者的智慧是一种不平常的常识。　——拉尔夫·英

智慧不属于恶毒的心灵，没有良心的科学只是灵魂的毁灭。　——拉伯雷

向人们质疑，就是求智之道，自己在内心思索道理，就是启发智慧之本。
　　　　　　　　　　　　　　　　　　　　——佚名

即使是一个智慧的地狱，也比一个愚昧的天堂好些。　——雨果

因为财富就是势力，所以一切势力都必然会以这样那样的手段攫取财富。
　　　　　　　　　　　　　　　　　　　　——埃·伯克

笔墨是智慧的犁铧。　——约翰·克拉克

财富就像海水，饮得越多，渴得越厉害；名望实际上也是如此。　——叔本华

恒心架起通天路，勇气打开智慧门。　——民间谚语

如果我的生命中没有智慧，它仅仅会黯然失色；如果我的生命中没有爱情，它就会毁灭。　——亨利·德·蒙泰朗

书籍并不是没有生命的东西，它包藏着一种生命的潜力，与作者同样地活跃。不仅如此，它还像一个宝瓶，把作者生机勃勃的智慧中最纯净的精华保存起来。　——弥尔顿

靠智慧能赢得财产，但没有人能有财产换来智慧。　——贝·泰勒

仪表、衣着、装饰的美好固然可以给人以美感，而心灵的美、智慧的美、行为的美所能够激发起人们的美感，总是要比前者强烈得多。外表美的缺陷可以用内心美来弥补，而心灵的卑污却不是外表美可以抵消的。　——秦牧

坚定不移的智慧是最宝贵的东西，胜过其余的一切。　——德谟克里特

聪明人会用雄心本身来治愈雄心。他的目标如此高尚，财富、地位、幸运和恩惠都无法使他满足。　——拉布吕耶尔

读书，这个我们习以为常的平凡过程，实际是人的心灵和上下古今一切民族的伟大智慧相结合的过程。　——高尔基

自满是求知的拦路虎，自谦是智慧的引路人。　——壮族谚语

良好的人生是受行动和智慧指导的。　——罗素

我不应把我的作品全归功于自己的智慧，还应归功于我以外向我提供素材的成千成万的事情和人物。　——歌德

自满是智慧的尽头。　——民间谚语

思想和智慧是高尚的美德。　——海塞

即使在最聪明的人身上，本能也一定先于智慧。对于人来说，本能有时也许是更为理想的向导。　——乔·李洛

塑成一个雕像，把生命赋给这个雕像，这是美丽的；创造一个有智慧的人，把真理灌输给他，这就更美丽。　——雨果

智慧、友爱，这是照明我们的黑夜的光亮。　——罗曼·罗兰

一钱谨慎胜过一镑智慧。　——德国谚语

你既然期望辉煌伟大的一生，那么就应该从今天起，以毫不动摇的决心和坚定不移的信念，凭自己的智慧和毅力，去创造你和人类的快乐。 ——佚名

挫折可以增长经验，经验能够丰富智慧。 ——英国谚语

智慧是不会枯竭的，思想和思想相碰，就会迸溅无数火花。 ——马尔克林斯基

懒惰没有牙齿，但可以吞噬人的智慧。 ——亚洲民间谚语

为了达到目标，暂时走一走与理想背驰的路，有时却正是智慧的表现。
——佚名

凡过于把幸运之事归功于自己的聪明和智慧的人多半结局是不幸的。 ——培根

智慧属于成人，单纯属于儿童。 ——蒲柏

智慧之子使父亲欢乐，愚昧之子使母亲蒙羞。 ——所罗门

哲学家是忠于智慧和健全理智的，因而是坏蛋贼骗子。社会应该使仇恨教会的人受火刑。这些恶棍竟提醒人们当心：在尘世，不要两眼朝天被掏走钱袋。
——霍尔巴赫

一个人的智慧不是一个器具，等待老师去填满；而是一块可以燃烧的煤，有待于老师去点燃。 ——考留达克

智慧最后的结论是：生活也好，自由也好，都要天天去赢取，这才有资格去享有它。 ——歌德

科学是人类的共同财富，而真正的科学家的任务就是丰富这个令人类都能受益的知识宝库。 ——科尔莫戈罗夫

打破常规的道路指向智慧之宫。 ——布莱克

单单一个有智慧的的友谊，要比所有愚蠢的人的友谊还更有价值。 ——德谟克里特

智慧，不是死的默念，而是生的沉思。 ——斯宾诺莎

智慧的艺术就是懂得该宽容什么的艺术。 ——威廉·詹姆斯

赢得友谊要靠智慧，保持友谊要靠美德，这两者是同等重要的。 ——威·佩因特

人的智慧不用就会枯萎。　——达·芬奇

理想的书籍是智慧的钥匙。　——托尔斯泰

智慧是经验之女。　——达·芬奇

时间的犁，在勤奋者的额头，开出无数条智慧之渠。　——民间谚语

勇气是智慧和一定程度教养的必然结果。　——列夫·托尔斯泰

鸟靠翅膀兽靠腿，人靠智慧鱼靠尾。　——韦伯斯特

人们在一起可以做出单独一个人所不能做出的事业；智慧、双手、力量结合在一起，几乎是万能的。　——韦伯斯特

生活的智慧大概就在于逢事都问个为什么。　——巴尔扎克

谨慎是智慧的长子。　——雨果

人的智慧掌握着三把钥匙，一把开启数字，一把开启字母，一把开启音符。知识、思想、幻想就在其中。　——雨果

爱情和智慧，二者不可兼得。　——培根

智慧有三果：一是思考周到，二是语言得当，三是行为公正。　——德谟克利特

智慧是对一切事物产生这些事物的原因的领悟。　——西塞罗

民间谚语可以体现一个民族的创造力，智慧和精神。　——培根

智慧意味着以最佳的方式追求最高的目标。　——大哈奇森

学问和健康之外无财富，无知和疾病之外无贫穷。　——王润生

争强与好胜之心在思想的碰撞中可以激活智慧而集思广益，但也是偏见向真理低头的死敌。　——王润生

书籍一面启示我的智慧和心灵，一面帮着我在一片烂泥塘里站了起来，如果不是书籍的话，我就沉没在这片泥塘里，我就要被愚蠢和下流淹死。　——高尔基

智慧不是自然的恩赐，而是经验的结果。　——日本谚语

时间给勤勉的人留下智慧的力量，给懒惰的人留下空虚和悔恨。　——民间谚语

理智是经验阅历的成果，它潜在人身内部，如同火藏在石块内部，两块石头相

撞,就迸出火花,人的经验越多,理智就越多。 ——伊本·穆加发

真理是智慧的太阳。 ——沅韦纳戈

由智慧养成的习惯成为第二天性。 ——培根

我们有望得到的唯一的智慧,是谦卑的智慧:虚怀若谷。 ——T·S·艾略特

与智慧结合的幻想是艺术之母和奇迹之谜。 ——戈雅

智慧、勤劳和天才,高于显贵和富有。 ——贝多芬

财富会带来忧虑,但智慧会导致精神安宁。 ——新格言

智慧是穿不破的衣裳,知识是取不尽的宝藏。 ——新格言

德可以分为两种:一种是智慧的德,另一种是行为的德。前者是从学习中得来的,后者是从实践中得来的。 ——亚里士多德

知识反不如机智来得重要。 ——L·A

一首伟大的诗篇像一座喷泉一样,总是喷出智慧和欢愉的水花。 ——雪莱

记忆力并不是智慧;但没有记忆力还成什么智慧呢? ——哈柏

谨慎和自制是智慧的源泉。 ——罗·彭斯

一个人如果不是真正有道德,就不可能真正有智慧。精明和智慧是非常不同的两件事。精明的人是精细考虑他自己利益的人;智慧的人是精细考虑他人利益的人。 ——雪莱

狡猾的小聪明并非真正的明智。他们虽然能登堂却不能入室,虽能取巧并无大智。靠这些小术要得逞于世,最终还是行不通的。 ——弗·培根

要知山下路,须问过来人。 ——王有兴

聪明不外露,耕读可兼营。 ——王永彬

美德与财富很难集于一人之身。 ——罗·伯顿

科学既是人类智慧的最高成果,又是最有希望的物质福利的源泉。 ——贝尔纳

劳动是有神奇力量的民间教育学,给我们开辟了教育智慧的新源泉。这种源泉是书本教育理论所不知道的。我们深信,只有通过有汗水,有老茧和疲乏人的劳动,人的心灵才会变得敏感、温柔。通过劳动,人才具有用心灵去认识周围世界的

能力。　——苏霍姆林斯基

以为智慧比美德更重要的人，会失去自己的智慧。　——杰弗逊

诚实是智慧之书的第一章。　——杰弗逊

愤怒中看出智慧，贫困中看出朋友。　——毛难族谚语

单单一个有智慧的人的友谊，要比所有愚蠢的人的友谊还更有价值。　——德谟克利特

优秀的书籍像一个智慧善良的长者，搀扶我一步步向前走，并且逐渐懂得了世界。　——秦牧

科学是老老实实的东西，它要靠许许多多人民的劳动和智慧积累起来。

——李四光

民间谚语是街头巷尾的智慧。　——贝纳姆

光有外表的美是不够的，言谈、智慧、表演、甜蜜的笑语都胜过自然创造的单纯的美。一切艺术手段都是美的调料。　——佩特罗尼乌斯

人类的全部历史都告诫有智慧的人，不要笃信时运，而应坚信思想。　——爱献生

我爱有某种丑的美，我爱优雅曼妙的风姿，我爱胜过滔滔雄辩的沉默。我宁可一天十次看到丑。只要其中有闪光、新意和智慧，而不愿在一个月里看见一次灵魂空虚的渺小的美。　——雷哈尼

幽雅之于体态，犹如判断力之于智慧。　——拉罗什富科

充满智慧的人迈入生活的门槛时，他的思想一尝试着展开翅膀，就会用目光抚摩着诗意，用眼睛孵育着诗意。可是一碰到常见的坚硬的障碍，这诗意的卵就破碎了。对于几乎所有的人来说，现实生活的脚一落地，便踩在这几乎永不破壳出雏的神秘的卵上了。　——巴尔扎克

人的智慧掌握着三把钥匙，一把开启数字，一把开启字母，一把开启音符。知识思想幻想就在其中。　——雨果

人多是耻于问人。假使今日问于人，明日胜于人，有何不可？　——张载

日益增长的财富与日益增长的安逸为人类带来文明。　——迪斯累利

要有天大智慧，不要有黄豆大的骄傲。　——哈萨克族谚语

只要我们具有能够改善事物的能力，我们的首要职责就是利用它并训练我们的全部智慧和能力，来为我们人类至高无上的事业服务。　——赫胥黎

坚定不移地智慧是最宝贵的东西，胜过其余的一切。　——德谟克利特

人的智慧不用，就会枯萎。　——达·芬奇

当教师把每一个学生都理解为他是一个具有个人特点的、具有自己的志向、自己的智慧和性格结构的人的时候，这样的理解才能有助于教师去热爱儿童和尊重儿童。　——赞科夫

得到智慧的唯一办法，就是用青春去买。　——杰克·伦敦

健康是智慧的条件，是愉快的标志。　——爱默生

决定问题，需要智慧，贯彻执行时则需要耐心。　——荷马

劳动是人类存在的基础和手段，是一个人在体格、智慧和道德上臻于完善的源泉。　——乌申斯基

身强力壮的，固然是幸福；然而聪明智慧的，还要幸福数倍！　——克雷洛夫

与智者同行，必得智慧；与愚者做伴，必定无益。　——大卫王

多余的财富只能换取奢靡者的生活，而心灵的必需品是无需用钱购买的。

——梭洛

智慧、友爱，这是照亮我们的黑夜的唯一光亮。　——罗曼·罗兰

没有人会因学问而成为智者。学问或许能由勤奋得来，而机智与智慧却有懒于天赋。

——约翰·塞尔登

愉快中有眼泪，狂喜也有尽止，只有希望像一剂猛烈但却无害的兴奋剂；它能使我们的心马上鼓舞而沉着起来，又不需要我们为快乐而付出智慧作代价。

——杨格

智慧的可靠标志就是能够在平凡中发现奇迹。　——爱默生

财富和声誉的宠儿们在我们眼前纷纷落马，却不能改变我们的雄心。——沃维纳格

为将者的首要条件是"勇气"。没有勇气，其他条件都没有多大价值，因为没有勇气，其他条件都无法发挥作用。第二是"智慧"，要聪明过人和随机应变。第三是"健康"。——萨克斯

真正高明的人，就是能够借重别人的智慧，来使自己不受蒙蔽的人。——苏格拉底

明者远见于未萌，智者避危于无形；祸因多藏于隐微，而发于人之所忽。
——司马相如

人类之所以感到幸福的原因，并不是身体健康，也不是财产富足；幸福的感受是由于心多诚直，智慧丰硕。——德谟克里特

书籍应有助于达到以下四个目的中的一个：获取智慧，变得虔诚，得到欢乐，或便于运用。——德纳姆

智力取消了命运，只要能思考，他就是自主的。——爱默生

幽默来自智慧，恶语来自无能。——松林

智慧的可靠标志就是能够在平凡中发现奇迹。——爱献生

战场上识勇敢，激怒中识智慧，穷困中识朋友。——伊朗

缺乏智慧的灵魂是僵死的灵魂，若以学问来加以充实，它就能恢复生气，犹如雨水浇灌荒芜的土地一样。——阿·法伊斯巴哈尼

在男人身上，智慧和教养最要紧，漂亮不漂亮，对他来说倒算不了什么！要是你头脑里没有教养和智慧，那你哪怕是美男子，也还是一钱不值。——契诃夫

生活里没有书籍，就好像没有阳光；智慧里没有书籍，就好像鸟儿没有翅膀。——莎士比亚

人的智慧掌握着三把钥匙：一把开启教学，一把开启字母，一把开启音符。知识、思想、幻想就在其中。——雨果

财富应当用正当的手段去谋求，应当慎重地使用，应当慷慨地用以济世，而到

临死时应当无留恋地与之分手,当然也不必对财富故作蔑视。　——培根

男人,女人,甚至最骄傲的人都有某种"自卑感"。漂亮的人怀疑自己的智慧,强有力的人怀疑自己的魅力。　——安德烈莫洛亚

读书,这个我们习以为常的平凡过程,实际上是人们心灵和上下古今一切民族的伟大智慧相结合的过程。　——高尔基

身体长得像牦牛,不如有针尖大的智慧。　——斯宾诺莎

见识广,智慧多。　——斯宾诺莎

智慧源于勤奋,伟大出自平凡。　——斯宾诺莎

智慧,不是死的默念,而是生的沉思。　——斯宾诺莎

高官厚禄许会从天而降;金银财富许会不求自来;可是智慧非得我们自己去追求不可。　——爱·扬格

青春是有限的,智慧是无穷的,趁短的青春,去学习无穷的智慧。　——高尔基

遇事做最坏的打算的人,是具有最高智慧的人。　——纳·科顿

谁希望成为一个具有智慧的人,谁就没有时间去淘气胡闹;淘气胡闹是应该自行消灭的。　——果戈理

美貌和智慧很少结合在一起。　——佩特罗尼乌斯

人的智慧就像一面凹凸不平的镜子,它把自己的本性掺杂在事物的本性中,所以它反映的事物是歪曲的畸形的。　——弗·培根

智慧可以使一个人即使未受教育仍可活下去。　——民间谚语

从智慧的土壤中生出三片绿芽:好的思想,好的语言,好的行动。　——希腊谚语

经验是智慧的根本。　——英国谚语

没有智慧的头脑,就像没有蜡烛的灯笼。　——托尔斯泰

道德常常能填补智慧的缺陷,而智慧却永远填补不了道德的缺陷。　——但丁

伟大的思想能变成巨大的财富。　——塞内加

生活中最重要的是礼貌,它比最高的智慧,比一切学识都重要。　——赫尔岑

为了中华民族的繁荣富强,我要献出全部学识智慧。 ——钱伟长

优雅是上帝的礼物,而智慧则是天赐的机遇。 ——兰格伦

快跑的未必能赢,力战的未必得胜,智慧的未必得粮食,明哲的未必得资财,灵巧的未必得喜悦。所临到众人的,是在乎当时的机会。 ——佚名

六经不能教,当以小说教之;正史不能入,当以小说入之;语录不能谕,当以小说谕之;律例不能治,当以小说治之。 ——梁启超

一切出色的东西都是朴素的,它们之令人倾倒,正是由于自己的富有智慧的朴素。 ——高尔基

好脾气是人生的一笔财富。 ——威·赫兹里特

生活的智慧大概就在于遇事问个为什么。 ——巴尔扎克

一切背离了公正的知识都应叫作狡诈,而不应称为智慧。 ——柏拉图

所谓真正的智慧,都是曾经被人思考过千百次;但要想使它们真正成为我们自己的,一定要经过我自己再三思维,直至它们在我个人经验中生根为止。 ——歌德

让老年人的智慧来指导青年人的朝气,让青年人的朝气来支持老年人的智慧。 ——斯坦尼斯拉夫斯基

财富得之费尽辛苦,守则日夜担忧,失则肝肠欲断。 ——托·富勒

生活里最重要的是有礼貌,它比最高的智慧,比一切学识都重要。 ——佚名

把所有的愚昧淘尽,会看到沉在最底下的智慧。 ——贝尔纳

智慧表现在下一次该怎么做,美德则表现在行为本身。 ——约尔旦

人类的智慧就是快乐的源泉。 ——薄迦丘

古往今来的雕塑家,往往在坟墓两旁设计两个手执火把的神像。这些火把,除了使黄泉路上有点儿亮光之外,同时照出亡人的过失与错误。在这一点上,雕塑的确刻画出极深刻的思想,说明了一个合乎人性的事实。临终的痛苦自有它的智慧。 ——巴尔扎克

科学还不只在智慧训练上是最好的,在首选训练上也是一样。 ——斯宾塞

性和美是一回事，就像火焰和火一样。如果你憎恨性，你就是憎恨美。性和美是不可分割的，就像生命和意识一样。那随性和美而来，从性和美中升华的智慧就是直觉。我们文明的最大灾难就是对性的病态的憎恨。　——劳伦斯

智慧不仅是创造文化、获得幸福的原动力，同时也切不可忘记它又是产生破坏、把人推向悲惨和苦恼的深渊的原动力。　——池田大作

无知会使智慧因缺乏食粮而萎缩。　——爱尔维修

智慧仅仅是一种相对的品质，它不可能只有单一定义。　——哈利法克斯

身体的有力和美是青年的好处，至于智慧的美则是老年所特有的财产。
　　　　　　　　　　　　　　　　　　　　　　　——德谟克里特

坚定不移的智慧是最宝贵的东西，胜过其他一切。　——德谟克里特

人在智慧上应当是明豁的，道德上应该是清白的，身体上应该是清洁的。
　　　　　　　　　　　　　　　　　　　　　　　——契诃夫

没有智慧的蛮力是没有什么价值的。　——克雷洛夫

智慧是宝石，如果用谦虚镶边，就会更加灿烂夺目。　——高尔基

幸福，就在于创造新的生活，就在于改造和重新教育那个已经成了国家主人的、社会主义时代的伟大的智慧的人而奋斗。　——奥斯特洛夫斯基

智慧胜于知识。　——巴斯卡

一个人如果不是真正有道德，就不可能真正有智慧。精明和智慧是非常不同的两件事。精明的人精细考虑他人利益的人。　——赫拉克利特

科学是一种强大的智慧的力量，它致力于破除禁锢着我的神秘的桎梏。
　　　　　　　　　　　　　　　　　　　　　　　——高尔基

敏感并不是智慧的证明，傻瓜甚至疯子有时也会格外敏感。　——普希金

与智慧结合的幻想是艺术之母和奇迹之源。　——戈雅

智慧没有因为用得过度而毁坏的，大多都是因为不用才生锈。　——佚名

精明的人是精细考虑他自己利益的人；智慧的人是精细考虑他人利益的人。　——雪莱

智慧源于思考。　——民间谚语

父亲和母亲是如同教师一样的教育者，他们不亚于教师，是富有智慧的人类创造者，因为儿子的智慧在他还未降生到人间的时候，就从父母的根上伸展出来。　——苏霍姆林斯基

个人的智慧只是有限的。　——普劳图斯

智慧不能创造素材，素材是自然或机遇的赠予，而智慧的骄傲在于利用了它们。　——埃德蒙·伯克

智育只能是德育的辅助品，学问只能作为辅佐品德之用，对于心地良好的人来说，学问对于德行与智慧都有帮助；对于心地不是良好的人来说，学问就会使他们变得更坏。　——洛克

生命是美好的，一切物质是美好的，智慧是美好的，爱是美好的！　——杜伽尔

必须拿出父母全部的爱、全部的智慧和所有的才能，才能培养出伟大的人来。　——马卡连柯

智慧的最大成就，也许要归功于激情。　——沃韦纳戈

在智慧提供给整个人生的一切幸福之中，以获得友谊为最重要。　——伊壁鸠鲁

聚敛财富也即自寻烦恼。　——富兰克林

财富减轻不了人们心中的忧虑和烦恼。　——提卢布斯

勇敢不在臂上，而在智慧上。　——柯尔克孜族谚语

任何个人财富都不能成为个人最终的生命价值。　——培根

没有人给我们智慧，我们必须自己找到它。　——马塞尔·普钽鲁斯特

财富可以放在家里，武器却要带在身上。　——索马里

适当的悲哀可以表示感情的深切，过度的伤心却可以证明智慧的欠缺。
　——莎士比亚

智慧，不是死的默念，而是生的深思。　——斯宾诺莎

智慧就在于说出真理。　——赫拉克利特

对知识的渴望如同对财富的追求，越追求，欲望就越强烈。　　——斯特恩

书籍是全世界的营养品。生活里没有书籍，就好像没有阳光；智慧里没有书籍，就好像鸟儿没有翅膀。　　——莎士比亚

智慧属于人类，而风格属于作家。　　——莫佩尔蒂

谁没有耐心，谁就没有智慧。　　——萨迪

时间，每天得到的都是二十四小时，可是一天的时间给勤勉的人带来智慧和力量，给懒散的人只留下一片悔恨。　　——鲁迅

真正的慷慨是真正的智慧。　　——约·霍姆

智慧只在于一件事，就是认识那善于驾驭一切的思想。　　——赫拉克利特

趁年轻少壮去探求知识吧，它将弥补由于年老而带来的亏损。智慧乃是老年的精神养料，所以年轻时应该努力，这样，年轻时才不致空虚。　　——达·芬奇

智慧是命运的征服者。　　——玉外纳

智慧与教育之间的区别是，智慧会让你过上舒适的生活。　　——佚名

理想的社会状态不是财富均分，而是每个人按其贡献的大小，从社会的总财富中提取它应得的报酬。　　——亨·乔治

造就奇才的先决条件是大众的智慧。　　——迪斯雷利

在文学上，年轻人常常从担任法官开始他们的生涯，只有当智慧与经验到来时，他们才终于获得了受审的尊严。　　——托马斯·哈代

缺乏智慧的灵魂是僵死的灵魂，若以学问来加以充实，它就能恢复生气，犹如雨水浇灌荒芜的土地一样。　　——伊斯巴哈尼

没有任何东西比人类的爱更富有智慧、更复杂。它是花丛中最娇嫩的而又最质朴、最美丽和最平凡的花朵，这个花丛的名字叫道德。　　——苏霍姆林斯基

如果说，友谊能够调剂人的感情的话，那么友谊的又一种作用则是能增进人的智慧。　　——培根

蒙田说：智慧最明显的标志就是恒定的欢乐，它的境况有如目外的景物，永远的宁静。　　——佚名

无知是智慧的黑夜，没有月亮、没有星星的黑夜。 ——西塞罗

极端的命运是对智慧的真正检验，谁最能经得起这种考验，谁就是大智大慧。 ——坎伯兰

真正高明的人，就是能够借助别人的智慧，来使自己不受蒙蔽的人。 ——苏格拉底

所谓智，便是指人们的聪明智慧，所谓谋，便是指人们对问题的计议和对事情策划。智是谋之本，有智才有谋，所以智比谋更重要。 ——邓拓

真正勇敢的人，应当能够智慧地忍受最难堪的荣辱，不以身外的荣辱介怀，用息事宁人的态度避免无谓的横祸。 ——莎士比亚

闲散如酸醋，会软化精神的钙质；勤奋如火酒，能燃烧起智慧的火焰。
——土耳其谚语

打开一切科学的钥匙毫无异议的是问号，我们大部分的伟大发现应归功于"如何"，而生活的智慧大概就在于逢事都问个"为什么"。 ——巴尔扎克

求知的目的不是为了吹嘘炫耀，而应该是为了寻找真理，启迪智慧。 ——培根

最精妙的智慧能产生最精妙的愚蠢。 ——拉罗什富科

美德可以打扮一个人，而财富只有装饰房子。 ——雨果

智慧是穿不破的衣裳，知识是取之不尽的宝藏。 ——雨果

心灵与自然相结合才能产生智慧，才能产生想象力。 ——梭洛

青年是学习智慧的时期，中年是付诸实践的时期。 ——卢梭

趁年轻少壮去探求知识吧，它将弥补由于年老而带来的亏损。智慧乃是老年的精神的养料，所以年轻时应该努力，这样年轻时才不致空虚。 ——温塞特

恋爱给人以智慧，而它常常借智慧而支持。 ——派斯格尔

爱情是叹息吹起的一阵烟；恋人的眼中有它净化了的火星；恋人的眼泪是它激起的波涛。它又是最智慧的疯狂，哽喉的苦味，吃不到嘴的蜜糖。 ——莎士比亚

爱情的萌芽是智慧的结束。 ——布霍特

智慧因为用得过度而毁坏的不多，大多都是因为不用才生锈。 ——鲍乌维

大自然让聪明人和傻瓜一样拥有幻想和错觉，以便不使聪明人因独具的智慧而过于不幸。 ——尚福尔

恒心架起通天路，勇气吹开智慧门。 ——高尔克亚

幽默与严肃互为验石，因为不愿接受善意的玩笑，其中必有疑处，而经不住审度的玩笑也一定是智慧。 ——高尔克亚

道德常常能填补智慧的缺陷，而智慧却永远填补不了道德的缺陷。 ——但丁

智慧就在于说出真理，按照自然行事，倾听自然的话。 ——赫拉克里特

有一盏指路明灯，就是智慧之灯。 ——卢梭

凡是教师缺乏爱的地方，无论品格还是智慧都不能充分地或自由地发展。

——卢梭

科学家不是依赖于个人的思想，而是综合了几千人的智慧，所有的人想一个问题，并且每人做它的部分工作，添加到正建立起来的伟大知识大厦之中。 ——卢瑟福

喂，你可曾听说才思也许能在青春年少时获得，智慧也许会在腐朽前成熟？ ——爱默生

智慧有三果：一是思虑周到，二是语言得当，三是行为公正。 ——德谟克里特

智慧、勤劳和天才，高于显贵和富有。 ——贝多芬

有人天生有智慧；但他们，就像生来富有的人们，由于忽视对财富的培植增益，由于欠上债务，最后可以变成乞丐；而且失去他们的名声。 ——扬格

心之需要智慧，甚于身体之需要饮食。 ——阿卜·日

善者不辩，辩者不善；知者不博，博者不知。 ——老聃

智慧总是优于实力。——约·拉塞尔

民间谚语是一人的妙语，众人的智慧。 ——约·拉塞尔

与智慧相伴的是真理，智慧只存在于真理中。 ——培根

人们嘴上挂着的法律，其真实含义是财富。 ——爱献生

身体虚弱，它将永远不会培养有活力的灵魂和智慧。 ——卢梭

现在绊倒了，你的修行开始。在你与世隔绝的修行室外，有很多人希望捎给你

一句轻柔的话，一个温暖的眼神，一个结实的拥抱，可是修行的路总是孤独的，因为智慧必然来自孤独。　　——龙应台

　　挫败使人苦痛，却很少有人利用挫败的经验修补自己的生命。这份苦痛，就白白地付出了。小聪明人，往往不能快乐。大智慧人，往往笑口常开。伤心最大的建设性，在于明白，那颗心还在老地方。造化弄人，人靠自我的造化弄天。　　——三毛

（五）勤奋

个人感悟

　　世界上这样一种奇妙的东西，它最长又最短，最慢又最快，既可扩展到亿万年无穷大，又能分割为分分秒秒无穷小；它对人类最公正而又最偏私，最慷慨而又最吝啬；它最容易被人忽视而又最令人后悔。你珍惜它，它就对你慷慨；你忽视它，它就对你吝啬，甚至惩罚你，让你后悔终生。因此，它的价值最为平凡而又最为宝贵。

　　它是什么？它就是时间！争分夺秒时间的勤奋！

　　日出日落，花谢花开。古往今来，多少文人圣贤为它讴歌，为它赞叹！两千年前，一位老者立于河边，面对奔流不息的河水，发出了一个千古流传的感叹："逝者如斯夫，不舍昼夜。"这是哲人的感慨。"君不见黄河之水天上来，奔流到海不复回。君不见高堂明镜悲白发，朝如青丝暮如雪。"这是诗人的高歌。

　　"珍惜时间等于延长寿命，钟情于时间的人，时间对他也最钟爱。"这是伟大的教诲。

　　时间是最平凡的，也是最珍贵的。金钱买不到它，地位留不住它。在时间的稿纸上，每个人都在写着自己的历史。当你抓着今天时，你就会前进一步；当你丢弃今天时，你就停滞不动。

　　时间是构成一个人生命的材料，每个人的生命是有限的，它一分一秒，稍纵即逝。时间可以决定生命的长短，而不同的生命也可以使时间延长和缩短。

　　时间像一位奇妙的化装师，自然而又公正地描绘着人们在不同时期的形象。

时间像波浪的曲线，终会爬上每个人的额头。有的人得到的是珍珠，有的人得到的是砂砾。时间像一个妙龄的女郎，追赶时间的人，生活就会宠爱他；放弃时间的人，生活就会冷落他。

　　时间如此珍贵，于是有人把它比作金钱。可是，朋友，你想过没有：金钱虽然珍贵，它却可以储存起来，而世间却没有储蓄时间的金库；金钱花掉了，可以再通过劳动去挣来，而时间却如滚滚长江东逝水，奔腾到海不复回；金钱的浪费可以用几十元、几百元、几万元计算，可是时间却无形无影，无法估价！

　　人的生命是有限的，既然时间给予人金子般的年华，人就应该让时间金子般闪光。早晨不起误一天的事，幼时不学误一生的事，惜时和勤奋不仅是天才的摇篮，也是一切成就的母体。鲁迅先生也说过："时间，每天得到的都是二十四小时，可是一天的时间给勤劳的人带来智慧与力量，给懒散的人只能留下一片悔恨。"

　　落花不会有芳香，流光不会有再现。挥霍时间的浪荡子，只有贫穷和空虚的烙印；珍爱时间的吝惜者，却有富有和充实的心灵。"黑发不知勤学早，白发方悔读书迟"，童年时期的每一滴汗水，顶得上成年时期许多天紧张的劳动。

　　人生百年，几多春秋，向前看，仿佛时间悠悠无边；猛回首，方知生命挥手瞬间。如果把"未来""现在""过去"比作是时间的步伐，"未来"正犹豫地接近，"现在"却快如飞箭地消失，而"过去"已永远无法返回。在伟大的宇宙空间，人生仅是流星般的闪光；在无限的长河里，人生仅仅是微小的波浪。

　　珍惜时间吧，尽管它赋予每一个人的都是一样多，但人们从它那里得到的收获却并不相同，有的人毕生充实，硕果累累；有的人庸庸碌碌，一生无为。正如诗人臧克家说的那样："有的人死了，他还活着；有的人活着，他已经死了！"

　　做一个有益于社会的人，让自己永远活着，就要争分夺秒勤奋求进。

经典事例

　　一个人珍惜时间，勤奋就是爱护他自己的生命。自古以来，大凡取得成就的人，他们没有一位是不珍惜时间的，也都十分勤奋。大发明家爱迪生，平均三天就有一项发明，正是抓住了分分秒秒的时间进行了仔细的研究，单是寻找用什么材料来作电灯丝就做了一千多个试验。伟大的文学家鲁迅先生有句格言："哪里是天才，我把别人喝咖啡的时间都用在工作上。"他为我们留下了六百多万字的精神财富，正是由于他把别人喝咖啡的时间都用在了写作上的缘故。数学家陈景润，夜以继日，潜心于研究数学难题——哥德巴赫猜想，光是演算的草稿就有几麻袋，但终于证明了这道难题，摘下了数学皇冠上的明珠。世界无产阶级的革命导师马克思，临死前还争分夺秒地写《资本论》。

意大利的杰出画家达·芬奇说："勤劳一日，可得一夜安眠；勤劳一生，可得幸福长明。"列夫·托尔斯泰的格言："你没有有效地使用而放过的那点时间，是永远不能返回的。"还有人问过达尔文："你怎么一生能做出那么多的事呢？"他回答说："我从来不认为半小时是微不足道的一小段时间。"这样一些名言、格言、话语又怎能不是深切地告诉人们：有作为、有成就的许许多多的人们，他们无不是因爱惜时间而得到成果的，他们用珍惜时间的妙法度过了他们青春的岁月。这些事例都生动他说明了：一个人要想在有生之年作点贡献，就必须爱惜时间。

名人箴言

辛勤的蜜蜂永没有时间的悲哀。　——布莱克

在所有的批评中，最伟大最正确最天才的是时间。　——别林斯基

从不浪费时间的人，没有工夫抱怨时间不够。　——杰弗逊

春光不自留，莫怪东风恶。　——莎士比亚

抛弃今天的人，不会有明天；而昨天，不过是行去流水。　——约翰·洛克

抛弃时间的人，时间也抛弃他。　——莎士比亚

一切节省，归根到底都归结为时间的节省。　——马克思

合理安排时间，就等于节约时间。　——培根

今天所做之事勿候明天，自己所做之事勿候他人。　——歌德

学习永远不晚。　——高尔基

一个能思考的人，才真是一个力量无边的人。　——巴尔扎克

伟大的成绩和辛勤劳动是成正比例的，有一分劳动就有一分收获，日积月累，从少到多，奇迹就可以创造出来。　——鲁迅

应当随时学习，学习一切；应该集中全力，以求知道得更多，知道一切。

——高尔基

时间是世界上一切成就的土壤。时间给空想者痛苦，给创造者幸福。

——麦金西

时间是伟大的导师。　——伯克

时间是一个伟大的作者，它会给每个人写出完美的结局来。　——卓别林

三更灯火五更鸡，正是男儿读书时，黑发不知勤学早，白发方悔读书迟。

——颜真卿

一寸光阴一寸金，寸金难买寸光阴。　——民间谚语

少年易学老难成，一寸光阴不可轻。　——朱熹

吾生也有涯，而知也无涯。　——庄子

少壮不努力，老大徒伤悲。　——《长歌行》

时间的步伐有三种：未来姗姗来迟，现在像箭一样飞逝，过去永远静立不动。　——席勒

谁对时间最吝啬，时间对谁越慷慨。要时间不辜负你，首先你要不辜负时间。放弃时间的人，时间也放弃他。　——民间谚语

人生有一道难题，那就是如何使一寸光阴等于一寸生命。　——民间谚语

时间就是生命，时间就是速度，时间就是力量。　——郭沫若

最严重的浪费就是时间的浪费。　——布封

时间，每天得到的都是二十四小时，可是一天的时间给勤勉的人带来智慧和力量，给懒散的人只留下一片悔恨。　——鲁迅

世界上最快而又最慢，最长而又最短，最平凡而又最珍贵，最容易被人忽视，而又最令人后悔的就是时间。　——高尔基

时间就是生命,无端的空耗别人的时间,其实无异于谋财害命的。 ——鲁迅

你热爱生命吗?那么别浪费时间,因为时间是组成生命的材料 。 ——富兰克林

把活着的每一天看作生命的最后一天。 ——海伦·凯勒

落日无边江不尽,此身此日更须忙。 ——陈师道

在今天和明天之间,有一段很长的时间;趁你还有精神的时候,学习迅速办事。 ——歌德

莫等闲,白了少年头,空悲切。 ——岳飞

盛年不重来,一日难再晨。及时宜自勉,岁月不待人。 ——陶渊明

一年之计在于春,一日之计在于晨。 ——萧绎

时间比理性创造出更多的皈依者。 ——汤姆·潘恩

"年"教给我们许多"日"不懂的东西。 ——爱献生

时间是审查一切罪犯的最老练的法官。 ——莎士比亚

时间乃是最大的革新家。 ——培根

时间能使隐藏的事物显露,也能使灿烂夺目的东西黯然无光。 ——意大利谚语

时间伟大的作者,她能写出未来的结局。 ——英国谚语

与时间抗争者面对的是一个刀枪不入的敌手。 ——塞·约翰逊

时间是最好的医生。 ——英国谚语

时间能缓解极度的悲痛。 ——英国谚语

时间会使钢铁生锈。 ——匈牙利谚语

时间是最伟大、公正的裁判。 ——俄罗斯谚语

时间能揭露万事。 ——英国格言

天波易谢,寸暑难留。 ——王勃

年难留,时易损。 ——谢惠莲

时间是无声的脚步,不会因为我们有许多事情需要处理而稍停片刻。 ——欧洲谚语

时间是一条金河,莫让它轻轻地在你的指尖溜过。 ——拉丁美洲谚语

光阴潮汐不等人。　——缅甸谚语

光阴有脚当珍惜，书田无税应勤耕。　——民间谚语

时间待人是平等的，而时间在每个人手里的价值却不同。　——民间谚语

勤奋的人是时间的主人，懒惰的人是时间的奴隶。　——朝鲜谚语

时间就像海绵里的水一样，只要你愿挤，总还是有的。　——鲁迅

钉子是敲进去的，时间是挤出来的。　——民间谚语

善于利用时间的人，永远找得到充裕的时间。　——民间谚语

用"分"来计算时间的人，比用"时"来计算时间的人，时间多五十九倍。

——雷巴柯夫

时间是由分秒积成的，善于利用零星时间的人，才会做出更大的成绩来。

——华罗庚

利用寸阴是任何种类的战斗中博得胜利的秘诀。　——美国谚语

人误地一时，地误人一年。　——民间谚语

勤勉的人，每周七个全天；懒惰的人，每周七个早晨。　——英国谚语

起早外出的跛子追不上。　——日本谚语

辛勤的蜜蜂永远没有时间的悲哀。　——布莱克

在今天和明天之间，有一段很长的时间；趁你还有精神的时候，学习迅速办事。　——歌德

我们若要生活，就该为自己建造一种充满感受、思索和行动的时钟，用它来代替这个枯燥、单调、以愁闷来扼杀心灵，带有责备意味和冷冷地滴答着的时间。

——高尔基

每一点滴的进展都是缓慢而艰巨的，一个人一次只能着手解决一项有限的目标。　——贝弗里奇

成功＝艰苦劳动＋正确的方法＋少说空话。　——爱因斯坦

没有方法能使时间为我敲已过去了的钟点。　——拜伦

人的全部本领无非是耐心和时间的混合物。　——巴尔扎克

任何节约归根到底是时间的节约。　——马克思

时间就是能力等等发展的地盘。　——马克思

时间是一个伟大的作者，它会给每个人写出完美的结局来。　——卓别林

忘掉今天的人将被明天忘掉。　——歌德

在所有的批评中，最伟大、最正确、最天才的是时间。　——别林斯基

时间是我的财产，我的田亩是时间。　——歌德

利用时间是一个极其高级的规律。　——恩格斯

今天应做的事没有做，明天再早也是耽误了。　——裴斯泰洛齐

浪费时间是一桩大罪过。　——卢梭

你热爱生命吗？那么别浪费时间，因为时间是组成生命的材料。　——富兰克林

把活着的每一天看作生命的最后一天。　——海伦·凯勒

迁延蹉跎，来日无多，二十丽姝，请来吻我，衰草枯杨，青春易过。　——莎士比亚

普通人只想到如何度过时间，有才能的人设法利用时间。　——叔本华

黄金时代在我们面前而不在我们背后。　——马克·吐温

人生苦短，若虚度年华，则短暂的人生就太长了。　——莎士比亚

只要我们能善用时间，就永远不愁时间不够用。　——歌德

不要老叹息过去，它是不再回来的；要明智地改善现在。要以不忧不惧的坚决意志投入扑朔迷离的未来。　——朗费罗

不要为已消尽之年华叹息，必须正视匆匆溜走的时光。　——布莱希特

当许多人在一条路上徘徊不前时，他们不得不让开一条大路，让那珍惜时间的人赶到他们的前面去。　——苏格拉底

敢于浪费哪怕一个钟头时间的人，说明他还不懂得珍惜生命的全部价值。
　　　　　　　　　　　　　　　　　　　　——达尔文

即将来临的一天，比过去的一年更为悠长。　——福尔斯特

集腋成裘，聚沙成塔。几秒钟虽然不长，却构成永恒长河中的伟大时代。

——弗莱彻

黑发不知勤学早,白首方悔读书迟。 ——民间谚语

花儿还有重开日,人生没有再少年。 ——民间谚语

逝者如斯夫,不舍昼夜。 ——孔子

人生天地之间,若白驹过隙,忽然而已。 ——庄子

盛年不重来,一日难再晨。及时当勉励,岁月不待人。 ——陶渊明

明日复明日,明日何其多,我生待明日,万事成蹉跎。世人若被明日累,春去秋来老将至。朝看水东流,暮看日西坠。百年明日能几何,请君听我明日歌。

——《明日歌》

成功与失败的分水岭,可以用这五个字来表达——我没有时间。 ——富兰克林

想要有空余时间,就不要浪费时间。 ——富兰克林

忽视当前一刹那的人,等于虚掷了他所有的一切。 ——富兰克林

时间不可空过,唯用之于有益的工作;一切无益的行动,应该完全制止。

——富兰克林

如果说时间是最宝贵的东西,那么浪费时间就是最大的挥霍。 ——富兰克林

懒鬼起来吧!别再浪费时间,将来在坟墓内有足够的时间让你睡的。 ——富兰克林

人生太短暂了,事情是这样的多,能不兼程而进吗? ——爱迪生

真正的敏捷是一件很有价值的事。因为时间是衡量事业的标准,一如金钱是衡量货物的标准;所在在做事不敏捷的时候,那事业的代价一定是很高的。 ——培根

时间乃是最大的革新家。 ——培根

在适当的时候去做事,可节省时间;背道而行往往会徒劳无功。 ——培根

过去的事情是无法挽回的。聪明人对现在与未来的事唯恐应付不暇,对既往的事岂能再去计较。 ——培根

时间是不可占有的公共财产,随着时间的推移,真理愈益显露。 ——培根

黄金时代是在我们的前面,不是在我们的背后。 ——培根

敢于浪费自己生命当中一小时的人，尚未发现生命的价值。　——达尔文

我相信我没偷过半小时的懒。　——达尔文

我从来不认为半小时是我微不足道的很小的一段时间。　——达尔文

我的生活过得像钟表的机器那样有规则，当我的生命告终时，我就会停在一处不动了。　——达尔文

我不能忍受游手好闲，因此，我以为只要我能够做，我就会继续做下去

——达尔文

胜利者往往是从坚持最后五分钟的时间中得来成功。　——牛顿

不要在已成的事业中逗留着！　——巴斯德

我从不想未来，它来得太快。　——爱因斯坦

等你们六十岁的时候，你们就会珍惜由你们支配的每一个钟头了。　——爱因斯坦

世界上，宇宙中，有多少难解的谜啊，还是抓紧时间工作吧！　——爱因斯坦

即使上帝也无法改变过去。　——亚里士多德

最有希望的成功者，并不是才干出众的人而是那些最善于利用每一时机去发掘开拓的人。　——苏格拉底

当许多人在一条路上徘徊不前时，他们不得不让开一条大路，让那珍惜时间的人赶到他们的前面去。　——苏格拉底

一生没有虚过，可以愉快地死，如同一天没有虚过，可以安眠！　——达·芬奇

要找出时间来考虑一下，一天中做了什么，是正号还是负号。　——季米特洛夫

世界上最快而又最慢，最长而又最短，最平凡而又最珍贵，最易被忽视而又最令人后悔的就是时间。　——高尔基

必须记住我们学习的时间是有限的。时间有限，不只是由于人生短促，更由于人事纷繁。我们应该力求把我们所有的时间用去做最有益的事情。　——斯宾塞

一个人越知道时间的价值，越倍觉失时的痛苦呀！　——但丁

天可补，海可填，南山可移。日月既往，不可复追。　——曾国藩

尊重生命、尊重他人也尊重自己的生命，是生命进程中的伴随物，也是心理健康的一个条件。　——弗洛姆

人生有两出悲剧：一是万念俱灰，另一是踌躇满志。　——萧伯纳

懂得生命真谛的人，可以使短促的生命延长。　——西塞罗

不要以感伤的眼光去看过去，因为过去再也不会回来了，最聪明的办法，就是好好对付你的现在——现在正握在你的手里，你要以堂堂正正的大丈夫气概去迎接如梦如幻的未来。　——朗费罗

使一个人的有限的生命，更加有效，也即等于延长了人的生命。　——鲁迅

凡事都要脚踏实地地去工作，不驰于空想，不骛于虚声，惟以求真的态度作踏实的工夫。以此态度求学，则真理可明，以此态度作事，则功业可就。　——李大钊

过于求速是做事的最大危险之一。　——培根

应当仔细地观察，为的是理解；应当努力地理解，为的是行动。　——罗曼·罗兰

每一点滴的进展都是缓慢而艰巨的，一个人一次只能着手解决一项有限的目标。　——贝弗里奇

人寿几何？逝如朝霜。时无重至，华不再阳。　——陆机

冬者岁之余，夜者日之余，阴雨者时之余。　——裴松之

皇皇三十载，书剑两无成。　——孟浩然

山川满目泪沾衣，富贵荣华能几时。不见只今汾水上，唯有年年秋雁飞。

——李峤

时而言，有初、中、后之分；日而言，有今、昨、明之称；身而言，有幼、壮、艾之期。　——刘禹锡

等时间的人，就是浪费时间的人。　——伊朗谚语

谁把一生的光阴虚度，便是抛下黄金未买一物。　——伊朗谚语

最严重的浪费就是时间的浪费。　——布封

最浪费不起的是时间。　——丁肇中

想成事业，必须宝贵时间，充分利用时间。　——徐特立

节约时间，也就是使一个人有限的生命更加有效，也即等于延长了人的生命。　——鲁迅

时间是一条金河，莫让它轻轻地在你的指尖溜过。　——拉丁美洲谚语

时间待人是平等的，而时间在每个人手里的价值却不同。　——民间谚语

时间比理性创造出更多的皈依者。　——汤姆·潘恩

时间能使隐藏的事物显露，也能使灿烂夺目的东西黯然无光。　——意大利谚语

落日无边江不尽，此身此日更须忙。　——陈师道

少年易学老难成，一寸光阴不可轻。　——朱熹

一万年太久，只争朝夕。　——毛泽东

不管饕餮的时间怎样吞噬着一切，我们要在这一息尚存的时候，努力博取我们的声誉，使时间的镰刀不能伤害我们。　——莎士比亚

敢于浪费哪怕一个钟头时间的人，说明他还不懂得珍惜生命的全部价值。
　　　　　　　　　　　　　　　　　　——达尔文

放弃时间的人，时间也放弃他。　——莎士比亚

时间就是能力等等发展的地盘。　——马克思

时间是世界上一切成就的土壤。时间给空想者痛苦，给创造者幸福。　——麦金西

时间是一个伟大的作者，它会给每个人写出完美的结局来。　——卓别林

利用时间是一个极其高级的规律。　——恩格斯

普通人只想到如何度过时间，有才能的人设法利用时间。　——叔本华

人生苦短，若虚度年华，则短暂的人生就太长了。　——莎士比亚

即将来临的一天，比过去的一年更为悠长。　——福尔斯特

百川东到海，何时复西归。少壮不努力，老大徒伤悲。　——《长歌行》

少而好学，如日出之阳；壮而好学，如日中之光；老而好学，如炳烛之明。
　　　　　　　　　　　　　　　　　　——刘向

失之东隅，收之桑榆。　——《后汉书·冯异传》

东隅已失，桑榆未晚。　——王勃

志士惜日短，愁人知夜长。　——傅玄

来日苦短，去日苦长。　——陆机

年年岁岁花相似，岁岁年年人不同。　——刘希夷

莫见长安行乐处，空令岁月易蹉跎。　——李颀

少年辛苦终身事，莫向光阴惰寸功。　——窦巩

青春须早为，岂能长少年。　——孟郊

百金买骏马，千金买美人，万金买高爵，何处买青春？　——屈复

据我观察，大部分人都是在别人荒废的时间里崭露头角的。　——福特

今是生活，今是动力，今是行为，今是创作。　——李大钊

人生太短，要干的事太多，我要争分夺秒。　——爱迪生

真正的敏捷是一件很有价值的事。因为时间是衡量事业的标准，如金钱是衡量货物的标准。　——弗·培根

光阴可惜，譬诸逝水，当博览机要，以济功业。　——颜之推

浪费时间叫虚度，利用时间叫生活。　——扬格

人的一生，是很短的，短暂的岁月要求我好好领会生活的进程　——高尔基

时难得而易失也。　——贾谊

时间是一位可爱的恋人，对你是多么的爱慕倾心，每分每秒都在叮嘱：劳动、创造，别虚度了一生。　——于沙

丢失的牛羊可以找回；但是失去的时间却无法找回。　——乔叟

对时间的慷慨，就等于慢性自杀。　——奥斯特洛夫斯基

把握住今天，胜过两个明天。　——拉美谚语

黄河走东溟，白日落西海，逝川与流光，飘忽不相待。　——李白

昨天只是今天的回忆，明天只是今天的梦。　——吉卜龄

你若是爱千古，你应该爱现在；昨日不能唤回来，明日还是不实在；你能确有

把握的，只有今日的现在。　——爱默生

"世俗有时间是金钱"这句话，所以窃取他人时间的小偷，当然该加以处罚，即使是那些愉快的好人，还是该如忌讳疾病地躲避他们。　——卡耐基

劝君著意惜芳菲，莫待行人攀折尽。　——佚名

选择机会，就是节省时间。　——培根

浪费时间是所有支出中最奢侈及最昂贵的。　——富兰克林

世界上最可宝贵的就是"今"，最容易丧失的也是"今"，因为他最容易丧失，所以更觉得他宝贵。　——李大钊

光景不待人，须臾发成丝。　——李白

睡得多的人学得少。　——西班牙谚语

恨不得挂长绳于青天，系此西飞之白日。　——李白

不要贬低黄昏，黄昏同清晨一样是成就事业的时间。　——天雄

时间像弹簧，可以缩短，也可以拉长。　——柬埔寨谚语

正当利用时间！你要理解什么，不要舍近求远。　——歌德

不要懒懒散散地虚度生命。　——贝多芬

我只惋惜一件事，日子太短，过得太快。一个人从来看不出做成什么，只能看出还应该做什么。　——居里夫人

白日去如箭，达者惜今阳。　——朱敦儒

应当仔细地观察，为的是理解；应当努力地理解，为的是行动。　——罗曼·罗兰

在世界上我们只活一次，所以应该爱惜光阴。必须过真实的生活，过有价值的生活。　——巴甫洛夫

每一点滴的进展都是缓慢而艰巨的，一个人一次只能着手解决一项有限的目标。　——贝弗里奇

抛弃今天的人，不会有明天；而昨天，不过是行去流水。　——约翰·洛克

少年易学老难成，一寸光阴不可轻。　——朱熹

时间是无声的脚步，不会因为我们有许多事情需要处理而稍停片刻。　——欧洲

谚语

敢于浪费哪怕一个钟头时间的人,说明他还不懂得珍惜生命的全部价值。

——达尔文

今天应做的事没有做,明天再早也是耽误了。 ——裴斯泰洛齐

普通人只想到如何度过时间,有才能的人设法利用时间。 ——叔本华

只要我们能善用时间,就永远不愁时间不够用。 ——歌德

即将来临的一天,比过去的一年更为悠长。 ——福尔斯特

志士惜年,贤人惜日,圣人惜时。 ——魏源

社会为生产小麦、家畜等等所需要的时间越少,它对其他生产,不论是物质的生产或精神的生产所获得时间便越多。 ——马克思

把时间用得节省些,我很可能把最珍贵的金刚石拿到手。 ——歌德

明天,明天,还有明天,人们都在这样安慰自己,殊不知这个明天,就足以把他们送进坟墓。 ——屠格涅夫

时间是大公无私的语言。 ——尤·邦达列夫

科学绝不是也永远不会是一本写完了的书。每一项重大成就都会带来新的问题。任何一个发展随着时间的推移都会出现新的严重的困难。 ——爱因斯坦

上帝绝不会只赋予你使命,而不给你时间去完成。 ——约·罗斯金

人行犹可复,岁月哪可追? ——苏轼

凡是想获得优异成果的人,都应该异常谨慎地珍惜和支配自己的时间。

——克鲁普斯卡娅

内容充实的生命就是长久的生命,我们要以此为而不是以时间来衡量生命。

——塞涅卡

青春是生命中最美好的一段时间。 ——黑格尔

百年那得更百年,今日还须爱今日。 ——王世贞

没有时间思索的科学家,那是一个毫无指望的科学家,他如果不能改变自己的日常生活制度,挤出足够的时间去思索,那他是最好放弃科学。 ——柳比歇夫

青年是一个美好的而又是一去不可再得的时期,是将来一切光明和幸福的开端。 ——加里宁

思想是生命的奴隶,生命是时间的弄人。 ——莎士比亚

金钱与时间是人生两样最沉重的负担。最不快活的就是那些拥有这两样东西太多,多得不知怎样使用的人。 ——约翰

我们知道,时间有虚实与长短,全看人们赋予它的内容怎样。 ——马尔麦克

时间反复无常,鼓着翅膀飞逝。 ——贺拉斯

必须记住我们学习的时间是有限的。时间有限,不只由于人生短促,更由于人事纷繁。我们应该力求把我们所有的时间用来做最有益的事。 ——斯宾塞

真理是时间的女儿。 ——达·芬奇

得掷且掷即今日,人生百岁驹过隙。 ——魏源

永远不要把你今天可以做的事留到明天做。延宕是偷光阴的贼。抓住他吧!
——狄更斯

能聪明地充实闲暇时间是人类文明最新成果。 ——伯·罗素

抓住那似水流年,抓住,抓住! ——贺拉

人生的价值,并不是用时间,而是用深度量去衡量的。 ——列夫·托尔斯泰

如果我们想交朋友,就要先为别人做些事——那些需要花时间体力体贴奉献才能做到的事。 ——卡耐基

忍耐和时间,往往比力量和愤怒更有效。 ——拉封丹

时光会使最亮的刀生锈,岁月会折断最强的弓弩。 ——司各特

时间抓起来说是金子,抓不住就是流水。 ——谚语

最不善于利用时间的人最爱抱怨时光短暂。 ——拉布吕耶尔

一个人若能对每一件事都感到兴趣,能用眼睛看到人生旅途上、时间与机会不断给予他的东西,并对于自己能够胜任的事情,决不错过,在他短暂的生命中,将能够撷取多少的奇遇啊。 ——劳伦斯

神龟虽寿,犹有竟时。 ——曹操

最忙的人有最多的时间。　　——白茵

余生平所作文章，多在三上：乃马上、枕上、厕上也。　　——欧阳修

天地者，万物之逆旅也；光阴者，百代之过客也。　　——李白

岁月不汝延，努力无暂辍。　　——况钟

不爱尺璧而重爱寸阴，时难遭而易失也。　　——诸葛亮

要解放孩子的头脑、双手、脚、空间、时间，使他们充分得到自由的生活，从自由的生活中得到真正的教育。　　——陶行知

花有重开的，人无再少年。　　——关汉卿

生命的多少用时间计算，生命的价值用贡献计算。　　——裴多菲

有时间增加自己精神财富的人才是真正享受到安逸的人。　　——梭洛

如果知道光阴的易逝而珍贵爱惜，不作无谓的伤感，并向着自己应做的事业去努力，尤其是青年时代一点也不把时光滥用，那我们可以武断地说将来必然是会成功的。　　——聂耳

时间和潮流永远不待人。　　——司各特

复杂的劳动包含着需要耗费或多或少的辛劳、时间和金钱去获得的技巧和知识的运用。　　——恩格斯

我们将永远得不到更多的时间，我们拥有，事实上我们老早就有了所有存在的二十四小时。　　——卡耐基

昨天唤不回来，明天还不确实，你能确有把握的就是今天。　　——李大钊

痛苦和寂寞对年轻人是一剂良药，它们不仅使灵魂更美好、更崇高，还保持了它青春的色泽。　　——大仲马

时间会刺破青春表面的彩饰，会在美人的额上掘深沟浅槽；会吃掉稀世之珍！天生丽质，什么都逃不过他那横扫的镰刀。　　——莎士比亚

时间是变化的财富。时钟模仿它，却只有变化而无财富。　　——泰戈尔

你有一天将遭遇的灾祸是你某一段时间疏懒的报应。　　——拿破仑

年少鸡鸣方就枕，老人枕上待鸡鸣。转头三十余年梦，不道消磨只数声。

——黄宗羲

　　只要你坚持的时间足够长，在恐惧之中的某一时刻来到之后，恐惧就根本不再是极端的痛苦，而不过是一种十分讨厌、令人恼火的刺激。　——福克纳

　　时间正像一个趋炎附势的主人，对于一个临去的客人不过和他略微握握手，对于一个新来的客人，却伸开了两臂，飞也似的过去抱住他；欢迎是永远含笑的，告别总是带着叹息。　——莎士比亚

　　如果可能，那就走在时代的前面；如果不能，那就同时代一起前进；但是绝不要落在时代的后面。　——布留索夫

　　天才不能使人不必工作，不能代替劳动。要发展天才，必须长时间地学习和高度紧张地工作。人越有天才，他面临的任务也越复杂，越重要。　——阿·阿·斯米尔诺夫

　　平庸的人关心怎样耗费时间，有才能的人竭力利用时间。　——叔本华

　　真理的最伟大的朋友就是时间，她的最大的敌人是偏见，她的永恒的伴侣是谦虚。　——戈登

　　圣人不贵尺之璧而重寸之阴，时难得而易失也。　——刘安

　　时间老人自己是个秃顶，所以直到世界末日也会有大群秃顶的徒子徒孙。

——莎士比亚

　　你热爱生命吗？那么别浪费时间，因为时间构成生命的材料。　——富兰克林

　　圣人不贵尺之璧，而贵寸之阴。　——刘安

　　莫道桑榆晚，微霞尚满天。　——刘禹锡

　　时间无情，却也深情。它让该死的死，该生的生；让该诅咒的归于毁灭，该赞美的郁郁葱葱。　——岑桑

　　年华一去不复返，事业放弃再难成。　——白朗宁

　　我打四十岁以后，就寝和起床时间就一直很有规律——这是一件很重要的事。我还立了一条规则：在没有人陪伴时上床；我还立下了一条规则：在不得不起床时起床。这样就形成了一条不可动摇的没有规律的规律。这条规律使我延年益寿，却

会伤害他人。　——马克·吐温

　　时间是一个伟大的作者，它会给每个人写出完美的结局来。　——卓别林

　　志士惜日短，愁人知夜长。　——傅玄

　　不要在星期一早上就期待星期六晚上。　——英国谚语

　　当许多人在一条路上徘徊不前时，他们不得不让开一条大路，让那珍惜时间的人赶到他们的前面去。　——苏格拉底

　　岁不我与，时若奔驷；有来无反，难得易失。　——束广微

　　我荒废了时间，时间便把我荒废了。　——莎士比亚

　　一分时间，一分成果。对科学工作者来说，就不是一天八小时，而是寸阴必珍，寸阳必争！　——童第周

　　电带着光明和力量，吞没了时间和空间，载着人的声音跋山涉水，它虽然默默无闻，但却是人类最伟大的仆人。　——查·埃利奥特

　　一个月本来只有三十天，古人把每个夜晚的时间算做半日，就多了十五天。从这个意义上说来，夜晚的时间实际上不就等于生命的三分之一吗？　——邓拓

　　三延四拖，你就是时间的小偷。　——上田敏

　　拖延时间是压制恼怒的最好方式。　——柏拉图

　　荣誉是时间的女儿。　——阿兰

　　对自己不满足，是任何真正有天才的人的根本特征。　——契诃夫

　　昨日胜今日，今年老去年；黄河清有日，白发黑无缘。　——刘采春

　　昨天是一张作废的支票，明天是一张期票，而今天则是你唯一拥有的现金——所以应当聪明地把握。　——李昂斯

　　开诚布公与否和友情的深浅，不应该用时间的长短来衡量。　——巴尔扎克

　　在时间的大钟上，只有两个字——现在。　——莎士比亚

　　如果迟缓的落日照耀到你的手，而你发觉当天并没有做过有价值的事，那天便应视为已经失落。　——杨格

　　一个人愈知道时间的价值，愈感觉失时的痛苦呀！　——但丁

生命是短促的，然而尽管如此，人们还是有时间讲究礼仪。 ——爱献生

为学应须毕生力，攀高贵在少年时。 ——苏步青

当及未衰时，晚节早自励。 ——周焯

时间是最不值钱的东西，也是最宝贵的东西，因为有了时间，我们就有了一切。 ——莱尼斯

（六）真理

个人感悟

我仰望星空，

它是那样辽阔而深邃；

那无穷的真理，

让我苦苦地求索追随。

我仰望星空，

它是那样庄严而圣洁；

那凛然的正义，

让我充满热爱、感到敬畏。

我仰望星空，

它是那样自由而宁静；

那博大的胸怀，

让我的心灵栖息依偎。

我仰望星空，

它是那样壮丽而光辉；

那永恒的炽热，

让我心中燃起希望的烈焰、响起春雷。

这是 2007 年 9 月 4 日，国务院总理温家宝发表在《人民日报》文艺副刊上的

一首小诗——《仰望星空》。全诗共四节，上为开头二节。诗言志，歌咏言。从这首诗，我们可以读到一位大国总理的所思所想。全诗平白质朴而又意味深长，诗中所透露的对真理、正义、自由、博爱的思考，对国家民族人类共同命运的关怀，令人动容，发人深省。

　　人的特点就在于能够寻求真理，发现真理，热爱真理，捍卫真理，坚持真理，为真理而不惜牺牲自己。古往今来，有多少仁人志士对真理孜孜不倦地追求，他们的生命也因追求真理而精彩。

　　文艺复兴时期，意大利伟大的思想家丹诺·布鲁诺，反对中世纪的宗教统治，反对经院哲学，进一步发展哥白尼的太阳中心说，遭到以教皇为首的反动统治者的长期迫害。当他受到沸油浇身的酷刑时，他坚定地说："哪怕像塞尔维特一样被他们烧死，我认为胜利是可以得到的，而且要勇敢地为它奋斗。"最后，他被判处死刑，烧死在罗马，布鲁诺却说："火并不能把我征服，未来的世纪会了解我，知道我的价值的。"

　　伽利略在比萨大学读书期间发现了"摇摆的等时性"，后来，又推翻了古希腊学者亚里士多德在两千多年前宣布的"不同重量物体落地速度不同"的理论，第一个提出了自由落体定律。他在哥白尼、布鲁诺的"日心说"鼓舞下，开始向教皇奉为至宝的"地心说"发起挑战，还制造出了世界上第一架天文望远镜。伽利略在科学领域的重大成就，激怒了罗马教皇及其信徒们，他们把伽利略投入了监狱。但伽利略仍不屈服，仍矢志不渝地追求真理，终于也追随着真理默默地离开了人世。

　　无论是布鲁诺还是伽利略，他们都是以自己的生命证明真理的价值，他们的生命也因追求真理而精彩。

　　追求真理不只是伽利略这些大科学家才做的事，有一位名叫聂利的十二岁小学生也是追求真理的典范，它推翻了"蜜蜂发声靠的是翅膀振动"——这个被列入我国小学教材的生物学的"常识"，聂利为此撰写的论文《蜜蜂并不是靠翅膀振动发声》荣获全国青少年科技创新大赛银奖和高士其科普专项奖。可见，无论是谁，只要坚持真理，追求真理，他的生命都会因此而精彩！

真理是人类追求的目标，是人类不断探索的东西，人类为它牺牲了多少自己的利益，但是真理也向人类奉献出自己，为人类永久地服务。

经典事例

学生向苏格拉底请教如何才能坚持真理。苏格拉底让大家坐下来。他拿着一个苹果，慢慢地从每个同学的座位旁边走过，一边走一边说："请同学们集中精力，注意嗅空气中的气味。"然后，他回到讲台上，把苹果举起来左右晃了晃，问："有哪位同学闻到苹果的味了吗？有一位学生举手站起来回答说："我闻到了，是香味儿！" 苏格拉底又问："还有哪位同学闻到了？"学生们你望望我，我看看你，都不作声。苏格拉底再次举着苹果，慢慢地从每一个学生的座位旁边走过，边走边叮嘱："请同学们务必集中精力，仔细嗅一嗅空气中的气味。"回到讲台上后，他又问："大家闻到苹果的气味了吗？"这次，绝大多数学生都举起了手。稍停，苏格拉底第三次走到学生中间，让每位学生都嗅一嗅苹果。回到讲台后，他再次提问："同学们，大家闻到苹果的味儿了吗？"他的话音刚落，除一位学生外，其他学生全部举起了手。那位没举手的学生左右看了看，也慌忙地举起了手。他的神态，引起了一阵笑声。苏格拉底也笑了："大家闻到了什么味儿？"学生们异口同声地回答："香味儿！"苏格拉底脸上的笑容不见了，他举起苹果缓缓地说："非常遗憾，这是一枚假苹果，什么味儿也没有。"

名人箴言

即使是一个智慧的地狱，也比一个愚昧的天堂好些。 ——雨果

真理往往从谬误中产生。 ——佚名

是真金不怕火炼，是真理不怕邪恶。 ——蒙古谚语

有知识的人不认为自己比别人聪明，只有愚蠢的人永远把自己的判断看成真理。 ——柏拉图

尊重人不应该胜于尊重真理。 ——柏拉图

要学会做科学的苦工。其次，要谦虚。第三要有热情。记住，科学需要人的全部生命。　——巴甫洛夫

谁接受纯粹的经验并且按照它去行动，谁就有足够的真理。就这个意义上说，正在成长中的孩子是聪明的。　——歌德

真理诚然是一个崇高的字眼，然而更是一桩崇高的业绩。如果人的心灵与情感依然健康，则其心潮必将为之激荡不已。　——黑格尔

热爱真理的确实特征，是对任何一个命题的接受绝不超过其证据所显示的程度。　——洛克

科学是实事求是的学问，来不得半点虚假。　——华罗庚

一个人追求的目标越高，他的才力就发展得越快，对社会就越有益。我确信这也是一个真理。　——高尔基

掩饰真理是卑鄙，因害怕真理而撒谎是怯懦。　——奥格廖夫

能聪明地充实闲暇时间是人类文明最新成果。　——伯·罗素

只要再多走一小步，仿佛是向同一方向迈的一小步，真理便会变成错误。

——列宁

科学的唯一目的是减轻人类生存的苦难，科学家应为大多数人着想。　——伽利略

人生最高之理想，在求达于真理。　——李大钊

真理永远压过谎言，就像油永远在水面上一样。　——拉丁美洲谚语

包含着某些真理因素的谬误是最危险的。　——亚当·斯密

读书时，我愿在每一个美好思想的面前停留，就像在每一条真理面前停留一样。　——爱默生

如果真理是名贵的珍珠，那么实践就是产生珍珠的大海。　——民间谚语

土地是以它的肥沃和收获而被估价的；才能也是土地，不过它生产的不是粮食，而是真理。如果只能滋生瞑想和幻想的话，即使再大的才能也只是沙地或盐池，那上面连小草也长不出来的。　——别林斯基

寻求真理的时候，人也进两步，退一步。痛苦啦、错误啦、对生活的厌倦啦，把他们抛回来，可是寻求真理的热望和固执的毅力会促使他们不断地前进。
——契诃夫

真理唯一可靠的标准就是永远自相符合。 ——欧文

逆境是通往真理的第一条道路。 ——拜伦

真理之川从它的错误的沟渠中流过。 ——泰戈尔

真理喜欢批评，因为经过批评，真理就会取胜；谬误害怕批评，因为经过批评，谬误就要失败。 ——狄德罗

真理照亮真理。 ——卢克莱修

真理的大海，让未发现的一切事物躺卧在我的眼前，任我去探寻。 ——牛顿

人的价值并不取决于是否掌握真理，或者自认为真理在握；决定人的价值的是追求真理的孜孜不倦的精神。 ——莱辛

创造靠智慧，处世靠常识；有常识而无智慧，谓之平庸，有智慧而无常识，谓之笨拙。智慧是一切力量中最强大的力量，是世界上唯一自觉活着力量。 ——高尔基

真理的小小钻石是多么罕见难得，但一经开采琢磨，便能经久、坚硬而晶亮。 ——贝弗里奇

凡在小事上对弄虚作假理持轻率态度的人，在大事上也是不足信的。 ——爱因斯坦

真理不一定都是顺耳的。 ——英国谚语

空谈使真理黯然失色，实践使真理增添光辉。 ——欧洲谚语

只有那些从来不动脑筋想一想的人，才能心满意足地把日子过下去！ ——莱蒙特

对真理而言，信服比流言更危险。 ——尼采

阴险的友谊虽然允许你得到一些微不足道的小惠，却要剥夺掉你的珍宝——独立思考和对真理纯洁的爱！ ——别林斯基

真理只有一个，它不在宗教中，而是在科学中。　——达·芬奇

谎言跑得再快，也追不上真理。

逆境是达到真理的一条通道。　——英国谚语

真理决不会因为有人不承认它而感到苦恼。　——德国谚语

我大胆地走着正直的道路，绝不有损于正义与真理而谄媚和敷衍任何人。
——卢梭

推崇真理的能力是点燃信仰的火花。　——苏霍姆林斯基

不能胜寸心，安能胜苍穹？　——龚自珍

在我们讲的一切中，我只是探求真理，这并不是仅仅为了博得说出真理的荣誉，而是因为真理于人有益。　——爱尔维修

时间是真理的挚友。　——科尔顿

如果把所有的错误都关在门外的话，真理也要被关在门外了。　——泰戈尔

真理通常是刺耳的，就像针灸无不打在穴位上。　——谚语

谦虚的学生珍视真理，不关心对自己个人的颂扬；不谦虚的学生首先想到的是炫耀个人得到的赞誉，对真理漠不关心。思想史上载明，谦虚几乎总是和学生的才能成正比例，不谦虚则成反比。　——普列汉诺夫

最好是把真理比作燧石——它受到的敲打越厉害，发射出的光辉就越灿烂。　——马克思

过去的错误的学说不宜忘掉不谈，因为各种真理都要在和错误斗争之中，才能维持他们的生命。　——克罗齐

即使是叫人不高兴的真理，也远胜过叫人高兴的谎言。　——佚名

问题不在于告诉他一个真理，而在于教他怎样去发现真理。　——卢梭

我能成为一个科学家，最主要的原因是：对科学的爱好；思索问题的无限耐心；在观察和搜集事实上的勤勉；一种创造力和丰富的常识。　——达尔文

一个人要发现卓有成效的真理，需要千百万个人在失败的探索和悲惨的错误中毁掉自己的生命。　——门捷列夫

一个人的生命是可宝贵的,但一代的真理更可宝贵,生命牺牲了而真理昭然于天下,这死是值得的。　——鲁迅

无数事实说明,只有把全副身心投入进去,专心致志,精益求精,不畏劳苦,百折不回,才有可能攀登科学高峰。　——邓小平

要坚持真理——不论在哪里也不要动摇。　——赫尔岑

科学,给青年以养料,给老人以慰藉;她让幸福的生活锦上添花,她在不幸的时刻保护着你。　——罗蒙诺索夫

真理只可能对于目光短浅的个别的人才显得狰狞可怖的,本身却是永恒的美和永恒的幸福。　——别林斯基

使人们宁愿相信谬误,而不愿热爱真理的原因,不仅由于探索真理是艰苦的,而且是由于谬误更能迎合人类某些恶劣的天性。　——培根

科学的灵感,决不是坐等可以等来的。如果说,科学上的发现有什么偶然的机遇的话,那么这种"偶然的机遇"只能给那些学有素养的人,给那些善于独立思考的人,给那些具有锲而不舍的精神的人,而不是给懒汉。　——华罗庚

"爱"永远像真理昭彰,"淫"却永远骗人说谎。　——莎士比亚

科学就是不断地认识,不仅是发现,而且是发明。　——鲁巴金

我能想像到的人的最高尚行为,就是传播真理,就是公开放弃错误。　——利斯特

敌人只能砍下我们的头颅,决不能动摇我们的信仰!因为我们信仰的主义,乃是宇宙的真理!　——方志敏

说真话不应当是艰难的事情。我所谓真话不是指真理,也不是指正确的话。自己想什么就讲什么;自己怎么想就怎么说这就是说真话。　——巴金

中国人有一句老话:"不入虎穴,焉得虎子。"这句话对于人们的实践是真理,对于认识论也是真理。离开实践的认识是不可能的。　——毛泽东

科学是一种强大的智慧的力量,它致力于破除禁锢着我的神秘的桎梏……　——高尔基

问号是开启任何一门科学的钥匙。　——巴尔扎克

马克思列宁主义并没有结束真理，而是在实践中不断地开辟认识真理的道路。　——毛泽东

尊重真理就是聪明睿智的开端。　——赫尔岑

人的天职在于探求真理。　——波兰谚语

时间可流逝，年华要消失，但真理永存。　——佚名

惟愿诸君将振兴中华之责任，置之于自身之肩上。　——孙中山

真理的光辉时常受到遮掩，但它决不熄灭。　——李维

呵，青年人理想多么崇高，立志追求真理，无论是生还是死，呵！莫回首，莫泄气。　——罗·布里奇斯

应当热爱科学，因为人类没有什么力量是比科学更强大，更所向无敌的了。　——高尔基

真理不是一种铸币，现成地摆在那里，可以拿来藏在衣袋里。　——莱辛

在科学的入口处，正像在地狱的入口处一样，必须提出这样的要求：这里必须根绝一切犹豫；这里任何怯懦都无济于事。　——马克思

真理谬论只差一步。人发怒时好把真理说成谬论，人高兴时又好把谬误说成真理。　——佚名

即使通过自己的努力知道一半真理，也比人云亦云地知道全部真理要好得多。　——罗曼·罗兰

真理虽然好，但不是在任何时候任何地方听上去都顺耳的。有人迷恋它，但也有人觉得它刺耳。　——谢德林

每个人都希望真理站在他那一边，但却不是每个人都诚恳地愿意站到真理的那一边。　——高尔基

逆境是通向真理的第一条道路。　——拜伦

实践是思想的真理。　——车尔尼雪夫斯基

英雄主义是在于为信仰和真理而牺牲自己。　——托尔斯泰

真理像太阳，手掌遮不住。　——非洲谚语

以真理为灯火，以真理为支柱，不要以别的东西为支柱。　——释迦牟尼

正如光既暴露了自身，又暴露了周围的黑暗一样，真理既是自身的标准，又是虚假的标准。　——斯宾诺莎

在科学的世界里，谬误如同泡沫，很快就会消失，真理则是永存的。　——寺田寅彦

真理不是一种铸币，现成地摆在那里，可以拿来藏在衣袋里。　——莱辛

即使为了国王宝座，也永远不要欺骗、违背真理。　——德国谚语

一个社会，只有当他把真理公之于众时，才会强而有力。　——左拉

追求真理比占有真理更加难能可贵。　——爱因斯坦

经过费力才得到的东西要比不费力就得到的东西更能另人喜爱。一目了然的真理不费力就可以懂，懂了也感到暂时的愉快，但是很快就被遗忘了。　——薄伽丘

无论真理在何受到伤害，都应去捍卫它。　——爱默生

即使通过自己的努力知道一半真理，也比人云亦云地知道全部真理还要好些。　——罗曼·罗兰

谁履行真理，谁就进入光明。　——《约翰福音》

一句真理，胜过百句谎言。　——非洲谚语

真理反对真理，并且为捍它自己的正当主张，不仅必须反对非正义，而且还反对其他真理的正义主张。　——卡尔·雅斯贝尔斯

自强不息，厚德载物。　——清华校训

在任何科学上的雏形，都有它双重的形象：胚胎时的丑恶，萌芽时的美丽。

——雨果

一旦真理降临，她的妹妹——自由，也就不远了。　——佚名

人类的食粮大半是谎言，真理只有极少的一点。人的精神非常软弱，担当不起纯粹的真理；必须由他的宗教、道德、政治、诗人、艺术家，在真理之外包上一层谎言。　——佚名

我们只崇敬真理，自由的、无限的、不分国界的真理，毫无种族歧视或偏见的真理。　——罗曼·罗兰

如果善良的情感没有在童年形成，那么无论什么时候你也培养不出这种感情来。因为人的这种真挚的感情的形成，是与最初接触的最重要的真理的理解，以及对祖国的语言最细腻之处的体验和感受联系在一起的。　——苏霍姆林斯基

实实在在的真理，顶天立地的品格，比什么爵位都高。　——彭斯

人们说得好，真理是时间的女儿，不是权威的女儿。　——培根

科学地探求真理，要求我们的理智永远不要狂热地坚持某种假设。　——莫洛亚

凡事都要脚踏实地去作，不驰于空想，不骛于虚声，而惟以求真的态度作踏实的工夫。以此态度求学，则真理可明，以此态度作事，则功业可就。　——李大钊

如月者，无所不照，有所不彻也，如烛者，思至则见，不思不见也。　——庄元臣

真理的精神和自由的精神是社会的支柱。　——民间谚语

一个有智慧的人，才是真正一个无量无边的人。　——巴尔扎克

真理是平凡的，真理是跟平凡的事物和平凡的群众分不开的。　——冯定

把真理用在那些其存在对谁都不重要的，认识它又一无用处，无谓事情上，那就是对真理这个神圣的名词的亵渎。真理，如果毫无用处，就不是一件必须具有的东西。　——卢梭

当你看到不可理解的现象，感到迷惑时，真理可能已经披着面纱悄悄地站在你的面前。　——巴尔扎克

正义战无不胜，真理高于一切。　——罗马尼亚谚语

我们只愿在真理的圣坛之前低头，不愿在一切物质权威之前拜倒。　——郭沫若

逆境是达到真理的一条通路。　——拜伦

永恒的献身是生命的真理。它的完美就是我们生命的完美。　——泰戈尔

真理常常藏在事物的深底。　——席勒

我们探索真理，在一切事件中，获得真理是最高的快慰。　——桑塔耶纳

智慧就在于说出真理，按照自然行事，倾听自然的话。　——赫拉克里特

热爱科学就是热爱真理，因此，诚实是科学家的主要美德。　——费尔巴哈

科学所打开的世界越来越辽阔，越来越奇妙。　——伊林

计利当计天下利，求名应求万世名。　——于右任

真理的苦味比蜜糖的甜味好得多。　——非洲谚语

一个人如能在心中充满对人类的博爱，行为遵循崇高的道德律，永远围绕着真理的枢轴而转动，那么他虽在人间也就等于生活在天堂中了。　——培根

阴险的友谊虽然允许你得到一些微不足道的小惠，却要剥夺你的珍宝——独立思考和对真理纯洁的爱！　——别林斯基

寻求真理的只能是独自探索的人，和那些并不真心热爱真理的人毫不相干。　——帕斯捷尔纳克

坚持我们誓守的唯一真理——神圣的个人操守。　——李奥贝纳

不要想象自己说的每句话，都是真理，但要保证自己说的每句话都是真话。　——张杰

如果痛苦换来的是结识真理坚持真理，就应自觉地欣然承受，那时，也只有那时，痛苦才将化为幸福。　——张志新

要追求真理，认识真理，更要依赖真理，这是人性中的最高品德。　——培根

枯树不结果，谎言不值钱。　——蒙古谚语

科学给予人类最大的礼物是什么？是使人类相信真理的力量。　——昆布顿

相信谎言的人必将在真理之前毁灭。　——赫尔巴特

真理之川从它的错误之沟渠中流过；像萌芽一般，在一个真理之下又生一个疑问，真理疑问互为滋养。　——培根

向他的头脑中灌输真理，只是为了保证他不在心中装填谬误。　——卢梭

科学的伟大进步，来源于崭新与大胆的想象力。　——杜威

时间没有现在，永恒没有未来，也没有过去。　——丁尼生

真理走到极端便成谬误。　——拉丁谚语

真理有三部分：考查，即求取它；认识，即它已存在；信心，即运用它。

——苏格拉底

科学家的天职叫我们应当继续奋斗，彻底揭示自然界的奥秘，掌握这些奥秘以便能在将来造福人类。 ——居里夫人

许多伟大的真理开始的时候都被认为是亵渎行为。 ——萧伯纳

真理有时可能变得黯淡，但它永不会熄灭。 ——意大利谚语

如果真理是名贵的珍珠，那么实践说是产生珍珠的大海。 ——亚洲谚语

科学赐予人类最大的礼物是什么呢？是使人类相信真理的力量。 ——康普顿

既异想天开，又实事求是，这是科学工作者特有的风格，让我们在无穷的宇宙长河中探求无穷的真理吧。 ——郭沫若

真理高于太阳，在科学的世界里，谬误如同泡沫，很快就可消失，真理这则永远永在永存。 ——佚名

向真理弯腰的人，一旦挺起胸来，将顶天立地。 ——沈舜福

不应是为了自己的需要，而应是为了真理而活着。 ——列夫·托尔斯泰

大贤秉高鉴，公烛无私光。 ——孟郊

科学上没有平坦的大道，真理的长河中有无数礁石险滩。只有不畏攀登的采药者，只有不怕巨浪的弄潮儿，才能登上高峰采得仙草，深入水底觅得骊珠。

——华罗庚

世上只有一个真理，便是忠实于人生，并且爱它。 ——罗曼·罗兰

真理是永远蒙蔽不了的。 ——莎士比亚

智慧只能在真理中发现。 ——歌德

不管时代的潮流和社会的风尚怎样，人总可以凭着自己高尚的品质，超脱时代和社会，走自己正确的道路。现在，大家都为了电冰箱、汽车、房子而奔波、追逐、竞争。这就是我们这个时代的特征了。但是也还有不少人，他们不追求这些物质的东西，他们追求理想和真理，得到了内心的自由和安宁。 ——爱因斯坦

我不知道世上的人对我怎样评价。我却这样认为：我好像是在海上玩耍，时而

发现了一个光滑的石子儿，时而发现一个美丽的贝壳而为之高兴的孩子。尽管如此，那真理的海洋还神秘地展现在我们面前。　　——牛顿

万山磅礴必有主峰，龙衮九章但挚一领。　　——韩愈

许多真理都是以笑话的形式讲出来。　　——尼采

谁要是把自己标榜为真理和知识领域里的裁判官，他就会被神的笑声所覆灭。　　——爱因斯坦

最卓越的东西，也常是最难被人了解的东西，真理尽管苦涩，然而鲜明。

——民间谚语

真理和美德是艺术的两个密友，你要当作家，当批评家吗？请首先做一个有德行的人。　　——狄德罗

科学不会舍弃真诚爱它的人们。　　——季米里亚捷夫

哪里没有朴素、善良和真理，哪里也就谈不上有伟大。　　——列夫·托尔斯泰

诡计总要穿衣服，真理却喜欢裸露着。　　——佚名

真理绝不因为有人不承认它而感到苦恼。　　——席勒

真正的教育者不仅传授真理，而且向自己的学生传授对待真理的态度，激发他们对于善良事物受到鼓舞和钦佩的情感，对于邪恶事物的不可容忍的态度。

——苏霍姆林斯基

近代科学的目标是什么？就是探求真理。科学方法可以随时随地而改换，这科学目标，蕲求真理也就是科学的精神，是永远不改变的。　　——竺可桢

岁月的大河淘尽了一切无价值的泥沙，而把真理留下。　　——佚名

真金不怕火炼，真理不怕诡辩。　　——越南谚语

真理只在需求孔亟的时候才发扬；是时间而不是人发现它。　　——佚名

科学尊重事实，服从真理，而不会屈服于任何压力。　　——童第周

谬误只能从门缝里进来，真理站在门前。　　——拉丁美洲谚语

为真理而斗争是人生的最大乐趣。　　——意大利谚语

书籍里的道理是高贵的，老一辈的学者汲取了他周围的世界，经过推敲，在心

里把它重新整理好，再陈述出来。它进入到他心里的过程是人生，从里面出来的却是真理；进去的时候是短暂的动作，出来的却是不朽的思想；进去的是琐事，出来的却是诗歌。它过去是死的事实，而现在则成了活的思想。它既可以守，又可以攻；它一忽儿忍耐，一忽儿飞翔，一忽儿又给人以灵感。 ——爱默生

真理不存在于丑化了的现实里。 ——乔治·桑

科学需要一个人贡献出双重的精力，假定你们每个人有两次生命，这对你们来说还是不够的。科学要求每个人有极紧张的工作和伟大的热情。 ——巴甫洛夫

不向前不知道路远，不学习不明白真理。 ——朝鲜谚语

人类的食粮大半是谎言，真理只是极少一点。 ——民间谚语

在人类历史的长河中，真理因为像黄金一样重，总是沉于河底而很难被人发现，相反地，那些牛粪一样轻的谬误倒漂浮在上面到处泛滥。 ——培根

科学绝不是一种自私自利的享乐。有幸能够致力于科学研究的人，首先应该拿自己的学识为人类服务。 ——马克思

不要侮蔑你不知道的真理，否则你将以生命补偿你的过失。 ——莎士比亚

信奉真理的人，必受天佑。 ——富兰克林

人当活在真理和自我奉献里。 ——庞陀彼丹

当人们自由地追求真理时，真理就会被发现。 ——罗斯福

没有真理的人叫喊得最响。 ——罗马尼亚谚语

科学的真理不应在古代圣人的蒙着灰尘的书上去找，而应该在实验中和以实验为基础的理论中去找。真正的哲学是写在那本经常在我们眼前打开着的最伟大的书里面的。这本书就是宇宙，就是自然本身，人们必须去读它。 ——伽利略

关键在于要有一颗爱真理的心，随时随地地碰见真理，并把它吸收进来。

——歌德

真理不需要喋喋不休的誓言。 ——土耳其谚语

我们对于真理必须经常反复地说，因为错误也有人在反复地宣传，并且不是个别的人而是有大批的人宣传。 ——歌德

就科学来讲，把前人获得的零星的真理找出来进一步加以发展，就是当之无愧理应受到奖赏的功劳。　——歌德

生活，就是理解。生活，就是面对现实微笑，就是越过障碍注视将来。生活，就是自己身上有一架天平，在那上面衡量善与恶。生活，就是有正义感、有真理、有理智，就是始终不渝、诚实不欺、表里如一、心智纯正，并且对权利与义务同等重视。生活，就是知道自己的价值，自己所能做到的与自己所应该做到的。生活，就是理智。　——雨果

许多人喜欢真理，但并没有许多人为真理仗义执言。　——谚语

真理尽管苦涩，然而鲜明。　——普托里尼

人类所抱有的疑念，就是科学的萌芽。　——爱默生

真理的旅行，是不用入境证的。　——约里奥·居里

人类用认识的活动去了解事物，用实践的活动去改变事物；用前者去掌握宇宙，用后者去创造宇宙。　——克罗齐

我们对真理所能表示的最大崇拜，就是要脚踏实地地去履行它。　——爱默生

幻想是诗人的翅膀，假设是科学家的天梯。　——歌德

钢铁可以弯曲，真理驳不倒。　——朝鲜谚语

谁也不能将阳光装进自己的口袋，谁也不能将真理霸占。　——普列汉诺夫

我爱我的老师，但我更爱真理。　——亚里士多德

只要再多走一步，仿佛是向同一方向迈的一小步，真理就会变成错误。

——民间谚语

谬误的好处是一时的，真理的好处是永久的。　——狄德罗

智慧就在于说出真理。　——赫拉克利特

真理好比水果，只有熟透时才能采摘。　——伏尔泰

不同凡响的常识被世人称为明智，其实明智的人多是以别人的失误为教训的。　——佚名

凡是对真理没有虔诚的热烈的敬意的人，绝对谈不到良心，谈不到崇高的生命，

谈不到高尚。 ——罗曼·罗兰

没有抽象的真理，真理总是具体的。 ——列宁

我知道我将为自己的学说，为真理而死，但这并不会减少我的勇气。 ——塞尔维特

劳动和人，人和劳动，这是所有真理的父母亲。 ——苏霍姆林斯基

人生的主要问题，就是不要做妨碍自由的事情。一切人生问题，都是认识什么是真正的生活并抗拒那妨碍人生的事物。 ——佚名

在劳力上劳心，是一切发明之母。事事在劳力上劳心，变可得事物之真理。

——陶行知

现代科学，面广枝繁，不是一辈子学得了的。唯一的办法是集中精力，先打破一缺口，建立一块或几块根据地，然后乘胜追击，逐步扩大研究领域。此法单刀直入，易见成效。 ——王梓坤

我认为胜利是可以得到的，而且勇敢地为它奋斗，我的后代将会说：他不知道死的恐惧，比任何人都刚毅，并认为为真理而斗争是人类最大的乐趣。 ——布鲁诺

胆怯之心随着时间的消失而消失。 ——埃斯库罗斯

服从真理，就能征服一切事物。 ——塞涅卡

时间是由分秒积成的，善于利用零星时间的人，才会做出更大的成绩来。

——华罗庚

错误同真理的关系，就像睡梦同清醒的关系一样。一个人从错误中醒来，就会以新的力量走向真理。 ——歌德

真理是不朽的，过失是致命的。 ——爱迪夫人

歪理有千条，真理只有一条。 ——非洲谚语

为了拥护真理而要受到各种打击，受到大多数人的反对和指责而使他暂时孤立（光荣的孤立），甚至因此而要牺牲自己的生命，他也能够逆潮流而拥护真理，绝不随波逐流。 ——刘少奇

诡计需要伪装，真理喜欢阳光。 ——英国谚语

我在科学方面所做出的任何成绩，都只是由于长期思索，忍耐和勤奋而获得的。 ——达尔文

我要做的只是以我微薄的绵力来为真理和正义服务。 ——爱因斯坦

心灵之爱真理，有过于眼睛之爱美丽。 ——洛克

聪明的年轻人以为，如果承认已经被别人承认过的真理，就会使自己丧失独创性，这是极大的错误。 ——歌德

没有智慧的头脑，就像没有蜡烛的灯笼。 ——民间谚语

许多伟大的真理开始的时候都被认为是亵渎的行为。 ——萧伯纳

真理往往非常朴素，以致人们不相信它。 ——列瓦特

夸张是发了脾气的真理。 ——纪伯伦

一个训练有素的思想家的主要特点在于，他不在佐证不足的情况下轻易做出结论。 ——贝弗里奇

对真理的追求要比对真理的占有更为可贵。 ——德国谚语

只要你追求真理，真理就会在你胸中燃烧。 ——日本谚语

谎言是一根浮木，早晚会被冲上岸来。 ——阿尔巴尼亚谚语

坚定不移的智慧是最宝贵的东西，胜过其余的一切。 ——德谟克利特

所谓真正的智慧，都是曾经被人思考过千百次；但要想使它们真正成为我们自己的，一定要经过我们自己再三思维，直至它们在我个人经验中生根为止。
——歌德

科学是人生中最重要、最美好和最需要的东西。 ——契诃夫

一个坏的教师奉送真理，一个好的教师则教人发现真理。 ——第斯多惠

科学是到处为家的，不过，在任何不播种的地方，是决不会得到丰收的。
——赫尔岑

圣人不利己，忧济在元元。 ——陈子昂

关键在于要有一颗爱真理的心灵，随时随地地碰见真理，就把它吸收进来。 ——歌德

真理在火里不会燃烧，在水里不会下沉。 ——印度谚语

真理穿了衣裳觉得事实太拘束了，在想象中，她却转动得很舒畅。 ——泰戈尔

因为真理是灿烂的，只要有一个罅隙，就能照亮整个田野。 ——赫尔岑

人需要真理，就像瞎子需要明眼的引路人一样。 ——高尔基

另一方面，如果不让心灵成为自己的先知，不让它经过一个孤独的检验的自我恢复的过程，便让它接受别的心灵找到的真理，那么，无论那真理多么光辉，它也会造成致命的伤害。天才若对别人的天才影响过度便足以永远成为天才的大敌，我的说法每个民族的文学都可以作证。英国的诗剧家已经跟着莎士比亚亦步亦趋两百多年了。 ——爱默生

一窍不通的人以为无窍可通，因而也就可以以为他已无所不通，于是心满意足；要叫他相信并非无所不知，还不如他相信月亮是用未熟的干酪做成的来得容易。 ——毛姆

生命是一种语言，它为我们转达了某种真理；如果以另一种方式学习它，我们将不能生存。 ——叔本华

人的最高尚行为除了传播真理外，就是公开放弃错误。 ——李斯特

对真理的最大的尊敬是运用它。 ——美国谚语

德行使心灵明晰，使人不仅更易了解德行，而且也更易了解科学的真理。

——罗吉尔·培根

世上唯有一个真理，便是忠实于人生，并且热爱人生。 ——罗曼·罗兰

一个人只要肯深入到事物表面以下去探索，哪怕他自己也许看得不对，却为旁人扫清了道路，甚至能使他的错误也终于为真理的事业服务。 ——博克

真理多半是从各种意见冲突中来。 ——民间谚语

谁若想在假面具和脂粉的遮掩下把真理介绍给一个人，那么他可能是情愿当真理的媒人，而决不是当真理的爱人。 ——海涅

最伟大的真理是最平凡的真理。 ——列夫·托尔斯泰

我们认为下面这些真理是不言而喻的：人人生而平等，造物主赋予他们若干不可

转让的权利,其中包括生命权自由权和追求幸福的权利。 ——《独立宣言》

不要拿"他人"的标准衡量自己,因为你不是他人,也永远达不到他人的标准。"他们"同样达不到你的标准——也不想达到。一旦你明白,接受和相信这个简单明了的真理,你的自悲感就会消失了。 ——马尔兹

"逆风而行"是要冒风险的,有时可能遭到灭顶之灾,但是在真理问题上,不能让步。 ——翦伯赞

真理不是靠喝彩造出来的,是非不是靠投票决定的。 ——英国谚语

真理就是具备这样的力量,你越是想要攻击它,你的攻击就愈加充实了和证明了它。 ——伽利略

越是接近真理,便愈加发现真理的迷人。 ——拉美特利

至于我,是向自然学习,是只爱真理的,哪怕只是真理的一个影子,也使我感到欢欣鼓舞,胜过一切给人带来荣华富贵的谬误。我宁愿在光天化日之下凭着我短绌的天资到处碰壁,也不肯在黑暗中凭着谨小慎微使自己得救或者发财。 ——拉美特利

真理的蜡烛往往会烧伤那些举烛的人的手。 ——布埃斯特

如果善良的情感没有在童年形成,那么无论什么时候你也培养不出这种感情来。因为人的这种真挚的感情的形成,是与最初接触的、最重要的真理的理解,以及对祖国的语言最细腻之处的体验和感受联系在一起的。 ——苏霍姆林斯基

真理的碎片绝不是真理,谎言撕碎后仍是谎言。 ——谚语

唯有真理,才是我该誓死捍卫的。 ——卡特赖特

正像新生的婴儿一样,科学的真理必将在斗争中不断发展,广泛传播,无往而不胜。 ——富兰克林

挫折是通向真理的桥梁。 ——拉丁美洲谚语

所有的科学都是错误先真理而生,错误在先比错误在后好。 ——沃尔波斯

如果你想独占真理,真理就要嘲笑你了。 ——罗曼·罗兰

人对真理是冰,对虚伪却是火。 ——拉·封丹

真理是美的;毫无疑问,谎言也是如此。 ——Emerson

真理属于人类，谬误属于时代。　——歌德

真理不是乌鸦，不能抓住它的尾巴。　——谢德林

人的天职在勇于探索真理。　——哥白尼

理性和真理是人所共具的，属于那先说出来的人并不多于那引用的人。也不是根据柏拉图多于根据我自己，既然他和我一样看见和了解它。蜜蜂到处掠取各种花朵，但后来酿成蜜糖，便完全是他们自己的了；已经不再是百里香或仙唇花了。同样，人们属于他自己的作品。他的教育、工作和研究没有别的目的，只是要培养他的这种消化能力。　——蒙田

笨拙的教师只是传授真理，聪明的教师教学生发现真理。　——德国谚语

刀剑杀不死真理。　——阿根廷谚语

人犯错误，多半是该用真情时太过动脑筋，而在该动脑筋时又感情用事。

——理智与情感

人生修养感悟

第二篇·修身篇

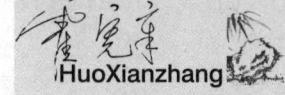

（一）修养

个人感悟

修养是指一个人的品质、道德、气质，对生命的领悟等，经过锻炼和培养达到的水平，与人的性格、心理、道德、文化等有着紧密的联系，即为人综合素质的表现。

"修养"二字由来已久，最早出自于《孟子》中"修身以养性"一句话，自此以后，人们对于修养的追求和释读从未停滞。古人说："修犹切磋琢磨，养犹涵养熏陶。""切、磋、琢、磨"都是加工产品的工艺，"修"就是"锻炼"，引申为研究学习问题、增长才干的过程；"涵养熏陶"是指受到一种思想、品行、习惯的长期濡染而趋同化，"养"就是"提高"。经受锻炼，得以提高，保持某一境界，就是修养。

一直以来，人们对于修养的释读都带有很大程度的道德文化上的传承和个人意志的成分，是一种高尚的品质和正确的待人处世的态度。修养的概念很宽泛，在任何领域任何角度都散发着独特的艺术魅力，让人们在追求高境界的人生品格中孜孜不倦的探究。

良好的修养是立身之本，修养，不仅可以出威信，出团结，而且可以出创造力，出凝聚力。

一个有修养的人，不仅有志气，而且能拼搏；一个有修养的人，不仅热爱事业，而且热爱生活积极上进；一个有修养的人，不仅有着高尚的道德和情趣，丰富的阅历，而且有着百折不挠的意志和奋斗开拓的精神。

一个有修养的人，一定是一个有爱心并且知识渊博的人；一个有修养的人，一定是一个爱学习善于理论联系实际，从而使自己的修养不断得到加强和提高的人；一个有修养的人，一定是一个善于交际，和朋友相处和睦，受人尊敬的人。

修养是个人魅力的基础，因为修养通常来自细节，而细节决定行为，行为养成习惯，习惯形成品质，品质决定魅力。一个人面对挫折的乐观程度，情绪控制的能力，认识他人情感的能力以及交往的能力等，都是自身修养的重要内容，它对加深沟通交流，提高人格魅力有着举足轻重的作用。

良好的修养最能体现一个人的品位与价值，一个有很高个人修养的人，才最具有个性和人格魅力。当今，市场经济把每个人都推向市场，利益驱动越来越影响人与人之间的关系，虽然如此，非功利因素在建立健康、和谐的人际关系中依然显得非常重要。

　　如果想要培养自己的修养，成就自己的魅力人生，就必须从身边的小事做起，从细微处着手，学会识大体、拘小节，从自己的一言一行开始，努力提高个人综合素质，以营造和谐环境。一个浅浅的微笑，一声轻轻的问候，甚至是接听电话时给人的一种美妙的感觉，都体现着一个人的修养，体现着一种美。我相信，从内心深处，每一个人都很欣赏这样的美。这种美，并不一定要外表长的很好看，并不一定拥有一块名牌手表，或者一副很好的嗓子，"金玉其外而败絮其中"终归是不行的。

　　修养就是播种，播种一个行为，你会收获一个习惯；播种一个习惯，你会收获一个个性；播种一个个性，你会收获一个道德；播种一个道德，你会收获一个命运。只有事事从自己做起，不断提高自己的素质和道德修养，才能提高周围人的素质和修养。

　　奉劝世上的人们，做一个有道德有修养的人吧，古人说得好"大德无敌"，有修养才能所向披靡，缺乏修养，不是一事无成，就是半途而废，或者前功尽弃。你要牢记：忍能养福，忠能养禄，乐能养寿，动能养身，学能养识，静能养心，勤能养财，爱能养家，诚能养友，善能养德。

　　道德是一种社会意识形态，是人们共同生活及其行为的准则与规范。一般来说，道德往往代表着社会的正面价值取向，起着判断行为正当与否的作用。

　　在汉语中，"道德"一词最早可追溯到老子所著的《道德经》一书："道生之，德畜之，物形之，器成之。是以万物莫不尊道而贵德。道之尊，德之贵，夫莫之命而常自然。"其中的"道"指的是自然运行与人世共通的真理；而"德"是指人世的德性、品行、王道。但在当时，道与德是两个概念，并无"道德"一词。"道德"二字连用最早出现在荀子的《劝学》篇中："故学至乎礼而止矣，夫是之谓道德之极。"

　　在西方古代文化中，"道德"（Morality）一词起源于拉丁语的"Mores"，意为风俗和习惯，也就是说道德是由一定社会的经济基础所决定的，并为一定的社会经济基础服务。一个社会、一个民族、一个国家的道德如何，主要受道德观的影响。道德观是受到后天一定的生产关系和社会舆论的影响而逐渐形成的，不同的时代，不同的阶级往往具有不同的道德观念。不同的文化中，所重视的道德元素及其优先性、所持的道德标准也常常有所差异。

中国传统哲学中的道德观主要是指以儒家为正统的传统道德，尽管它有着许多局限性和糟粕，但其中的天下为公的道德理想、忠恕之道的道德原则、中庸之道的道德规范迄今仍闪烁着礼仪之邦的中国传统文化的光辉。

社会主义新中国，制定了公民道德规范。胡锦涛在参加全国政协十届四次会议民盟、民进界委员联组讨论时，提出了要引导广大干部群众特别是青少年树立以"八荣八耻"为主要内容的社会主义荣辱观。"八荣八耻"的内容是："以热爱祖国为荣、以危害祖国为耻，以服务人民为荣、以背离人民为耻，以崇尚科学为荣、以愚昧无知为耻，以辛勤劳动为荣、以好逸恶劳为耻，以团结互助为荣、以损人利己为耻，以诚实守信为荣、以见利忘义为耻，以遵纪守法为荣、以违法乱纪为耻，以艰苦奋斗为荣、以骄奢淫逸为耻。"

社会主义荣辱观继承了中华民族历久弥新的民族精神和传统美德，是对我国传统道德观的继承和创新。目前，全面建设小康社会、构建社会主义和谐社会、建设创新型国家和社会主义新农村的新起点上。值此之际，一定要从时代发展的高度出发，牢固树立社会主义荣辱观，大力弘扬社会主义荣辱观，不断激发全体公民特别是青少年的崇高精神追求，努力培养有理想、有道德、有文化、有纪律的社会主义公民。

讲道德是当前社会的呼唤，遵循道德是社会秩序需要，有道德是做人的行为准则，做有道德的人是大家期盼。

经典事例

金秋，怀着无比自豪与兴奋之情的天之骄子从各地云聚燕园。一位扛着行李的新生，看见一位穿旧式中山装的守门人模样的老头，就请他帮助看一会儿行李，自己去报到。老头没说什么，答应了，老老实实地在那儿守着。9月的北京天气还很热，旁边有人说："您回去吧，我替他看着。"可老人说："还是我等他吧，换了人他该找不着了。"那位学生回来后，老头什么也没说就走了。三天后的开学典礼上，这位学子吃惊地认出了台上的副校长、大名鼎鼎的季羡林教授就是那天帮自己看行李的老头！

林肯小时候家里很穷，靠在一家商店做售货员维持生活，工作十分认真。一天晚上，林肯在结账的时候发现多收了客人一分钱。他觉得应该把钱还给对方，于是告诉了商店的老板。老板说："就一分钱，客人不会在乎的，你就自己留着吧！"小林肯却很坚决："虽然只是一分钱，但只要是别人的东西，我就不能拿。"老板没办法，只得让小林肯去还钱。小林肯只记得那位客人的样子，并不知道姓名。他边走边问，花了两个多小时才找到了那位客人，终于把钱还给了对方。林肯后来成了美国总统，受到了世人的尊敬与爱戴。

一个人的良好品质可以从小事中得到体现。我们应该注意自己的一言一行，从小就培养良好的品质。

名人箴言

美曰美，不一毫虚美；过曰过，不一毫讳过。　——海瑞

修身不言命，谋道不择时。　——元稹

礼貌使有礼貌的人喜悦，也使那些受到人家礼貌相待的人们喜悦。　——孟德斯鸠

礼节要举动自然才显得高贵。假如表面上过于做作，那就丢失了应有的价值。——培根

修身洁行，言必由绳墨。　——王安石

美德大都包含在良好的习惯之内。　——帕利克

好的习惯愈多，则生活愈容易，抵抗引诱的力量也愈强。　——詹姆斯

君子不可以不修身。　——子思

生活里最重要的是有礼貌，它比最高的智慧，比一切学识都重要。　——佚名

只一自反，天下没有不可了之事。　——申居郧

所谓从礼待人，即用你喜欢别人对待你的方式对待遇别人。　——查理德菲尔

有什么样的思想，就有什么样的行为；有什么样的行为，就有什么样的习惯；有什么样的习惯于，就有什么样的性格；有什么样的性格，就有什么样的命运。

——查·霍尔

处事须留余地；责善切戒尽言。　——《格言联璧》

甘居下位不算美德；能往下降才是美德，承认低于我们的事物高于我们，也是一种美德。　——歌德

以人之长补己短，以人之厚补己薄。　——刘向

修养的花儿在寂静中开过去了，成功的果子便要在光明里结实。　——冰心

无论什么时候也不要以为自己已经知道了一切，不管人家对你评价多么高，你总要有勇气地对自己说："我是个毫无所知的人。"　——巴甫洛夫

居幽思远，居安思危。　——书摘

心志要苦，意趣要乐；气度要宏，言动要谨。　——报摘

所有的习惯以不可见的程度积聚起来，如百溪汇于川，百川流于海。　——德莱敦

衡量一个人的真正品格，是看他在知道没有人会发觉的时候做什么。　——孟德斯鸠

习惯是一种最糟糕的痼疾，因为它使人们接受任何的不幸，任何的痛苦，任何的死亡。出于习惯，人们可以与自己憎恶的人生活在一起，学会戴镣铐，忍受不公正和痛苦，以至对痛苦、孤独以及其他一切都逆来顺受。习惯是一剂最无情的毒药，因为它慢慢地，不声不响地潜入到我们的机体，并在不知不觉中滋长起来。当我们发现它时，机体的每个细胞都已与它相适应，每一个动作都受它的制约，已经没有任何药物能够治愈。　——奥里亚娜·法拉奇

行一棋不足以见智。 ——刘安

静坐常思己过,闲谈莫论人非。 ——《增广贤文》

我在日常生活中严守着一个美好的准则:"人贵有自知之明。"我是素以此来鞭策自己的。 ——安格尔

自修则人不得以非理相加。 ——朱熹

浑身刻板死沉、满面阴惨抑郁的人,不论其生相如何,衣饰如何,都是天上人间最坏的人。 ——狄更斯

我们并不鄙弃一切有恶习的人,但我们鄙弃一点美德都没有的人。 ——佚名

嫉妒是一种可耻的感情,人是应当信赖的。 ——列夫·托尔斯泰

好的习惯比法律还正确。 ——欧里庇得斯

要想有教养,就要去了解全世界都在谈论和思索的最美好的东西。 ——马·阿诺德

在儿童时期没有养成思想的习惯。将使他从此以后一生都没有思想的能力。 ——卢梭

伟大的人是绝不会滥用他们的优点的,他们看出他们超过别人的地方,并且意识到这一点,然而绝不会因此就不谦虚,他们的过人之处愈多,他们愈认识到他们的不足。 ——卢梭

静则修身,俭以养德;勤则不匮,敏则有功。 ——书摘

只有竹子那样的虚心,牛皮筋那样的坚韧,烈火那样的热情,才能产生出真正不朽的艺术。 ——茅盾

细腻与风雅原是朴实的人必然具备的长处,在他身上使他的谈吐更耐人寻味,不亚于主教的辞令。 ——巴尔扎克

谦逊和服从使他们更适于受教导;所以事先尽可以不必过于注意自信的养成。最该花时间,下功夫和努力的,是使他们获得德行的原则、实践和良好的教养。这才是他们应该事先多加准备的事,免得后来容易失掉。 ——洛克

那些立身扬名出类拔萃的,他们凭借的力量是德行,而这也正是我的力

量。　——贝多芬

一个人的礼貌，就是一面照出他的肖像的镜子。　——歌德

教养中寄寓着极大的向往——对美好和光明的向往。它甚至还有一个更大的向往——使美好和光明战胜一切的向往。　——阿诺德

有才而性缓定属大才，有智而气和斯为大智。　——金缨

不好名者，斯不好利；好名者，好利之尤者也。　——钱琦

才能可以在独处中培养，品格最好还是在世界上的汹涌波涛中形成。　——歌德

吾善养浩然之气。　——孟子

人之有礼，忧鱼之有水矣。　——葛洪

假如自负、虚荣心或愤怒使儿童失去了恐怖，或者使他不听恐怖心的劝告，这种心理便应该采取适当的方法消除掉，应该使他稍稍考虑一下，降低火气，三思而后行，看看眼前的事值不值得冒险。　——洛克

君子修其身于暗室屋漏之地，而声流于四方万里之外。　——欧阳玄

责人而不责己，名为挂榜圣贤。　——金缨

当一个人是一个真正的人的时候，他就应当与大言不惭和骄揉造作之间保持等距离，既不夸夸其谈，也不扭捏取宠。　——雨果

集体的习惯，其力量更大于个人的习惯。因此如果有一个有良好道德风气的社会环境，是最有利于培训好的社会公民的。　——培根

时势为天子，未必贵也；穷为匹夫，未必贱也。贵贱之分，在于行之美恶。

——庄子

寡欲以清心，寡染以清身，寡言以清口。　——颜元

尺有所短，寸有所长；物有所不足，智有所不用；数有所不及，神有所不通。

——屈原

一个人如果能在心中充满对人类的博爱，行为遵循崇高的道德，永远围绕着真理的枢轴而转动，那么他虽在人间也就等于生活在天堂中了。　——弗兰西斯·培根

习惯之链的力量很弱，因而往往感觉不到，但一当感觉到了，它已是牢不可摧

的了。　——塞缪尔·约翰逊

有若无，实若虚，犯而不校。　——孔子

不知命，无以为君子；不知礼，无以立人也；不知言，无以知人也。　——《论语》

兰芳不厌谷幽，君子不为名修。　——《养正遗规》

目之见也借于照，心之智也借于理。　——《吕氏春秋》

知识必需用礼貌来装饰并抚平他在世间的道路，没有它们，知识就像一颗硕大而粗糙的钻石，为了好奇与它实质上的价值而收置在树里固然好，但是琢磨之后却更为珍贵。　——查里德菲尔

不要从特殊的行动中去估量一个人的美德，而应从日常的生活行为中去观察。　——帕斯卡

习惯实际上已成为天性的一部分。事实上，习惯有些像天性，因为"经常"和"总是"之间的差别是不大的，天性属于"总是"的范畴，而习惯则属于"经常"的范畴。　——亚里士多德

礼节太繁，执意把过分的、别人受不了感到愚蠢、惭愧的礼节强加给别人，这种情形看起来与其说是尊重人家，还不如说是嘲弄人家。　——洛克

无知的人总以为他所知道的事情很重要，应该见人就讲。但是一个有教养的人是不轻易炫耀他肚子里的学问的，他可以讲很多东西，但他认为还有许多东西是他讲不好的。　——卢梭

习惯没有法律那样明智，可它们往往更盛行。　——狄斯累利

反躬自省和沉思默想只会充实我们的头脑。　——巴尔扎克

圣人不是如同蘑菇，经一阵雷雨之后，就能从山土里钻出来的。也不是可以经一班门徒或和一系一派一党的人，于短促的时间所能捧起来的。圣人纵有超凡脱俗的个性，有出众超群的天才，有勤勉刻苦的修养，有博古通今的学识，有富贵不能淫，贫贱不能移，威武不能屈的道德与精神。又须一些志同道合的信徒的辅佐与继成之力。　——老宣

太柔则靡，太刚则折；刚自柔出，柔能克刚。　——曾国藩

一种天性的粗暴，使得一个人对别人没有礼貌，因而不知道尊重别人的倾向、气性或地位。这是一个村鄙野夫的真实标志，他毫不注意什么事情可以使得相处的人温和，使他尊敬别人，和别人合得来。　——洛克

只有美貌而缺乏修养的人是不值得赞美的。　——培根

正己而不求于人。　——《礼记》

对于对方的无礼的一种无言的非议和责备，而这种讥讽是使谁都会感受到不安的。　——洛克

思想（且不论好坏与否）—行为—习惯，这就是人生的规律。　——特赖因

所谓良好教养……它们在几乎所有国家中乃至于一个地区里，都不尽相同；每一个明辨事理的人都会模仿他所在之地的良好教养，并与之看齐。　——切斯特菲尔德

养心莫善于寡欲。　——孟子

处人不可任己意，要悉人之情；处事不可任己见，要悉事之理。　——吕坤

教养就是习惯于从最美好的事物中得到满足而且知道为什么。　——范戴克

爽口食多偏生病，快心事过恐生殃。　——《增广贤文》

终温且惠，淑慎其身。　——《诗经》

一个人应当有良好的礼貌来突出他特有的天性。人人都喜欢出人头地，但这不应当引起别人的讨厌。　——歌德

夫令名，德之舆也。德，国家之基也。　——《左传》

人应该装饰的是心灵，不是肉体。　——高尔基

百川有余水，大海无满波。器量各相悬，贤愚不同科。　——孟郊

思诚为修身之本，而明善又为思诚之本。以真诚为准则是自我修养的关键，弄清楚哪些是好的言行举动，又是坚持真诚的根本。　——朱熹

礼所以决嫌疑，定犹豫，别同异，明是非也。　——吴兢

任何事物都不如习惯那样强有力。　——奥维德

怀着善意的人，是不难于表达他对人的礼貌的。　——卢梭

但改吾过，毋议人非。　——陈确

其交也以道，以接也以礼。　——孟子

在人身上，唯一能够持久的东西是从少年时期吸收得来的，一个人假如不从睡在摇篮里的时候开始养成人生的清洁的习惯，那是最危险不过的。　——夸美纽斯

无恻隐之心，非人也；无羞恶之心，非人也；无僻让之心，非人也。　——孟轲

习惯十倍于自然。　——威灵顿

一个人的后半辈子均由习惯组成，而他的习惯却是在前半辈子养成的。
　　　　　　　　　　　　　　　　——陀思妥耶夫斯基

清心为治本，直道是身谋。清心：摒除私心杂念。直道：率直地为人。无私和正直这是修养处世的根本。　——包拯

自敬，则人敬之；自慢，则人慢之。　——朱熹

《大学》之修身、齐家、治国、平天下，基本只是正心、诚意而已。　——朱熹

功莫大于去恶而好善，罪莫于去善而为恶。　——贾谊

对一个有优越才能的人来说，懂得平等待人，是最伟大、最真正的品质。
　　　　　　　　　　　　　　　　——理查德·斯蒂尔

道德和才艺是远胜于富贵的资产，堕落的子孙可以把贵显的门第败坏，把巨富的财产荡毁，可是道德和才艺，却可以使一个凡人成为不配的神明。　——莎士比亚

君子处其实，不处其华；治其内，不治其外。　——张居正

修之至极，何谤不息。　——张九龄

由智慧养成的习惯成为第二天性。　——培根

书必择而读；人必择而交；言必择而听；路必择而蹈。　——张履祥

众人皆以奢靡为荣，吾心独以俭朴为美。　——司马光

德有余而为不足者谦，财有余而为不足者鄙。　——林逋

假如你的品德十分高尚，莫为出身低微而悲伤，蔷薇常在荆棘中生长。
　　　　　　　　　　　　　　　　——萨迪

即使是最深刻的言论，如果一个说的时候态度粗暴、傲慢或者吵吵嚷嚷，即便

是在辩论上面获得了胜利,在别人心目中也是难以留下好印象的。 ——洛克

决不要骄傲。因为一骄傲,你就会在应该同意的场合固执起来,因为一骄傲,你就会拒绝别人的忠告和友谊的帮助。 ——巴浦洛夫

习惯是一个人思想与行为的领导者。 ——爱默生

来说是非者,便是是非人。 ——《玉门关》

礼貌出自内心,其根源是内在的,然而,如果礼貌的形式被取消,它的精神与实质亦随之消失。 ——约翰·霍尔

贫而无谄,富而无骄。 ——子贡

对我们的习惯不加节制,在我们年轻精力旺盛的时候,不会立即显出它的影响。但是它逐渐消耗这种精力,到衰老时期我们不得不结算账目,并且偿还导致我们破产的债务。 ——泰戈尔

这种落于俗套的高贵和风雅是再平庸低劣不过的。 ——雨果

闭心自慎,终不失过。 ——屈原

年轻人不可中途插嘴,说的时候要用请教的态度,不能像教训别人似的。应该避免固执的态度和傲慢的神情,要谦逊地提出问题。谦逊不会遮住他们的才能,也不会减弱他们的理由的力量。它反而可以使他们得到更好的注意,使他们所说的话易于让人接受。 ——洛克

心轻万事如鸿毛。 ——李欣

礼貌举止好比人的穿衣,既不可以太宽也不可以太紧。 ——佚名

凡是一个能够受到大家欢迎的人,他的动作不仅是有力量,而且要优美,坚实是不够的,就是有用也无济于事,无论什么事情,必须具有优雅的办法和态度,才能显得漂亮,得到别人的喜欢。 ——洛克

君子博学而日参省乎己,则知明而行无过矣。 ——荀子

不修其身,虽君子而为小人。 ——欧阳修

心如大地者明,行如绳墨者彰。 ——刘向

一个人必须把他的全部力量用于努力改善自身,而不能把他的力量浪费在任何

别的事情上。 ——列夫·托尔斯泰

以冰霜之操自励，则品日清高；以穹隆之量容人，则德日广大。 ——弘一大师

让一得百，争十失九。 ——马克

一个宽宏大量的人，他的爱心往往多于怨恨，他乐观愉快、豁达、忍让而不悲伤、消沉、焦躁、恼怒；他对自己的伴侣和亲友的不足处，以爱心劝慰，述之以理动之以情，使听者动心、感佩、尊从，这样他们之间就不会存在感情上的隔阂、行动上的对立、心理上的怨恨。 ——穆尼尔·纳素夫

贵而不骄，胜而不悖，贤而能下，刚而能忍。 ——诸葛亮

崇德而定势，行又而忘利，修修而忘名。 ——苏轼

源静则流清，本固则丰茂；内修则外理，形端则影直。 ——魏子

虔诚不是目的，而是手段，是通过灵魂的最纯洁的宁静而达到最高修养手段。 ——歌德

衣冠不正，则宾者不肃。 ——管仲

心术以光明笃志为第一，容貌以老成正大为第一。 ——黄协埙

他的谈吐总是平易近人的，这种单纯既掩饰了他对某些事物的无知，也表现了他的良好的风度和宽容。 ——托尔斯泰

守口如瓶，防意如诚；宁可负我，切莫负人。 ——《增广贤文》

欲胜人者必先自胜；欲论人者必先自论；欲知人者必先自知。 ——吕不韦

使一个人伟大，并不在富裕和门第，而在于可贵的行为和高尚的品行。

——奥维

欲修其身者，先正其身；欲正其心者，先诚其意。 ——《大学》

古之欲明德于天下者，先治其国；欲治其国者，先齐其家；欲齐其家者，先修其身；欲修其身者，先正其心，欲正其心者，先诚其意；欲诚其意者，先致其知；致知在格物。 ——《礼记》

道德和才艺是远胜于富贵的资产。堕落的子孙可以把贵显的门第败坏，把巨富的财产荡毁，而道德和才艺却可以使一个凡人成为不朽的神明。 ——莎士比亚

宁愿做一朵篱下的野花，不愿做一朵受恩惠的蔷薇。与其逢迎献媚，偷取别人的欢心，毋宁被众人所鄙弃。　——莎士比亚

品德应该高尚些；处世，应该坦率些，举止，应该礼貌些。　——孟德斯鸠

丧失了财富，可以说没丧失什么；丧失了健康，等于丧失了某种东西；但当丧失品德时，就一切都丧失了。　——佚名

习惯是我们强有力的偶像，我们都得臣服于它。　——亚兰

有一种谦恭的、默默无闻的英雄，他们既无拿破仑的英名，也没有他那些丰功伟绩。可是把这种人的品德解析一番，连马其顿的亚历山大大帝也将显得黯然失色。　——哈谢克

读史使人明智，读诗使人聪慧，演算使人精密，哲理使人深刻，伦理学使人有修养，逻辑修辞使人善辩。　——培根

良好的习惯乃是人在其神经系统中存放的道德资本，这个资本不断地增值，而人在其整个一生中就享受着它的利息。　——乌申斯基

少成若天性，习惯如自然。　——班固

礼之大本，以防乱也。　——柳宗元

改变好习惯比改掉坏习惯容易的多，这是人生的一大悲哀。　——毛姆

一个人应该：活泼而守纪律，天真而不幼稚，勇敢而不鲁莽，倔强而有原则，热情而不冲动，乐观而不盲目。　——马克思

人有礼则安，无礼则危。　——《礼记》

礼貌是一种语言。它的规则与实行，主要要从观察，从那些有教养的人们举止上去学习。　——洛克

好建大功于天下者，必先修于闺门之内。　——陆贾

崇德莫盛乎安身，安身莫大乎有政，有政莫重乎无私，无私莫深乎寡欲。是以君子安其身而后动，易其心而后语，定其交而后求，笃其志而后行。　——《王粲集》

啊，有修养的人多快乐！甚至别人觉得是牺牲和痛苦的事他也会感到满意、快乐；他的心随时都在欢跃，他有说不尽的欢乐！　——车尔尼雪夫斯基

功被天下，守之以让。 ——荀况

喜不可纵有罪，怒不可戮无辜。 ——陈寿

一种虽然拙劣的辩词或平凡的观察，如果这样提出来，前面加几句尊重别人的意见的话，他便可以得到更多的荣誉和重视。 ——佚名

优良的品德是内心真正的财富，而衬显这品行的是良好的教养。 ——约翰·洛克

最为贤明的生活方式是蔑视时代的习惯，同时又一点也不违反它地生活着。 ——芥川龙之介

品行是一种很复杂的成果，不仅是意识的成果，而且也是知识、力量、习惯、技能、适应、健康以及最重要的社会经验的成果。 ——马卡连柯

在风度上和在各种事情上一样，唯一不衰老的东西，是心地。心地善良的人单纯朴实。 ——巴尔扎克

凡事之本，必先治身。 ——《吕氏春秋》

如果通过修养达不到提高鉴赏力的目的，修养两字也就毫无意义了。 ——波伊斯

嘉赏未尝喜，抑挫未尝惧。 ——朱熹

一个人有了崇高的伟大的理想，还一定要有高尚的情操。没有高尚的情操，再伟大的理想也是不能达到的。 ——陶铸

闻人之谤当自修，闻人之誉当自惧。 ——胡居仁

总会发生些情愿与不情愿、知道与不知道、清醒与迷误的那种痛苦与幸福的事儿。但如果心里存在虔诚情感，那么在痛苦中也会得到安宁。否则，便只能在愤怒争吵、妒嫉仇恨、唠唠叨叨中讨活了。 ——泰戈尔

事业常成于坚忍，毁于急躁。我在沙漠中曾亲眼看见，匆忙的旅人落在从容者的后边；疾驰的骏马落后，缓步的骆驼却不断前进。 ——萨迪

任何人，不论多么博学，只要他的学问和他的生活之间还存在着一段不可架梁的距离，就都称不上是有教养的人。 ——波伊斯

君子忍人所不能忍，容人所不能容，处人所不能处。 ——马南

最有美德的人，是那些有美德而不从外表表现出来，仍然感到满足的人。
——柏拉图

君子泰而不骄，小人骄而不泰。 ——孔子

自知者不怨人，知命者不怨天；怨人者穷，怨天者无志。 ——荀况

修养的本质如同人的性格，最终还是归结到道德情操这个问题上。 ——爱默生

美德有如名香，经燃烧或压抑而其香愈烈：盖幸运最难显露恶德而厄运最能显露美德也。 ——培根

过而不改，是谓过也。 ——孔子

含容终有益，任意是生灾。 ——冯梦龙

既然习惯是人生的主宰，人们就应当努力求得好的习惯。习惯如果是在幼年就起始的，那就是最完美的习惯，这是一定的，这个我们叫作教育。教育其实是一种从早年就起始的习惯。 ——培根

"良好的模范恳切的语言和真诚坦白的同情"，系指家长、教师、同学及其他人的示范对儿童的影响。 ——夸美纽斯

我们不应该把自己想得太好，以致把自己的价值估计得高；我们也不可因为自己具有某些长处，别人没有，便以为应在别人面前占优势；我们只应该在我们的本分以内谦逊地接受别人对于我们的给予。 ——洛克

一个人如果不是真正有道德，就不可能真正有智慧。精明和智慧是非常不同的两年事。精明的人精细考虑他人利益的人。 ——赫拉克利特

君子耻不修，不耻见污。 ——荀子

芝兰生于幽林，不以无人而不芳；君子修道立德，不为穷困而改节。 ——孔子

习气那个怪物，虽然是魔鬼，会吞掉一切的羞耻心，也会做天使，把日积月累的美德善行熏陶成自然而然而令人安之若素的家常便饭。 ——莎士比亚

一个最高尚的人也可以因习惯而变得愚昧无知和粗野无礼，甚至粗野到惨无人道的程度。 ——陀思妥耶夫斯基

礼让不费什么，而得到一切。　——蒙塔鸠

先众人而为，后众人而言。　——吕坤

独立不惭影，独寝不愧衾。　——刘昼

卓越的人不追求虚有其表，有修养有名望的人致力于实际。　——王符

性情的修养，不是为了别人，而是为了自己增强生活能力。　——池田大作

一知半解的人，多不谦虚，见多识广有本领的人一定谦虚。　——谢学哉

礼，所以正身也；师，所以正礼也。　——荀子

美德是安琪儿，但它是盲目的安琪儿，必须请求"知识"给它指引通向其目的地的路径。　——霍勒斯·曼

傲不可长，欲不可纵，乐不可极，老不可满。　——魏征

致知在格物，格物而后知至，知至而后意诚，意诚而后心正，心正而后身修。　——《礼记》

自天子以至于庶人，壹是皆以修身为本。　——《礼记》

天下之事，患常生于忽微，而志戒于渐习。　——程颢

人类一生的工作，精巧还是粗劣，都由他每个习惯所养成。　——富克兰林

习惯是人的第二本性。它使我们不能认识一个人的主要本性，就这一点而言，习惯既非残忍也不迷人。　——普鲁斯特

接受忠告，就是增进一个人自己的能力。　——歌德

涵养为首，致知次之，力行又次之。　——朱熹

自尊心是进步之母，自贱心是堕落之源，故自尊心不可无，自贱心不可有。
　　　　　　　　　　　　　　　　——邹韬奋

没有一种礼貌会在外表上叫人一眼就看出教养的不足，正确的教育在于使外表上的彬彬有礼和人的高尚的教养同时表现出来。　——歌德

真正以谦虚是最高的美德，也即一切美德之母。　——丁尼生

一般人都是依据爱好去想，依据学识及吸收的见解去说，但通常都依据习俗去做。　——培根

纯粹之美育，所以陶养吾人之感情，使有高尚纯洁之习惯，而使人我之见、利己损人之思念，以渐消沮者也。　——蔡元培

君子崇人之德，扬人之美，非谄谀也。　——荀子

重言，重行，重貌，重好。言重则有法，行重则有德，貌重则有威，好重则有欢。　——扬雄

房子是应该经常打扫的，不打扫就会积满了灰尘；脸是应该经常洗的，不洗也就会灰尘满面。　——毛泽东

习惯之始如蛛丝，习惯之后如绳索。　——中国谚语

并不是由于决心才正确，应该由于习惯而正确。不仅能做正确的事，而且养成不是正确的事就做不了的习惯。　——华兹华斯

骄傲的人必然嫉妒，他对于那最以德性受人称赞的人便怀忌恨。　——斯宾诺莎

播种一个行动，你会收获一个习惯；播种一个习惯，你会收获一个个性，播种一个个性，你会收获一个命运。　——菩德吉

大其心，容天下之物；虚其心，受天下之善；平其心，论天下之事；潜其心，观天下之理；定其心，应天下之变。　——书摘

习惯优于格言。习惯是以有生命的格言为本能，加血添肉而成。　——亚美路

习惯之于灵魂犹如血管与脉络之于血液，是它流动的道路。　——布什纳尔

彼之理是，我之理非，我让之；彼之理非，我之理是，我容之。　——《史典》

假如有人出卖生命水，要别人以人格作代价，聪明人决不肯买；因为耻辱地活着不如光荣地死去。　——萨迪

对于美德，我们仅止于认识是不够的，我们还必须努力培养它、运用它，或是采取种种方法，以使我们成为良善之人。　——亚里士多德

人皆知涤其器，而莫知涤其心。　——《傅子·附录》

好习惯是一个人在社会交场中所能穿着的最佳服饰。　——苏格拉底

修身处世，一诚之外更无余事。　——朱之瑜

伟大的品质是与生俱来的，它不仅具有直接的，而且具有一种持续的，不断发

展和永不消失的力量。即使具有这种品质的人去世了或他所生活的时代过去了，这种力量还会继续存在下去，它的生命力也许比他的国家和他所操的语言更强。

——埃弗雷特

礼仪又称教养，其本质不过是在交往中对于任何人不表示任何轻视或侮蔑而已，谁能理解并接受了这点，又能同意以上所谈的规则和准则并努力去实行它们，他一定会成为一个有教养的绅士。　——洛克

对于心地善良的人来说，付出代价必然得到报酬这种想法本身就是一种侮辱。美德不是装饰品，而是美好的心灵的表现形式。　——纪德

好利者，逸出于道义之外，其害显而浅；好名者，窜入于道义之中，其害隐而深。　——洪自诚

君子反道以修德。　——《吕氏春秋》

许多思想是从一定的文化修养上产生出来的，就如同幼芽是长在绿枝上一样。　——歌德

礼之于人，犹酒之有蘖也。　——孔子

德行比人情世故更难获得；青年人失掉了德行是很少能够再恢复的。怯懦无能和不懂人情世故是大家归给私家教育的过错，其实这并不是在家庭里面进行教育的必然结果，也并不是无法医治的毛病。如果说家里溺爱太过，常常使人懦弱无能，应该竭力避免，那主要是因为我们的目的是为了德行的缘故。　——洛克

人非生而知之者，孰能无惑。　——韩愈

没有经过琢磨的钻石是没有人喜欢的，这种钻石戴了也没有好处。但是一旦经过琢磨，加以镶嵌之后，它们便生出光彩来了。美德是精神上的一种宝藏，但是使它们生出光彩的则是良好的礼仪。　——洛克

道德行为训练，不是通过语言影响，而是让儿童练习良好道德行为，克服懒惰、轻率、不守纪律、颓废等不良行为。　——夸美纽斯

用语言、事物表扬，用警告、训斥、惩罚及对特殊的个别的过错采用体罚，以有教益的惩罚制度，即"持以坦白的态度，出以诚恳的目的"，使儿童理解这样做

是对他有好处的,正如吃苦药治病一样。 ——夸美纽斯

坏的习惯必须打破,好的习惯必须加以培养,然后我们才能希望我们的举止能够坚定不移始终如一地正确。 ——富兰克林

夫子温、良、恭、俭、让。 ——《论语》

养身者忘家,养志者忘身。 ——韩婴

合理安排儿童每天的生活,使之总是忙于有益的事情避免无事生非或虚度时光。 ——夸美纽斯

与其修饰面容,不如修饰心胸。 ——中国谚语

学苍竹到老虚心留劲节,敬苍松久经风雨不知寒。 ——民间谚语

礼仪不良有两种:第一是忸忧羞怯。第二种是行为不检点和轻慢,要避免这两种情形,就只有好好地遵守下面这条规则:不要看不起自己,也不要看不起别人。 ——洛克

养气要使完,处身要使端。 ——陆游

我的主要办法,首先是通过孩子们对共同生活的初步感觉和在发展他们初步的能力上,使他们产生姊妹兄弟般的友爱,把整个团体融化于一种大的家庭的朴实精神中;并且就在这种基础上,以及由此而产生的情感中,鼓舞他们一般的义务感和道德感。 ——裴斯泰洛齐

"特殊的人格"的本质不是人的胡子、血液、抽象的肉体的本性,而是人的社会特质。 ——卡尔·马克思

品格能决定人生,它比天资更重要。 ——弗·桑德斯

良好的礼仪的功用或目的只在使得那些与我们交谈的人感到安适与满足,没有别的。要能做到通过恰如其分的普通的礼节与尊重,表明你对他人的尊敬、重视与善意。这是一种很高的境界,要能做到这种境地,而又不被人家疑心你谄媚、伪善或卑鄙,是一种很大的技巧。 ——洛克

立德之本,莫尚乎正心,心正而后身正。 ——傅玄

一人勇敢而率真的灵魂,能用自己的眼睛去观照,用自己的心去爱,用自己的

理智去判断。不做影子,而做人。　——罗曼·曼兰

日省其身,有则改之,无则加勉。　——朱熹

一切礼仪,都是为了文饰那些虚应故事的行为,言不由衷的欢迎,出尔反尔的殷勤而设立的;如果有真实的友谊,这些虚伪的形式就该一律摈弃。　——莎士比亚

非难别人,找别人的错处,这和礼仪是直接对立的。人们无论犯了什么过失,或者当着别人的面,把它们在光天化日之下公开宣布出来。任何人有了污点都会感到羞耻。缺点一旦被人发现了,他总会感到有点不安的,哪怕仅仅被人疑心有缺点也一样。　——洛克

毁人者失其直,誉人者失其实,近于乡原之人哉?　——皮日休

人知贵生乐安而弃礼义,辟之是犹欲寿而刎颈也。　——荀子

仁者爱人,有礼者敬人,爱人者,人恒爱之;敬人者,人恒敬之。　——孟柯

勤于德者,不求财便能自生。　——西乡隆盛

文明就是要造成有修养的人。　——罗斯金

凡建立功业,以立品为始基。从来有学问而能担当大事业者,无不先从品行上立定脚跟。　——徐世昌

要意志坚强,要勤奋,要探索,要发现,而且永不屈服,珍惜在我们前进道路上降临的善,忍受我们之中和周围的恶,并下决心去消除它。　——赫胥黎

一个人应该:活泼而守纪律,天真而不幼稚,勇敢而鲁莽,倔强而有原则,热情而不冲动,乐观而不盲目。　——马克思

一个人有了崇高的伟大的理想,还一定要有高尚的情操。没有高尚的情操,再伟大的理想也是不能达到的。　——陶铸

我们并不鄙弃一切有恶习的人,但我们鄙弃一点美德都没有的人。　——佚名

内不愧心,外不负俗,交不为利,仕不谋禄,鉴乎古今,涤情荡欲,何忧于人间之委曲?　——嵇康

一个人应当有良好的礼貌来突出他特有的天性。人人都喜欢出人头地,但这不

应当引起别人的讨厌。　——歌德

　　智育只能是德育的辅助品，学问只能作为辅佐品德之用，对于心地良好的人来说，学问对于德行与智慧都有帮助；对于心地不是良好的人来说，学问就会使他们变得更坏。　——洛克

　　人之所以为贵，以其有信有礼；国之所以能强，亦云惟佳信与义。　——张九龄

　　人们宣扬的一切道德家庭的道德，社会的道德，只有失掉了利己主义才是美好的，只有在为了过分人道的亲爱者——好儿女或好配偶——而牺牲了自己神圣的思想时才是美好的！　——罗曼·罗兰

　　修养之于心地，其重要犹如食物之于身体。　——西塞罗

　　德之不修，学之不讲，闻义不能徙，不善不能改，是吾忧也。　——孔子

　　他们一旦进入社会，与人交接，一方面固然可以增加知识和自信，同时也容易使他们失去他们的德行；所以他们对于德行是不能不在事先多加准备，使它深深固定在他们身上的。　——洛克

　　我愿意以天才比美德，以学问比财富。如美德越少的人，越需要财富，天才越低的人，越需要学问。　——杨格

　　凡建立功业者，又立品为始基。从来有学问而能提当大事业者，无不先从品行上立定脚跟。　——徐世昌

　　民无礼而何为，财非义而不取。　——施耐庵

　　戒太察，太察则无含弘之气象。　——于谦

　　能无私于一人，故万物至而制之，万物至而命之。　——尉缭

　　善待那些具有爱心的人。　——梅特灵克

　　身在天地后，心在天地前；身在万物中，心在万物上。　——书摘

　　人的思想是可塑的；一个人如果每天观赏一幅好画，阅读某部佳作中的一页，聆听一支妙曲，就会变成一个有文化修养的人——一个新人。　——罗斯金

　　在男人身上，智慧和教养最要紧，漂亮不漂亮，对他来说倒算不了什么！要是你头脑里没有教养和智慧，那你哪怕是美男子，也还是一钱不值。　——契诃夫

身不修则德不立，德不立而能化成于家者盖寡矣，而况于天下乎。 ——武则天

礼仪是微妙的东西，它既是人类间交际不可或缺的，也是不可过于计较的。如果把礼仪看得高于一切，结果就会失去人与人真诚的信任。因此在语言交际中要善于找到一种分寸，使之既直爽又不失礼。这是最难又是最好的。 ——培根

良好的习惯，如同一束鲜花。 ——派登花特

诚实，像我们所有的情操一样，应当分成消极的与积极的两类。消极的诚实在没有发财的机会时，是诚实的。积极的诚实是每天受着诱惑而毫无动心的。

——巴尔扎克

在缺乏教养的人身上，勇敢就会成为粗暴，学识就会成为迂腐，机智就会成为逗趣，质朴就会成为粗鲁，温厚就会成为谄媚。 ——洛克

富贵不傲物，贫贱不易行。 ——晏子

怠者不能修，而忌者畏人修。 ——韩愈

适度，不是中庸，而是一种明智的生活态度。金马沉默是一种美德，沉默是一种智慧，沉默是一种魅力，沉默是一种含蓄，沉默是一种力量、一种质气，更是一种风度。 ——报摘

不应嫉妒天才人物，就像不应该嫉妒太阳一样。 ——尤里·邦达列夫

习惯成自然是个魔术师。它对美丽的东西是残酷的，但是对丑陋的东西却是仁慈的。 ——威达

改造自己，总比禁止别人来得难。 ——鲁迅

君子之守，修其身而天下平。 ——孟子

劳动，不仅仅意味着实际能力和技巧，而且首先意味着智力的发展，意味着思维和语言的修养。 ——苏霍姆林斯基

水至清则无鱼，人至察则无徒。瑾瑜匿瑕，川泽纳污。 ——东方朔

性情的修养，不是为了别人，而是为自己增强生活能力。 ——池田大作

君子之道四焉，强于行义，弱于受谏，怵于待禄，慎于治身。 ——孔子

不敬他人，是自不敬也。 ——《旧唐书》

居心要宽，持身要严。 ——申居郧

君子之修身也，内正其身，外正其容。 ——欧阳修

方严是处人大病痛，圣贤处人，离一温厚不得。 ——吕坤

君子求诸己，小人求诸人。 ——孔子

修道虽无人见，存心自有天知。 ——史襄哉

心如明镜台，时时勤拂拭。 ——神秀

人在达到德性的完备时是一切动物中最出色的动物；但如果他一意孤行。目无法律和正义，他就成为一切禽兽中最恶劣的禽兽。 ——亚里士多德

高山之巅无美木，伤于多阳也；大树之下无美草，伤于多荫也。 ——刘向

父子有亲，君臣有交，夫妇有别，长幼有序，朋友有信。 ——孟子

一个头脑正常的人，是不会自满的。 ——圣西门

在你过去的生活中，你伤害过谁，也早已忘记了，可是被你伤害的那个人却永远不会忘记你。他决不会记住你的优点，而是记住你对他的伤害。 ——戴尔·卡耐基

人无论走到何处都是一样的，应当忍受，不该一味固执，跟社会作无谓的斗争。只要心安理得，我行我素就行了。要使人真正成为有教养的人，必须具备三个品质：渊博的知识、思维的习惯和高尚的情操。 ——车尔尼雪夫斯基

种树者必培其根，种德者必养其心。 ——王守仁

插嘴和争辩也不符合礼仪的要求，别人谈话的时候去插嘴是一种最大的冒犯，因为我们在知道人家将说什么之前就去答复人家，若不是鲁莽愚蠢，也是一种明白表示即对方的话他已经听腻了，不愿对方说下去。 ——洛克

彬彬有礼的风度，主要是自我克制的表现。 ——爱默生

不由礼之事，非不可行也，行之不能久。 ——杨炯

习惯就是一切，甚至在爱情中也是如此。 ——沃维纳格

责人之心责己，恕己之心恕人。 ——《增广贤文》

百年养不足，一日毁有余。 ——王安石

喜不应喜无喜之事，怒不应怒无怒之物。 ——诸葛亮

道德是永存的，而财富每天在更换主人。　——普卢塔克

道德应当成为科学的指路明灯。　——布夫勒

修身洁行，言必由绳墨。　——王安石

美德是智力最高的证明。——约翰生

内不欺己，外不欺人，上不欺天，君子所以慎独。　——金缨

感情有着极大的鼓舞力量，因此，它是一切道德行为的重要前提，谁要是没有强烈的志向，也就不能够热烈地把这个志向体现于事业中。　——凯洛夫

人类的食粮大半是谎言，真理只有极少的一点。人的精神非常软弱，担当不起纯粹的真理；必须由他的宗教、道德、政治、诗人、艺术家，在真理之外包上一层谎言。　——佚名

人能克己身无患，事不欺心睡自安。　——马致远

你若正直，不要怕人诽谤。　——萨迪

高行微言，所以修身。　——黄石公

生活是欺骗不了的，一个人要生活得光明磊落。　——冯雪峰

我深信只有有道德的公民才能向自己的祖国致以可被接受的敬礼。　——卢梭

人应该装饰的是心灵，不是肉体。　——高尔基

应该热心地致力于照道德行事，而不要空谈道德。　——德谟克利特

善良既是历史中稀有的珍珠，善良的人便几乎优于伟大的人。　——雨果

人的美并不在于外貌、衣服和发式，而在于他的本身，在于他的心。要是人没有心灵的美，我们常常会厌恶他漂亮的外表。　——奥斯特洛夫斯基

人类最大的幸福就在于每天能谈谈道德方面的事情。无灵魂的生活就失去了人的生活价值。　——苏格拉底

那些立身扬名出类拔萃的，他们凭借的力量是德行，而这也正是我的力量。

——贝多芬

好的习惯比法律还正确。　——欧里庇得斯

忍耐和时间，往往比力量和愤怒更有效。　——拉封丹

点燃了的火炬不是为了火炬本身，就像我们的美德应该超过自己照亮别人，否则等于没用。 ——莎士比亚

只有心地善良的人才能易于接受道德的熏陶。谁要是没有受到过善良的教育，没有感受过与人为善的那种欢乐，谁就不感觉到自己是真实而美好的事物的坚强勇敢的卫士，他就不可能成为集体的志同道合者。 ——苏霍姆林斯基

品德，应该高尚些；处世，应该坦率些；举止，应该礼貌些。 ——孟德斯鸠

从恶德中逃避是美德的开始。 ——贺瑞斯

没有情感，道德就会变成枯燥无味的空话，只能培养出伪君子。 ——苏霍姆林斯基

山中人自正，路险心亦平。山中的隐士，自身纯正，虽然艰险，心中也感到坦然。 ——孟郊

真理和美德是艺术的两个密友。你要当作家、当批评家吗？请首先做一个有德行的人。 ——狄德罗

一个人必须把他的全部力量用于努力改善自身，而不能把他的力量浪费在任何别的事情上。 ——列夫·托尔斯泰

非关道德合，只为钱相知。 ——谚语

学者必求师，从师不可不谨也。 ——程颐

道德衰亡，诚亡国灭种之根基。 ——章炳麟

每一个人都知道，这些喝酒上了瘾的，是因为做了错事而受到良心的呵责的人。人人可以注意到，过着不道德生活的人比旁人更缺少不了使自己昏迷的药物；强盗或小偷，赌徒与妓女没有麻醉品是不能生活的。 ——托尔斯泰

我情愿变成一枝两头点燃的蜡烛，照耀人们前进！ ——卢森堡

涵养、致知、力行三者，便是以涵养为首，致知次之，力行又次之。 ——朱熹

意志来自道德感和自身利益这两个因素。 ——林肯

我宁愿要那种虽然看不见但表现出内在品质的美。 ——泰戈尔

精诚所加，金石为开。 ——王充

君子养心，莫善于诚。 ——荀子

最爱发牢骚的人就是没有能力反抗，不会或不愿工作的人。 ——高尔基

只有在不仅消灭了阶级对立，而且在实际生活中也忘却了这种对立的社会发展阶段上，超越阶级对立和超越这种对立的回忆的、真正人的道德才成为可能。

——恩格斯

欲影正者端其表。 ——桓宽

道德方面的伟大，就在于对朋友始终不渝的爱，对敌人不可磨灭的恨。

——莱辛

最有道德的人，是那些有道德却不须由外表表现出来而仍感满足的人。

——帕拉图

美德大多存在于良好的习惯之中。 ——佩利

道德能帮助人类社会升到更高的水平，使人类社会摆脱劳动剥削制。

——列宁

道德中最大的秘密就是爱。 ——雪莱

一个人如果不是真正有道德，就不可能真正有智慧。精明和智慧是非常不同的两件事。精明的人是精细考虑他自己利益的人；智慧的人是精细考虑他人利益的人。 ——雪莱

修养的花儿在寂静中开过去了，成功的果子便要在光明里结实。 ——冰心

由智慧养成的习惯成为第二天性。 ——培根

富贵不傲物，贫贱不易行。 ——晏子

功莫大于去恶而好善，罪莫于去善而为恶。 ——贾谊

喜欢奉承是人的一大弊病。 ——申居郧

好习惯是一个人在社会交场中所能穿着的最佳服饰。 ——苏格拉底

兰生幽谷，不为莫服而不芳；舟在江海，不为莫乘而不为；君子行义，不为莫知而止休。 ——《淮南子》

好的习惯愈多，则生活愈容易，抵抗引诱的力量也愈强。 ——詹姆斯

美德有如名香，经燃烧或压抑而其香愈烈。盖幸运最难显露恶德而厄运最能显露美德也。　——培根

要人知重勤学，怕人知事莫做。　——冯梦龙

所谓恶人，无论有过多么善良的过去，也已滑向堕落的道路而消逝其善良性；所谓善人，即使有过道德上不堪提及的过去，但他还是向着善良前进的人。

——杜威

没有情感，道德就会变成枯燥无味的空话，只能培养出伪君子。　——苏霍姆林斯基

君子以其身之正，知人之不正；以人之不正，知其身之所未正也。　——苏轼

心不负人，面无惭色。　——普济

修养的本质如同人的性格，最终还是归结到道德情操这个问题上。　——爱默生

衡量一个人的真正品格，是看他在知道没有人会发觉的时候做什么。　——孟德斯鸠

养气要使完，处身要使端。　——陆游

高雅的品位，崇高的道德标准，向社会大众负责及不施压力威胁的态度——这些事让你终有所获。　——李奥贝纳

一个人的后半辈子均由习惯组成，而他的习惯却是在前半辈子养成的。

——陀思妥耶夫斯基

才能可以在独处中培养，品格最好还是在世界上的汹涌波涛中形成。　——歌德

养成他们有耐劳作的体力，纯洁高尚的道德，广博自由能容纳新潮流的精神，也就是能在世界新潮流中游泳，不被淹没的力量。　——鲁迅

种树者必培其根，种德者必养其心。　——王守仁

心眼不多，可是品格端正的人，倒经常能看穿最狡猾的骗子的诡计。　——歌德

啊，有修养的人多快乐！甚至别人觉得是牺牲的事，他也会感到满意、快乐；他的心随时都在欢跃，他有说不尽的欢乐！　——车尔尼雪夫斯基

自己的思想愈卑劣，就愈要挑剔别人的错。　——克雷洛夫

有两种基督教道德，一种是私德，一种是公德。这两种道德如此不同，如此不相干，以致彼此之间像大天使和政客一样毫无关系。一年中美国公民有三百六十三天恪守基督教公德，使国家的完美性质保持纯洁无瑕；然后，在余下的两天，他把基督教私德留在家里竭尽全力去破坏和毁灭他整整一年的忠实而正当的工作。　——马克·吐温

历史的宫殿不同于现存在上流社会之处，仅仅在于它只向勤劳和美德敞开它的大门。任何财富、声誉、奸诈都不能贿赂、恫吓、欺骗艾理西姆的守门人。从更深一层意义出发，邪恶者或鄙俗者是望远无法进入历史宫殿的。　——拉斯金

教育的唯一工作与全部工作可以总结在这一概念之中——道德。　——赫尔巴特

人生就是那么回事，跟厨房一样腥臭。要捞油水不能怕弄脏手，只消事后干净，今日所谓道德，不过是这么一点。　——巴尔扎克

做人也要像蜡烛一样，在有限的一生中有一分热发一分光，给人以光明，给人以温暖。　——萧楚女

我们有无产阶级道德，我们应该发展它，巩固它，并且以这种无产阶级道德教育未来的一代。　——加里宁

谁遇到缺德事不立即感到厌恶，遇到美事不立即感到喜悦，谁就没有道德感，这样的人就没有良心。谁做了缺德事而只害怕被判刑，不由于自己行为不轨而责备自己，而是由于想到痛苦的后果才胆战心惊，这种人也没有良心，而只有良心的表面罢了。但是，谁能够意识到行为本身的缺德程度，而不考虑后果如何，却是有良心的。　——康德

但教方寸无诸恶，狼虎丛中也立身。　——冯道

使一个人伟大，并不在富裕和门第，而在于可贵的行为和高尚的品行。

——奥维

习惯优于格言。习惯是以有生命的格言为本能，加血添肉而成。　——亚美路

君子喻于义，小人喻于利。　——孔子

一个人给予别人的东西越多，而自己要求的越少，他就越好；一个人给予别人

的东西越少，而自己要求的越多，他就越坏。　——列夫·托尔斯泰

惟有民魂是值得宝贵的，惟有它发扬起来，中国才真有进步。　——鲁迅

少成若天性，习惯如自然。　——班固

纵使世界给我珍宝和荣誉，我也不愿离开我的祖国，因为纵使我的祖国在耻辱之中，我还是喜欢、热爱、祝福我的祖国。　——裴多菲

爱国主义也和其他道德情感与信念一样，使人趋于高尚，使他愈来愈能了解并爱好真正美丽的东西，从对于美丽东西的知觉中体验到快乐，并且用尽一切方法使美丽的东西体现在行动中。　——凯洛夫

所有的习惯以不可见的程度积聚起来，如百溪汇于川，百川流于海。　——德莱敦

在所有古老的习惯里，都有一种深刻的含义。　——席勒

品行是一种很复杂的成果，不仅是意识的成果，而且也是知识、力量、习惯、技能、适应、健康以及最重要的社会经验的成果。　——马卡连柯

要想有教养，就要去了解全世界都在谈论和思索的最美好的东西。　——马·阿诺德

为了中华民族的繁荣富强，我要献出全部学识智慧。　——钱伟长

君子之心坦荡可解。　——洪自诚

既然失恋，就必须死心，断线而去的风筝是不可能追回来的。　——巴尔扎克

纯洁的良心比任何东西都可贵。　——霍桑

养心莫善于寡欲。　——孟子

不修其身，虽君子而为小人。　——欧阳修

如果良好的习惯是一种道德资本，那么，在同样的程度上，坏习惯就是道德上的无法偿清的债务了。　——乌申斯基

时势为天子，未必贵也；穷为匹夫，未必贱也。贵贱之分，在于行之美恶。
　——庄子

没有教养、没有学识、没有实践的人的心灵好比一块田地，这块田地即使天生肥沃，但倘若不经耕耘和播种，也是结不出果实来的。　——格里美尔斯豪森

人支配习惯，而不是习惯支配人。　　——奥斯特洛夫斯基

自修则人不得以非理相加。　——朱熹

见贤思齐焉，见不贤而内省也。　——《论语》

我认为，我认识的每一个人都有道德，虽然我不喜欢问。我知道我有。但我宁可天天教别人道德，而不愿自己实践道德。"把道德交给别人去吧"，这是我的座右铭。把道德送完了。你就永远用不着了。　——马克·吐温

即使不考虑道德因素，不诚实的广告也被证实无利可图。　——李奥贝纳

道德常常能填补智慧的缺陷，而智慧却永远填补不了道德的缺陷。　——但丁

厚者不毁人以自益也，仁者不危人以要名。　——《古谣谚》

有道德的人不损人而利己，不害人而求名。　——杜文澜

我所谓共和国里的美德，是指爱祖国也就是爱平等而言。这并不是一种道德上的美德，也不是一种基督教的美德，而是政治上的美德。　——孟德斯鸠

良好的习惯，如同一束鲜花。　——派登花特

道德不是良心的可卑的机谋，而是斗争和艰难，激情和痛苦。　——托马斯·曼

凡建立功业，以立品为始基。从来有学问而能担当大事业者，无不先从品行上立定脚跟。　——徐世昌

道德准则，只有当它们被学生自己追求、获得和亲身体验过的时候，只有当它们变成学生独立的个人信念的时候，才能真正成为学生的精神财富。　——苏霍姆林斯基

要养成感知和观察高尚事物的习惯，以便从那种"高尚事物无法效仿"的借口中解脱出来。我们的心灵境界升高了，凝视神圣榜样的热情点燃了，我们就要设法见贤思齐了。　——卢梭

其身正，不令而行；其身不正，虽令不行。　——孔子

道德美包含两个互相区别的因素，就是正义与慈爱。　——库申

劳动受人推崇。为社会服务是很受人赞赏的道德理想。　——杜威

人的美德的荣誉比他财富的名誉不知大多少倍。岂不见多少人在钱财上一贫如

洗，但在美德上却是富豪呢？ ——达·芬奇

要记住，你不仅是教课的教师，也是学生的教育者，生活的导师和道德的引路人。 ——苏霍姆林斯基

为人粗鲁意味着忘却了自己的尊严。 ——车尔尼雪夫斯基

诚者，天之道也；思诚者，人之道也。 ——孟子

无私是稀有的道德，因为从它身上是无利可图的。 ——布莱希特

礼仪的目的与作用在于使得本来的顽梗变柔顺，使人们的气质变温和，使他敬重别人，和别人合得来。 ——洛克

谁自尊，谁就会得到尊重。 ——巴尔扎克

习勤忘劳，习逸成惰。 ——李惺

正心以为本，修身以为基。 ——司马光

精神上的道德力量发挥了它的潜能，举起了它的旗帜，于是我们的爱国热情和正义感在现实中均得施展其威力和作用。 ——黑格尔

对于道德的实践来说，最好的观众就是人们自己的良心。 ——西塞罗

名誉和美德是心灵的装饰，要没有它，那肉体虽然真美，也不应该认为美。
——塞万提斯

顺境的美德是节制，逆境的美德是坚忍，这后一种是较为伟大的德行。
——培根

不能凭最初印象去判断一个人。美德往往以谦虚镶边，缺点往往被虚伪所掩盖。 ——拉布吕耶尔

习惯是智者的祸患、蠢货的偶像。 ——托马斯·富勒

德可以分为两种：一种是智慧的德，另一种是行为的德，前者是从学习中得来的，后者是从实践中得来的。 ——亚里士多德

同情是一切道德中最高的美德。 ——培根

一个最高尚的人也可以因习惯而变得愚昧无知和粗野无礼，甚至粗野到惨无人道的程度。 ——陀思妥耶夫斯基

去谗贱货，所以修身。　——康有为

许多道德家都曾谈到，人的诸种恶行中，骄傲为最，它以多种多样的形式出现，而又在极其繁复的伪装下隐匿，那种伪装好似掩盖月光的那层翳障，既是月亮的光辉，又是月亮的阴影，它虽可以把月亮藏匿起来，叫我们看不见，又因藏匿得不彻底而叫月亮泄漏了自身。　——撒缪尔·约翰逊

一个人如果能在心中充满对人类的博爱，行为遵循崇高的道德，永远围绕着真理的枢轴而转动，那么他虽在人间也就等于生活在天堂中了。　——弗兰西斯·培根

一切利己的生活，都是非理性的、动物的生活。　——列夫·托尔斯泰

真正的美德就像河流一样，越深越无声。　——哈利法克斯

使一个人伟大，并不在于富裕和门第，而在于可贵的行为和高尚的品性。
　　　　　　　　　　　　　　　　　　　　　　　　——奥维

形之正，不求影之直，而影自直。　——马总

君子不可以不修身。　——子思

卑鄙是卑鄙者的通行证，高尚是高尚者的墓志铭。　——北岛

我深信只有有道德的公民才能向自己的祖国致以可被接受的敬礼。　——卢梭

应该热心地致力于照道德行事，而不要空谈道德。　——德谟克利特

崇德莫盛乎安身，安身莫大乎安政，有政莫重乎无私，无私莫深乎寡欲。是以君子安其身而后动，易其心而后语，定其交而后求，笃其志而后行。　——王粲

如果不去加强并发展儿童的个人自尊感，就不能形成他的道德面貌。教育技巧的全部诀窍就在于抓住儿童的这种上进心，这种道德上的自勉。　——苏霍姆林斯基

克勤克俭是我国人民的优良传统。　——周恩来

习惯就是一切，甚至在爱情中也是如此。　——沃维纳格

一种美德的幼芽、蓓蕾，是最宝贵的美德，是一切道德之母，这就是谦逊；有了这种美德我们会其乐无穷。　——加尔多斯

我认为，与制度结合的自由才是唯一的自由。自由不仅要同制度和道德并存，而且还须臾缺不了它们。　——伯克

有两样东西，我思索的回数愈多，时间愈久，它们充溢我以愈见刻刻常新、刻刻常增的惊异和严肃之感，那便是我头上的星空和心中的道德律。 ——康德

人们不能没有面包而生活；人们也不能没有祖国而生活。 ——雨果

体也，载知识之车而寓道德之舍也。 ——毛泽东

德有余而为不足者谦，财有余而为不足者鄙。 ——林逋

让别人过得舒服些，自己没有幸福不要紧，看到别人得到幸福，生活也是舒服的。 ——鲁迅

忍耐——肉体的小心和道德的勇气的混合。 ——哈代

一种美德的幼芽蓓蕾，这是最宝贵的美德，是一切道德之母，这就是谦逊；有了这种美德我们会其乐无穷。 ——加尔多斯

诚实和勤勉，应该成为你永久的伴侣。 ——富兰克林

劳动是人类存在的基础和手段，是一个人在体格、智慧和道德上臻于完善的源泉。 ——乌申斯基

事实上教育便是一种早期的习惯。 ——林肯

没有任何东西比人类的爱更富有智慧、更复杂。它是花丛中最娇嫩的而又最质朴、最美丽和最平凡的花朵，这个花丛的名字叫道德。 ——苏霍姆林斯基

习惯没有法律那样明智，可它们往往更盛行。 ——狄斯累利

我不能不热爱祖国，但是这种热爱不应该消极地满足现状，而应该是生气勃勃地希望改进现状，并尽自己的力量来促进这一点。 ——别林斯基

道德普遍地被认为是人类的最高目的，因此也是教育的最高目的。 ——赫尔巴特

世间亿万人，面孔不相似，借部何因缘，致令遗如此？各执一般见，互说非兼是。但自修己身，不要言他已。 ——寒山

真正的爱国主义不应表现在漂亮的话上，而应表现在为祖国谋福利，为人民谋福利的行动上。 ——杜勃罗留波夫

治外物易，治己身难。 ——林慎思

人在达到德性的完备时是一切动物中最出色的动物；但如果他一意孤行。目无法律和正义，他就成为一切禽兽中最恶劣的禽兽。 ——亚里士多德

怠者不能修，而忌者畏人修。 ——韩愈

不怕承认自己的错误，不怕一次又一次地改正这些错误，这样，我们就会登上山顶。 ——列宁

如果没有节操，世界上的恋爱、友情、美德都不存在。 ——阿狄生

当你往前走的时候，要一路撒下花朵，因为同样的道路你决不会再走第二回。——欧文

劳动的崇高道德意义还在于，一个人能在劳动的物质成果中体现他的智慧、技艺、对事业的无私热爱和把自己的经验传授给同志的志愿。 ——苏霍姆林斯基

礼貌经常可以代替最高贵的感情。 ——梅里美

无言暗室何人见，咫尺斯须已四知。 ——周昙

习惯是人的第二本性。它使我们不能认识一个人的主要本性，就这一点而言，习惯既非残忍也不迷人。 ——普鲁斯特

道德行为训练，不是通过语言影响，而是让儿童练习良好道德行为，克服懒惰、轻率、不守纪律、颓废等不良行为。 ——夸美纽斯

修学不以诚，则学杂；为事不以诚，则事败。 ——晁说之

生活中，谅解可以产生奇迹，谅解可以挽回感情上的损失，谅解犹如一个火把，能照亮由焦躁、怨恨和复仇心理铺就的道路。 ——穆尼尔·纳素夫

能够自由地形成习惯的人，在一生中能够做更多的事。习惯是技术性的，因此可以自由地形成。 ——三木清

一切都靠一张嘴来做而丝毫不实干的人，是虚伪和假仁假义的人。 ——德谟克里特

法律是显露的道德，道德是隐藏的法律。 ——林肯

人类最不道德订户，是不诚实与懦弱。 ——高尔基

要尽可能做一个对祖国有用的人。 ——列夫·托尔斯泰

脸红是美德的颜色。　——泰云纳

习惯成自然是个魔术师。它对美丽的东西是残酷的，但是对丑陋的东西却是仁慈的。　——威达

劳动却是产生一切力量、一切道德和一切幸福的威力无比的源泉。　——拉·乔乃尼奥里

崇德而定势，行又而忘利，修身而忘名。　——苏轼

道德是一种获得——如同音乐，如同外国语，如同虔诚扑克和瘫痪——没有人生来就拥有道德。　——马克·吐温

能忍耐的人才能达到他所希望达到的目的。　——富兰克林

劳动最大的益处还在于道德和精神上的发展。这种精神发展是由和谐的劳动产生的，它应当构成无产阶级社会公民区别于资产阶级社会公民的那种人的特质。　——马卡连柯

最有美德的人，是那些有美德而不从外表表现出来，仍然感到满足的人。
　　　　　　　　　　　　　　　　——柏拉图

有一种谦恭的、默默无闻的英雄，他们既无拿破仑的英名，也没有他那些丰功伟绩。可是把这种人的品德解析一番，连马其顿的亚历山大大帝也将显得黯然失色。　——哈谢克

问心的道德胜于问理的道德，所以情感的生活胜于理智的生活。　——朱光潜

仅仅一个人独善其身，那实在是一种浪费。上天生下我们，是要把我们当作火炬，不是照亮自己，而是普照世界；因为我们的德行倘不能推及他人，那就等于没有一样。　——莎士比亚

人不能像走兽那样活着，应该追求知识和美德。　——但丁

美德好比宝石，它在朴素背景的衬托下反而更华丽。同样，一个打扮并不华贵，却端庄、严肃而有美德的人是令人肃然起敬的。　——培根

人要正直，因为在其中有雄辩和德行的秘诀，有道德的影响力。　——阿米尔

美——是道德纯洁、精神丰富和体魄健全的强大源泉。　——苏霍姆林斯基

不要从特殊的行动中去估量一个人的美德，而应从日常的生活行为中去观察。　——帕斯卡

良好的品德是由对坏倾向作顽强斗争培养出来的。　——德克斯特

你们这些生在今日的人，你们这些青年，现在要轮到你们了！踏在我们的身体上面向前吧。但愿你们比我们更伟大、更幸福。　——罗曼·罗兰

有什么样的思想，就有什么样的行为；有什么样的行为，就有什么样的习惯；有什么样的习惯于，就有什么样的性格；有什么样的性格，就有什么样的命运。

——查·霍尔

习惯十倍于自然。　——威灵顿

君子之守，修其身而天下平。　——孟子

只有热爱祖国，痛心祖国所受的严重苦难，憎恨敌人，这才能给我们参加斗争和取得胜利的力量。　——阿·托尔斯泰

道德教育成功的"秘诀"在于，当一个人还在少年时代的时候，就应该在宏伟的社会生活背景上给他展示整个世界、个人生活的前景。　——苏霍姆林斯基

只有在不仅消灭了阶级对立，而且在实际生活中也忘却了这种对立的社会发展阶段上，超越阶级对立和超越这种对立的回忆的真正人的道德才成为可能。

——恩格斯

社会和自然的区别就在于，社会是有一定道德目标的。　——赫胥黎

坏习惯防止容易破除难。　——谚语

人受到震动有种种不同，有的是在脊椎骨上，有的是在神经上，有的是在道德的感官上，而最强烈，最持久的则是在个人尊严上。　——佚名

优良的品性是真正的财富，而衬显这品性的是良好的教养。　——洛克

谁能从道德败坏的地方脱出来，还保持洁白，便是有了最伟大的功德。

——显克微支

美，是道德上的善的象征。　——康德

出头露面的人是有福的。知道世人一定在瞧着他必须完成的事业，他从头到底

干得挺有劲儿。然而这样的人更值得尊敬，他默默无闻地躲在暗地里，在漫长的辛苦的日子里无报酬地劳动，得不到光荣也得不到表扬；只有一种思想鼓舞着他的勤劳：他的工作对大众是有益的。　　——克雷洛夫

昙花一现的感情，不能真诚地可靠地长期地相爱，是相当一部分青年人道德方面存在的严重缺陷。　　——苏霍姆林斯基

善在美的后面，是美的本原。　　——普洛丁

说谎话的人所得到的，就只是即使说了真话也没有人相信。　　——伊索

真诚的爱情，并不等于娓娓动听的甜言蜜语，慷慨陈词的海誓山盟，如胶似漆的接吻拥抱。爱情是一种高尚、美丽、纯真的感情，应当以忠实诚恳取代虚伪欺诈，以互尊互敬取代利己自私，以道德文明取代轻率行动。　　——黄少平

独立不惭影，独寝不愧衾。　　——刘昼

你可以从外表的美来评论一朵花或一只蝴蝶，但你不能这样来评论一个人。

——泰戈尔

道德当身，不以物惑。　　——管仲

反躬自省和沉思默想只会充实我们的头脑。　　——巴尔扎克

只有努力去减少人家的苦难，你才会快活。　　——左拉

君子暇豫则思义，小人暇豫则思邪。　　——《阮子》

一生的生活是否幸福、平安、吉祥，则要看他的处世为人是否道德无亏，能否作社会的表率。因此，修身的教育，也成为他的学校工作的主要部分。　　——裴斯泰洛齐

声无小而不闻，行无隐而不形。　　——《荀子·劝学》

心口如一，犹不失为光明磊落丈夫之行也。谓光明磊落的人，应该是心里所想的和口头所说的完全一致。　　——梁启超

丧失人格的诗人比没有诗才而硬要写诗的人更可鄙、更低劣、更有罪。——雨果

无论你出身高贵或者低贱，都无关宏旨。但你必须有做人之道。　　——歌德

一个人只要有耐心进行文化方面的修养，就绝不至于蛮横得有可教化。

——贺拉斯

趁年轻时养成好习惯。 ——佚名

教育技巧的全部诀窍就在于抓住儿童的这种上进心，这种道德上的自勉。要是儿童自己不求上进，不知自勉，任何教育者就都不能在他的身上培养出好的品质。可是只有在集体和教师首先看到儿童优点的那些地方，儿童才会产生上进心。

——苏霍姆林斯基

一个人只有在他努力使自己升华时才成为真正的人。 ——安德列·马尔罗

一般人都是依据爱好去想，依据学识及吸收的见解去说，但通常都依据习俗去做。 ——培根

熟习减除对于事物的恐惧。 ——伊索

丧失了财富，可以说没丧失什么；丧失了健康，等于丧失了某种东西；但当丧失品德时，就一切都丧失了。 ——佚名

君子周而不比，小人比而不周。 ——《论语》

好事不出门，恶事传千里。 ——孙光宪

思想（且不论好坏与否）—行为—习惯，这就是人生的规律。 ——特赖因

我愿用我全部的生命，从事科学研究，来贡献给生育我、栽培我的祖国和人民。 ——巴甫洛夫

道德和才艺是远胜于富贵的资产。堕落的子孙可以把贵显的门第败坏，把巨富的财产荡毁，而道德和才艺却可以使一个凡人成为不朽的神明。 ——莎士比亚

对于美德，我们仅止于认识是不够的，我们还必须努力培养它，运用它，或是采取种种方法，以使我们成为良善之人。 ——亚里士多德

真诚的、十分理智的友谊是人生的无价之宝。你能否对你的朋友守信不渝，永远做一个无愧于他的人，这就是你的灵魂、性格、心理以至于道德的最好的考验。 ——马克思

没有伟大的品格，就没有伟大的人，甚至也没有伟大的艺术家、伟大的行动

者。　——罗曼·罗兰

只有那不论公私都以道德为上、一心要做出高贵的事的人，方可算是最可尊崇的人。　——乔叟

人之生也直，心直则身直，可立地参天。　——王文禄

人类在道德文化方面最高级的阶段，就是当我们认识到应当用理智控制思想时。　——查尔斯·达尔文

如果儿童任意地让自己不论去做什么而不去劳动，他们就既学不会文学，也学不会音乐，也学不会体育，也学不会那保证道德达到最高峰的礼仪。　——德谟克里特

世界上最伟大的美德是爱祖国。　——歌德

历史使人贤明，诗造成气质高雅的人，数学使人高尚，自然哲学使人深沉，道德使人稳重，而伦理学和修辞学则使人善于争论。　——培根

养身者忘家，养志者忘身。　——韩婴

修身以不护短为第一长进。人能不护短，则长进者至矣。　——吕坤

即使品德穿着褴褛的衣裳，也应该受到尊敬。　——席勒

行善必须努力，然而，掏恶更须努力。　——列夫·托尔斯泰

立德之本，莫尚乎正心，心正而后身正。　——傅玄

我不能说我不珍视这些荣誉，并且我承认它很有价值，不过我却从来不曾为追求这些荣誉而工作。　——法拉第

人需要温和，不要过度地生气，因为从愤怒中常会产生出对易怒的人的重大灾祸来。——伊索

我无论做什么，始终在想着，只要我的精力允许的话，我就首先为我的祖国服务。　——巴甫洛夫

精神上的道德力量发挥了它的潜能，举起了它的旗帜，于是我们的爱国热情和正义感在现实中均得施展其威力和作用。　——黑格尔

千万不要华丽而低俗，因为从衣服往往可以看出一个人。　——莎士比亚

一切有生之物，都有一种"寻求快乐的本性"，那是一种伟大的力量，凡是血

肉之躯都要受过它的支配，好像毫无办法的海草都要跟着潮水的涨落而摆动一般，这种力量不是议论社会道德的空洞文章所能管得了的。　——哈代

我在日常生活中严守着一个美好的准则："贵在自知之明。"我是以此来鞭策自己的。　——安格尔

良心是一种根据道德准则来判断自己的本能，它不只是一种能力；它是一种本能。　——康德

不修身而求令名于世者，就貌甚恶而责妍影于镜也。　——颜之推

美德对于每个人，都是善；不道德对于每个人，都是恶。　——莎甫慈伯利

并不是每一外表美好的人都有完美的心灵；因为品行在于内心，而不在于外表。　——萨迪

有两种东西，我们愈是时常愈加反复地思索，它们就愈是给人的心灵灌注了时时翻新，有加无已的赞叹和敬畏——头上的星空和心中的道德法则。　——康德

德行使心灵明晰，使人不仅更易了解德行，而且也更易了解科学的真理。
　——罗吉尔·培根

养生治性，行义求志。　——苏轼

埋在地下的种子产生果实，却并不要求什么报酬。　——泰戈尔

只有以爱情为基础的婚姻才是合乎道德的。　——恩格斯

习惯之于灵魂犹如血管与脉络之于血液，是它流动的道路。　——布什纳尔

清心为治本，直道是身谋。　——包拯

世上最奇妙的是我头上灿烂星空和内心的道德准则。　——康德

我的主要办法，首先是通过孩子们对共同生活的初步感觉和在发展他们初步的能力上，使他们产生姊妹兄弟般的友爱，把整个团体融化于一种大的家庭的朴实精神中；并且就在这种基础上，以及由此而产生的情感中，鼓舞他们一般的义务感和道德感。　——裴斯泰洛齐

朗如日月，清如水镜。　——杨炯

既然习惯是人生的主宰，人们就应当努力求得好的习惯。习惯如果是在幼年就

起始的,那就是最完美的习惯,这是一定的,这个我们叫作教育。教育其实是一种从早年就起始的习惯。　　——培根

习气那个怪物,虽然是魔鬼,会吞掉一切的羞耻心,也会做天使,把日积月累的美德善行熏陶成自然而然而令人安之若素的家常便饭。　　——莎士比亚

品格可能在重大的时刻中表现出来,但它却是在无关重要的时刻形成的。

——菲利普斯·布鲁克斯

友谊是精神的融合,心灵的联姻,道德的纽结。　　——佩恩

并不是由于决心才正确,应该由于习惯而正确。不仅能做正确的事,而且养成不是正确的事就做不了的习惯。　　——华兹华斯

一个好的习俗比法律更可靠。　　——欧里庇得斯

道德活动既受政府长官支配,又受良心的制约。　　——洛克

感情有着极大的鼓舞力量,因此,它是一切道德行为的重要前提。　　——凯洛夫

在我们的社会中,劳动不仅是经济的范畴,而且是道德的范畴。　　——马卡连柯

美德与过恶,道德上的善与恶,都是对社会有利或有害的行为;在任何地点,在任何时代,为公益作出最大牺牲的人,都是人们称为最道德的人。　　——伏尔泰

性情的修养,不是为了别人,而是为了自己增强生活能力。　　——池田大作

我所谓共和国里的美德,是指爱祖国,也就是爱平等而言。这并不是一种道德上的美德,也不是一种基督教的美德,而是政治上的美德。　　——孟德斯鸠

一个人的礼貌就是一面照出他的肖像的镜子。　　——歌德

修身以为弓,矫思以为矢,去义以为的。奠而发发,发必中矣。　　——杨雄

学苍竹到老虚心留劲节,敬苍松久经风雨不知寒。　　——格言

(二)人格

个人感悟

在当今社会中,为人处世的基本点就是要具备人格魅力。人格魅力来自于自己

的高尚人格。人格是指人的性格、气质、能力等特征的总和，也指个人的道德品质和作为权力、义务的主体的资格。而人格魅力则指一个人在性格、气质、能力、道德品质等方面具有的很能吸引人的力量。在今天的社会里一个人能受到别人的欢迎、容纳，他实际上就具备了一定的人格。

　　人，作为"万物之灵"，既是自然的人，又是社会的人。作为社会的人，无论在什么样的社会形态里，他都不是孤立的存在，离开社会、离开人与人之间的交往，人也将不成其为人。人在社会交往中，认识自我，在认识和改造主客观世界中发展自己，壮大自己。在社会生活中，人际关系常常表现为一种感情上的联系和心理上的相互吸引。无论是谁，在社会交往中建立起来的人际关系越好，他的朋友就越多，就越能使自己得到温暖、勇气，增加自己的智能和力量。

　　人际关系是一种最基本的关系，也是一种最复杂的关系。从主观上，我们常尽善尽美地处理好各种人际关系。但客观上，我们却常常为各种人际关系间的纠葛与矛盾所烦恼和痛苦。我们探讨表现人格魅力的心理学规律，旨在通过与人沟通心灵，加深理解，从而促进人际关系向理想的方向发展。谁都渴望自己与周围人的关系是和谐融洽的，尤其是青年，更希望与别人友好相处，获得他人的信任、理解和友谊。然而良好的人际关系的产生取决于交往双方，即一个人不但接受他人，同时还能为他人所接受，相互间的关系才会不断发展。如果大家觉得与某人交往并非是一件顺利的事情，或者对他没有好感，即使他乐于同别人交往，但人们未必接受他。

　　拥有人格魅力的人一定性格开朗，和蔼可亲，具有接受批评的雅量和自嘲的勇气。在任何场合中，都会以礼待人，举止温雅，与人交往时，经常和他们的目光相接触，使对方产生知己之感。对于别人谈论的话题表现出浓厚的兴趣，善于倾听，并能委婉地表达自己的观点的建议，引起对方的共鸣。

　　人格魅力是一种人品、能力、情感的综合体现，有这样魅力的人大都能口吐莲花、妙笔生花，你和他相处时间长了会对他产生一种认同、信服和崇拜。这样的人是人中的蛟龙，他的智商和情商都是一流的，知道怎样为人，更懂得如何处世。假如你和他相处不需提防，不怕穿小鞋，他有睿智的头脑，敏锐的洞察力，你的小肚鸡肠他能宽容,你的虚情假意他洞察入微,使你不能、不敢、不想对他有二心,这样的人你可托付一切!

海不择细流,故能成其大;山不拒细壤,方能就其高。懂得自尊、懂得尊重,就会有这种魅力。

经典事例

18世纪英国的一位有钱的绅士,一天深夜他走在回家的路上,被一个蓬头垢面衣衫褴褛的小男孩儿拦住了。"先生,请您买一包火柴吧",小男孩儿说道。"我不买",绅士回答说。说着绅士躲开男孩儿继续走,"先生,请您买一包吧,我今天还什么东西也没有吃呢",小男孩儿追上来说。绅士看到躲不开男孩儿,便说:"可是我没有零钱呀。""先生,你先拿上火柴,我去给你换零钱。"说完男孩儿拿着绅士给的一个英镑快步跑走了,绅士等了很久,男孩儿仍然没有回来,绅士无奈地回家了。

第二天,绅士正在自己的办公室工作,仆人说来了一个男孩儿要求面见绅士。于是男孩儿被叫了进来,这个男孩儿比卖火柴的男孩儿矮了一些,穿得更破烂。"先生,对不起了,我的哥哥让我给您把零钱送来了。""你的哥哥呢?"绅士道。"我的哥哥在换完零钱回来找你的路上被马车撞成重伤了,在家躺着呢。"绅士深深地被小男孩儿的诚信所感动。"走!我们去看你的哥哥!"去了男孩儿的家一看,家里只有两个男孩的继母在照顾受重伤的男孩儿。一见绅士,男孩连忙说:"对不起,我没有给您按时把零钱送回去,失信了!"绅士却被男孩的诚信深深打动了。当他了解到两个男孩儿的亲父母都双亡时,毅然决定把他们生活所需要的一切都承担起来。

名人箴言

德有余而为不足者谦,财有余而为不足者鄙。 ——林逋

君子耻不修,不耻见污。 ——荀子

君子崇人之德,扬人之美,非谄谀也。 ——荀子

功莫大于去恶而好善，罪莫于去善而为恶。　——贾谊

君子虽殒，美名不灭。　——武则天

独立不惭影，独寝不愧衾。　——刘昼

富润屋，德润身。　——《礼记》

优良的品德是内心真正的财富，而衬显这品行的良好的教养。　——约翰·洛克

"特殊的人格"的本质不是人的胡子、血液、抽象的肉体的本性，而是人的社会特质。　——卡尔·马克思

树高者鸟宿之，德厚者士趋之。　——刘向

一个人如果能在心中充满对人类的博爱，行为遵循崇高的道德，永远围绕着真理的枢轴而转动，那么他虽在人间也就等于生活在天堂中了。　——弗兰西斯·培根

人不能像走兽那样活着，应该追求知识和美德。　——但丁

品德，应该高尚些；处世，应该坦率些；举止，应该礼貌些。　——孟德斯鸠

真理和美德是艺术的两个密友。你要当作家，当批评家吗？请首先做一个有德行的人。　——狄德罗

丧失人格的诗人比没有诗才而硬要写诗的人更可鄙，更低劣，更有罪。

——雨果

良好的品德是由对坏倾向作顽强斗争培养出来的。　——德克斯特

人而无德，生而何益。　——法国谚语

使一个人伟大，并不在富裕和门第，而在于可贵的行为和高尚的品行。

——奥维

品格可能在重大的时刻中表现出来，但它却是在无关重要的时刻形成的。

——菲利普斯·布鲁克斯

丧失了财富，可以说没丧失什么；丧失了健康，等于丧失了某种东西；但当丧失品德时，就一切都丧失了。　——爱因斯坦

最有美德的人，是那些有美德而不从外表表现出来，仍然感到满足的人。

——柏拉图

有一种谦恭的、默默无闻的英雄，他们既无拿破仑的英名，也没有他那些丰功伟绩。可是把这种人的品德解析一番，连马其顿的亚历山大大帝也将显得黯然失色。　——哈谢克

对于美德，我们仅止于认识是不够的，我们还必须努力培养它、运用它，或是采取种种方法，以使我们成为良善之人。　——亚里士多德

那些立身扬名出类拔萃的，他们凭借的力量是德行，而这也正是我的力量。

——贝多芬

道德和才艺是远胜于富贵的资产，堕落的子孙可以把贵显的门第败坏，把巨富的财产荡毁，可是道德和才艺，却可以使一个凡人成为不配的神明。　——莎士比亚

这个令人肃然起敬的"人格"观念，一面使我们从头注意到自己的行为同它有欠符合，并因些挫抑了我们的自负心，同时却使我们明白地看出了我们的天性的崇高；这个观念就是在极平常的人类理性方面也是自然发生、显而易见的。凡稍知廉耻的人不是有时会发现，他原来可以撒一次无伤大雅的谎，以便摆脱某种可厌之举。甚或为其可爱可敬的友人求得某种利益，可是他却仅仅因为害怕暗自鄙弃，而毕竟不曾撒谎吗？一个正直的人只要废弃职责，原可摆脱某种惨境，而其所以能够不辞辛苦，坚持下去，不是由于他自觉到这样才可以身作则，维护人的尊严，加以尊崇，才可以内省不疚，不怕良心谴责吗？　——康德

勤于德者，不求财便能自生。　——西乡隆盛

人的美德的荣誉比他财富的名誉不知大多少倍。岂不见多少人在钱财上一贫如洗，但在美德上却是富豪呢？　——达·芬奇

不要从特殊的行动中去估量一个人的美德，而应从日常的生活行为中去观察。　——帕斯卡德

行之力，十倍于身体之力。　——拿破仑

不朽之名誉，独存于德。　——彼得拉克

才能可以在独处中培养，品格最好还是在世界上的汹涌波涛中形成。　——歌德

时势为天子，未必贵也；穷为匹夫，未必贱也。贵贱之分，在于行之美恶。

——庄子

不管时代的潮流和社会的风尚怎样，人总可以凭着自己高贵的品质，超脱时代和社会，走自己正确的道路。 ——爱因斯坦

没有伟大的品格，就没有伟大的人，甚至也没有伟大的艺术家、伟大的行动者。 ——罗曼·罗兰

假如有人出卖生命水，要别人以人格作代价，聪明人决不肯买；因为耻辱地活着不如光荣地死去。 ——萨迪

并不是每一外表美好的人都有完美的心灵；因为品行在于内心，而不在于外表。 ——萨迪

假如你的品德十分高尚，莫为出身低微而悲伤，蔷薇常在荆棘中生长。

——萨迪

历史的宫殿不同于现存在上流社会之处，仅仅在于它只向勤劳和美德敞开它的大门。任何财富、声誉、奸诈都不能贿赂、恫吓、欺骗艾理西姆的守门人。从更深一层意义出发，邪恶者或鄙俗者是永远无法进入历史宫殿的。 ——拉斯金

一个人如果不是真正有道德，就不可能真正有智慧。精明和智慧是非常不同的两年事。精明的人精细考虑他人利益的人。 ——赫拉克利特

衡量一个人的真正品格，是看他在知道没有人会发觉的时候做什么。 ——孟德斯鸠

品格能决定人生，它比天资更重要。 ——弗·桑德斯

伟大的品质是与生俱来的，它不仅具有直接的，而且具有一种持续的，不断发展和永不消失的力量。即使具有这种品质的人去世了或他所生活的时代过去了，这种力量还会继续存在下去，它的生命力也许比他的国家和他所操的语言更强。

——埃弗雷特

人在达到德性的完备时是一切动物中最出色的动物；但如果他一意孤行。目无法律和正义，他就成为一切禽兽中最恶劣的禽兽。 ——亚里士多德

一个人的品质就是他的守护神。一赫拉克利特品行在我们生活中占据四分之三

的位置，它是我们生活中的头等要事。　——阿诺德

一个人必须自己是个人物，才会感觉到一种伟大人格而且尊敬它。　——歌德

心眼不多可是品性端正的人，倒经常能看穿最狡猾的骗子的诡计。　——歌德

一个人在讲述别人的品格时最能暴露出他自己的品格。　——里克特

一个人的行为总是受他的品格所制约。　——约翰·莫利

人应当是廉明、朴实、公正、勇敢和善良有。只有这样，他才有权享"人"这个崇高的称号。　——康·帕乌斯托夫斯基

决不要降低自己的人格，按比你地位高的人那样行事。　——乔治·马拉贝

人们以为品格善恶的表露，是出于明显的行动，却不知在自己不知不觉之间已泄露了自己的品格。　——爱默生

要是一个人的全部人格、全部生活都奉献给一种道德追求，要是他拥有这样的力量，一切其他的人在这方面和这个人相比起来都显得渺小的时候，那我们在这个人的身上就看到崇高的善。　——车尔尼雪夫斯基

品格高于才智——一个伟大的灵魂将会强健生存及思想。　——爱默生

人生，幸福不是目的，品德才是准绳。　——比彻

人格不是凭空想便能形成的。必须好好地拿着铁锤，用铸模把它铸出来。
　　　　　　　　　　　　　　　　　　　　　　　　——史密斯

一个人的人格可以从他的眼神、笑容、言语、热忱、态度显示出来。　——乔·吉拉德

做一个正直的人，就必须把灵魂的高尚与精神的明智结合起来。任何一个人在自己身上结合了这两个不同的自然赠品的人，都是以公共的利益作为行动指南的。这种利益是人类一切美德的原则。　——爱尔维修

唯有人的品格最经得风雨。　——沃·惠特曼

清白纯洁是高尚人格的本质，我们一生没有恶毒污秽的思想，就是最大的光荣。　——佚名

伟大的人格，形成了崇高的举止：不为自己活，也不为自己死。　——罗曼·罗兰

品格和名誉，好像一棵树的生命和枝叶，枝叶是否茂盛，全在地下不无生气。　——华伦

无论怎样破坏，个人的人格是专制的。　——格拉西安

心存内疚的人，大半是有心的人，只是在行为上——修补人格性情的决心。
　　　　　　　　　　　　　　　　　　——三毛

宁信其品格，勿信其誓言。　——希腊谚语

德可以分为两种：一种是智慧的德，另一种是行为的德。前者是从学习中得来的，后者是从实践中得来的。　——亚里士多德

品行是一个人的内在，名誉是一个人的外貌。　——莎士比亚

品格可以为青春增添光彩，为皱纹和白发增添威严。　——爱默生

如果我小心照顾我的品格，我的声名便会照顾它自己。　——模蒂

只是因为我缺少像人家那样的一双献媚求恩的眼睛，一条我所认为可耻的善于逢迎的舌头，虽然没有了这些使我不能再受您的宠爱，可是唯其如此，却使我格外尊重我自己的人格。　——莎士比亚

被讥讽的事物最能体现讥讽者的品格。　——歌德

自尊心是一个人品德的基础。若失去了自尊心，一个人的品德就会瓦解。
　　　　　　　　　　　　　　　　　　——斯特娜夫人

大地上，赤子的最高幸福是人格。　——歌德

才能最好于孤独中培养；品格最好在世界的汹涌波涛中形成。　——歌德

品格如同树木，名声如同树阴。我们常常考虑的是树阴，却不知树木才是根本。　——林肯

一个人的品格比他的躯体更重要。　——西塞罗

品格是一种并不一定非要获得成功的东西。　——爱默生

美德一旦拿起武器，同野蛮抗争，胜利将不会遥远。　——彼得拉克

没有德性的美貌，转瞬即逝；可是在你美貌中，有一颗美好的灵魂，所以你的美貌常在。　——莎士比亚

对一个人的评价，不可视其财富出身，更不可视其学问的高下，而要看他真实的品德。　——培根

品格是一种内在的力量，它的存在能直接发挥作用，而无需借助任何手段。

——爱默生

批评一个人人格的好坏，不但行看这个人已经做过的事，还得看他的目的和冲动。　——哈代

在真相肯定永无人知的情况下，一个人的所做所为，能显示他的品格。

——汤姆斯·麦考莱

最令人惧怕的一类人，在于性格的不明显。在这件模糊的外衣之下，隐藏着的内在人格又是什么呢？　——三毛

并不是金钱与财产使一个人有价值，人的价值是以他的品德来评断的。

——辛尼加

品格是最难下的定义，但它却是人生中最具影响而重要的东西。　——西方谚语

成人人格的影响，对年轻的人来说，是任何东西都不能代替的最有用的阳光。　——乌申斯基

男子的性格不是人类的完整典型，同样，女子的性格也不是完整的典型。只有男女两性互相补充，才能发展为完整的人格。　——西田几多郎

人之风动一世，在品行，而不在地位；地位虽高，无品行，何得风动一世。

——史密斯

要别人承认是人，总须在自己本国里先争得人格。　——鲁迅

人格是在任何环境中活动的一个不变因素。　——叔本华

建筑人格长城的基础就是道德。　——陶行知

不同的品格导致不同的兴趣爱好。　——西塞罗

惟有品德，可以开成功之门，收成功之果。　——马顿

真正的训育是品格修养之指导。　——陶行知

真的，任何本领都没有比良好的品格与态度更易受人欢迎，更易谋得高尚的职

位。 ——培根

始终不渝地忠实于自己和别人,就能具备最众志成城和华的最高贵品质。
——歌德

在打倒一切之先,先须打倒自己的私心;在建设一切之先,先须建设自己的人格。 ——三毛

良好品格是人性的最高表现。好的品性不仅是社会的良心,而且是国家的原动力;因为世界主要是被德性统治。 ——英·史迈尔

慈悲是高尚人格的真实标记。 ——莎士比亚

即使品德穿着褴褛的衣裳,也应该受到尊敬。 ——席勒

人格所具备的一切物质是人的幸福与快乐最根本和最直接的影响因素。其他因素都是间接的、媒介性的,所以它们的影响力也可以消除破灭,但人格因素的影响却是不可消除的。 ——叔本华

完美的人格,高尚的品德,是从实际生活中锻炼出来的。 ——叔本华

留给子孙最佳的遗产,是光明无瑕的模范品格。 ——温司洛普

应知学问难,在乎点滴勤。无其难上难,锻炼品德纯。 ——陈毅

使人高贵的是人的品格。 ——劳伦斯

名气,是世上所有男人跟女人对我从头的评价;品格是上帝跟天使对我们的认识与了解。 ——美·潘恩

只有道德和能具道德的人格,才是有尊严的。 ——康德

最有道德的人,是那些有道德却不须由外表表现出来而仍满足的人。 ——柏拉图

完美的品格,是背地里也做可以公开于世的事情。 ——罗曼·罗兰

不管使用什么样的语言,只要你开口,就以反映出你的人品。 ——爱默生

好行善事,关心别人这也是一种品德。 ——雨果

因为自由的,有教养的,有学问的人们,来往交谈的都是些规矩的同伴,他们天生有一种才能,使他们趋向德性,远避罪恶这种本能,他们叫做"人格"。

——爱拉斯谟

一个人的真正权势及钱财的产业，是在他本身之内；不是在乎他的居处、地位或外在关系，而是在他自己的品格之中。　——比彻

困苦磨难、逆境长存戒心，故以之成君子；顺境易生放心，故以之陷小人。

——申居郧

德育实为完全人格之本，若无德则虽体魄智力发达，适足助其为恶，无益也。　——蔡元培

所谓健全的人格，内分四育，即：（一）体育，（二）智育，（三）德育，（四）美育。学校教育注重学生健全的人格，故处处要使学生自动。　——蔡元培

教育是帮助被教育的人，给他们能发展自己的能力，完成他的人格，于人类文化上能尽一分子责任；不是把被教育的人，造成一种特别器具，给抱有他种目的人去应用的，教育是要个性与群性平均发达的。　——蔡元培

你们敬我一尺，我敬你们一丈，尊重他人人格，树立模范形象！　——范伟

保持人格不仅靠功劳，也要靠忠诚。　——歌德

患难困苦，是磨练人格之最高学校。　——梁启超

批评一个人的人格好坏，不但得看这个人已经做过的事，还得看他的目的和冲动；好坏的真正依据，不是已成事实的行为，却是未成事实的意向。　——哈代

环境改变的程度越高，则人格改变的程度也越高了。　——华生

人格乃是我们所有的各种习惯系统的最后产物。　——华生

独创有两方面：一是形式的新颖，一是个人人格的化入。　——金克木

一个人的价值系统也许构成他的人格的最重要的方面。　——卡尔

社会越复杂，人的人格和价值越复杂。　——马可·奥勒留

一个成功者以最谦虚的态度来接受一个最忠诚的指导，这并不影响他的独立人格。但是你在接受指导之前，必须进行冷静的分析，千万别存有屈服感。　——麦尔

你该将名誉作为你最高人格的标志。无知识的热心，犹如在黑暗中远征。

——牛顿

文化的最后成果是人格。　——荣格

社会越复杂，人的人格和价值越被忽视，人的活动范围也越来越小。　——三浦绫子

把自己的私德健全起来，建筑起"人格长城"来。由私德的健全，而扩大公德的效用，来为集体谋利益。　——陶行知

一个人必须剔除自己身上顽固的私心，使自己的人格得到自由表现权利。

——屠格涅夫

教师的人格就是教育工作者的一切，只有健康的心灵才有健康的行为。

——乌申斯基

我有我的人格、良心，不是钱能买的。我的音乐，要献给祖国，献给劳动人民大众，为挽救民族危机服务。　——冼星海

神于天、圣于地是中国人的人格理想：既有一片理想主义的天空，可以自由翱翔不妥协于现实世界上很多规则与障碍；又有脚踏实地的能力，能够在这个大地上进行他行为的拓展。　——于丹

以直报怨，以德报德，提倡的是一种人生的效率和人格的尊言。　——于丹

很多家长和老师身上，我看到，他们竭尽全力在做人格尊严的反面文章。在成败输赢的迷魂阵中，他们天天用爱的乳汁，浇灌着人格低劣的恶苗。　——余秋雨

我不伤害别人，并不代表我经得起别人伤害！我不打击别人，并不代表我经不起别人打击！我情愿站着被骗，也不愿跪着骗人，这就是一个真实的周立波！！我情愿为不羁支付成本，也不愿为财富消费人格。　——周立波

学生不是不能批评，关键是老师如何做到在尊重学生的前提下批评，以侮辱人格的方式对待学生，当着全班同学罚站，点名批评都是不对的；温家宝说要让每一个中国人有尊严的活着。这首先要体现在学校里。如果学生没有尊严，未来哪有尊严的社会。老师尊重学生，学生尊重老师，互相尊重才是真正的尊重。　——俞敏洪

我们追求个性，但我们常常误解个性的内涵。有些人逮谁骂谁，行为粗鲁，自

讳为有个性。但他们可能只是用外在的强悍掩饰内心的虚弱。把谩骂当思想，把粗鲁当豪放，这是对个性的曲解。个性，是一种人格魅力，是把自己独特的性格思想行为，用恰当的方式展示出来。个性必须是丰富深刻的，而不是单调浅薄的。

——俞敏洪

做人要有人格，做官要有官德，做事要靠本事。 ——郑培民

只有伟大的人格，才有伟大的风格。 ——歌德

读书在于造成完全的人格。 ——谚语

中国的文人，历来重气节。一个画家如果不爱民族，不爱祖国，就是丧失民族气节。画的价值，重在人格。人格——爱国第一。 ——李苦禅

人格是人的最高学位。 ——白岩松

人不可有傲气，但不可无傲骨。 ——徐悲鸿

贫而无谄，富而无骄。 ——子贡

对一个人的评价，不可视其财富出身，更不可视其学问的高下，而是要看他的真实的品格。 ——培根

谁因为害怕贫穷而放弃比财富更加富贵的自由，谁就只好永远做奴隶。

——西塞罗

财富造成的贪婪人，比贪婪造成的富人要多。 ——培根

（三）善良

个人感悟

有一种美丽，是看不见、摸不着的，它需要我们用心来感受，这种美丽就是善良；有一种气质，是至尊的、高贵的，它需要我们用心来品味，这种气质源自于善良。善良来自于人类的怜悯之心，同情之心，仁爱之心。

善良是一种智慧，是一种远见，是一种自信；

善良是一种文化，是一种快乐，一种乐观；

善良是一种高贵的气质，它可以令你在人群中发出非凡的光芒；

善良是一种仁爱的光芒，无上的福分，是对别人的释怀，也即对自己的善待；

善良是一种精神的力量，是一种精神的平安，是一种以逸待劳的沉稳。

善良能使人美丽，美好的品行能帮你塑造美好的外貌。你做过事，说过的话，动人之处都会存在心里，点点滴滴积累起来，慢慢地令你周身透出可亲、动人和美丽的光芒，充满迷人的魅力。

善良的人是不糊涂的，他们不以善小而不为，不以恶小而为之。有的时候，善良的人不是不会自卫和抗争，只是不滥用这种"正当防卫"的权力罢了。因为善良的人深信，善良是幸福之源，善良才能和平愉快地彼此相处，善良才能把精力集中在建设性的有意义的事业上，善良才能摆脱没完没了的恶斗与自我消耗，善良才能实现健康的起码是正常的局面，善良才能天下太平。

善良的人是单纯的，他们拥有一颗广博的心。对于他们来说哪里都会是天堂，他们没有私心杂念，头脑"简单"，他们从不知道要去设防别人，在他们看来别人都和他一样的有善心，而往往被自认为聪明的人，不一般的人所嘲弄。

善良的人是低调的。他们不会炫耀，不会卖弄，不随意抬高自己的人生的价值，不会不遗余力地"推销"自己，他们会正确地估量自己的人生价值。善良的人总是把自己当成一个平常人，与别人没有什么两样。有一则谚语说得好："口袋里装着麝香的人不会在街上大吵大嚷，因为他身后飘出是香味已经说明了一切。"

心与心的沟通，爱与爱的传递，本来是生活中稀松平常的举动。可是，在竞争激烈的当今社会，善良同忠厚一样，不知不觉地变成了无用的别名，今天，再提善良，似乎显得有些过时或老土了，特别是现今的青年一代，更是对"善良"这个词熟悉而又陌生。爱心变成了奢望，善良也只能可望而不可及。反是那些看似毫不相干的人，在危难时伸出一双手，在渴望慰藉时掏出了一颗心。

其实，爱是没有界限的，给善良设防的是冷漠的心。人与人之间充满善意与亲和，是激励人们奉献爱心，忘我奋斗的动力，是消除内耗，造成一个和平、安定、幸福社会的重要原因。

一个人只要有善心，就会变得有修养、有品位。拥有善良的人才会有"会当凌绝顶，一览众山小"的豪情，才会有"先天下之忧而忧，后天下之乐而乐"的高尚，才会有"谁言寸草心，报得三春晖"的执著，才会有"知君有意凌寒色，羞共千花一样春"的坚韧和那份"宠辱不惊，闲看亭前花开花落，去留无意，漫随天外云卷云舒"的气度与胸怀。

善良吧，追求真美的人们。

善良吧，她必定给您带来福音。

经典事例

有一位单身女子刚搬了家，她发现隔壁住了一户穷人家，一个寡妇与两个小孩子。有天晚上，那一带忽然停了电，那位女子只好自己点起了蜡烛。没一会儿，忽然听到有人敲门。原来是隔壁邻居的小孩子，只见他紧张地问："阿姨，请问你家有蜡烛吗？"女子心想：他们家竟穷到连蜡烛都没有吗？千万别借他们，免得被他们依赖了！于是，对孩子吼了一声说："没有！"正当她准备关上门时，那穷小孩展开关爱的笑容说："我就知道你家一定没有！"说完，竟从怀里拿出两根蜡烛，说："妈妈和我怕你一个人住又没有蜡烛，所以我带两根来送你。"此刻女子自责、感动得热泪盈眶，将那小孩子紧紧地拥在怀里。

名人箴言

善良的心就是太阳。　　——雨果

一颗好心抵得过黄金。　　——莎士比亚

人之为善，百善而不足。　　——杨万里

利人的品德我认为就是善。　　——培根

锄一恶，长十善。　　——《宋史·毕士安传》

灵魂最美的音乐是善良。　　——罗曼·罗兰

人而好善，福虽未至，祸其远矣。　　——曾子

善良的行为使人的灵魂变得高尚。　——卢梭

勿以恶小而为之，勿以善小而不为。　——刘备

做一个善良的人，为人类去谋幸福。　——高尔基

行善的人应该觉得自己快乐才对。　——罗曼·罗兰

慈善的行为比金钱更能解除别人的痛苦。　——卢梭

昧着良心做事是不安全、不明智的。　——马丁·路德

金钱比起一分纯洁的良心来，又算什么呢？　——哈代

质朴却比巧妙的言辞更能打动我的心。　——莎士比亚

越是善良的人，越察觉不出别人的居心不良。　——米列

出来吧，我的心，带着你的爱去与它相会。　——泰戈尔

一个人必须要么做个好人，要么仿效好人。　——德谟克利特

没有单纯、善良和真实，就没有伟大。　——列夫·托尔斯泰

老是考虑怎样去做好事的人，就没有时间去做好事。　——泰戈尔

如果说美貌是推荐信，那么善良就是信用卡。　——布尔沃·利顺

当一人言行不一致时，这就完全糟了，这会导向伪善。　——列宁

与其说是为了爱别人而行善，不如说是为了尊敬自己。　——福楼拜

与善人行善会使其更善，与恶人行善会使其更恶。　——罗曼·罗兰

善恶的区别，在于行为的本身，不在于地位的有无。　——莎士比亚

在一切道德品质之中，善良的本性在世界上是最需要的。　——罗素

人之性也，善恶混，修其善则为善人，修其恶则为恶人。　——扬雄

感人肺腑的人类善良的暖流，能医治心灵和肉体的创伤。　——罗佐夫

我爱你是因为你有一颗仁慈的心，而不是由于你的学识。　——戴维斯

若把黑白和善恶放到一处，相形之下，彼此才可见得分明。　——乔叟

善良人在追求中纵然迷惘，却终将意识到有一条正途。　——《浮士德》

如果你歌颂美，即使你是在沙漠的中心，也会有听众。　——哈·纪伯伦

善良既是历史中稀有的珍珠，善良的人便几乎优于伟大的人。　——雨果

真正有才能的人总是善良的、坦白的、爽直的，绝不矜持。 ——巴尔扎克

我愿证明，凡是行为善良与高尚的人，定能因之而担当患难。 ——贝多芬

善良的、忠心的、心里充满着爱的人不断地给人间带来幸福。 ——马克·吐温

但唯有善良的品格，无论对于神或人，都永远不会成为过分的东西。 ——培根

惆怅隶属于善良；绝无惆怅感的人也许非常不凡，但毕竟非善良之辈。

——刘心武

高尚的人无论走向何处，身边总有一个坚强的捍卫者——那就是良心。

——司各特

生活中的善越多，生活本身的情趣也越多。二者水乳交融，相辅相成。

——列夫·托尔斯泰

对于我来说，生命的意义在于设身处地替人着想，忧他人之忧，乐他人之乐。 ——爱因斯坦

人类中凶恶的人比最凶恶的动物还凶恶。人类中善良的人比最善良的动物还善良。 ——郑渊洁

知识欲的目的是真；道德欲的目的是善；美欲的目的是美。真善美，即人间理想。 ——黑田鹏信

善良的行为有一种好处，就是使人的灵魂变得高尚了，并且使它可以做出更美好的行为。 ——卢梭

大量善行可能出于严厉，更多的是出于爱，但最多的还是出于清晰的了解和无偏见的公正。 ——歌德

善良——人所固有的善良，这些东西唤起我们一种难以摧毁的希望，希望光明的、人道的生活终将苏生。 ——高尔基

没有德性的美貌，是转瞬即逝的；可是因为在你的美貌之中，有一颗美好的灵魂，所以你的美貌是永存的。 ——莎士比亚

善良的根须和根源，在于建设，在于创造，在于确立生活和美。善良的品格同美有着不可分割的联系。 ——苏霍姆林斯基

慈悲不是出于勉强，它是像甘露一样从天上降下尘世；它不但给幸福于受施的人，也同样给幸福于施与的人。　——莎士比亚

只有理性才能教导我们认识善恶，使我们喜善恨恶。良心尽管不依存于理性，但没有理性，良心就不能得到发展。　——卢梭

真、善、美是些十分相近的品质。在前面的两种品质之上加以一些难得而出色的情状，真就显得美，善也显得美。　——狄德罗

人啊，你要有善良的心，丰富的心灵，高贵的灵魂，这样你才无愧于人的称号，你才是作为真正的人在世间生活。　——周国平

如果"善"有原因，它就不再是善。如果"善"有它的结果，那也不能称为"善"，"善"是超乎因果联系的东西。　——列夫·托尔斯泰

对于心地善良地人来说，付出代价必须得到报酬这种想法本身就是一种侮辱。美德不是装饰品，而是美好心灵的表现形式。　——纪德

良心是我们每个人心壮举的岗哨，它在那里值勤站岗，监视着我们别做出违法的事情来。它是安插在自我的中心堡垒中的暗探。　——毛姆

凶恶每"战胜"一次善良就把自己压缩了一次，因为它宣告了自己的丑恶。善良每败于凶恶一次，就把自己弘扬了一次，因为它宣扬了自己的光明。　——王蒙

大凡善良的人总喜欢把人往好处想，总是把人想得比实际上更好，总爱夸大他们的好处。对于这样的人来说，以后的幻灭是很难过的，在他们觉得自己负有责任时就更难过了。　——陀思妥耶夫基

我要求别人诚实，我自己就得诚实。　——陀思妥耶夫斯基

真实与朴实是天才的宝贵品质。　——斯坦尼斯拉夫斯基

真诚是一种心灵的开放。　——拉罗什福科

真诚是通向荣誉之路。　——左拉

诚实的人从不为自己的诚实而感到后悔。　——托富勒

诚实的人必须对自己守信，他的最后靠山就是真诚。　——爱默生

诚实而无知，是软弱的，无用的；然而有知识而不诚实，却是危险的，可怕

的。　——约翰逊

越是善良的人，越察觉不出别人的居心不良。　——米列

多虚不如少实。　——陈敷

事实常没有字面这么好看。　——鲁迅

诚无不动者，修身则身正，治事则事理。　——杨时

真诚才是人生最高的美德。　——乔叟

世上的言语，本无所谓"奇警"与"平凡"。一句话所以成为奇警或成为平凡，视其与真实的内容相符与否而定。　——徐懋庸

我们在夜里固皆知道有昼，在船上固皆知道有陆，但只是"知道"而已，不是"实感"。　——丰子恺

推心置腹的谈话就是心灵的展示。　——温卡维林

实话可能令人伤心，但胜过诺言。　——瓦阿扎耶夫

善人者，人亦善之。　——管仲

善良既是历史中稀有的珍珠，善良的人便几乎优于伟大的人。　——雨果

善良的行为有一种好处，就是使人的灵魂变得高尚了，并且使它可以做出更美好的行为。　——卢梭

越是善良的人，越察觉不出别人的居心不良。　——米列

善的源泉是在内心，如果你挖掘，它将汩汩地涌出。　——奥勒利乌斯

大凡善良的人总喜欢把人往好处想，总是把人想得比实际上更好，总爱夸大他们的好处。对于这样的人来说，以后的幻灭是很难过的，在他们觉得自己负有责任时就更难过了。　——陀思妥耶夫斯基

当一个人的心情愉快的时候，他便显得善良。　——高尔基

善良，是一种世界通用的语言，它可以使盲人感到，聋子闻到。　——马克·吐温

善是精神世界的阳光。　——雨果

君子养心莫善于诚。　——荀子

真者，精诚之至也，不精不诚，不能动人。　——《庄子·渔父》

两心不可以得一人，一心可得百人。　——《淮南子·缪称训》

至诚则金石为开。　——《西京杂记》

有了真诚，才会有虚心，有了虚心，才肯丢开自己去了解别人，也才能放下虚伪的自尊心去了解自己，建立在了解自己了解别人上面的爱，才不是盲目的爱。　——傅雷

良心是我们每个人心壮举的岗哨，它在那里值勤站岗，监视着我们别做出违法的事情来。它是安插在自我的中心堡垒中的暗探。　——毛姆

只有理性才能教导我们认识善恶，使我们喜善恨恶。良心尽管不依存于理性，但没有理性，良心就不能得到发展。　——卢梭

要让新结识的人喜欢你，愿意多了解你，诚恳老实是最可靠的办法，是你能够使出的"最大的力量"。　——艾琳卡瑟拉

实话可能令人伤心，但胜过诺言。　——瓦阿扎耶夫

诚实的人必须对自己守信，他的最后靠山就是真诚。　——爱默生

一个人要表现最高的真诚，就必须做到无事不可对人言。　——泰戈尔

你不同情跌倒的人的痛苦，在你遇难时也将没有朋友帮忙。　——萨迪

诚实而无知，是软弱的、无用的；然而有知识而不诚实，却是危险的、可怕的。　——约翰逊

你在个人生活或工作当中，可能由于诚实而丢掉某些你想要的东西。但是，在漫长的人生旅途中失掉一次应有的回报算不了什么。　——艾琳卡瑟拉

人与人之间，只有真诚相待，才是真正的朋友。谁要是算计朋友，等于自己欺骗自己。　——哈吉阿布巴卡伊芒

我愿证明，凡是行为善良与高尚的人，定能因之而担当患难。　——贝多芬

善良的行为有一种好处，就是使人的灵魂变得高尚了，并且使它可以做出更美好的行为。　——卢梭

当一个人不仅对别人，甚至对自己都不会有一丝欺骗的时候，他的这种特性就

是真挚。 ——柯罗连科

诗人之所以成为诗人，就在于努力使自己的灵魂摆脱一切与虚伪世界相像的东西……他是纯洁的，他是天真的。 ——席勒

真正的蒙昧主义并不去阻止传播真实的、明白的和有用的事物，而是使假的东西到处流行。 ——歌德

人与人之间最大的信任就是关于进言的信任。 ——培根

质朴却比巧妙的言辞更能打动我的心。 ——莎士比亚

出来吧，我的心，带着你的爱去与它相会。 ——泰戈尔

虚伪永远不能凭借它生长在权力中而变成真实。 ——泰戈尔

诚恳。不欺骗人；思想要纯洁公正；说话也要如此。 ——富兰克林

本性流露永远胜过豪言壮语。 ——莱辛

太阳既不会夸大，也不会缩小，有什么就照出什么，是什么样子就照什么样子。 ——高尔基

真实之中有伟大，伟大之中有真实。 ——雨果

只有理性才能教导我们认识善恶，使我们喜善恨恶。良心尽管不依存于理性，但没有理性，良心就不能得到发展。 ——卢梭

形相虽恶，而心术善，无害为君子也。 ——荀子

善不可失，恶不可长。 ——左丘明

君子莫大乎与人为善。 ——孟子

我认为善的定义就是有利于人类。 ——弗·培根

人格成熟的重要标志：宽容、忍让、和善。 ——戴尔·卡耐基

生活要朴素，情操要高尚。 ——德莱顿

如果送礼的人不是出于真心，再贵重的礼物也会失去它的价值。 ——莎士比亚

克制也有个限度，超过了限度就不再是美德。 ——伯克

美德是勇敢的，善良从来无所畏惧。 ——莎士比亚

所有的人说的谎——小谎、大谎、善意的谎——都是为确保社会安宁、心理舒

适采取的必要手段。　——梅尔

我们懂得善，我们理解善，但是我们无法实现善。人的勇气就是坚信自己的希望能够实现，并为之进行不屈不挠的努力。　——赖奇特

真正的勇敢，都包含谦虚。　——吉尔伯特

再没有什么比欺骗自己更容易的了。　——德摩西尼

品格之于人，犹如芳香之于花。　——施瓦布

君子好人之好，而忘己之好。　——扬雄

避免做坏事的最佳方式莫过于做好事，因为世上最困难的事情就是企图不做任何事。　——卡莱尔

对自然美抱有直接兴趣，永远是心地善良的标志。　——康德

善不是一种学问，而是一种行为。　——罗曼·罗兰

行善比作恶明智；温和比暴戾安全；理智比疯狂适宜。　——罗·勃朗宁

在许多前辈作家的杰作中，我看到种种为任何黑暗势力所摧毁不了的爱的力量，它永远鼓舞读者团结、奋斗，创造美好的生活。我牢记托尔斯泰的名言："凡是使人类团结的东西都是善良的、美的，凡是使人类分离的东西都是恶的、丑的。"　——巴金

把我们善良的源泉灌溉到那些需要帮助的干渴土地上去！　——王栎鑫

如果一个人始终混迹于贪婪、暴虐和荒淫无耻的氛围里面却想要出污泥而不染，让自己向着善良的目标迈进，这确实是很难做到的；反过来说如果这个人长期都生活在诚实、文明和充满爱心的环境中间，往往就不太容易走向犯罪的深渊。因此必须充分地注意保持、扩大和巩固这片精神的净土。　——林非

认真努力，做好自己，做个好人。也许有时候我们待人处事的方式并不得当，但可以慢慢体验学习，它造就的是能力。但心地是否善良才是根本，它决定的是人格。　——苏醒

每个人将死的时候，都会变得比平时善良些的。　——古龙

邪恶之所以取得胜利，是因为善良之人无所作为。　——埃得蒙·伯克

善良的人永远是受苦的，那忧苦的重担似乎是与生俱来的，因此只有忍耐。

——张爱玲

你们可以相信：世人的谦逊总有他们善良的原由的。亲爱的上帝常常使他的臣仆易于表现谦逊以及诸如此类的美德。例如宽恕自己的仇敌是容易的，假如一时没有什么妙计可以伤害他们的话。又如不引诱妇女是容易的，假如上帝赐给他的是一副过于丑陋的相貌。　——海涅

善良是灵魂燃烧过的舍利——如火熄而碳犹暖、花谢而风仍香。　——钱海燕

美貌是推荐信，善良乃信用卡。　——钱海燕

我自己当然希望变得更善良，但这种善良应该是我变得更聪明造成的，而不是相反。　——王小波

如果灵魂仍能研究和学习，那么没有什么比老年的空闲更快乐了。空闲存于善良的行动，人类藉着它才能在道德上、智能上与精神上获得成长。　——西塞罗

你如果真正是一个善良而正直的人，那么，当你行仁守义的时候，永远不会遇到伤害。　——柏拉图

你或许不能够一清二白地过日子，但是要尽可能走正道，我也要努力这样做。只要我知道你已经尽了力，没有以每一件事失去控制，你像我一样对小孩善良，你的行动在孩子眼里始终像个母亲。虽然你只是个穷仆人，虽然你只是一个穷妓女，并且还有各种讨厌的缺点，你在我的眼里将始终是一个好人。　——凡高

我们虽然被注定了要靠劳力、靠工作来维持自己的生活，虽然被注定了有七情六欲来品尝人间各种各样的离合悲欢；但在另一方面，我们却有机会欣赏这有鸟语花香的世界，我们还有智慧可以体味人间苦乐的真谛，我们也还有心情来领略人间的爱心、善良和同情是何等的珍贵。总而言之，和我们所付出的代价比起来，我们的收获是值得的。　——靳佩芬

惭愧，是从人类应有的关系中，倾向于善的（人或法），拒远于恶的（人或法）。惭愧为道德的意向，倾向于善良；多多亲近善知识，听闻正法，制伏烦恼，都从惭愧而来。要有向善远恶的自觉——惭愧，这才算具足了人的资格。　——印顺导师

善良其实是一种大智慧，你的友善，必然带来别人对你的友善，而且这种善良

对于自己的内心也是一种滋润。相反，而当你承受许多的谴责时，心里肯定是不安定的，这种不安带来的绝对不会是美好的感觉。　——蔡猛

　　大家都希望成为强者，崇拜着力量和果敢，仰望着胆魄和铁腕，历来把温情主义、柔软心肠作为嘲笑的对象。善良是无用的别名，慈悲是弱者的呻吟，于是一个年轻人刚刚长大，就要在各种社会力量的指点下学习如何把善良和慈悲的天性一点点洗刷干净。男人求酷，女人求冷。面无表情地像江湖侠客一般走在大街上，如入无人之境。哪一座城市都不相信眼泪，哪一扇门户都拒绝施舍和同情；慈眉善目比凶神恶煞更让人疑惑，陌生人平白无故的笑容必然换来警惕的眼神。　——余秋雨

　　善良，这是一个最单纯的词汇，又是一个最复杂的词汇。它浅显到人人都能领会，又深奥到无人能够定义。它与人终生相伴，但人们却很少琢磨它、追问它。
——余秋雨

　　独夫们是凶暴的，但人民是善良的。　——泰戈尔

　　善良的人应该觉得自己快乐才对。　——罗曼·罗兰

　　善良与品德兼备，有如宝石之于金属，两者互为衬托，益增光彩。　——萧伯纳

　　嘴上不饶人的，心肠一般都很软；心不饶人的，嘴上才会说好听的话。
——好人心善，坏人嘴善。

（四）诚信

个人感悟

　　从道德范畴上讲，诚信是一个人的基本教养；从法律意义上讲，诚信又是公民的第二个"身份证"。千百年来，我们中华民族已经形成了自己独具特色并具有丰富文化内涵的诚信观，诚信已被人们视为规范自身行为和提升道德修养的一个重要标准。

　　在中国文化传统中，"诚"与"信"在起初是分开使用的。"诚"是儒家为人之道的中心思想，宋代理学家朱熹认为"诚者，真实无妄之谓"，意思就是说"诚"

是一种真实不欺的美德，要求人们修德做事，必须效法天道，说真话，做实事，反对欺诈、虚伪。在《说文解字》中，"信"的解释是"人言为信"，要求人们说话要慎重，真实可信，切忌大话、空话、假话，做到言行一致，遵守承诺。可见，"诚"更多地指"内诚于心"，是指主体真诚的内在道德品质，"信"则侧重于"外信于人"，指主体"内诚"的外化。

"诚"与"信"最早连在一起使用的是在《逸周书》中："成年不尝，信诚匪助，以辅殖财。""父子之间观其孝慈，兄弟之间观其友和，君臣之间观其忠愚，乡党之间观其信诚。"这里的"信诚"就是"诚信"的意思。"诚"与"信"的组合，就形成了一个内外兼备，具有丰富内涵的词汇。

自古以来，诚信一直被视为立人之本，孔子曾说"人而无信，不知其可也"，如果一个人不讲信用，那么他在社会上就无立足之地，什么也难以成就。诚信也是交友的基础，如果朋友之间充满虚伪、欺骗，就绝不会有真正的友谊，而只是利益之交。诚信更是一个国家发展壮大的基石，在这个高度现代化的商业社会中，如果丧失了诚信，人与人之间有没有信任可言，就会缺乏安全感，必然会导致各种层出不穷的社会问题。正如《吕氏春秋·贵信》篇所说的那样，如果君臣不讲信用，则百姓诽谤朝廷、国家不得安宁；做官不讲信用，则少不怕长，贵贱相轻；赏罚无信，则人民轻易犯法，难以施令；交友不讲信用，则互相怨恨，不能相亲；百工无信，则手工产品质量粗糙，以次充好，丹漆染色也不正。由此可见，失信对社会的危害有多么严重。

讲诚信并不是说说而已，很多人是说得容易做起来难。在现今世界各地，失信的现象十分严重，以商业交易为例，假冒伪劣商品屡禁不止，目前中国约有35%的企业被假冒伪劣产品侵权，此类产品的产值年均高达1.33亿元。商家对顾客态度冷漠敷衍、虚假广告毁合约、做假账的现象相当普遍。在社会的各种活动中，违背诚信的事例屡见不鲜，凡此种种，不胜枚举。

现代社会的急功近利，物欲横流，使人们在物质主义、功利主义和享乐主义的冲击下迷失了自己，社会传统道德价值观念开始失落，崇尚金钱、权力，成为衡量个人成功与否的标准。反观人类的精神世界、生命价值、崇高理想、道德情操则被逐渐遗忘。诚信，越来越成为一种奢侈的品质。

　　幸运的是，在面对缺失信任和安全感的情况下，党和国家重视正面引导教育，中华民族优良的传统得以延续，现在越来越多的人开始意识到诚信的重要性，越来越多的人愿意听到诚信的声音，越来越多的人认识到了诚信的宝贵，越来越多的人开始呼唤诚信的回归和弘扬。只有诚信才能立足，只有诚信才能交友，只有诚信才能成就事业。

经典事例

　　卢氏县退休工人黄克斌老人举家还债，敢于担当的诚信故事感人肺腑。面对417名农民工兄弟的欠薪，在卢氏县，一位普通的退休工人黄克斌和他的家人，用十多年举家还债的实际行动让人肃然起敬。

　　发誓还债，竭尽全力。1996年11月，卢氏县刚退休的工人黄克斌组织一批农民工到中牟县承揽了一宗劳务工程。经考察后，黄克斌向工程方交纳了30万元的保证金，又组织了157万元垫付工程材料款，于当年2月9日组织了417名农民工到外地开始施工。1997年8月26日，工程结束后，本该得到的445万款项却遭到无理拖欠，其中大部分为农民工工资。这年年底，经过百般讨要仍无一丝希望的黄克斌被气得吐血住进医院，闻讯而至的工友们纷纷来看望。他们表示，你是最大的受害者，来年咱们继续想办法要，实在不行我们就认倒霉。黄克斌痛心地说："有多少农民工指望这点钱过年，为老人看病，给孩子交学费！虽然现在要不回，但我砸锅卖铁也要还给你们！"

　　一言既出，黄克斌拔掉输液的针头，回到家里，让家人把准备过年用的5.1万元钱全拿出来，全部交给工友，让他们送到最困难的农民工手里。后来，家里人都理解支持。

　　2007年腊月十九，大女儿和女婿联系买主，准备卖掉自己的住房。因时间紧，一套位于三门峡市黄河路中段的两室一厅单元房只卖了4万元。钱一到手，他们急忙赶回130公里外的卢氏县,把钱交给父亲。与此同时,黄克斌的儿子也开始卖房。大儿子以9万元的价格卖掉了房子;三儿子以7.5万元卖掉位于县城繁华路段的住房;二儿子则把东街粮油市场的商居两用房卖了5.7万元。拿到了儿女们卖房的26.2万元,再加上自己从别处借的钱,一笔笔款子在春节前通过各个工程队发到一个个困难的农民工手中。

齐心协力,全家还债。黄克斌的儿女们相继卖掉了自己的住房后,开始租住廉价房。但他们和妻子或对象从未抱怨。大儿子和妻子都是县城关镇中学的教师,1998年时两人的年工资加起来只有7000元,他们每月领到工资后,只留下生活费,其余的全部交给父亲。老二谈对象时常因囊中羞涩不能外出旅游,不敢下饭店,好在对象理解,直到如今,在卢氏县城建局质量监督科工作的二儿媳仍养成节俭的习惯,她用自己的工资供孩子和家务开支,让在洛阳小浪底水文站工作的丈夫把工资积攒起来给公公还账。老三在法院工作,收入稳定,但因一直替父亲攒钱还账,至今仍无力购买宽敞的商品房。16年来,黄克斌的三个儿子和儿媳除卖掉住房外,又先后帮父亲给农民工支付被拖欠的工资55.72万元,超过这些年间他们工资收入总数的80%。大女儿和女婿下岗后无工资收入,但他们也不甘心落后,于2000年年底又卖掉了位于三门峡市体育馆南侧用于经商的门面房,交给父亲5万元。

2003年8月,黄克斌年逾八旬的父母知道子孙们在极力偿还被拖欠的农民工工资后,也加入了还账的行列。黄克斌的父亲一直在老家汤河乡高沟口村务农,他把自己积蓄的5700元"养老钱"全部拿出,到县城交给儿子。黄克斌的母亲在2001年因偏瘫卧床不起,为了给儿孙减少负担,就拒绝用药。大儿子的一对孪生女儿玉文和玉函,长得聪明伶俐,人见人爱。但因夫妻一心为父亲分忧,平素十分节俭。自1997年两个孩子出生后,就很少给她们添置新衣,购置玩具。2007年的春节,10岁的小玉文和玉函从自己的口袋里分别掏出165元压岁钱递给爷爷:"这是叔叔阿姨给我发的"压岁钱",现在都给爷爷,让您还账用吧!等我俩长大了,也把工资攒给您。"孙女的举动,让平日里以坚强著称,从不服软的黄克斌忍不住心酸,一句话也说不出来。

愧对子女，无愧乡亲。对于让儿女来一起和他还债，黄克斌说：说心里话，我心里也很难受，但事情到这一步，只有他们和我一起去还债了。16多年来，我心里很愧疚，到了这么大年纪还有那么多的外债，让60多岁的老伴和80多岁的老父亲也跟着受连累。但是老父亲和老伴、儿女们没有埋怨过我，拿人家的东西就要还回去，欠债还钱，天经地义。

经过十几年的努力，2013年春节，黄克斌老人终于可以舒口气安心过个春节了，因为背负了多年的"债山"，已经从最初的400多万元、400多户减少到56万元、7户。而且春节期间，家庭会议上，这些"债"也基本上有了着落，大儿子计划用自己名下的一套商品房抵顶31万元；在北京打工的大女儿计划1至2年内帮助父亲还清剩余的25万元欠款，其他孩子也计划每年拿出几万元帮助父亲还债，让70多岁的父亲早日铲平"债山"，以了却心愿，安度晚年

黄克斌老人全家历时十几年，合力还债的事，令人感动。"愚公移山"的故事，可以说是家喻户晓，而黄克斌面对的，则是一座常人难以想象的巨型"债山"。面对这一"债山"，黄克斌用自己的坦诚，感动了自己的亲人；用自己的诚信，感动着他的"债主"和许许多多的人。面对巨额债务，他没有逃避，而是担当。这个担当，是中华民族几千年美德的延续，更是做人的根本。黄克斌通过自己的担当，将这种美德用全家还债的方式延续了下去。目前，许多欠农民工工资的"老板""经理"和形形色色的投资人，在被农民工们攥着要钱的时候，会找出各种各样的理由，为自己辩解。我们很想知道，他们面对黄克斌的时候，会是一种怎么样的表情，他们会怎么理解黄克斌？

人无信不立。我们无论做什么样的工作，都要以诚信为本。在欠薪成为普遍现象的今天，黄克斌老人，更是一种榜样。

名人箴言
遵守诺言就像保卫你的荣誉一样。　——巴尔扎克
人而无信，不知其可也。　——孔子

言必信，行必果。　——子路

你必须以诚待人，别人才会以诚回报。　——李嘉诚

诚实是人生永远最美好的品格。　——高尔基

老老实实最能打动人心。　——莎士比亚

没有一处遗产像诚实那样丰富的了。　——莎士比亚

对自己的忠实，才不会对别人欺诈。　——莎士比亚

诚实和勤勉应该成为你永久的伴侣。　——本·富兰克林

难听的实话胜过动听的谎言。　——苏尤里·郁达列夫

坦白使人心地轻松的妙药。　——西塞罗

诚实比一切智谋更好，而且它是智谋的基本条件。　——康德

忠诚的高尚和可敬，无与伦比。　——裴多菲

我们应该老老实实地办事。　——毛泽东

做老实人，说老实话，干老实事，就是实事求是。　——邓小平

对人以诚信，人不欺我；对事以诚信，事无不成。　——冯玉祥

信用既是无形的力量，也是无形的财富。　——松下幸之助

一言既出，驷马难追。　——中国谚语

不要说谎，不要害怕真理。　——列夫·托尔斯泰

坦白是诚实和勇敢的产物。　——马克·吐温

失足，你可以马上恢复站立；失信，你也许永难挽回。　——富兰克林

一个人严守诺言，比守卫他的财产更重要。　——莫里哀

守信用胜过有名气。　——罗斯福

如果要别人诚信，首先自己要诚信。　——莎士比亚

诚实是人生的命脉，是一切价值的根基。　——德莱

言无常信，行无常贞，惟利所在，无所不倾，若是则可谓小人矣。　——荀子

言不信者，行不果。　——墨子

良心是由人的知识和全部生活方式来决定的。　——马克思

我愿证明，凡是行为善良与高尚的人，定能因之而担当患难。　——贝多芬

装饰对于德行也同样是格格不入的，因为德行是灵魂的力量和生气。　——卢梭

我深信只有有道德的公民才能向自己的祖国致以可被接受的敬礼。　——卢梭

没有诚实何来尊严。　——西塞罗

当信用消失的时候，肉体就没有生命。　——大仲马

失足，你可能马上复站立，失信，你也许永难挽回。　——富兰克林

真话说一半常是弥天大谎。　——富兰克林

真诚是一种心灵的开放。　——拉罗什富科

诚信为人之本。　——鲁迅

精诚所至，金石为开。　——王充

不信不立，不诚不行。　——晁说之

内不欺己，外不欺人。　——弘一大师

以实待人，非惟益人，益己尤人。　——杨简

生命不可能从谎言中开出灿烂的鲜花。　——海涅

人背信则名不达。　——刘向

诚实是力量的一种象征，它显示着一个人的高度自重和内心的安全感与尊严感。　——艾琳·卡瑟

民无信不立。　——孔子

人类最不道德处，是不诚实与怯懦。　——高尔基

诚实是人生的命脉，是一切价值的根基。　——德莱

诚者，天之道也；思诚者，人之道也。　——孟子

欺人只能一时，而诚信都是长久之策。　——约翰·雷

信用是难得易失的，费十年功夫积累的信用，往往由于一时的言行而失掉。　——池田大作

我宁愿以诚挚获得一百名敌人的攻击，也不愿以伪善获得十个朋友的赞扬。　——裴多菲

诚实的人从来讨厌虚伪的人，而虚伪的人却常常以诚实的面目出现。　——斯宾诺莎

失信就是失败。　——左拉

一千句谎言盖不住一个事实。　——臧克家

人无百岁之寿，而有千岁之信士。　——《荀子·王霸篇》

小人专望人恩，恩过不感；君子不轻受人恩，受则难忘。　——钱琦

小诚信则大信立。　——《韩非子·外储说左上》

千金未必能移性，一诺从来许杀身。　——俞文豹《吹剑录》

千虚不博一实。　——陆九渊

万事敬则吉，怠则凶。　——薛暄

义士不欺心，廉士不妄取。　——刘向

义烈发于血诚。　——蒲松龄

口不忘信，则言若符节。　——《尸子·四仪》

不要套些假面具，把生活神圣的光华遮盖了。　——李大钊

天失信，三光不明；地失信，四时不成；人失信，五德不行。　——张弧

心信其可行，则移山填海之难，终有成功之日；心信其不可行，则反掌折枝之易，亦无收效之期。　——孙中山

兄弟不信，则其情不亲。　——武则天

巧诈不如拙诚。　——《三国志》

可终身而守约，不可斯须而失信。　——张弧

用诚心愈多，用手段愈少。　——恽代英

有败诈，无败诚。　——黄宗羲

吉人之词寡，长者之情真；言寡者可信，情真则可亲。　——唐寅

言而信，未若不言而信；行而谨，未若不行而谨。　——王通

投机取巧或能胜利于一时，终难立足于世界。　——鲁迅

事实不为轻薄阴险小人留情。　——鲁迅

肯说真话，敢驳假话，不说慌话。　　——陶行知

惟诚可以破天下之伪，惟实可以破天下之虚。　　——蔡锷

竭力攻击一切虚伪的片面的道德，竭力建筑真实的平衡的道德。　　——陈望道

唯天下至诚，为能尽其性。　　——《新唐书》

隆之以虚礼，不若推之以至诚。　　——《宋史》

诚实是力量的一种象征，它显示着一个人的高度自重和内心的安全感与尊严感。　　——艾琳·卡瑟

人类最不道德处，是不诚实与怯懦。　　——高尔基

诚实是人生的命脉，是一切价值的根基。　　——德莱

诚信者，天下之结也。　　——墨子

小信诚则大信立。　　——韩非子

以诚感人者，人亦诚而应。　　——程颐

人无忠信，不可立于世。　　——程颐

自以为聪明的人，往往是没有好下场的，世界上最聪明的人是老实人，因为只有老实人才能经得起事实和历史的考验。　　——周恩来

祸莫大于无信。　　——傅玄

惟诚可以破天下之伪，惟实可以破天下之虚。　　——蔡锷

勿以恶小而为之，勿以善小而不为。惟贤惟德，能服于人。　　——刘备

不宝金玉，而忠信以为宝。　　——《礼记》

丈夫一言许人，千金不易。　　——《资治通鉴》

马先驯而后求良，人先信而后求能。　　——《淮南子》

诚实的人必须对自己守信，他的最后靠山就是真诚。　　——爱默生

诚实是智慧之书的第一章。　　——杰弗逊

言无常信，行无常贞，惟利所在，无所不倾，若是则可谓小人矣。　　——荀子

信犹五行之土，无定位，无成名，而水金木无不待是以生者。　　——朱熹

若有人兮天一方，忠为衣兮信为裳。　　——卢照龄

创业不像读书，一天可以过好多年，创业必须一步一个脚印走。　——周晋峰

坦诚是最明智的策略。　——富兰克林

守信的人是最快乐的，诚实是最天真的。　——鲁迅

诚实者既不怕光明，也不怕黑暗。　——高尔基

一言而适，可能却敌，一言而得，可以保国。　——刘向

闪光的东西不一定都是金子。　——列宁

诚实是科学家的主要美德。　——费尔巴哈

伟大人格的素质，重要的是一个诚字。　——鲁迅

我要求别人诚实，我自己就得诚实。　——陀思妥耶夫斯基

失去了真，同时也失去了美。　——别林斯基

诚实人说的话，像他的抵押品那样可靠。　——塞万提斯

坦白真爽，最能得人心。　——巴尔扎克

虚伪的真诚，比魔鬼更可怕。　——泰戈尔

一切的美德都包含在自我信赖里。　——爱默森

　　一个企业要永续经营，首先要得到社会的承认、用户的承认。企业对用户真诚到永远，才有用户、社会对企业的回报，才能保证企业向前发展。——张瑞敏

　　信用是一种现代社会无法或缺的个人无形资产。诚信的约束不仅来自外界，更来自我们的自律心态和自身的道德力量。——何智勇

　　走上社会后，我们深感信用危机的严重性和危害性。但埋怨没有用，更不能等待。重树社会信用必须靠每个人的努力，要从现在做起，从自己做起。　——郭辉

　　一丝一毫关乎节操，一件小事、一次不经意的失信，可能会毁了我们一生的名誉。　——林达生

失足，你可以马上恢复站立；失信，你也许永难挽回。　——富兰克林

走正直诚实的生活道路，必定会有一个问心无愧的归宿。　——高尔基

　　加快社会诚信体系的建设，增强信用观念和信用防范意识，营造良好的信用环境和投资环境，已经十分迫切。　——金志国

诚信是企业最好的广告。　——任玉奇

如果我们的国家有比黄金还要贵重的诚信、有比大海还要宽广的包容、有比高山还要崇高的道德、有比爱自己还要宽广的博爱，那么我们这个国家就是一个具有精神文明和道德力量的国家。　——温家宝

诚实，像我们所有的情操一样，应当分成消极的与积极的两类。消极的诚实在没有发财的机会时，是诚实的。积极的诚实是每天受着诱惑而毫无动心的。
——巴尔扎克

在一个人民的国家中还要有一种推动的枢纽，这就是美德。　——孟德斯鸠

人不能像走兽那样活着，应该追求知识和美德。　——但丁

不患位之不尊，而患德之不崇；不耻禄之不伙，而耻智之不博。　——张衡

行一件好事，心中泰然；行一件歹事，衾影抱愧。　——神涵光

青年人应当不伤人，应当把个人所得的给予各人，应当避免虚伪与欺骗，应当显得恳挚悦人，这样学着去行正直。　——夸美纽斯

信用是一种现代社会无法或缺的个人无形资产。诚信的约束不仅来自外界，更来自我们的自律心态和自身的道德力量。　——何智勇

良心是我们每个人心头的岗哨，它在那里值勤站岗，监视着我们别做出违法的事情来。　——毛姆

不要说谎，不要害怕真理。　——列夫·托尔斯泰

信用难得易失。费十年功夫积累的信用往往会由于一时的言行而失掉。
——池田大作

人际关系最重要的，莫过于真诚，而且要出自内心的真诚。真诚在社会上是无往不利的一把剑，走到哪里都应该带着它。　——三毛

信用就像一面镜子，只要有了裂缝就不能像原来那样连成一片。　——阿米尔

闪光的东西，并不都是金子；动听的语言，并不都是好话。　——莎士比亚

守信用胜过有名气。　——罗斯福

诚实比一切智谋更好，而且它是智谋的基本条件。　——康德

失掉信用的人，在这个世界上已经死了。 ——哈伯特

品牌包含了公司多年来积累的诚信声誉，是一笔巨大的无形资产。 ——英国商人

诚者，天之道也；思诚者，人之道也。 ——孟子

一个人最伤心的事情无过于良心的死灭。 ——郭沫若

害羞是畏惧或害怕羞辱的情绪，这种情绪可以阻止人不去犯某些卑鄙的行为。 ——斯宾诺莎

应该热心地致力于照道德行事，而不要空谈道德。 ——德谟克利特

感情有着极大的鼓舞力量，因此，它是一切道德行为的重要前提。 ——凯洛夫

没有伟大的品格，就没有伟大的人，甚至也没有伟大的艺术家，伟大的行动者。 ——罗曼·罗兰

理智要比心灵为高，思想要比感情可靠。 ——高尔基

共产主义不仅表现在田地里和汗水横流的工厂，它也表现在家庭里、饭桌旁，在亲戚之间，在相互的关系上。 ——马雅可夫斯基

有德行的人之所以有德行，只不过受到的诱惑不足而已；这不是因为他们生活单调刻板，就是因为他们专心一意奔向一个目标而无暇旁顾。 ——邓肯

人类被赋予了一种工作，那就是精神的成长。 ——列夫·托尔斯泰

人在智慧上应当是明豁的，道德上应该是清白的，身体上应该是清洁的。

——契诃夫

守法和有良心的人，即使有追切的需要也不会偷窃，可是，即使把百万金元给了盗贼，也没法儿指望他从此不偷不盗。 ——克雷洛夫

精神上的道德力量发挥了它的潜能，举起了它的旗帜，于是我们的爱国热情和正义感在现实中均得施展其威力和作用。 ——黑格尔

把"德性"教给你们的孩子：使人幸福的是德性而非金钱。这是我的经验之谈。在患难中支持我的是道德，使我不曾自杀的，除了艺术以外也是道德。 ——贝多芬

如果道德败坏了，趣味也必然会堕落。　——狄德罗

我愿证明，凡是行为善良与高尚的人，定能因之而担当患难。　——贝多芬

装饰对于德行也同样是格格不入的，因为德行是灵魂的力量和生气。　——卢梭

我深信只有有道德的公民才能向自己的祖国致以可被接受的敬礼。　——卢梭

让我们把不名誉作为刑罚最重的部分吧！　——孟德斯鸠

对于事实问题的健全的判断是一切德行的真正基础。　——夸美纽斯

教育的唯一工作与全部工作可以总结在这一概念之中——道德。　——赫尔巴特

阴谋陷害别人的人，自己会首先遭到不幸。　——伊索

智者宁可防病于未然，不可治病于已发；宁可勉励克服痛苦，免得为了痛苦而追求慰藉。　——托马斯·莫尔

我们有力的道德就是通过奋斗取得物质上的成功；这种道德既适用于国家，也适用于个人。　——罗素

养成他们有耐劳作的体力，纯洁高尚的道德，广博自由能容纳新潮流的精神，也就是能在世界新潮流中游泳，不被淹没的力量。　——鲁迅

只有在不仅消灭了阶级对立，而且在实际生活中也忘却了这种对立的社会发展阶段上，超越阶级对立和超越这种对立的回忆的、真正人的道德才成为可能。

——恩格斯

我们有无产阶级道德，我们应该发展它、巩固它，并且以这种无产阶级道德教育未来的一代。　——加里宁

当前的任务是，即使在最困难的条件下，也要挖掘矿石，提炼生铁，铸造马克思主义世界观以及与这一世界观相适应的上层建筑的纯钢。　——列宁

自觉心是进步之母，自贱心是堕落之源，故自觉心不可无，自贱心不可有。

——邹韬奋

志不强者智不达，言不信者行不果。　——墨子

内外相应，言行相称。　——韩非

善不由外来兮，名不可以虚作。　——屈原

真者，精诚之至也，不精不诚，不能动人。　——庄子

伪欺不可长，空虚不可久，朽木不可雕，情亡不可久。　——韩婴

以信接人，天下信之；不以信接人，妻子疑之。　——畅泉

多虚不如少实。　——陈甫

诚实是人生的命脉，是一切价值的根基。　——德莱赛

对己能真，对人就能去伪，就像黑夜接着白天，影子随着身形。　——莎士比亚

人若能摒弃虚伪则会获得极大的心灵平静。　——马克·吐温

（五）谦虚

个人感悟

毛主席曾说过："谦虚使人进步，骄傲使人落后。"谦虚是一种美德，是进取和成功的必要前提。

谦虚并不是"虚伪"，并不意味着就是对自己的否定，对别人的赞美。真正的谦虚，是一个人的强烈的自我意识，这种意识包含着两个方面：一，他能清醒地、深刻地看出自己在这个世界上的位置，准确地估价出自己的天赋与潜能，因此面对着广大的未知世界，他能饱有强烈的好奇心与不满足感，并由此产生一种永不言败的进取心。二，他能够准确地评价他人，又能够清楚地意识到他人对自己的评价，能准确地把握自己与他人的关系。因此，他能对外部的世界与自己面临的人际关系有一种宽容、理解、尊重的态度。这样的一种精神显然与一般人所理解的虚伪和拍马屁没有太大的关系，它更多地表现为对人生的"真"的追求。

青蛙在井里的时候很狂妄，因为它只看到那一点点天。小飞蛾只知道有夏天，因为它在秋天到来时就死去了。谦虚最大的敌人就是盲目地自信，真正有真才实学的人往往虚怀若谷，谦虚谨慎，虚心接受批评，向人请教，而一个不学无术、一知半解的人，却常常喜欢骄傲自大，自以为是，好为人师，这只能说明他的境界很低，见识很浅。

谦虚可以拉近彼此间的心理距离，是成功的人际交往的一个必要条件，但俗话说得好，"过犹不及"，"谦虚过度，反而无礼"。法国作家拉伯雷说："外表态度上的礼节，只要稍具有知识即能充分做到；而若是想表现出内在的道德品行，则必须具备更多的气质。"

　　人为什么要谦虚？因为人外有人、天外有天。从人们对客观世界认识的程度来看，总是有限的，知识无涯，认识真理无止境。你在这懂，在那不一定懂，在这个领域有建树，在别的领域有限度；而且社会的事物在发展着，对事物的把握也要与时俱进，况且个人都有自己的长处，就要向别人学习，向新事物学习，不断提升自己的认识。只有谦虚，才能接受新事物，容纳别人的长处，弥补自己的不足，谦虚是进步的一种美德。

经典事例

　　孔子谈谦虚，在《论语》中是屡见不鲜的。他的弟子子路性格直率，过于鲁莽，很多时候也表现得不够谦虚，孔子常常批评或教训他。有一次，子路、曾皙、冉有、公西华四个人陪孔子闲坐，孔子说："你们平时总是说：'没有人知道我呀！'假如有人知道了你们，你们打算怎么办呢？"子路急忙回答说："一个拥有一千辆兵车，夹在大国之间，加上外国军队的侵犯，甚至还赶上荒年的国家，如果让我去治理，只需用三年的工夫，我就可以使人人勇敢善战，而且还懂得做人的道理。"孔子听了以"哂之"（微微一笑）表示对他的批评。孔子说："治理国家要讲礼让，可是，子路说话却一点不谦让，怎么能治理好国家呢？"

　　还有一次，孔子带着几个学生到庙里去祭祀，刚进庙门就看见座位上放着一个引人注目的容器，据说这是一种盛酒的祭器。学生们看了觉得新奇，纷纷提出疑问。孔子没有回答，却问寺庙里的人："请问您，这是什么器具啊？"守庙的人一见这人谦虚有礼，也恭敬地说："夫子，这是放在座位右边的器具呀！"于是孔子仔细端详着那器，口中不断重复念着："座右""座右"，然后对学生们说："放在座位右边的器具，当它空着的时候是倾斜的，装一半水时，就变正了，而装满水呢？它就会倾覆。"听了老师的话，学生们都以惊异的目光看着他，然后又看着那新奇的器。孔子看出大家的心思，和蔼地问大家："你们有点不相信吗？咱们还是提点水放到器里试试吧！"说着学生们就打来了水。往器里倒了一半水时，那器具果然就正了。孔子立刻对他们说："看见了吧，这不是正了吗？"大家点点头。他又让学生继续往器具里倒水，器具中刚装满了水就倾倒了。孔子赶忙告诉他们："倾倒是因为水满所致啊！"

那位直率的子路率先发问："难道没法子让它不倾倒吗？"孔子深深地望了大家一眼，语重心长地说："世上绝顶聪明的人，应当用持重（举动谨慎稳重）保持自己的聪明；功誉天下的人，应当用谦虚保持他的功劳；勇敢无双的人，应当用谨慎保持他的本领……这就是说要用退让的办法来减少自满。"学生们听了这含义深刻的话语都被深深地打动了。

名人箴言

九牛一毫莫自夸，骄傲自满必翻车。历览古今多少事，成由谦逊败由奢。
　　　　　　　　　　　　　　　　　　　　　　——陈毅

不满足是向上的车轮。　——鲁迅

劳谦虚己，则附之者众；骄慢倨傲，则去之者多。　——葛洪

恃国家之大，矜民人之众，欲见威于敌者，谓之骄兵。　——魏相

放荡功不遂，满盈身必灾。　——张咏

虚己者进德之基。　——方孝孺

满盈者，不损何为？慎之！慎之！　——朱舜水

人生大病，只是一"傲"字。　——王阳明

不骄方能师人之长，而自成其学。　——谭嗣同

人生至愚是恶闻已过，人生至恶是善谈人过。　——申居郧

盛满易为灾，谦冲恒受福。　——张廷玉

骄傲自满是我们的一座可怕的陷阱；而且，这个陷阱是我们自己亲手挖掘

的。——老舍

昂着头出征，夹着尾巴回家，是庸驽而又好战的人的常态。 ——冯雪峰

我们不要把眼睛生在头顶上，致使用了自己的脚踏坏了我们想得之于天上的东西。 ——冯雪峰

虚心使人进步，骄傲使人落后，我们应当永远记住这个真理。 ——毛泽东

我们不能一有成绩，就像皮球一样，别人拍不得，轻轻一拍，就跳得老高。成绩越大，越要谦虚谨慎。 ——王进喜

"骄傲"两个字我有点怀疑。凡是有点干劲的，有点能力的，他总是相信自己，是有点主见的人。越有主见的人，越有自信。这个并不坏。真是有点骄傲，如果放到适当岗位，他自己就会谦虚起来，要不然他就混不下去。 ——邓小平

一个骄傲的人，结果总是在骄傲里毁灭了自己。 ——莎士比亚

凡过于把幸运之事归功于自己的聪明和智谋的人多半是结局很不幸的。
——培根

谦虚是不可缺少的品德。 ——孟德斯鸠

一种美德的幼芽、蓓蕾，这是最宝贵的美德，是一切道德之母，这就是谦逊；有了这种美德我们会其乐无穷。 ——加尔多斯

谨慎比大胆要有力量得多。 ——雨果

切忌浮夸铺张。与其说得过分，不如说得不全。 ——列夫·托尔斯泰

成功的第一个条件是真正的虚心，对自己的一切敝帚自珍的成见，只要看出同真理冲突，都愿意放弃。 ——斯宾塞

谦逊可以使一个战士更美丽。 ——奥斯特洛夫斯基

国民的感情中最难克服的要数骄傲了，随你如何把它改头换面，与之斗争，使之败阵，扑而灭之，羞而辱之，它还会探出头来，显示自己。 ——富兰克林

当我们是大为谦卑的时候，便是我们最近于伟大的时候。 ——泰戈尔

自负对任何艺术是一种毁灭。骄傲是可怕的不幸。 ——季米特洛夫

真正的谦虚只能是对虚荣心进行了深思以后的产物。 ——柏格森

将拒谏则英雄散，策不从则谋士叛。　——黄石公

不傲才以骄人，不以宠而作威。　——诸葛亮

气忌盛，新忌满，才忌露。　——吕坤

念高危，则思谦冲而自牧；惧满盈，则思江海下百川。　——魏征

好说己长便是短，自知己短便是长。　——申居郧

虚心不是一般所谓谦虚，只是表面上接受人们的意见，也不是与人们无争论无批评，把是非和真理的界线模糊起来，而必须保持自己的政治立场，当自己还未了解他人意见时不盲从。　——徐特立

一分钟一秒种自满，在这一分一秒间就停止了自己吸收的生命和排泄的生命。只有接受批评才能排泄精神的一切渣滓。只有吸收他人的意见才能添加精神上新的滋养品。　——徐特立

真正的虚心，是自己毫无成见，思想完全解放，不受任何束缚，对一切采取实事求是的态度，具体分析情况对于任何方面反映的意见，都要加以考虑，不要听不进去。　——邓拓

为了彻底防止和克服思想上不同程度的主观主义成分，我们唯有要求自己，遇事都一定要保持真正的虚心。　——邓拓

学习的敌人是自己的满足，要认真学习一点东西，必须从不自满开始。对自己，"学而不厌"，对人家，"诲人不倦"，我们应取这种态度。　——毛泽东

我的座右铭是：人不可有傲气，但不可无傲骨。　——徐悲鸿

钻研然而知不足，虚心是从知不足而来的。虚伪的谦虚，仅能博得庸俗的掌声，而不能求得真正的进步。　——华罗庚

我要做的事，不过是伸手去收割旁人替我播种的庄稼而已。　——歌德

谦虚的学生珍视真理，不关心对自己个人的颂扬；不谦虚的学生首先想到的是炫耀个人得到的赞誉，对真理漠不关心。思想史上载明，谦虚几乎总是和学生的才能成正比例，不谦虚则成反比。　——普列汉诺夫

无论在什么时候，永远不要以为自己已知道了一切。　——巴甫洛夫

尺有所短；寸有所长。物有所不足；智有所不明。　——屈原

居高常虑缺，持满每忧盈。　——简文帝

傲不可长，欲不可纵，乐不可极，志不可满。　——魏征

功有所不全，力有所不任，才有所不足。　——宋濂

短不可护，护短终短；长不可矜，矜则不长。　——聂大年

啊！夸奖的话，出于自己口中，那是多么乏味！　——孟德斯鸠

我们各种习气中再没有一种像克服骄傲那么难的了。虽极力藏匿它，克服它，消灭它，但无论如何，它在不知不觉之间，仍旧显露。　——富兰克林

一知半解的人，多不谦虚；见多识广有本领的人，一定谦虚。　——谢觉哉

大勇若怯，大智若愚。　——苏轼

当我历数了人类在艺术上和文学上所发明的那许多神妙的创造，然后再回顾一下我的知识，我觉得自己简直是浅陋之极。　——伽利略

要在座的人都停止了说话的时候，有了机会，方才可以谦逊地把问题提出，向人学习。　——约翰·洛克

不谦虚的话只能有这个辩解，即缺少谦虚就是缺少见识。　——富兰克林

一切真正的和伟大的东西，都是纯朴而谦逊的。　——别林斯基

有了一些小成绩就不求上进，这完全不符合我的性格。攀登上一个阶梯，这固然很好，只要还有力气，那就意味着必须再继续前进一步。　——安徒生

大多数的科学家，对于最高级的形容词和夸张手法都是深恶痛绝的，伟大的人物一般都是谦虚谨慎的。　——贝弗里奇

构成我们学习最大障碍的是已知的东西，而不是未知的东西。　——贝尔纳

懒于思索，不愿意钻研和深入理解，自满或满足于微不足道的知识，都是智力贫乏的原因。这种贫乏通常用一个字来称呼，这就是"愚蠢"。　——高尔基

越是没有本领的就越加自命不凡。　——邓拓

伟大的人是绝不会滥用他们的优点的，他们看出他们超过别人的地方，并且意识到这一点，然而绝不会因此就不谦虚。他们的过人之处越多，他们越认识到

他们的不足。——卢梭

我们的骄傲多半是基于我们的无知！　——莱辛

卑鄙和高傲的动机只会满足愚人、武夫、人类的侵略者和掠夺者的贪欲，人们应当放弃这种动机，不要让这些诱人的饮料再麻醉那些自命不凡之徒！　——圣西门

一个人如果把从别人那里学来的东西算作自己的发现，这也很接近于虚骄。——黑格尔

蠢才妄自尊大，他自鸣得意的，正好是受人讥笑奚落的短处，而且往往把应该引为奇耻大辱的事，大吹大擂。　——克雷洛夫

无论在什么时候，永远不要以为自己已经知道了一切。不管人们把你们评价得多么高，但你们永远要有勇气对自己说：我是个毫无所知的人。　——巴甫洛夫

决不要陷于骄傲。因为一骄傲，你们就会在应该同意的场合固执起来；因为一骄傲，你们就会拒绝别人的忠告和友谊的帮助；因为一骄傲，你们就会丧失客观标准。——巴甫洛夫

不管我们的成绩有多么大，我们仍然因该清醒的估计敌人地力量，提高警惕，决不容许在自己的队伍中有骄傲自大、安然自得和疏忽大意的情绪。　——斯大林

最大的骄傲于最大的自卑都表示心灵的最软弱无力。　——斯宾诺莎

恢弘志士之气，不宜妄自菲薄。　——诸葛亮

骄谄，是一个人。遇胜我者则谄，遇不知我者则骄。　——申居郧

谦固美名，过谦者，宜防其诈。　——朱熹

骄傲的人喜欢见依附他的人或谄媚他的人，而厌恶见高尚的人。而结果这些人愚弄他，迎合他那软弱的心灵，把他由一个愚人弄成一个狂人。　——斯宾诺莎

骄傲的人必然嫉妒，他对于那最以德性受人称赞的人便最怀忌恨。　——斯宾诺莎

由于痛苦而将自己看得太低就是自卑。　——斯宾诺莎

自卑虽是与骄傲反对，但实际却与骄傲最为接近。　——斯宾诺莎

显而易见，骄傲与谦卑是恰恰相反的，可是它们有同一个对象。这个对象就是自我。　——休谟

卑己而尊人是不好的，尊己而卑人也是不好的。　——徐特立

任何人都应该有自尊心、自信心、独立性，不然就是奴才。但自尊不是轻人，自信不是自满，独立不是孤立。　——徐特立

无论是别人在跟前或者自己单独的时候，都不要做一点卑劣的事情；最要紧的是自尊。　——毕达哥拉斯

礼仪不良有两种：第一种是忸怩羞怯；第二种是行为不检点和轻慢；要避免这两种情形，就只有好好地遵守下面这条规则，就是，不要看不起自己，也不要看不起别人。　——约翰·洛克

最盲目的服从乃是奴隶们所仅存的唯一美德。　——卢梭

（六）朴实

个人感悟

对朴实的解释是不用查词典的，大家都知道。19世纪美国最伟大的浪漫主义诗人朗费罗对朴实的感悟是："在个性、举止、风度和一切一切上，最好是朴实。"

小学课本里的《落花生》一文对朴实也有生动的描述。"矮矮地长在地上，土黄色的外壳，这就是花生，花生虽然外表不好看，但它有很大的实用价值。"他告诉了我们：做人要像花生一样，应以朴素、真实为美，做一个社会实用的人。

朴实是一种修养，一种品格，一种境界，是一种本质，一种作风，更是一种美德。每个人都有一个外在表现，这种外在表现是内在实质渗透出来的，它是否给人一种真实、真诚、真情、厚道的感受，不是想要就能得来的，它是本质的自然流露，是可遇而不可求的。你是否在华丽之中置华丽之外？你是否能在得意时觉察出什么是踏实？而失意时觉察出自己的实实在在地存在？如果做到了，你才会用纯净

的眼光去观察这个世界；才会分辨事物的真伪、人心的善恶；才能感受真情的温暖；才会抗拒浮华的干扰，永不丧失道德的底线；才会气平心静，做事有定力，在追求理想的道路上走得稳键、从容。只有朴实的人才会知道人类真正追求的是什么？社会真正关注的是什么？我们真正需要的是什么？当虚伪给予我们悔恨的时候，就会感到朴实的可敬；当浮华给予我们欺骗的时候，就会感到朴实的可亲；当假惺惺给予我们伤害的时候，就会感到朴实的可爱。只有真正懂得了这些，这才拥有了一份朴实。

朴实不是装饰品，不是潮流时尚，也非守旧过时，当然更不是一种口号。朴实是一种内在美，在金钱面前的朴实，是有道有度的理智之美；在权力面前的朴实，是淡泊名利的洒脱之美；在美色面前的朴实，是忠贞不渝的圣洁之美。不要在自己追逐利益、寻求承认、掩饰虚伪时说自己朴实。朴实的人是不搭花架子，少讲大道理，切合实际，力所能及，去伪存真的；朴实的人是诚实守信，爱岗敬业，乐于助人，孝老爱亲，以诚待人的；朴实的人是忠诚宽厚，没有猜忌，不用提防，让人放心，能得到提拔重用的；朴实的人是善于追求真善美、勇于抨击假丑恶的人，他们敢于担当，不畏邪恶，不滞流俗，不矜名利，不随波逐流，不虚伪、不假打，一是一、二是二的；朴实的人是用汗水浇灌自己的事业，脚踏实地，为国家、为民族励精图治，心随朗月高，志如秋霜洁，砥砺情操，无私奉献的；朴实的人是淡泊名利，自身期望值定得很低，收获幸福很多，以朴实为乐的。

虚伪狡猾的人，与朴实恰恰相反，他们当面一套背后一套，阳奉阴违，颠倒是非，混淆黑白；他们急功近利，财迷心窍、官迷心窍，利欲熏心，痴心妄想；他们有求于人时低三下四，刻意迎奉，叫爹叫爷，弃之不用时，不屑一顾，随意践踏，人格丧尽；他们善做表面文章，以欺骗为手段，虚报浮夸，违心违德；他们整天为人个利益斤斤计较，费思劳神，消耗心血。尽管他们能得一时荣华富贵，酒肉满堂，香车美女，甚至前呼后拥，极尽虚荣，然而却享受不到真诚于国家、民族而受人尊重的那种至高无上的幸福感。不被功名利禄左右，坚持只有的一个真理，置人生的烟云而外，是人生的一种态度，得其精髓者，人生则少有空虚、浮躁，多有真实、幸福。当愿望一时达不到，不要怨天尤人、牢骚满腹，而应该想想自己是否太假、太虚、太会算计，而又付出了多少质朴的感情，奉献了多少真实的劳动。对功名利禄、华丽外表淡化一些，多思考怎么样去质朴无华、自然生态、坦坦荡荡、耿直厚道、实心实意，才能创造受人敬重的人生。

革命导师李大钊曾说过："凡事都要脚踏实地去作，不驰于空想，不骛于虚声，而惟以求真的态度作踏实的工夫。以此态度求学，则真理可明，以此态度作事，则功业可就。"然而我们许多容颜俊美、外饰光鲜的人却无所作为，正是因为他们过于追求外在的华丽，而放弃了内在朴实。就像"种瓜得瓜、种豆得豆"的道理，只有脚踏实地地付出辛劳，才会有实实在在的收获；只有实事求是地追求，才会有真理的掌握；只有一步一个脚印地日积月累，才会走向成功的终点。

生活有时候需要我们放低自己的高度，这样我们才能飞得更高、更远。生命有时需要我们去掉一些浮华的色彩，这样生命的底色才会更纯粹、更迷人，而当狂妄的迷雾遮住我们视线的时候，愚昧的陷阱就会在脚下张开血盆大口。

生命只有找到朴实这个支点，人生才会充实而有意义。

经典事例

从前，有一位贤明且受人爱戴的国王，他把国家治理得井井有条。国王年纪大了，但是膝下并无子女。最后他决定在全国范围内挑选一个孩子收为义子，然后把他培养成未来的国王。

国王选子的标准十分独特，他给孩子们每人发一些种子，宣布谁能用这些种子培养出最漂亮的花，谁就会被选为义子。

孩子们领回种子之后，开始精心培育，从早到晚，浇水、施肥、松土，谁都希望自己可以成为幸运者。

有个叫雄日的男孩，也整天十分精心地培育着花种。十天过去了，半个月过去了，栽种在花盆里的种子连芽都没冒出来，更别说开出花了。

国王决定观花的日子到了。许多穿着漂亮的孩子拥上街头，他们手里都捧着开满鲜花的花盆，用期盼的目光看着缓缓巡视的国王。国王环视着争奇斗艳的花朵与漂亮的孩子们，没有像大家想象中的那样开心。

忽然，国王看到了端着空花盆的雄日。他很不开心地在那里，国王将他叫到跟前，问："你为什么端着一个空花盆呢？"

雄日抽泣着，他将自己精心侍弄，但花种怎么也不发芽的经过讲了一遍。没想到国王的脸上却露出了最开心的笑容，他抱起雄日，大声宣布："孩子，我找的就是你！"

"为什么是这样？"大家十分不解地问国王。

国王说："我发下的花种全部是煮过的，所以根本就不可能发芽开花。"

捧着鲜花的孩子们都低下头，因为他们播下的根本不是国王发的种子。

名人箴言

用朴素的心来爱别人，也用那纯真的心来憎恨。　　——勒以

没有单纯、善良和真实，就没有伟大。　　——托尔斯泰

在个性、举止、风度和一切一切上，最好是朴实。　　——朗费罗

无言的纯朴所表示的情感，才是最丰富的。　　——莎士比亚

美德好比宝石，它在朴素背景的衬托下反而更华丽。　　——培根

纯朴和忠诚所呈献的礼物，总是可取的。　　——莎士比亚

纯朴者是何等有福，因为他们享受着极大的宁静。　　——坎普滕的托马斯

哦，雪白的纯朴具有何等大的威力！　　——济慈

纯洁的良心比任何东西都可贵。　　——美国谚语

做一个圣人，那是特殊情形；做一个正直的人，那却是为人的正轨。　　——雨果

一个正直的人要经过长久的时间才看得出来，一个坏人只要一天就认得出来。　　——索福克勒斯

经常直言不讳，那么卑鄙小人就会避开你吧。　　——布莱克

不必追求喜乐，只要生活正直，自然就有喜乐。　　——赫尔帝

你若正直，不要怕人诽谤。　——萨迪

一般的批评，确实也有可供借鉴之处。假如你为了"我真是如他们所说的那样吗？"诸如此类的问题感到困扰不堪，也不可将此当作耳边风。"为人要正直"这是艺术的首要条件。如果你是正直的人，则艺术始终会与你同在的。　——柯内亚·渥帖斯·史基纳

做人的正直与荣誉，在乎一己之良心，而非他人之称赞。　——列夫·托尔斯泰

正直是最善的政策，可是在此原则下行动的人们，却往往不是正直的人。
　　　　　　　　　　　　　　　　　　　　　　　　　——R·菲特利

真正人的原则是正义。对弱者的正义是保护或是善意。　——阿密埃尔

使人幸福的并不是体力和金钱，而是正直和公允。　——德谟克利特

正直人心胸总是坦荡，不仁者常充满极度的混乱。　——伊壁鸠鲁

正直的人必须和正直的人为伍，因为谁是那样刚强，能够不受诱惑呢？
　　　　　　　　　　　　　　　　　　　　　　　　　——莎士比亚

没有比正直更富的遗产。　——莎士比亚

正义是美德的最高荣誉。　——西塞罗

正直意味着有勇气坚持自己的信念。这一点包括有能力去坚持你认为是正确的东西，在需要的时候义无反顾，并能公开反对你确认是错误的东西。　——阿瑟·戈森

为人善良和正直才是最光荣的。　——卢梭

对一个有优越才能的人来说，懂得平等待人，是最伟大、最正直的品质。
　　　　　　　　　　　　　　　　　　　　　　　　　——斯梯尔

对待工作的严肃态度，高度的正直，形成了自由和秩序之间的平衡。
　　　　　　　　　　　　　　　　　　　　　　　　　——罗曼·罗兰

百事坦直，卑鄙之人就远远走避。　——布莱克

正直的人都是抗震的，他们似乎有一种内在的平静，使他们能够经受住挫折甚至是不公平的待遇。　——阿瑟·戈森

非直之难，而善用其直之难；非用直之难，而善养其直之难。　——吕坤

受苦并不是恶，因为忍耐可以战胜一切，世界上只有一个善，那就是正义。　——屠格涅夫

对一个正直的人来说，流言是起不了作用的。　——菲·纳谢德金

善良，是一种世界通用的语言，它可以使盲人感到、聋子闻到。——马克·吐温

我大胆地走正直的道路，绝不有损于正义与真理而谄媚和敷衍任何人。
——卢梭

你若正直，不要怕人诽谤。　——萨迪

责备人的人需要正直地生活，正直地走，再以同样的话去教导人。　——伊索

正直的人是神创造的最高尚的作品。　——蒲柏

正直意味着自觉自愿地服从，从某种意义上说，这是正直的核心。　——阿瑟·戈森

正像太阳会从乌云中探出头来一样，布衣粗服，可以格外显出一个人的正直。　——莎士比亚

有德必有勇，正直的人决不胆怯。　——莎士比亚

能保有这高贵与正直，即使在财富地位上没有大收获，内心也是快乐和满足的。　——雨果

做人应该正直，而且有帮助亲友的义务，有时候应该连自身都不顾惜。
——屠格涅夫

做个正直的人，就必须把灵魂的高尚与精神的明智结合起来。　——爱尔维修

做好人容易，做正直的人却难。　——雨果

喜欢炫耀与爱好正直，这两者很难结在一灵魂之内的。　——卢梭

朴素而天下莫能与之争。　——庄子

我一生都在追求这个"朴"字，朴素、朴实、朴质。朴才是真，才是美。

————冯完珍

一切真正的和伟大的东西，都是纯朴而谦逊的。 ——别林斯基

真理的语言总是朴实无华的。 ——阿米阿努斯

纯朴就是魅力。 ——贺拉斯

朴素是美丽的必要条件。 ——列夫·托尔斯泰

纯朴是艺术的作品的必不可少的条件，就其本质而言，它排斥任何外在的装饰和雕琢。纯朴是真理的美。 ——别林斯基

质朴和真实是一切艺术作品的美的伟大原则。 ——格鲁克

要达到具有丰富想象力的朴实是很难很难的，这种朴实是艰苦劳动的结果。 ——斯坦尼斯拉夫斯基

产生巨大后果的思想常常是朴素的。 ——列夫·托尔斯泰

无言的纯朴所表示的情感，才是最丰富的。 ——莎士比亚

一切出色的东西都是朴素的，它们之令人倾倒，正是由于自己的富有智慧的朴素。 ——高尔基

朴素是真的高贵。 ——徐志摩

大凡美的东西，居多都是朴素、真切的。 ——杜鹏程

美的意蕴是朴素的，美的风骨也是朴素的。无论风情的卖弄，智慧的卖弄，都是对意蕴的彻底破坏，对风骨的彻底折卖！ ——金马

原始的美，是美的源头，追求美的人，经过千辛万苦，才会把返朴归真，作为追求的最后境界。 ——林斤澜

朴素与自然，这似乎应该是美的极致。 ——韩少华

超群脱俗的人，既有着最平凡的质朴，又有着最最高尚的德操。 ——显克微支

质朴最不容易受骗，连成功也骗不了它。 ——周国平

任何感情只有在自然的时候才有价值。 ——柯罗连科

一个女人的脸红胜过一大片情话。 ——老舍

简单朴素，正是大家之风，古典之美。 ——朱屺瞻

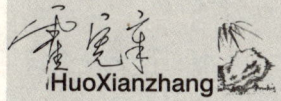

人生修养感悟

第三篇·齐家篇

（一）爱情

个人感悟

爱情是人类最美好的情感之一，是人与人之间强烈的依恋、亲近、向往，以及无私专一、遵守彼此的承诺，甚至愿意为彼此牺牲自己都在所不惜的情感。爱情是人性重要的组成部分，狭义上的爱情是指情侣之间的爱，广义上还包括朋友之间的爱情和亲人之间的爱情及其对祖国的爱。

从狭义上讲，爱情是多方面感受的综合体验，关系到个人品位、理想、道德、志趣等观念。爱情产生至少是要具备三个条件，第一是专一，第二是平等，第三是文化素质。在爱的情感基础上，爱情在不同的文化中也发展出不同的特征。

爱情不是感恩的凝视，它的久远需要亲力去把握；爱情不是短暂的偏爱，它的追逐需要一生的幸福；爱情有时需要等待，但绝不是空守内心的那片馨园；爱情有时需要飘然，但绝不是神游心潮的那次澎湃。在现在多元化与文化冲击下，人们对爱情的观点也是各有不同，甚至出现也一些变态的，以玩弄女性、利用他人为目的的爱情观，爱情成为了一种游戏。因此，我们必须要树立正确的爱情观。

爱情观是人们对爱情问题的根本看法和态度，它的内容主要包括：什么是爱情，爱情的本质，及爱情在社会生活和个人生活中的位置，择偶标准，如何对待失恋等。爱情观是人生观的反映，爱情观在不同的历史时期，由于受不同的经济条件、社会制度，及思想文化状态的影响和制约，有着不同的内容，并且随着社会发展而不断发展和变化。

"关关雎鸠，在河之洲，窈窕淑女，君子好逑。"在我国最早的诗歌总集《诗经》中就已经很清楚地写了男女双方所倾慕的对象标准了。楚国伟大爱国诗人屈原在《离骚》中，也直接抒发了对恋人的思念和苦苦追寻。现代的爱情则是以男女双方的共同理想和奋斗目标为前提，以自由恋爱为基础，以共同承担社会责任和道德义务为己任的，因此，它具有如下四大特征：第一，自愿互爱。爱情是不可强求的，男女双方首先要在自觉自愿的基础上，相互尊重，相互爱慕，从而促使爱情关系建立和发展；第二，忠贞专一。爱情具有排他性，男女双方应相互信任和保持依恋感，绝不能三心二意，朝三暮四，见异思迁；第三，相容互补。无论爱情双方存在什么样的个性差异，只要不是原则问题，都应该心理相容，并在实际生活中相互尊重，相互学习，取长补短，满足需要，共同发展；第四，强烈持久。男女双方应保持强烈深厚的感情，从而保证爱情关系的稳定性和持久性。

爱情对一个人的一生起着十分重要的影响和关联作用。幸福快乐的爱情能给人带来精神上的愉悦和兴奋，学习工作上的鼓舞，并促进其进步和发展。不幸福的爱情，则会给人带来精神和身心上的打击和伤害，影响其工作、学习或事业、婚姻及家庭幸福，甚至还会关联影响到他人及家人的学习、工作、身心健康和生活幸福。严重者则会做出违法违背道德的举动和行为，走向犯罪的歧途。

因此，我们要尊重爱情、珍惜爱情、巩固爱情、持续爱情、升华爱情，让爱情永恒于人们美好的生活中。

经典事例

周恩来和邓颖超是在1919年反帝反封建的"五四"运动中相识的。那时，在北洋直隶第一女子师范读书的邓颖超，是"女界爱国同志会"的讲演队长，从日本留学归国的周恩来，是《天津学生联合会报》的主编，为了加强斗争的力量，周恩来、马骏、郭隆真、邓颖超等20名青年男女成立了天津学生爱国运动的核心组织——觉悟社，并出版了不定期刊物——《觉悟》。在天津爱国学生运动中，周恩来与邓颖超都是冲锋在前的勇士，在觉悟社内，他们又都是志趣相投的战友。照常情，青年男女，特别是志趣相投的青年男女，在交往中相互爱慕，是自然之理，但那时周恩来与邓颖超这两颗充满激情的心，却丝毫没有去顾及个人感情，他们一心一意忙着救国，忙着斗争。又因为那时社会上封建思想很严重，对于男女之间的社交，"道学家"们攻击更甚，而觉悟社的社员们懂得，他们的行动，是对流言与诬蔑最有力的回答。因此，为了斗争，他们都更加严格地克制着自己的感情。1920年11月7日，周恩来等197名赴法勤工俭学的学生，乘坐法国邮船"波尔多斯"号，前往巴黎去进一步探求救国救民的真理。而邓颖超则到北京师大附小当了教员，他们虽然相隔云山万重，但从来未间断彼此的联系。凭着鸿雁传书，他们交换着情况，交流着思想。此外，国内社友们还常会收到寄自法国的画片或贺年片，其中许多是周恩来寄来的。他曾在1922年底趁友人回国之便，给已转到天津教书的邓颖超带去了一张附有题诗的贺年片。正是在这种纯真的、志同道合的通信中，他们的感情逐渐成长了，终于定情。

名人箴言

爱情，只有情，可以使人敢于为所爱的人献出生命；这一点，不但男人能做到，而且女人也能做到。 ——柏拉图

水会流失，火会熄灭，而爱情却能和命运抗衡。 ——纳撒尼尔·李

爱情使所有的人变成雄辩家这话说得绝对正确。 ——罗格林

没有什么绳索能比爱情拧成的双股线更经拉、经拽。 ——罗伯顿

爱情，是爱情，推动着世界的发展。 ——维吉尔

爱情是不受制约的；一旦制度想施淫威，爱神就会振翅远走高飞；爱神和其他诸神一样，也是自由自在的。 ——乔叟

爱情是自由自在的，而自由自在的爱情是最真切的。 ——丁尼生

发号施令爱情中是行不通的。 ——蒙田

爱情没有规则，也不应该有条件。 ——黎里

爱情是不讲法律的。 ——圣哲罗姆

爱情没有特定的法则。 ——高尔

狂热的爱情总是绝不会持久的。 ——罗·赫里克

人生自古有情痴，此恨不关风与月。 ——欧阳修

不尽相思血泪抛红豆，开不完春柳春花满画楼。 ——曹雪芹

身无彩凤双飞翼，心有灵犀一点通。 ——李商隐

热得快的爱情，冷得也快。 ——威瑟

谁都没有真正的爱情，而只有一见钟情。　——查普曼

一见钟情是唯一真诚的爱情；稍有犹豫便就不然了。　——赞格威尔

突如其来的爱情却需要最长久的时间才能治愈。　——拉布吕耶尔

年轻女子的爱情像杰克的豆秆一样，长得飞快，一夜之间便可参天入云。
　　　　　　　　　　　　　　　　　　　　　　　　　——萨克雷

爱情使是非概念混淆不清；强烈的爱情和骄傲的野心都是没有疆界的。
　　　　　　　　　　　　　　　　　　　　　　　——约·德莱顿

爱情献出了一切，却依然富有。　——菲·贝利

爱情不是索取，而是给予。　——范戴克

爱情存在于奉献的欲望之中，并把情人的快乐视作自己的快乐。　——斯韦登伯格

爱情的欢乐中掺杂着泪水。　——罗·赫里克

爱情中的欢乐和痛苦是交替出现的。　——乔·拜伦

最甜美的是爱情，最苦涩的也是爱情。　——菲·贝利

拌着眼泪的爱情是最动人的。　——司各特

爱情中的苦与乐始终都在相互争斗。　——绪儒斯

爱情中的甜浆可以抵消大量的苦液，这就是对爱情的总的褒誉。　——济慈

爱情无需言作媒，全在心领神会。　——哈佛格尔

爱情埋在心灵深处，并不是住在双唇之间。　——丁尼生

真正的爱情是不能用言语表达的，行为才是忠心的最好说明。　——莎士比亚

爱比杀人重罪更难隐藏；爱情的黑夜有中午的阳光。　——莎士比亚

爱情和谋杀一样，总是要暴露的。　——威·康格里夫

爱情和战争都是不择手段的。　——弗·斯梅德利

爱情所需要的唯一礼物就是爱情。　——盖伊

爱情只能用爱情来偿还。　——爱·芬顿

一切真正的爱情的基础都是互敬。　——维利而斯

培育爱情必须用和声细语。 ——奥维德

爱情需要合理的内容，正像熊熊烈火要油来维持一样；爱情是两个相似的天性在无限感觉中的和谐的交融。 ——别林斯基

不太热烈的爱情才会维持久远。 ——莎士比亚

所有的爱都可被忠贞不渝的爱情征服。 ——奥维德

男人的爱情如果不专一，那他和任何女人在一起都会感到幸福。 ——王尔德

挑剔就是扼杀爱情，凡事都不可太挑剔。 ——约·布朗

看中了就不应太挑剔，因为爱情不是在放大镜下做成的。 ——托·布朗

谁的爱情宫殿是用美德奠基、用财富筑墙、用美丽发光、用荣耀铺顶，谁就是最幸福的人。 ——弗·夸尔斯

爱情的萌芽是智慧的结束。 ——布霍特

爱情和智慧，二者不可兼得。 ——培根

适当地用理智控制住爱情，有利无弊，发疯似的滥施爱情，有弊无利。

——普劳图斯

爱情是一个平台，上面聚集着形形色色的人。 ——吉尔伯特

爱情里面要是掺杂了和它本身无关的算计，那就不是真的爱情。 ——莎士比亚

爱情对于男人不过是身外之物，对于女人却是整个生命。 ——乔·拜伦

女人的一生就是一部爱情的历史。 ——华·欧文

离别使爱情热烈，相逢则使它牢固。 ——托·富勒

爱情不过是一种疯病。 ——莎士比亚

一只鸡蛋可以画无数次，一场爱情能吗？ ——达·芬奇

真正的爱情能够鼓舞人，唤醒他内心沉睡着的力量和潜藏着的才能。 ——薄伽丘

爱情不是花荫下的甜言，不是桃花源中的蜜语，不是轻绵的眼泪，更不是死硬的强迫，爱情是建立在共同语言的基础上的。 ——莎士比亚

忠诚的爱情充溢在我的心里，我无法估计自己享有的财富。 ——莎士比亚

爱情应当使人的力量的感觉更丰富起来，并且爱情确正在使人丰富起来。

——马卡连柯

友谊就像陶器，破了可以修补；爱情好比镜子，一旦打破就难重圆。 ——比林斯

生命诚可贵，爱情价更高，若为自由故，二者皆可抛。 ——裴多菲

爱情是无邪的、神圣的。 ——陀思妥耶夫斯基

为了失恋而耽误前程是一生的损失。 ——荷麦

永远不能复合的，往往不是那些在盛怒之下分开的情人，而是那些在友情的基础上分开的情人。 ——哈代

爱得愈深，苛求得愈切，所以爱人之间不可能没有意气的争执。 ——劳伦斯

就是神，在爱情中也难保持聪明。 ——培根

恋爱不是慈善事业，所以不能慷慨施舍。 ——萧伯纳

爱情，这不是一颗心去敲打另一颗心，而是两颗心共同撞击的火花。——伊萨可夫斯基

当两人之间有真爱情的时候，是不会考虑到年龄的问题、经济的条件、相貌的美丑、个子的高矮等等外在的无关紧要的因素的。 ——罗兰

爱情之中高尚的成分不亚于温柔的成分，使人向上的力量不亚于使人萎靡的力量，有时还能激发别的美德。 ——伏尔泰

彼此恋爱，却不要做爱的系链。 ——纪伯伦

爱情是发生在两个人之间的一种共同的经验。 ——卡森·麦卡勒斯

我是幸福的，因为我爱，因为我有爱。 ——勃朗宁

爱情的欢乐虽然是甜美无比，但只有在光荣与美德存在的地方才能生存。

——古尔内尔

美人并不个个可爱；有些只是悦目而醉心。假如见到一个美人就痴情颠倒，这颗心就乱了，永远定不下来；因为美人多得数不尽，他的爱情就茫茫无归宿了。

——塞万提斯

真正的爱情是专一的，爱情有领域是非常的狭小，它狭到只能容下两个人生存；

如果同时爱上几个人，那便不能称作爱情，它只是感情上的游戏。　——席勒

那种用美好的感情和思想使我们升华并赋予我们力量的爱情，才能算是一种高尚的热情；而使我们自私自利，胆小怯弱，使我们流于盲目本能的下流行为的爱情，应该算是一种邪恶的热情。　——乔治·桑

爱情是一片炽热狂迷的痴心，一团无法扑灭的烈火，一种永不满足的欲望，一分如糖似蜜的喜悦，一阵如痴如醉的疯狂，一种没有安宁的劳苦和没有劳苦的安宁。　——理查·德·弗尼维尔

爱情只有当它是自由自在时，才会叶茂花繁。认为爱情是某种义务的思想只能置爱情于死地。　——罗素

只有爱给你解开不死之谜。　——费尔巴哈

爱情是一个不可缺少的、但它只能是推动我们前进的加速器，而不是工作、学习的绊脚石。　——张志新

真挚而纯洁的爱情，一定渗有对心爱的人的劳动和职业的尊重。　——邓颖超

春天没有花，人生没有爱，那还成个什么世界。　——郭沫若

爱情原如树叶一样，在人忽视里绿了，在忍耐里露出蓓蕾。　——何其芳

如果一个人没有能力帮助他所爱的人，最好不要随便谈什么爱与不爱。当然，帮助不等于爱情，但爱情不能不包括帮助。　——鲁迅

人有悲欢离合，月有阴晴圆缺，此事古难全，但愿人长久，千里共婵娟。
　——苏轼

　　两情若是久长时，又岂在朝朝暮暮。　——秦观
　　衣带渐宽终不悔，为伊消得人憔悴。　——柳永
　　曾经沧海难为水，除却巫山不是云。　——元稹
　　得成比目何辞死，愿作鸳鸯不羡仙。　——卢照邻
　　如果从表面效果来判断，爱情与其说像友谊不如说像仇恨。　——拉罗什富科
　　爱情是友谊的精华，书信是爱情的妙药。　——詹·豪厄
　　忠诚是爱情的桥梁，欺诈是友谊的敌人。　——维吾尔族谚语

没有爱情的人生是什么？是没有黎明的长夜！ ——彭斯

任何时候为爱情付出的一切都不会白白浪费。 ——塔索

爱情是生命的盐。 ——约·谢菲尔德

要是爱情不允许彼此之间有所差异，那么为什么世界上到处都有差异呢？ ——泰戈尔

美能激发人的感情，爱情净化人的心灵。 ——约·德莱基

男女之间真正的爱情，不是靠肉体或者精神所能实现的，只有彼此的精神和肉体相互融合的状态中才可能实现。 ——朱耀燮

习惯就是一切，甚至爱情中也是如此。 ——沃维纳格

女人是用耳朵恋爱的，而男人如果会产生爱情的话，却是用眼睛来恋爱。
——莎士比亚

婚姻好比鸟笼，外面的鸟想进进不去；里面的鸟儿想出出不来。 ——蒙田

如果我的生命中没有智慧，它仅仅会黯然失色；如果我的生命中没有爱情，它就会毁灭。 ——亨利·德·蒙泰朗

爱的欢乐寓于爱之中，享受爱情比唤起爱更加令人幸福。 ——拉罗什富科

没有爱情的人生叫受罪。 ——威·康格里夫

爱情有一千个动人的心弦而又各不相同的音符。 ——乔·克雷布

夫妻好合，如鼓琴瑟。 ——《诗经》

生为同室亲，死为同穴尘。 ——白居易

百世修来同渡船，千世修来共枕眠。 ——《增广贤文》

妻子如果一方面要把丈夫紧紧抱到怀里，一方面又要他出人头地，天下根本没有这种便宜的事。 ——柏杨

能够白首偕老的夫妻，大概就是能够掌握适度感情的夫妻。 ——张贤亮

愿得一心人，白头不相离。 ——《汉乐府》

在天愿作比翼鸟，在地愿为连理枝。天长地久有时尽，此恨绵绵无绝期。
——白居易

色不迷人人自迷，情人眼里出西施。　——黄增

不能做朋友的人，也就不能做爱人。　——孙侠

天涯地角有穷时，只有相思无尽处。　——晏殊

便纵有千种风情，更与何人说？　——柳永

此情无计可消除，才下眉头，却上心头。　——李清照

此情可待成追忆，只是当时已惘然。　——李商隐

小轩窗，正梳妆，相顾无言，惟有泪千行。　——苏轼

众里寻他千百度，蓦然回首，那人却在，灯火阑珊处。　——辛弃疾

滴不尽相思血泪抛红豆，开不完春柳春花满画楼。　——曹雪芹《红楼梦》

对爱情不必勉强，对婚姻则要负责。　——罗曼·罗兰

真正的爱情是表现在恋人对他的偶像采取含蓄、谦恭甚至羞涩的态度，而绝不是表现在随意流露热情和过早的亲昵。　——马克思

把爱拿走，我们的地球就变成一座坟墓了。　——法国格言

惧怕爱情就是惧怕生活，而惧怕生活的人就等于半具僵尸。　——伯·罗素

爱的力量是和平，从不顾理性、成规和荣辱，它能使一切恐惧、震惊和痛苦在身受时化作甜蜜。　——莎士比亚

爱神奏出无声旋律，远比乐器奏出的悦耳动听。　——托·布朗

什么是爱情？爱情是大自然的珍宝，是欢乐的宝库，是最大的愉快，是从不使人生厌的祝福。　——查特顿

我告诉你，爱神是万物的第二个太阳，他照到哪里，哪里就会春意盎然。
　　　　　　　　　　　　　　　　　　　——查普曼

水会流失，火会熄灭，而爱情却能和命运抗衡。　——纳撒尼尔·李

爱情，只有情，可以使人敢于为所爱的人献出生命；这一点，不但男人能做到，而且女人也能做到。　——柏拉图

爱情有着奇妙的魔力，它使一个人为另一个人所倾倒。　——瑟伯与怀特

喷泉的水堵不死，爱情的火扑不灭。　——蒙古谚语

人不能绝灭爱情，亦不可迷恋爱情。　——培根

最完美的产品在广告里，最完美的人在悼词里，最完美的爱情在小说里，最完美的婚姻在梦境里。　——佚名

青春的爱情之吻是一个长长的吻。　——拜伦

爱除自身外无施与，除自身外无接受。　——纪伯伦

当爱情轻敲肩膀时，连平日对诗情画意都不屑一顾的男人，都会变成诗人。　——柏拉图

婚姻的爱，使人类延续不绝；朋友的爱，使人类达到更完美的境界；淫邪的爱，则使人类败坏堕落。　——爱默生

爱一个人就是指帮助他回到自己，使他更是他自己。　——梅尔勒·塞恩

爱并不是谁为谁牺牲，谁为谁做什么，一旦爱变成这样，这就不是爱。
　　　　　　　　　　　　　　　　　　——梅尔勒·塞恩

将爱情当作理想的人，不会有真正的理想。　——佚名

千千万万匹走马，换不来真正的爱情。　——藏族谚语

女人晚熟的爱情，像道旁迷人的野花。　——肖洛霍夫

女人的一生就是一部爱情的历史。　——华·欧文

爱情是个变幻莫测的家伙，它渴望得到一切，却几乎对一切都感到不满。
　　　　　　　　　　　　　　　　——马德莱娜·德·斯居代里

爱是一种甜蜜的痛苦，真诚的爱情永不是走一条平坦的道路的。　——莎士比亚

在真正幸福的婚姻中，友谊必须与爱情融合在一起。　——莫洛亚

成熟的爱情，敬意、忠心并不轻易表现出来，它的声音是低的，它是谦逊的、退让的、潜伏的，等待了又等待。　——狄更斯

山高不如男人的志气高，水深不如女人的爱情深。　——鄂伦春族谚语

这是一条友谊的规律：一旦疑心从前门走进，爱情就会从后门溜走。　——毫厄尔

愿君多采撷，此物最相思。　——王维

花开堪折直须折，莫待无花空折枝！　——杜秋娘

一枝秾艳露凝香，云雨巫山枉断肠。　——李白

相见争如不见，有情还似无情。　——司马光

当一个女子具有全部的爱情和德性时，她是需要同情的！　——拉罗什福科

爱情不仅丰富多彩，而且还赏心悦目。　——申斯通

人们不能像拔牙那样的从心中拔去爱情。　——巴尔扎克

爱情比软件还要难开发！　——比尔·盖茨

每个人身上都有一口泉眼，不断喷涌出生命、活力、爱情。如果不为它挖沟疏导，它就会把周围的土地变成沼泽。　——马克·拉瑟福德

左右不平衡的载物，是骆驼的痛苦；冷热不正常的爱情，是精神上的痛苦。
　　　　　　　　　　　　　　　　　　——莫贵英

我哪里是失败了几千次，我只是找出了几千种不能成功地获得爱情的方法罢了！　——爱迪生

学会爱人，学会懂得爱情，学会做一个幸福的人——这就是要学会尊重自己，就是要学会人类的美德。　——马卡连柯

狂热的爱情总是绝不会持久的。　——罗·赫里克

金钱可以买"肉体"；但不能买"爱情"。　——萨克雷

爱情所需要的唯一礼物就是爱情。　——盖伊

看中了就不应太挑剔，因为爱情不是在放大镜下做成的。　——托·布朗

毫无经验的初恋是迷人的，但经得起考验的爱情是无价的。　——马尔林斯基

一个经历了爱情创伤的青年，如果没有因这创伤而倒下，那就可能更坚强地在生活中站起来。　——路遥

爱情和战争都是不择手段的。　——弗·斯梅德利

忠诚的胸怀是爱情的安全的港口。　——德国谚语

人出生两次吗？是的。头一次，是在人开始生活的那一天；第二次，则是在萌发爱情的那一天。　——雨果

真正的爱情越久越不生锈。　——苗族谚语

人生所有的欢乐是创造的欢乐：爱情天才行动全靠创造这一团烈火迸射出来的。　——罗曼·罗兰

爱情不能用常识衡量。　——日本谚语

猜疑是爱情之树上的一把斧头。　——欧洲谚语

一旦爱情得到了满足，他人魅力也就荡然无存了。　——高乃依

天性是百发百中，万无一失的。这一种的天性叫一见生情。而爱情方面的第一眼，就等于千里眼。　——巴尔扎克

爱情有一千个动人的心弦而又各不相同的音符。　——乔·克雷布

如果一个姑娘想嫁富翁，那就不是爱情，财产是最无足轻重的东西，只有经得起别离的痛苦才是真正的爱情。　——列夫·托尔斯泰

爱情需要合理的内容，正像熊熊烈火要油来维持一样；爱情是两个相似的天性在无限感觉中的和谐的交融。　——别林斯基

爱情和火焰一样，没有不断的运动就不能继续存在，一旦它停止希望和害怕，它的生命也就停止了。　——拉罗什福科

爱情的野心使人备受痛苦。　——莎士比亚

爱情是女人一生的历史，而只是男人一生中的一段插曲。　——史达尔

爱情是心中的暴君；它使理智不明，判断不清；它不听劝告，径直朝痴狂的方向奔去。　——约·福特

缺少食物和酒，爱情是冷的。　——拉丁语

自由之于人类，就像亮光之于眼睛，空气之于肺腑，爱情之于心灵。　——英格索尔

爱情到底是由什么东西进化而来的？我们不能妄下结论，还是先让我去考察研究一番再说！　——达尔文

一切真正的爱情的基础都是互敬。　——维利而斯

爱情的欢乐中掺杂着泪水。　——罗·赫里克

有爱情的生活是幸福的，为爱情而生活是愚蠢的。　——谚语

凡是可怜的，遭难的女子，她的心等于一块极需要爱情的海绵，只稍一滴感情，立即膨胀。　——巴尔扎克

有没有爱情的婚姻，就会有没有婚姻的爱情。　——富兰克林

爱情是理想的一致，是意志的融合；而不是物质的代名词、金钱的奴仆。
　　　　　　　　　　　　　　　　　　　　　　　　——谚语

爱情包括的灵和肉两个方面应该是同等重要，要不爱情就有完备，因为我们不是神，也不是野兽。　——冈察洛夫

爱情的萌芽是智慧的结束。　——布霍特

不知道爱情有没有放射性，我先拿一个到实验室去做做实验！　——居里夫人

爱情是可爱的虐政，情人们甘受它的折磨。　——英国谚语

贞操是从丰富的爱情中生出来的资产。　——泰戈尔

友谊就好比一颗星星，而爱情只是一支蜡烛。蜡烛是要耗尽的，而星星却永远闪光。　——大仲马

爱情的条件是只在你的眼中看到我。　——佚名

忠于爱情并不等于迷于爱情，更不是说活着就是为了爱情。　——佚名

没有青春的爱情有何滋味？没有爱情的青春有何意义？　——拜伦

爱情一失败，一切毛病都发现。　——英国

何为爱情？一个身子两颗心；何为友谊？两个身子一颗心。　——约瑟夫·鲁

喷泉的水堵不死，爱情的火扑不灭。　——谚语

爱情、希望、恐惧和信仰构成了人性，它们是人性的标志和特征。　——罗·勃朗宁

爱情是两颗灵魂的结合。　——约翰逊

爱情是一本永恒的书，有人只是信手拈来浏览过几个片断。有人却流连忘返，为它洒下热泪斑斑。　——施企巴乔夫

标了价的爱情是虚假的。　——民谚

一有人反对，爱情会变得像禁果一样更有价值。　——巴尔扎克

爱情既是友谊的代名词,又是我们为共同的事业而奋斗的可靠保证,爱情是人生的良伴,你和心爱的女子同床共眠是因为共同的理想把两颗心紧紧系在一起。　——法拉第

不要在别人的痛苦泪水中去驾驶自己的快乐之舟吧。当你在行使"恋爱自由"权利的时候,请不要忘记遵守起码的社会公德。　——陈玉蜀

坦白的爱情自有它的预感,知道能生爱。幽居独处的姑娘,居然偷偷跑进一个青年的屋子,真是何等的大事!在爱情中间,有些思想有些行为,对某些心灵不就等于神圣的婚约吗?　——巴尔扎克

爱情是种宗教,信奉这个宗教比信奉旁的宗教代价高得多;并且很快就会消失,信仰过去的时候像一个顽皮的孩子,还得到处闯些祸。　——巴尔扎克

世界上是先有爱情,才有表达爱情的语言的,在爱情刚到世界上来的青春时期中,它学会了一套方法,往后可始终没有忘掉过。　——杰克·伦敦

不管有了成就也好,还是有了虚荣心也好,不管是讽刺别人也好,还是我自己爱情的痛苦也好,总之,在欢乐与悲伤中,温暖的青春光辉仍然在照耀着我。

——海塞

友谊有许多名字,然而一旦有青春和美貌介入,友谊便被称作爱情,而且被神化为最美丽的天使。　——克里索斯尔

纯贞的爱情之花,是在革命理想中孕育的,是在和睦互励中生长的,是在共同战斗中开放的。这种扎根于志同道合的爱情之花,狂风吹不谢,利剑砍不倒,牢笼关不住,烈焰烧不毁,它经得起任何考验。　——章传家

趁着年轻,应该让生命像鼓满春风的帆,乘风破浪、奋勇前进,而不要老是在个人私利的爱情港湾遮风避雨,虚度光阴。　——章传家

仁爱占上风时,新闻才得以变成爱情、真理和美德的传送工具。　——威·柯珀

既然真理和坚贞均告徒劳,既然爱情、痛苦和理智的力量都不能将其说服,那么就让榜样作为儆戒吧!　——乔·格兰维尔

学会爱人,学会懂得爱情,学会做一个幸福的人——这就是要学会尊重自己,

就是要学会人类的美德。　——马卡连柯

比荣誉、美酒、爱情和智慧更宝贵、更使人幸福的东西是我的友谊。　——海塞

爱情是叹息吹起的一阵烟；恋人的眼中有它净化了的火星；恋人的眼泪是它激起的波涛。它又是最智慧的疯狂，哽喉的苦味，吃不到嘴的蜜糖。　——莎士比亚

离别之于爱情好比风之于火，它能将小火熄灭，使大火熊熊燃烧。　——比西拉比旦·R·

每个恋爱中的人都是诗人。　——柏拉图

初恋就是一点点笨拙外加许许多多好奇。　——萧伯纳

并非地球引力使人坠入爱河。　——牛顿

爱情是不按逻辑发展的，所以必须时时注意它的变化。爱情更不是永恒的，所以必须不断地追求。　——柏杨

当你真爱一个人的时候，你是会忘记自己的苦乐得失，而只是关心对方的苦乐得失的。　——罗兰

爱情有如佛家的禅——不可说，不可说，一说就是错。　——三毛

青年男子谁个不善钟情？妙龄女人谁个不善怀春？这是我们人性中的至神至圣。　——歌德

爱情确实有一种高尚的品质，因为它不只停留在性欲上，而且显出一种本身丰富的高尚优秀的心灵，要求以生动活泼，勇敢和牺牲的精神和另一个人达到统一。　——黑格尔

爱本质上是给予而非获取。　——弗洛姆

东边日出西边雨，道是无晴却有晴。　——刘禹锡

春心莫共花争发，一寸相思一寸灰。　——李商隐

蜡烛有心还惜别，替人垂泪到天明。　——杜牧

爱情，你的话是我的食粮，你的气息是我的醇酒。　——歌德

人只应当忘记自己而爱别人，这样才能安静、幸福和高尚。　——列夫·托尔斯泰

爱情是真实的，是持久的，是我们所知道的最甜也是最苦的东西。　——夏洛

蒂·勃朗特

爱情只在深刻的、神秘的直观世界中才能产生，才能存在。生儿育女不是爱情本身的事。　——索洛维约夫

关于爱情，人们有许多定义：爱情是生活中的诗歌和太阳。　——别林斯基

爱情是理解和体贴的别名。　——泰戈尔

真正的爱，在放弃个人的幸福之后才能产生。　——列夫·托尔斯泰

爱情是一位伟大的导师，她教我们重新做人。　——莫里哀

真正的爱情像美丽的花朵，它开放的地面越是贫瘠，看来越格外的悦眼。
　　　　　　　　　　　　　　　　　　　——巴尔扎克

说到底，爱情就是一个人的自我价值在别人身上的反映。　——爱默生

了解爱情的人往往会因为爱情的升华而坚定他们向上的意志和进取精神。　——培根

一个人总是要把自己的爱寄托在什么人身上，虽然有时他的爱会使人苦恼，会玷污人，也还有人可能会用自己的爱使亲人烦得要命，因为当他爱的时候，没有尊重被爱的人。　——高尔基

一个懂得爱的人，宁可扮演输家，也不去打败自己的爱人。打败了他，你想得到么呢？

恋爱越久，男人越希望爱情能成为自己生活中较小的一部分；恋爱越久，女人越望爱情能越来越变成生活中的更大，乃至全部。随着感情的深入，男人会越来越自信，女人会越来越不自信。这是时间，给予恋爱男女最不同的礼物。　——《恋爱的礼物》

（二）家庭

个人感悟

家庭是指由婚姻，血缘或收养关系所组成的社会组织的基本单位。现在社会通

常意义上的家庭是指一夫一妻制构成的单元。

家庭与亲属、家族、宗族在概念是不一样的，家庭是亲属中较小的户内群体，有共同生活居住、共同经济核算、相互合作发挥作用的人组成的单位。亲属或者家族是指具有共同的祖先、血缘，或具有姻亲关系、养育关系的人所组成的社会网络，亲属并不一定居住在一起以群体的形式发挥作用，但是他们彼此承诺，承担一定的责任和义务。宗族是指由同宗同姓同地域的家族结成的群体。家族和宗族构成了一个人最主要的社会关系。

大部分人一生中会属于两种家庭。一是出身家庭，这是有先天决定，一个人无法决定自己出生于什么样的家庭，更无法改变自己出生之前的家庭历史；二是因结婚、生子而建立的生育家庭，这主要是靠自己后天的奋斗建立的。现代社会人们主要忠于自己的生育家庭。

从社会设置来说，家庭是最基本的社会设置之一，是人类最基本最重要的一种制度和群体形式。从功能来说，家庭是儿童社会化，供养老人，性满足，经济合作，普遍意义上人类亲密关系的基本单位。从关系来说，家庭是由具有婚姻、血缘和收养关系的人们长期居住的共同群体。

家是成长的摇篮，家是旅程的帆船，家是避风的港湾，家是安全的城堡，家是天伦之乐的场所，家是心灵的归宿，家是整个世界在下雪、走进其中却是春天的地方。在现代社会，无论是对成人还是孩子来说，家庭都是情感陪伴的主要源泉。对成人来说，虽然拥有独立生活的能力，但也需要感情的关怀。对儿童来说，缺少父母的关爱会导致智力、感情、行为等方面的成长都受到伤害。

就目前的发展趋势来看，新婚夫妇日趋单独居住，再加上生育子女的限制，家庭的规模会越来越小，这也就意味着人们从家庭以外获得友谊和支持的能力越来越小，这就迫使家庭成员在情感和陪伴上必须彼此深深依赖，因此提供情感和陪伴已成为现代家庭的核心功能。

作为最小的社会单位，从很多方面讲，家庭都承担着训练子女社会化的任务，因为是一个亲密的小群体，所以父母通常都会很积极，很有感情，很有动力地对孩子进行培养和社会化锻炼。可是，由于父母维系家庭生存和发展的工作压力以及对孩子进行社会化训练的专业知识不足，家庭并不总能很有效果、有效率地完成这一功能，因此越来越多的学校和专业机构逐渐担负起这方面的责任。

但另一方面，由于家庭规模的日益缩小，缺乏亲情和血缘关系的纽带，人们之间的关系越来越疏远，能够信任的社会资源越来越少，再加上计划生育政策和其他社会现实，导致许多孩子缺乏亲情，不爱交流，甚至出现一系列心理问题和情感危机，这也越来越成为人们普遍关注的一个严重的社会问题。建设美好的家庭，是每个成员的义务和责任，我们要铭记这么一句珍贵的语言，家和万事兴。

经典事例

几年前，一位刚毕业的女孩打电话给父亲，说她要去深圳一家外企应聘，并无意提起中途会经过父母所在城市的一个小站。那个小站在邻县，距离她父亲所在城市有两个小时车程。列车停靠那个小站时是早晨6点10分，停靠时间约10分钟。车刚停稳，女孩倚着窗口，隐约听见有人呼唤她的名字，她探身窗外——在朦朦的曙色中是父母的身影。母亲急急忙忙把毛巾包着的一个瓷缸递给她，揭开盖子，是热气腾腾的肉汤。短暂的10分钟里，她父母几乎不容她说什么，只是那样满足地催促她一口口喝汤。天凉，汤冷得快。列车开动时，女孩父母握着一个空瓷缸站在月台上向女孩挥手。女孩的喉头堵着，父母身影渐远时，她的泪水流了一脸。她不知道父母是几点起身的，或许他们根本一晚没睡。煲汤，赶早班车——母亲有关节炎，在整个城市还睡着时，他们却在黑而冷的夜色里为了一瓷缸热汤上路了。而女孩，她本来不是去深圳应聘的。她的男友不辞而别去了深圳，她被一段感情痛苦地纠缠着，想去找他，为爱情讨个结果。列车抵达深圳时，女孩已改变了主意。她不想找回一段丢失的爱情了——如果真的有爱，他不会那样不负责任地一走了之。失去这段爱情，女孩想，也许并不像她想得那么严重。真的，有什么爱比得上在深夜厨房为她而起的蒸汽？比得上夜色中为她而赶路的脚步？站在南方这块完全陌生的土地上，女孩竟觉得非常踏实。她留下来，努力地求职与工作，后来在一家外企有了个不错的职位，以及爱情。在写给父母的信中，她总是提到那天6点10分的汤，她说是那缸汤给她那次应聘带来了好运和力量。

名人箴言

其为人也孝悌而好犯上者，鲜矣。不好犯上而好作乱者，未之有也。君子务本，本立而道生。孝悌也者，其为仁之本与？　　——《论语》

弟子入则孝，出则悌，谨而信，泛爱众而亲仁，行有余力，则以学文。　——《论语》

父在，观其志。父没，观其行。三年无改于父之道，可谓孝矣。　——《论语》

孟懿子问孝。子曰："无违。"樊迟御，子告之曰："孟孙问孝于我，我对曰无违。"樊迟曰："何谓也？"子曰："生，事之以礼，死，葬之以礼，祭之以礼。"
　　　　　　　　　　　　　　　　　　——《论语》

孟武伯问孝。子曰："父母，唯其疾之忧。"　——《论语》

子游问孝。子曰："今之孝者，是谓能养，至于犬马，皆能有养，不敬，何以别乎？"　——《论语》

子夏问孝。子曰："色难。有事，弟子服其劳，有酒食，先生馔，曾是以为孝乎？"　——《论语》

三年无改于父之道，可谓孝矣。　——《论语》

父母之年，不可不知也。一则以喜，一则以惧。　——《论语》

孝哉，闵子骞。人不间于其父母昆弟之言。　——《论语》

宰我问："三年之丧，期已久矣。君子三年不为礼，礼必坏；三年不为乐，乐必崩。旧谷既没，新谷既升，钻燧改火，期可已矣。"子曰："食夫稻，衣夫锦，于汝安乎？"曰："安。""汝安则为之。夫君子之居丧，食旨不甘，闻乐不乐，居处不安，故不为也。今汝安，则为之。"宰我出，子曰："予之不仁也。子生三年，然后免于父母之怀。夫三年之丧，天下之通丧也。予也有三年之爱于其父母乎？"
　　　　　　　　　　　　　　　　　　——《论语》

家必自毁，而后人毁之。 ——孟子

人生内无贤父兄，外无严师友，而能有成者少矣。 ——吕公

人遗子孙以财，我遗子孙以清白。 ——《梁书》

儿孙自有儿孙福，莫为儿孙作马牛。 ——无名氏

休存猜忌之心，休听离间之语，休作生分之事，休专公共之利。 ——《古今图书集成》

君子居家，须是能容。 ——《古今图书集成》

有财无义，惟家之殃。 ——《古今图书集成》

父母之爱子，则为之计深远。 ——《战国策》

以德遗后者昌，以财遗后者亡。 ——《省心录》

大抵童子之性，乐嬉游，而惮拘俭，如草之始萌芽，舒畅之，则条达，摧挠之，则衰萎。 ——王守仁

为子孙作富贵计者，十败其九。 ——林逋

父之爱子，教以义方。 ——司马光

智慧之子使父亲快乐，愚昧之子使母亲蒙羞。 ——所罗门

父子不信，则家道不睦。 ——武则天

家庭是父亲的王国，母亲的世界，儿童的乐园。 ——爱默生

使你的父亲感到荣耀的莫过于你以最大的热诚继续你的学业，并努力奋发以期成为一个诚实而杰出的男子汉。 ——贝多芬

父亲，应该是一个气度宽大的朋友。 ——狄更斯

有子且勿喜，无子固勿叹。 ——韩愈

人见生男生女好，不知男女催人老。 ——王建

父兮生我，母兮鞠我，抚我，畜我，长我，育我，顾我，复我。 ——《诗经》

父不慈则子不孝；兄不友则弟不恭；夫不义则妇不顺也。 ——颜之推

家弗和，防邻欺；邻弗和，防外欺。 ——范寅

儿童是创造产业的人，不是继承遗产的人。 ——陶行知

凡是不爱己的人，实在欠缺做父亲的资格。　——鲁迅

长者须是指导者、协商者，却不该是命令者。　——鲁迅

生了孩子，还要想怎样教育，才能使这生下来的孩子，将来成为一个完全的人。　——鲁迅

人生其实很简单，就是学会爱。你对社会有多爱，决定你的人生成就有多高；你对亲人有多爱，决定你的家庭有多幸福。　——陈云英

羡慕名人的幸福家庭生活？我觉得没必要，因为我没见过几个真正幸福的。　——英达

种庄稼要不务农时，教育孩子要适时早教，才能收到事半功倍的效果。
　　　　　　　　　　　　　　　　　　　　　　　　　——雪苏

一束赞许的目光，一个会心的微笑，一次赞许的点头，都可以传递真情的鼓舞，都能表达对孩子的夸奖。　——张石平

带孩子去旅游，去爬山，去逛公园，去看电影，这都是夸奖孩子最适当的方式。　——张石平

我们在夸奖孩子时，应该不拘一格，因时因事而宜，以充分展示出夸奖的真正魅力。　——张石平

让孩子享受在风吹雨淋中搏击的快乐，让孩子在生活的磨砺中不断地成长和成熟。　——张石平

有些家长为让孩子学习进步而赏钱，此举无异于贿赂，是极其错误的。
　　　　　　　　　　　　　　　　　　　　　　　　　——东方

从长远利益考虑，让孩子从小适度地知道一点忧愁，品尝一点磨难，并非坏事，这对培养孩子的承受力和意志，对孩子的健康成长或许更有好处。　——东方

父母对子女期望值过高所导致的结果，往往是适得其反。　——东方

我们的教育是要把学生从听话的规范教育中拯救出来，恢复学生的自由思考的天性。　——苗体君

把学生的思考空间留给学生自己，当然教师对此也应加以强有力的引导。

——苗体君

漫长的封建社会就是培养只会"听话"的顺民，才扼杀了中华民族中最具活力的创新精神。　——苗体君

孩子的心灵犹如白纸一样纯洁，既容易受真善美的熏陶，也容易受假丑恶的污染。　——张于义

让孩子吃点苦，他会倍感生活的甘甜。　——薛灿芝

如果夫妻教子观点不一，会让孩子分不清正误，不利于他美好品德的培养。　——赵秀

多蹲下来听孩子说话，你看到的将是一个纯真无暇的世界！　——阮庚梅

"磨难"好比孩子成长过程中的钙，是不可或缺的精神营养。　——李浩

培养孩子坚强乐观的心理品格，能为他们未来生活提供有力的支点。　——李浩

要使孩子登上才智的高峰，争论是一条极为重要的途径。　——水仙

每个对孩子将来负责的父母应该牢牢记住这个很重要的育儿原则——替孩子们做他们能做的事，是对他积极性的最大打击。　——蓝天

无能的人不能培养出有才华的人，名师出高徒，家长要不断提高充实自己，只有学而不厌才能诲人不倦。　——赵秀玲

父母在批评孩子时，请给孩子留点面子。　——吕斌

对于稍年长的孩子，父母可以通过"悄悄话"的形式嘱咐他，绝大多数的孩子都乐于接受这种"温和式"的教育方法。　——吕斌

对于稍懂事的孩子，可以给他一个眼神或某种暗示，保持暂时的沉默，常会达到"此时无声胜有声"的效果。　——吕斌

成功的家庭教育来自于父母对孩子的深入了解，接受和尊重孩子，而不是揭孩子的短。　——吕斌

作为父母，必须设法赢得孩子发自内心的尊重。　——姜晶

父母唯有不断进取，通过自己的人格力量去获得孩子的钦佩和敬爱。　——姜晶

精神虐待是对孩子自尊、自信心全面的摧残。　——章剑和

一个会爱父母的人、将来才会更好地去爱别人、爱生活，爱这个世界。

——赵静波

换一种眼光看孩子，你将会看到孩子的优点和"增长点"。 ——时金林

只有将学到的东西通过去实践，孩子才能真正成长起来。 ——顾欣

父母良好的情感气息，家庭和睦的生活氛围，是培养孩子健康心理的环境基础。 ——吕斌

在孩子的成长过程中，没有比让孩子自信更重要的了。 ——元曲

对孩子来说，家长是一个活生生的人，一个榜样，一个他们看得见、摸得着的英雄。 ——张海涛

教会孩子回报，这是父母育儿职责中不能漏掉的一课，也是孩子日后被社会接纳的基础。 ——高山

在带孩子的过程中，老人应把握好教育孩子的尺度，既不能越位，也不做摆设的花瓶。 ——李旭

喜欢孩子，但不溺爱。 ——李旭

新时代的教育总有新要求，尽可能地从书籍或杂志中汲取教育学营养。只有这样，祖辈在隔代教育中才能发挥积极作用，有益于孙，有益于己。 ——李旭

教育的终极目标是满足人的自我发展的需要，早期教育也不例外。 ——甄世田

在精神情感不发达、直接印象积累贫乏的情况下，形式主义地掌握大量知识，必然造成人的感受萎缩。 ——甄世田

在早期教育中，应当珍视、保存孩子生命早期丰富敏锐的感受能力和感受欲望，不要让孩子的心灵过早地知识化——也就是抽象化、书本化、符号化。 ——甄世田

保存丰富孩子的感受力，最好的方法莫过于让孩子置身于大自然中，让孩子关注它周围的世界。 ——甄世田

要带孩子冲破他生活的狭小圈子，到大自然中去感受生命的蓬勃与快乐。

——甄世田

要有意识地让孩子体验一些非常态环境，如狂风暴雨，漫天飞雪。 ——甄世田

有意识地让孩子关注一些事物的开始与终端，如枝头的第一束花朵与最后一片叶子，天空中第一只飞来的燕子和最后南飞的雁阵。第一场雨，第一场雪，黎明朝日与月落黄昏，只要你有时间，自然，永远是孩子最好的书本！ ——甄世田

一个人可能很贫穷，但他可以在贫乏的物质生活中感受着生命的富有。
——甄世田

一个人可能很富有，但是失去灵魂——丧失了丰富的感受能力而变得麻木不仁的他很可能不会真正享受生活的欢乐！ ——甄世田

把天真快乐的童年还给孩子，保存和丰富孩子的感受能力吧，它是自然对人类最大的恩赐，它是孩子终身的财富！ ——甄世田

父母关心孩子的性健康，等于给了孩子一生的幸福。 ——马文会

从长远来看，家庭中父母之间的关系，也在一定程度上影响到孩子将来能否与某位异性去建立真正的爱情，影响他们选择什么样的家庭生活方式。 ——马文会

要想孩子成才，家长绝不能越俎代庖，要顺其自然，让孩子自己走自己的路，水到自然渠成！ ——萧雨

赏识孩子一定有限度，惩罚孩子一定有分寸，并且需要有明确的操作方式。 ——林格

在孩子犯错的情况下，对其进行适当的惩罚是必要的，但一定要在尊重孩子人格、维护孩子自尊心的前提下进行。 ——林格

在惩罚一个人时，最重要的是唤醒人的自尊自信：我是真正的人，优秀的人，错了应该受惩罚，接受惩罚是为了更好地做人。 ——林格

体罚是一种单纯的"棍棒＋粗口"的原始教育，对孩子的身心成长极其不利。 ——许传利

成功的时候，谁都是朋友。但只有母亲，她是失败时的伴侣。 ——郑振铎

有一种爱，它是无言的，是严肃的，在当时往往无法细诉，然而，它让你在过

后的日子里越体会越有味道，一生一世忘不了，它就是那宽广无边的父爱。父爱其实很简单。它像白酒，辛辣而热烈，让人醉在其中；它像咖啡，苦涩而醇香，容易让人为之振奋；它像茶，平淡而亲切，让人自然清新；它像篝火，给人温暖去却令人生畏，容易让人激奋自己。

世上赞美父母爱的句子有很多。有人说，伟大的母爱如同一潭湖水，柔波荡漾。深沉的父爱如同苍茫的草原，广阔无垠；有人说，父母的爱一眼清泉，默默地流淌；有人说，我们的成长饱含着父母的辛勤养育。他们脸上的道道皱纹，头上的缕缕白发，无不诉说着他们为我们辛勤奔波的点点滴滴……

尽管父母的爱如此伟大，可我觉得父母有时爱我有时却偏向别人。是我对这种爱琢磨不透。

父爱是一缕阳光，让你的心灵即使在寒冷的冬天也能感到温暖如春；父爱是一泓清泉，让你的情感即使蒙上岁月的风尘依然纯洁明净。父爱同母爱一样的无私，他不求回报；父爱是一种默默无闻，寓于无形之中的一种感情，只有用心的人才能体会。 拥有思想的瞬间，是幸福的；拥有感受的快意，是幸福的；拥有父爱也是幸福的。为男人的一生，是儿子也是父亲。前半生儿子是父亲的影子，后半生父亲是儿子的影子。 ——贾平凹

父爱是一缕阳光，让你的心灵即使在寒冷的冬天也能感到温暖如春；父爱是一泓清泉，让你的情感即使蒙上岁月的风尘依然纯洁明净。

父爱同母爱一样的无私，他不求回报；父爱是一种默默无闻，寓于无形之中的一种感情，只有用心的人才能体会。

拥有思想的瞬间，是幸福的；拥有感受的快意，是幸福的；拥有父爱也是幸福的。

父爱就像用布条编成的网，看似粗糙，孩子睡在里面却很安全。父爱像缕缕阳光，能给孩子一生温暖。 ——《洪流中的生命之舟》

家兴出孝子，家败出妖孽。 ——中国谚语

国威不可内伤，家丑不可外扬。 ——中国谚语

斗气不养家，养家不斗气。 ——中国谚语

居家有二语，曰：惟怒则平情，惟俭则足用。 ——洪应明

家，对每一个人，都是欢乐的泉源啊！再苦也是温暖的，连奴隶有了家，都不觉得他过分可怜了。 ——三毛

我不知道我爷爷是什么样的人，我更关心的是，他的孙子会成为什么样的人。——林肯

我之所有，我之所能，都归功于我天使般的母亲。 ——林肯

你若希望你的孩子总是脚踏实地， 就要让他们负些责任。 ——班扬

婚姻好比鸟笼，外面的鸟想进进不去；里面的鸟儿想出出不来。 ——蒙田

科学的博爱精神把分散在世界各地、各种热心科学的人联结成一个大家庭。 ——罗斯

家庭是大自然创造的杰作之一。 ——桑塔亚那

你将拥有的家庭比你出身的那个家庭重要。 ——劳伦斯

父亲们最根本的缺点在于想要自己的孩子为自己争光。 ——罗素

每个人的家对他自己都像是城堡和要塞。 ——科克

越早把你的儿子当成男人，他就越早成为男人。 ——洛克

家家都有一本难念的经。 ——萨克雷

要使婚姻长久，就需克服自我中心意识。 ——拜伦

母亲不是赖以依靠的人，而是使依靠成为不必要的人。 ——菲席尔

所有幸福的家庭都十分相似；而每个不幸的家庭各有各自的不幸。 ——托尔斯泰

金窝，银窝，不如自家的草窝。 ——佩恩

勇敢的人随遇而安，所到之处都是故乡。 ——菲利普

明智者四海为家——地球是他的壁炉，蓝天是他的客厅。 ——爱默生

幸福的家庭，父母靠慈爱当家，孩子也是出于对父母的爱而顺从大人。

——培根

人无国王、庶民之分，只要家有和平，便是最幸福的人。 ——歌德

家庭和睦是人生最快乐的事。　——歌德

他是世界上最快乐的，因为他的家庭和睦。　——歌德

家是姑娘的监狱，女人的教养院。　——萧伯纳

永远记住这点：世上最不平凡的美是家里的美。　——萧伯纳

家是世界上唯一隐藏人类缺点与失败的地方，它同时也蕴藏着甜蜜的爱。
　　　　　　　　　　　　　　　　　——萧伯纳

无论何时何地家永远是向游子敞开大门的地方。　——罗伯特

逆子无情甚于蛇蝎。　——莎士比亚

不如意的婚姻好比是座地狱，一辈子鸡争鹅斗，不得安生，相反的，选到一个称心如意的配偶，就能百年谐和，幸福无穷。　——莎士比亚

有德的妇人，即使容貌丑陋，也是家庭的装饰。　——莎士比亚

有办法把家庭治理好的人，一旦国家有难，必能成为有作用的人。　——索福克勒斯

在家中享受幸福，是一切抱负的最终目的。　——塞·约翰生

家居的快乐，是所有志向的最终目标；是所有事业的劳苦的终点。　——塞·约翰生

男子为了各自家庭而承担的工作，是努力支撑、发展和维护他们的家；至于女子呢？则是努力维护家庭的秩序，家庭的安适和家庭的可爱。　——罗斯金

家庭生活的乐趣是抵抗坏风气的毒害的最好良剂。　——卢棱

没有了家庭，在广大的宇宙间，人会冷得发抖。　——莫罗阿

那种从早到晚，整天厮守的幸福，我受不了。我可以当一个非常好的丈夫，只是要给我一个像月亮一般的妻子，它将不是每天都在我的天空出现。　——契诃夫

那些缠扭着家庭的人，命定要永远闭卧在无灵魂世界的僵硬的生活中。
　　　　　　　　　　　　　　　　　——泰戈尔

勤劳的家庭，饥饿过其门而不入。　——富兰克林

对于亚当，天堂是他的家，而他的后裔，家就是天堂。　——伏尔泰

对男子来说，社会是战场，是令人不断处于紧张状态的舞台，而家庭则是心灵唯一的绿洲和安憩之地。 ——池田大作

家庭不单是身体的住所，也是心灵的寄托处。 ——里耶

作为一个现代的父母，我很清楚重要的不是你给了孩子们多少物质的东西，而是你倾注在他们身上的关心和爱。关心的态度不仅能帮你省下一笔可观的钱，而且甚至能使你感到一份欣慰，因为你花钱不多并且给予了胜过礼物的关怀。 ——诺埃尔

让孩子感到家庭是世界上最幸福的地方，这是以往有涵养的大人明智的做法。这种美妙的家庭情感，在我看来，和大人赠给孩子们的那些最精致的礼物一样珍贵。 ——华盛顿。

我宁愿用一小杯真善美组织一个美满的家庭，不愿用几大船家具组织一个索然无味的家庭。 ——海涅

你要尽其所能把你的家庭造成一个生活中心，在这里面，一切良好的事物会被抚育培养起来；在这里面，你的忠诚、热望、同情，以及整个你生命中高贵的东西，会被发扬光大起来。 ——阿瑟·米

一个美满的家庭，有如沙漠中的甘泉，涌出宁谧和安慰，使人洗心涤虑，怡情悦性。 ——兰尼

走遍天涯寻不到自己所需要的东西，回到家就发现它了。 ——摩尔

舒适的家庭生活，是帮助一个男人成事立业的要素。 ——雅科硕

亲人间的他恨比蝎子还危险。 ——阿拉伯谚语

生活在失去和睦的家庭里，等于生活在地狱里。 ——土耳其谚语

谈论妻子丑也是家庭暴力。 ——英国谚语

没有无私的、自我牺牲的母爱的帮助，孩子的心灵将是一片荒漠。 ——英国谚语

在孩子的嘴上和心中，母亲就是上帝。 ——英国谚语

人生最美的东西之一就是母爱，这是无私的爱，道德与之相形见拙。 ——日

本谚语

妈妈你在哪儿，哪儿就是最快乐的地方。　——英国谚语

世界上一切其他都是假的、空的，唯有母亲才是真的、永恒的、不灭的。

——印度谚语

记忆中的母亲啊！最心爱的恋人啊，您是我所有的欢乐，所有的情谊。

——法国谚语

母爱是人类情绪中最美丽的，因为这种情绪没有利禄之心掺杂其间。　——法国谚语

女人固然是脆弱的，母亲却是坚强的。　——法国谚语

社会由家庭组成，若不保护家庭，如何让社会和谐？孩子是我们的未来，若不保护孩子将来，我们怎么拿养老金？　——德国谚语

家庭不是别的，正是人类自己。　——叶甫图申科

不存在社会这样的事物，只有个体的男性和女性，以及家庭。　——撒切尔

随着家庭收入的增长，女人希望把钱花在孩子身上，男人则希望把钱花在爱好方面，包括狗、摩托车、很棒的音响等。似乎只有贫穷才能把你从如何花钱的激烈争论中拯救出来。　——佚名

一个人的言谈永远是他的家庭背景和社会地位的告示牌。　——约翰·布鲁斯克

无论你来自哪里，都应该为你的社会、国家和家庭服务，而这些并不取决于你说了什么，而取决于你做了什么。　——维拉莱戈沙

世界上的一切光荣和骄傲，都来自母亲。　——高尔基

母爱是一种巨大的火焰。　——罗曼·罗兰

世界上有一种最美丽的声音，那便是母亲的呼唤。　——但丁

慈母的胳膊是慈爱构成的，孩子睡在里面怎能不甜？　——雨果

人的嘴唇所能发出的最甜美的字眼，就是母亲，最美好的呼唤，就是"妈妈"。　——纪伯伦

母爱是世间最伟大的力量。　——米尔

全世界的母亲多么的相像！他们的心始终一样。每一个母亲都有一颗极为纯真的赤子之心。　——惠特曼

母爱是多么强烈、自私、狂热地占据我们整个心灵的感情。　——邓肯

我给我母亲添了不少乱，但是我认为她对此颇为享受。　——马克·吐温

我的生命是从睁开眼睛，爱上我母亲的面孔开始的。　——乔治·艾略特

在你的生命中最荒谬的一天，就算你有一台电动的骗人机器，你也骗不过你的母亲。　——荷马·辛普森

妈妈是我最伟大的老师，一个充满慈爱和富于无畏精神的老师。如果说爱如花般甜美，那么我的母亲就是那朵甜美的爱之花。　——史蒂维·旺德

母亲对我的爱之伟大让我不得不用我的努力工作去验证这种爱是值得的。　——夏加尔

母性的力量胜过自然界的法则。　——芭芭拉·金索尔

母亲们是天生的哲学家。　——斯陀夫人

母亲对我的爱之伟大让我不得不用我的努力工作去验证这种爱是值得的。　——夏加尔

母性的力量胜过自然界的法则。　——芭芭拉·金索尔夫

我亲眼见证，成为总统并没有改变你的本性，而这也证明了你的本性。我们都在那种物质基础不太好的家庭中长大，但家庭给了我们更宝贵的东西——毫无条件的爱。　——米歇尔

儿童有生存权利、受教育权利和游戏权利。

要看孩子将来素质如何，那就要看家长现在素质如何。

家庭是孩子第一所学校，父母是孩子第一任老师。

父母是子女在生活中一切言行举止的最早启蒙老师。

父母是天然的教师，他们对儿童，特别是对幼儿的影响最大。

一个母亲对孩子的教育作用比得上一百个老师。

要相信每个孩子都能成才。

要认为自己的孩子是好孩子，因为每个孩子都想做好孩子。

民主、和谐、勤劳的家庭是孩子成人成才的基本条件。

没有种不好的庄稼，只有不会种地的农民。没有教不好的孩子，只有不会教的父母。

告诉孩子，你无论得多少分都是永远相信可以考一百分的人。

只有家庭、社会、学校三者配合起来，才能够使孩子健康成长。

支持和配合老师的工作，在孩子面前树立老师的威信，请家长务必做到。

家庭教育要教会孩子三大本领：一是会自己学习。二是会与不同人一起共事。三是在不同的环境下都能生存。

怎样和孩子交朋友？倾听孩子的诉说、欣赏孩子的作品、和孩子心理换位、与孩子讨论问题。

我们的教育应该使孩子德智体美劳全面发展，和谐发展，科学发展。

素质教育要求：学会求知、学会做人、学会生活、学会创造。

教育上操之过急和缓慢滞后，都会摧残孩子正常的心理发育。

父母在教育孩子的同时，也在进行自我教育。

父母教育孩子的过程，也是自身不断感悟和学习的过程。

父母要逐渐培养孩子独立思考、独立解决问题的习惯，并由此树立孩子的信心。

父母不可能陪伴孩子一辈子，所以必须从小培养孩子的社会意识和独立意识。

使孩子发挥最大能力的方法，是赞赏和鼓励。

孩子的理性是不断成长的，不要喂养他们，而要引导他们。

教孩子学走路、学说话的方法，是人世间教育孩子的最好方法。

赏识使孩子成功，抱怨使孩子失败。禁止意味着引诱，压抑反而是强化。

孩子都想得到尊重、赏识、掌声和认可。

如果你真的爱孩子，就该送他"出海经风浪"。

激发孩子的求知和学习的欲望，远比教会有限的知识有意义得多。

结合童话寓意，引导孩子去思考、探索，比单纯说理要深刻。

对孩子而言简单、凝练的童话往往蕴涵着丰富的知识和深刻的道理。

孩子自己动手制作小玩具，虽然粗糙，但远比得来现成的精美玩具快乐。

没有体谅和信任，便没有友谊。

家庭教育的任务，首先是父母教育、父母学习。

家长应该和孩子一起学习，一起成长，共同进步。

孩子是在不断改正错误的过程中进步的。

再穷，也不能穷教育；再富，也不能富孩子。

忠诚的热爱你的家庭吧，不要等到永远失去的时候，再苦苦地寻找它！

要承认，我们的孩子每天都在进步。但是他们进步方面和进步速度不同。

教是为了不教；管是为了不管。

我们对孩子只能"雕琢"，而不能"改造"。

孩子没有好坏之分，只有进步快慢不同。

您的孩子是非常可爱的。

只有家长和老师积极配合，孩子才能走向成功。

好孩子是夸出来的，"坏孩子"是逼出来的。

建设和谐社会，要从建设和谐家庭做起。

婚姻不是一个形式，而在于内容。们有太多东西牵扯在一起，孩子、父母、家人、感情、彼此的回忆。这已经成为一份亲情了，我要不去做，心里会不踏实的。

（三）勤俭

个人感悟

"一粥一饭，当思来处不易；半丝半缕，恒念物力维艰。"明朝朱柏庐《夫子治家格言》里的这句名句至今还镌刻在许多人的心中。在我们身边，"舌尖上的浪费"触目惊心：从饭店清出的垃圾里，我们可以看到没有吃过的馒头、整条的鱼。而据多家媒体报道，全国一年仅餐饮浪费的粮食就高达 800 万吨，这相当于倒掉了两亿人一年的口粮。

华人首富李嘉诚曾说:"要我马上拿出一个亿,我面不改色。但谁在地上丢一分钱,我会立即捡起来。"为什么拥有大量财富的李嘉诚会对一分钱这么重视,让我们算一个账就知道了:如果每人每天节约1分钱,全国13亿中国人就能节约1300万,一年就能节约大约50亿,就能建起5000所希望学校,就能让近千万个失学孩子重返校园。可见倡导勤俭节约对于泱泱大国该有多么重要。

当然,有些人对此可能不以为然,因为他们觉得中国是一个日益富强的大国,没必要重返以前的苦日子,过于节俭,但下面一组数据足以表明中国还是个穷国:目前全国还有近3000万贫困人口,1100万低保对象和上亿的流动民工。

"国以俭得之,以奢失之",节俭不仅于国于家大有裨益,而且与个人得失也休戚相关。拿现在大家比较关注的住房来说,如果都按我们理想中的面积来建,那么,一套房屋建成80平米、100平米,甚至更大些,也未必能满足我们自己的欲望。相反,如果我们都能按照我们的实际使用面积去建设我们的住房,那么,我们就按最保守的估计,每户哪怕是节约出1个平米的耕地,全国13亿人口,平均就按4口人一户,3亿户人家就能节约耕地3亿平方米,折合就是45万亩。而实际的情况是,我们的很多的房屋超出它的实际使用面积远远不止1个平米,有的房屋甚至已经不叫什么房屋,而叫山庄或别墅。

至于单位的长明灯、常流水、垃圾堆里出现的废白纸、丢弃的过期公费药品等现象就更是屡见不鲜,而这样的浪费如果节约下来,又能供多少失学的孩子完成学业?又能为多少看不起病的患者减轻痛苦呢?能为单位乃至国家减轻多少这样那样的负担呢?

中国革命以及社会主义建设的无数事实证明,勤俭节约、艰苦创业是焕发生机和活力的力量源泉,是永远使人保持清晰头脑,永远使人蓬勃向上的一剂良药,也是共产党员永远保持先进性的一剂良药,勤俭节约、艰苦创业是事业成功的关键,这个优良传统,我们过去没有丢掉,现在也不能丢掉,将来也决不能丢掉。只有这样,一个部门、一个单位、一个国家才能永远保持积极、健康、和谐、向上的工作作风，我国的现代化建设事业才能永远兴旺发达。

勤俭不是小气，而是一种文明，应该被广泛传承。大到国家，小到家庭，不分贫富大小，如果勤俭文明之风盛行于世，将是国之本、家之幸、民之福，何乐而不为呢！

经典事例

周恩来总理勤俭节约的故事，妇孺皆知，成为美谈。他一贯倡导勤俭建国、艰苦奋斗，要求"一切招待必须是国货，必须节约朴素，切忌铺张华丽、有失革命精神和艰苦奋斗的作风"。朱光亚同志曾回忆过这样一则故事：1961年12月4日召集专门委员会对当时第二机械工业部的一个规划进行审议，会议从上午开到中午还没结束，周总理留大家吃午饭。餐桌上是一大盆肉丸熬白菜、豆腐，四周摆几小碟咸菜和烧饼。周总理同大家同桌就餐，吃同样的饭菜。这个故事至今听来让人觉得很有教育意义。

还有一个典型的事例就是朱英国专家勤俭的故事。时近中午，记者走进朱英国的家，感觉冷飕飕的，室内温度只有10摄氏度。客厅里有一台空调，用花布罩罩着。"除非很冻的雨雪天，冬天很少开空调。"朱英国的老伴徐小梅对记者说。

这套四室一厅的房子，是十多年前武汉大学调配的教师公寓，朱英国夫妇和女儿一家住在一起，房子没有精装修，显得比较老旧。旧式组合柜上放着一个十多年前买的彩电。家具磨损得厉害，不少地方都掉漆了。

74岁的朱英国是我国著名的植物遗传育种专家、中国工程院院士。他培育的红莲型"珞优8号"水稻亩产可达800公斤以上，比一般种子的亩产量高出近100公斤。

这天中午，老伴走亲戚回来没来得及做菜，朱英国拿出手机给女儿打电话，让她从学校食堂买点菜回家。

记者看到，他手机键盘上的数字已经不很清晰了。"手机是五六年前买的，还挺好用的。"朱英国笑着说。

中午的饭菜是菜薹、萝卜和鱼块，一荤两素。朱英国生活相当简单，每天步行上下班，不出差就在实验室里，很少去外面应酬，下班了回家简单吃点饭，有时忙起来就在办公室吃盒饭。

朱英国说，现在生活水平提高了，吃饭可以吃好，但不能浪费。虽然我国粮食"九连增"，但也经不起浪费。

朱英国生长于大别山区罗田县农村，家境贫困，经历了三年困难时期的忍饥挨饿，又一直从事水稻育种研究，这让他深知"粒粒皆辛苦"，更注意珍惜粮食，反对浪费。

满头白发的朱英国表示，"培育、推广一个增产新品种，要花十多年的时间，很多科技工作者为此耗费心血和青春。水稻到了今天的水平，再增产就更难了。"

朱英国的衣着也很朴素，脚上一双棉皮鞋还不到200元，是老伴三年前买的，擦上鞋油也不见光亮。他至今没有买车，上下班走路，到附近的地方开会也是步行、骑车、坐公交。他住在五楼，办公室在三楼，上下楼梯毫不费力。他说爬爬楼、走走路，少乘电梯能锻炼身体。

在朱英国20多平方米的办公室里，一排书柜、两张旧沙发，办公桌上堆满了书。隔壁是他的实验室。

学生秦克周说，朱老师平时的生活、工作作风值得学习。每次下乡去种植基地，他一下车就直奔田头。朱老师总是说，条件改善了，艰苦奋斗的作风不能丢。

秦克周介绍说，每次朱老师请大家吃饭的时候，吃不完的东西都要求打包带回去，这已在团队中形成风气。"以前我们觉得打包有点丢人，现在只要有剩菜剩饭就会打包回去。"

谈及粮食浪费现象时，朱英国表示担忧。他说："现在水稻、大豆等品种还需要进口，我们真的是浪费不起。"

名人箴言

节俭本身就是一个大财源。　——辛尼加

节俭是你生中食用不完的美筵。　——爱默生

舒适的享受一旦成为习惯，便使人几乎完全感觉不到乐趣，而变成了人的真正的需要。　——卢梭

谁在平日节衣缩食，在穷困时就容易过难关；谁在富足时豪华奢侈，在穷困时就会死于饥寒。　——萨迪

奢侈只是从他人的劳动中获得安乐而已。　——孟德斯鸠

凡不能俭于己者，必妄取于人。　——魏禧

以俭立名，以侈自败。　——司马光

俭则足用，俭则寡求，俭则可以成家，俭则可以立身。——《古今图书集成》

凡事一俭，则谋生易足；谋生易足，则于人无争，亦于人无求。　——钱泳

上节下俭者则用足，本重末轻者天下太平。　——林逋

有德者皆由俭来也。　——司马光

克勤于邦，克俭于家。　——《尚书》

俭以寡营可以立身，俭以善施可以济人。　——《古今图书集成》

俭为德之恭，侈为恶之大。　——《周书》

为政之要，曰公与清。成家之道，曰俭与勤。　——林逋

仁以厚下，俭以足用。　——《资治通鉴》

俭则约，约则百善俱兴；侈则肆，肆则百恶俱纵。　——《格言连璧·持躬》

由俭入奢易，由奢入俭难。　——司马光

轻而多取，吾宁寡而俭用。　——弘一大师

惟俭可以惜福，惟俭可以养廉。　——钱泳

惟俭养德，惟移荡心。　——朱元璋

节俭朴素，人之美德；奢侈华丽，人之大恶。　——薛

人惰而侈则贫，力而俭则富。　——《管子·形势解》

多求不如省费。 ——司马光

君子忧道不忧贫。 ——孔子

财有限，费用无穷，当量入为出。 ——颜之推

侈而惰者贫，而力而俭者富。 ——韩非子

常将有时思无时，莫把无时当有时。 ——《增广贤文》

静以养身，俭以养德。 ——诸葛亮

侈将以其力毙。 ——《左传》

天下之事，常成于勤俭而败于奢靡。 ——陆游

侈则多欲。君子多欲则贪慕富贵，枉道速祸。 ——司马光

豪华尽出成功后，逸乐安知与祸双。 ——王安石

君子以俭德辟难，不可荣以禄。 ——《易传》

俭，德之共也；侈，恶之大也。 ——《左传》

奢俭之节，必视世之丰约。 ——《三国志》

囚其国家，去其无用之费，足以倍之。 ——《墨子·节用上》

历览前贤国与家，成由勤俭败由奢。 ——李商隐

奢者狼藉俭者安，一凶一吉在眼前。 ——白居易

君子以俭德辟难。 ——《易经》

克勤于邦，克俭于家。 ——《尚书·大禹谟》

民生在勤，勤则不匮。 ——《左传》

俭节则昌，淫佚则亡。 ——《墨子·辞过》

锄禾日当午，汗滴禾下土。谁知盘中餐，粒粒皆辛苦。 ——李绅

忧劳可以兴国，逸豫可以亡身。 ——《新五代史》

取之有度，用之有节，则常足。 ——《资治通鉴》

惟俭可以助廉，惟恕可以成德。 ——《宋史》

一粥一饭，当思来处不易；半丝半缕，恒念物力维艰。 ——朱柏庐

节用于内，而树德于外。 ——《左传》

节俭是你一生中食之不完的美筵。　——爱默生

小处不省钱袋空。　——托莫尔

钱币是圆的，所以容易滚走。　——托里安诺

节约一分钱，等于生产一分钱。　——英国谚语

节省下来多少，就是得到多少。　——丹麦谚语

奢侈的必然后果风化的解体反过来又引起趣味的腐化。　——英国谚语

奢侈会破坏人们的心灵纯质，因为不幸的是，你获得愈多，就愈贪婪，而且确实总感到不能满足自己。　——安格尔

奢侈好像酒，既使人兴奋，又使人衰弱。　——卡尔

奢侈和淫靡只是一种社会腐化的现像，决不是原因。　——鲁迅

不择手段地追求高级物质生活的人，他的思想品德，必然是低级的。　——潜夫

奢侈乃德义之灭亡。　——瑞士谚语

奢侈是民族衰弱的起点。　——古巴谚语

清贫，洁白朴素的生活，正是我们路程者能够战胜许多困难的地方！　——方志敏

不戚戚于贫贱，不汲汲于富贵。　——陶渊明

社会犹如一条船，每个人都要有掌舵的准备。　——易卜生

世间的活动，缺点虽多，但仍是美好的。　——罗丹

金钱这种东西，只要能解决个人的生活就行，若是过多了，它会成为遏制人类才能的祸害。　——范继亭

节约莫怠慢，积少成千万。　——范继亭

披着破大氅的，往往是个好酒徒。　——西班牙谚语

一勤二俭三节约，全家老少幸福多。　——谚语

节约好比燕衔泥，浪费好比河决堤。　——民间谚语

我觉得人生在世，只有勤劳、发奋图强，用自己的双手创造财富，为人类的解放事业共产主义贡献自己的一切，这才是最幸福的。　——雷锋

慎而思之，勤而行之。　——白居易

我在科学方面所作出的任何成绩，都只是由于长期思索、忍耐和勤奋而获得的。　——达尔文

科学是为了那些勤奋好学的人，诗歌是为了那些知识渊博的人。　——约瑟夫·鲁

要使车子走得快，就得给轮子勤上油。　——美国谚语

辛勤劳动的人，双手是万物的父亲。　——维吾尔族谚语

谨慎的勤奋带来好运。　——英国谚语

勤勉是好运之母。　——英国谚语

勤勉是幸运的右手，节俭是幸运的左手。　——英国谚语

勤劳可以战胜一切困难。　——日本谚语

勤劳是穷人的财富，节俭是富人的智慧。　——英国谚语

勤奋者废寝忘食，懒惰人总没有时间。　——日本谚语

不存在没有热情的智能，也不存在没有智能的热情，如果没有勤奋，也不存在热情与才能的结合。　——约瑟夫·伦米利

在热闹的宴席上不用打听哪位是主人。谁坐在最下手的位子上，伺候众人最勤，谁必定是主人。　——戴·休姆

勤奋的人是时间的主人，懒惰的人是时间的奴隶。　——朝鲜谚语

辛勤的蜜蜂永远没有时间的悲哀。　——布莱克

勤勉的人，每周七个全天；懒惰的人，每周七个早晨。　——英国谚语

天才不是别的，而是辛劳和勤奋。　——威·霍格思

天才是勤奋造就的。　——西塞罗

天才绝不应鄙视勤奋。　——史达尔夫人

如果没有勤奋，没有机遇，没有热情的提携者，人就是再有天才，也只能默然无闻。　——小普林尼

没有任何动物比蚂蚁更勤奋，然而它却最沉默寡言。　——富兰克林

没有人会因学问而成为智者。学问或许能由勤奋得来，而机智与智慧却有懒于天赋。　——约翰·塞尔登

成功是辛勤劳动的报酬。　——希腊谚语

没有艰苦劳动，就没有科学创造。　——南斯拉夫谚语

发明是百分之一的灵感，加上百分之九十九的血汗。　——美国谚语

哪怕各种神灵跟你作对，辛勤劳动总会取得代价。　——印度谚语

勤劳的人能使万物变成黄金。　——西班牙谚语

只有勤劳的翅膀，才能证明人间并不远离天堂。　——伊朗谚语

上帝喜欢手勤脚快的人。　——苏联谚语

闲散如酸醋，会软化精神的钙质；勤奋如火酒，能燃烧起智慧的火焰。

——土耳其谚语

不和太阳同起的人，得不到当日的快乐。　——英国谚语

勤劳一日，可得一夜安眠；勤劳一生，可得幸福长眠。　——意大利谚语

勤劳意味着万物不缺，懒惰意味着一无所有。　——尼泊尔谚语

勤劳是幸福用血汗创造出来的。　——拉丁美洲谚语

只有人的劳动才是神圣的。　——苏联谚语

劳动者最理解幸福。　——柬埔寨谚语

不要在工作面前退缩，说这不可能，劳动会使你创造一切。　——印度谚语

劳动可以使人摆脱寂寞、恶心和贫困。　——法国谚语

树以果子出名，人以劳动出名。　——苏联谚语

人们真正的财富是劳动的本领。　——希腊谚语

劳动是活的金银。　——法国谚语

劳动是最可靠的财富。　——法国谚语

劳动使人变得高尚。　——苏联谚语

脱离劳动等于犯罪。　——苏联谚语

青年时种下什么，老年时就收获什么。　——挪威谚语

劳动的手能够把石头变成金子,不劳动的手能够把金子变成石头。 ——朝鲜谚语

工作着的傻子,比躺在床上的聪明人强得多。 ——苏联谚语

只有栽种树苗,才能吃到果实。 ——柬埔寨谚语

春天种下秋天收,眼前存下将来用。 ——朝鲜谚语

成绩是用双手做出来的。 ——阿富汗谚语

劳动的果实比一切果实要甜。 ——欧洲谚语

俭本身就是一宗财产。 ——英国谚语

积小利,成巨富。 ——英国谚语

节约一分钱,等于生产一分钱。 ——英国谚语

节省下来多少,就是得到多少。 ——丹麦谚语

取之有度,用之有节,则常足。 ——《资治通鉴》

合理安排时间,就等于节约时间。 ——培根

人生太短,要干的事太多,我要争分夺秒。 ——爱迪生

贪污和浪费是极大的犯罪。 ——毛泽东

自奉必须俭约,宴客切勿留连。 ——朱柏庐

俭开福源,奢起贫兆。 ——《魏书》

俭则寡欲,侈则多欲。 ——司马光

精神的浩瀚,想象的活跃,心灵的勤奋,就是天才。 ——狄德罗

没有人会因学问而成为智者。学问或许能由勤奋得来,而机智与智慧却有懒于天赋。 ——约翰·塞尔登

人类要在竞争中生存,便要奋斗。 ——孙中山

在日常生活中,靠天才能做到的事,靠勤奋同样能做到;靠天才做不到的,靠勤奋也能做到。 ——佚名

只有穷人才能独立自主。就是最有权有百万富翁也是没有独立自主的。一个享有一个卢布的人就是这个卢布的奴隶。 ——莱蒙特

提升自己的要诀是切勿停留在原地不动，而欲达到此目的，首先要有不满现状的心理。但是仅仅不满足是不够的，你必须决定下一步往何处去？千万不要做个只会成天抱怨的懒人。　——麦尔顿

盲目地一味勤奋的确能创造财富和荣耀，不过，许多高尚优雅的器官也同时被这唯其能创造财富和荣耀的美德给剥夺了。　——尼采

没有独立精神的人，一定依赖别人；依赖别人的人一定怕人；怕人的人一定阿谀谄媚人。　——富泽渝吉

不要停顿，因为别人会超过你；不要返顾，以免摔倒。　——阿·雷哈尼

世上不知有多少人，为着疏懒误了自己的人生。奋发，活动，做事，谈话考虑问题之类，对某种人是很困难的事。　——莫泊桑

时间是个常数，但也是个变数。勤奋的人无穷多，懒惰的人无穷少。　——字严

毅力、勤奋、忘我投身于工作的人。诚实和勤勉，应该成为你永久的伴侣。
　　　　　　　　　　　　　　　　　　　　　　　　　——富兰克林

我是否曾主张，我们应对向着我们而来的一切灾难低头屈服？绝不！那只是宿命论的主张。只要有让我们解救情况的一丝机会，我们便要奋斗。　——戴尔·卡耐基

当一个人一心一意做好事情的时候，他最终是必然会成功的。　——卢梭

懒惰是一切邪恶之门——一个懒惰的人，正如一所没有墙壁的房子，恶魔可以从任何一个方面进来。　——乔叟

懒散是一个母亲，她有一个儿子：抢劫，还有一个女儿：饥饿。　——雨果

才能一旦让懒惰支配，它就一无可为。　——克雷洛夫

天才在于积累，聪明在于勤奋。　——华罗庚

良机对于懒惰没有用，但勤劳可以使最平常的机遇变良机。　——马丁·路德

懒人老是找不到给他干的活。　——沃维纳格

青春的光辉，理想的钥匙，生命的意义，乃至人类的生存、发展全包含在这两个字之中——奋斗！只有奋斗，才能治愈过去的创伤；只有奋斗，才是我们民族的

希望和光明所在。　——马克思

登高必自卑，自视太高不能达到成功，因而成功者必须培养泰然心态，凡事专注，这才是成功的要点。　——爱迪生

闲散如酸醋，会软化精神的钙质；勤奋如火酒，能燃烧起智慧的火焰。
　　　　　　　　　　　　　　　　　　　　——土耳其谚语

在天才和勤奋两者之间，我毫不迟疑地选择勤奋，她是几乎世界上一切成就的催产婆。　——爱因斯坦

所谓天才人物，指的就是具有毅力的人，勤奋的人，入迷的人和忘我的人。
　　　　　　　　　　　　　　　　　　　　——木村久一

勤奋是时间的主人，怠惰是时间的奴隶。　——民间谚语

我未曾见过一个早起勤奋谨慎诚实的人抱怨命运不好；良好的品格，优良的习惯，坚强的意志，是不会被假设所谓的命运击败的。　——富兰克林

为了成功地生活，少年人必须学习自立，铲除埋伏各处的障碍，在家庭要教养他，使他具有为人所认可的独立人格。　——戴尔·卡耐基

人，谁都想依赖强者，但真正可以依赖的只有自己。　——德田虎雄

某种可喜的才能，某种幸运的机会，可以形成某一些人上升的梯子的两侧，但是那梯子的横级必然是用禁得住摩擦和牵扯的东西做的；没有东西可以替代彻底、热情、诚恳的真功夫。　——狄更斯

科学的未来只能属于勤奋而谦虚的年轻一代！　——巴甫洛夫

对搞科学的人来说，勤奋就是成功之母！　——茅以升

勤奋是智慧的双胞胎，懒惰是愚蠢的亲兄弟。　——佚名

任何倏忽的灵感事实上不能代替长期的功夫。　——罗丹

精神的浩瀚，想象的活跃，心灵的勤奋：就是天才。　——狄德罗

人的大脑和肢体一样，多用则灵，不用则废。在掌握了所读东西的记忆特征后，就惟有勤奋二字了。　——茅以升

富贵必从勤苦得。·——杜甫

哪儿有勤奋，哪儿就有成功。　——民间谚语

有些事情是不能等待的。假如你必须战斗或者在市场上取得最有利的地位，你就不能不冲锋、奔跑和大步行进。　——泰戈尔

一个人坐在绒毯之上，困在绸被之下，绝对不会成名的；无声无息度一生，好比空中烟，水面泡，他在地球上的痕迹顷刻就消灭了。　——但丁

进步，意味着目标不断前移，阶段不断更新，它的视野总是不断变化的。

——雨果

士当求进于己，而不求进于人也。　——张养浩

天才就是最强有力的牛，他们一刻不停地一天工作十八小时。　——勒南

一个懒惰心理的危险，比懒惰的手足，不知道要超过多少倍。而且医治懒惰的心理，比医治懒惰的手足还要难。因为我们做一件不愿意不高兴的工作，身体的各部分，都感到不安和无聊。反过来说，如果对于这种工作有兴趣、愉快，工作效率不但高，身心也感觉到十分舒适。因不适宜的劳动，使身心忧郁而患成的病症，医生称为懒惰病。　——戴尔·卡耐基

锲而舍之，朽木不断；锲而不舍，金石可镂。　——荀子

光勤劳是不够的，蚂蚁也非常勤劳。你在勤劳些什么呢？有两种过错是基本的，其他一切过错都由此而生：急躁和懒惰。　——卡夫卡

努力学习，勤奋工作，让青春更加光彩。　——王光美

勤奋是一种可以吸引一切美好事物的天然磁石。　——罗·伯顿

很清楚，前途并不属于那些犹豫不决的人，而是属于那些一旦决定之后，就不屈不挠不达目的誓不罢休的人。　——罗曼·罗兰

没有加倍的勤奋，就既没有才能，也没有天才。　——门捷列夫

我年轻时注意到，我每做十件事有九件不成功，于是我就十倍地去努力干下去。　——萧伯纳

春天不播种，夏天就不会生长，秋天就不能收割，冬天就不能品尝。　——海德

辍学如磨刀之石，不见其损，日有所亏。　——陶潜

学科学，是一口气也松不得的；科学的成就就是毅力加耐性。 ——张广厚

黑发不知勤学早，白首方恨读书迟。 ——颜真卿

所以要牢记着，职位如不靠你的努力得来，或不是由你成绩换来的，那么一定不能保持你的名誉，是没有什么真正价值的。 ——戴尔·卡耐基

懒惰行动得如此缓慢，贫穷很快就能超过它。 ——富兰克林

涓滴之水可磨损大石，不是由于他力量强大，而是由于昼夜不舍地滴坠。只有勤奋不懈地努力，才能够获得那些技巧。 ——贝多芬

在寻求真理的长征中，唯有学习，不断地学习，勤奋地学习，有创造性地学习，才能越重山、跨峻岭。 ——华罗庚

一个人即使已登山顶峰，也仍要自强不息。 ——罗素·贝克

我希望你照自己的意思去理解自己，不要小看自己，被别人的意见引入歧途。 ——泰戈尔

在天才和勤奋之间，我毫不迟疑地选择勤奋，它几乎是世界上一切成就的催生婆。 ——爱因斯坦

我们越是忙越能强烈地感到我们是活着，越能意识到我们生命的存在。

——康德

古今之成大事业、大学问者，必经过三种之境界："昨夜西风凋碧树，独上高楼，望尽天涯路。"此第一境也。"衣带渐宽终不悔，为伊消得人憔悴。"此第二境也。"众里寻他千百度，回头蓦见，那人正在，灯火阑珊处。"此第三境也。未有不越第一境第二境而能遽跻第三境者。 ——王国维

我们不应该像蚂蚁，单只收集；也不可像蜘蛛，只从自己肚中抽丝；而应该像蜜蜂，既采集又整理，这样才能酿出香甜蜂蜜来。 ——培根

划分天才和勤勉之别的界线迄今尚未能确定——以后也没法确定。 ——贝多芬

所谓天才，就是努力的力量。 ——德怀特

如果我们以为只有野心和爱情这类强烈的激情才能抑制其他情感，那就错了。懒惰尽管柔弱似水，却常常把我们征服：它渗透进生活中一切目标和行为，蚕食和

毁灭着激情和美德。　——拉罗什富科

"天才就是勤奋"，曾经有人这样说过。如果这话不完全正确，那至少在很大程度上是正确的。　——李卜克内西

一个成功者以最谦虚的态度来接受一个最忠诚的指导，这并不影响他的独立人格。但是你在接受指导之前，必须进行冷静的分析，千万别存有屈服感。　——麦尔顿

不存在没有热情的智能，也不存在没有知能的热情，如果没有勤奋，也不存在热情与才能的结合。　——约瑟夫

勤学如春起之苗，不见其增，日有所长。　——陶潜

道虽迩，不行不至；事虽小，不为不成。　——荀况

一个勤奋的人虽然会因为他的勤奋而损害到他的见地或者精神上的清新与创意，但是他依然会受到褒奖。　——尼采

越工作越能工作，越忙碌越能创造出闲暇。　——佚名

天才是不足恃的，聪明是不可靠的，要想顺手拣来的伟大科学发明是不可想象的。　——华罗庚

不要拿"他人"的标准衡量自己，因为你不是他人，也永远达不到他人的标准。"他们"同样达不到你的标准——也不想达到。一旦你明白，接受和相信这个简单明了的真理，你的自卑感就会消失了。　——马尔兹

连地球都可以在茫无边际的天空里发现自己的轨道，何况我们？　——比昂松

攀登顶峰，这种奋斗的本身就足以充实人的心。人们必须相信，垒山不止就是幸福。　——加缪

勤勉是德行的根本。　——卡莱尔

手懒的要受贫穷；手勤的，得到富足。　——《圣经》

懒惰和贫穷永远是丢脸的，所以每个人都会尽最大努力去对别人隐瞒财产，对自己隐瞒懒惰。　——塞缪尔·约翰逊

游手好闲的人最没有空闲。　——瑟蒂斯

谁希望成为一个具有智慧的人，谁就没有时间去淘气胡闹；淘气胡闹是应该自行消灭的。　——果戈理

如果你很有天赋，勤勉会使天赋更加完善；如果你的才能平平，勤勉会补足缺陷。　——雷诺兹

在学习上做一眼勤、手勤、脑勤，就可以成为有学问的人。　——吴晗

谁和我一样用功，谁就会和我一样成功。　——莫扎特

怠惰是贫穷的制造厂；人不能奢望同时是伟大的而又是舒适的。重要的是要勤勉，因为只有勤勉，才不仅会给人提供生活的手段，而且能给人提供生活上的唯一价值。　——席勒

执著追求和不断的分析，这是走向成功的双翼。不执着，便容易半途而废；不分析，便容易一条道走到天黑。　——佚名

尽忠职守，勤奋工作，并且热爱荣耀相信自己的直觉。　——李奥贝纳

除非一个人有大量的工作要做，否则他不可能从懒散、空闲中得到乐趣。
——杰罗姆

人一能之，己十之；人十能之，己千之。果能此道矣，虽愚，必明；虽柔，必强。　——《礼记》

聪明出于勤奋，天才在于积累。　——华罗庚

你要做一个勇敢的少年人，不可为一些芝麻小事在那儿大惊小怪。你知道，弱者在这世界上是不好过日子的。　——彭托皮丹

乃知事贵奋，形势非所拘。　——归庄

才能的火花，常常在勤奋的磨石上迸发。　——威廉·李卜克内西

人生下来不是为了抱着锁链，而是为了展开双翼。　——雨果

对我来说，一件尚未实现的事，就是我有生之年的最大鞭策。　——埃尔温·怀特

人生在勤，不索何获。　——张衡

聪明的资质、内在的干劲、勤奋的工作态度和坚忍不拔的精神，这些都是科学

研究成功所需要的其他条件。　——贝弗里奇

子女中那种得不到遗产继承权的幼子，常常会通过自身奋斗获得好的发展。而坐享其成者，却很少能成大业。　——培根

通向面包的小路蜿蜒于劳动的沼泽之中，通向衣裳的小路从一块无花的土地中穿过，无论是通向面包的路还是通向衣裳的路，都是一段艰辛的历程。　——福斯

平庸的生活使人感到一生不幸，波澜万丈的人生才能使人感到生存的意义。　——池田大作

形成天才的决定因素应该是勤奋。有几分勤学苦练是成正比例的。　——郭沫若

不要容您自己昏睡！趁您还年轻力壮，血气方刚，要永不疲倦地做好事情。
　——契诃夫

正人如松柏，特立而不倚；邪人如藤萝，非依附他物不能自起。　——李德裕

一个人不能没有生活，而生活的内容，也不能使它没有意义。做一件事，说一句话，无论事情的大小，说话的多少，你都得自己先有了计划，先问问自己做这件事、说这句话，有没有意义。你能这样做，就是奋斗基础的开始奠定。　——戴尔·卡耐基

天才与凡人只有一步之隔，这一步就是勤奋。　——佚名

凡是勤奋不怠者必定有所成就，出人头地。即使出家的和尚，息迹岩穴，徜徉于山水之间，也有一番精进的功夫要做。　——佚名

倘不奋发，唯有失败，顾影自怜。　——托马斯

不存在没有热情的智能，也不存在没有智能的热情，如果没有勤奋，也不存在热情与才能的结合。　——伦米利

国家之前进在于人人勤奋、奋发、向上，正如国家之衰落由于人人懒惰、自私、堕落。　——斯马尔兹

要想成功，就千万不能忽视任何事情，他必须对一切都下功夫，那也许还能有所收获。　——屠格涅夫

你必须在额上流汗，以资获得你的面包。　——列夫·托尔斯泰

我们宁愿重用一个活跃的侏儒,不要一个贪睡的巨人。 ——莎士比亚

忧劳可以兴国,逸豫可以忘身。 ——欧阳修

懒惰等于将一个人活埋。 ——泰勒

无聊,对于道德家来说是一个严重的问题,因为人类的罪过半数以上都是源于对它的恐惧。 ——罗素

闲暇是霓裳,不宜常穿用。 ——阿农

如果说我有什么功绩的话,那不是我有才能的结果,而是勤奋有毅力的结果。 ——达尔文

世上无难事,只要肯攀登。 ——毛泽东

在每一条路上都有成百上千的人在勤奋,所以知名之士为数不少。 ——法莱塞

称赞削弱了勤勉。 ——塞缪尔·约翰逊

天才不能使人不必工作,不能代替劳动。要发展天才,必须长时间地学习和高度紧张地工作。人越有天才,他面临的任务也就越复杂,越重要。 ——阿·斯米尔诺夫

山不厌高,海不厌深。 ——曹操

勤奋是好运之母。 ——富兰克林

聪明的资质、内在的干劲、勤奋的工作态度和坚韧不拔的精神。这些都是科学研究成功所需的其他条件。 ——贝弗里奇

我只有在工作得很久而还不停歇的时候,才觉得自己的精神轻快,也觉得自己找到了活着的理由。 ——契诃夫

要意志坚强,要勤奋,要探索,要发现,而且永不屈服,珍惜在我们前进道路上降临的善,忍受我们之中和周围的恶,并下决心去消除它。 ——赫胥黎

勤勉能使我们保持身体健康,头脑清醒,内心完美,钱包丰富。 ——塞蒙兹

业精于勤,荒于嬉;行成于思,毁于随。 ——韩愈

早晨要撒你的种,晚上也不要歇你的手。 ——《旧约全书》

人勤之宝不但使人不同于草木,也异于禽兽,而且可以使人成为万物之灵,

万灵之物。 ——佚名

（四）责任

个人感悟

责任是什么？

责任是一个人的心态、原则、作风、风格、习惯、思想；

责任是一个人的心智、格局和胸怀；

责任是一个人的使命、生活空间和追求；

责任是一个人的人生观、价值观和世界观，是一个人对待人生和生命环境的态度。

责任是什么？

责任是人生的基石，一个人想要在社会上立足，就应当把责任心融入自己的生活态度中，无论在工作上，还是在生活上，都要提醒自己做一个负责任的人。

责任是对职位的坚守，是做好应该做好的工作，承担应该承担的任务，完成应该完成的使命。切实履行责任，尽职尽责地对待自己的工作，才能完美展现自身的能力与价值。

责任是无偿的付出，无论从事什么职业，被安排在什么岗位，都不能仅仅只享受工作带来的益处和快乐，而是必须接受它的全部，即使是责骂，那也是这项工作不可或缺的一部分，工作中不为自己找任何借口，勇于负责，要坚信方法总比问题多！

责任是什么？

英国王子查尔斯曾经说过："这个世界上有许多你不得不去做的事，这就是责任。"

责任不是一个甜美的字眼，它有的只是岩石般的冷峻。当一个人举行了成人仪式，真正地成为社会一员，责任就成为一个重担已不知不觉地卸落在他的背上。

责任是一种担当，担当得起就能有所作为，担当不起就只有逃避或者被压垮。

责任的内在力量是强大的，一位伟人曾经说过："人生所有的履历都必须排在勇于负责任的精神之后。"在责任的内在力量驱使下，我们常常由此而生一种崇高的使命感和归宿感，无论自己是从事什么的，尽职尽责地做好自己的本职工作，也就是实现了自己的人生价值。有人说，假如你非常讨厌工作，你的生活就是地狱，在每一个人的人生当中，大部分的时间是和工作联系在一起的，如果我们放弃了对自己的责任，就放弃了对我们所负使命的忠诚和信守，清醒地意识到自己的责任，勇敢地扛起它，无论对于自己还是对于社会都将是问心无愧。

承担责任没有对错只有选择。每一个人的生活都是由自己的一系列选择所得到结果的展现。我们不能改变环境时，我们可以改变自己。同样的环境，不同的态度，也会有不同的结局。你是一个乐观开朗的人，你的生活多数会阳光普照。你是一个认真负责的人，那你注定会赢得朋友与同事的信赖与喜爱。

一个缺乏责任感的人，是一个不负责任的人，它会使自己失去做人的起码底线，它会使自己失去了别人的信任与尊重了，它会使自己失去整个社会的认可。

一个人可以不伟大，可以不富有，但不可以没有责任，任何时候，我们都不能放弃肩上的担子和责任，扛着它，就找到了自己生命的信念。

责任重于泰山，责随职走，人随责走，职责合一，成者为胜。人既对国负责，也要对家庭负责。

经典事例

2012年度感动中国十大人物中的周月华、艾起夫妇就是这样既对家庭负责，又对社会负责的人。

她背起药箱，他再背起她。他心里装的全是她，而她的心里还装着整个村庄。一条路，两个人，20年。大山巍峨，溪水蜿蜒，月华皎洁，爱正慢慢地升起。

妻子周月华，女，43岁，重庆市北碚区柳荫镇西河村乡村医生。

1969年，周月华出生后8个月大被诊断为先天性小儿麻痹症，左腿残疾，这意味着周月华终生都无法正常行走。然而，这一切并没有摧垮她生活的意志。凭着自己的执着，周月华完成了中学学业并成功从卫校毕业。

在找工作的过程中，周月华因身体残疾而四处碰壁。此时，父母的话给了她启发："乡亲们每次都要步行几个小时才能到镇上医院看病，你是学医的，为啥不自己开个卫生室？"

周月华将平时省吃俭用下来的200元加上家中仅有的600元储蓄作为开诊所的启动资金，又把家里堂屋修整了出来做场地，药品采购则靠两个弟弟用小竹筐一筐筐往回背，1990年11月，周月华的"柳荫镇西河村卫生室"终于正式挂牌营业了。

"我喜欢我的工作，喜欢我现在所做的一切。"周月华说道："住在偏远地方，农民看病要走上好几小时。所以我现在做多一点，让乡亲们少跑一点，少花一点，自己会感到很开心。"

最开始行医时，周月华右肩挎的是药箱，左肩杵着拐杖在山间行走，那种常人难以想象的艰苦，也曾让她朦朦胧胧产生过"很难坚持下去"的感觉。直到她遇到了人生中的第二条左腿——她的丈夫艾起。

结婚之后，无论上山还是涉水，无论刮风还是下雨，只要有出诊，艾起便会揽起周月华的手，用宽阔的后背将她背到病人家里。"背你一辈子，我无怨无悔！"这个男人用20年的行动，实践着结婚时的诺言，默默支持着妻子的事业。

20多年来，她硬是靠着拐杖和丈夫的后背，"爬"遍了方圆13平方公里的大小山岭，为辖区近5000村民带去了医疗服务。周月华被丈夫背着出诊的场景，也早已在西河村和永兴村成了一道靓丽的风景线。

"没有他，这么多年，我做不到的。"周月华说道："他是我这辈子的第二条左腿。""我背着她走了18年。我说过要背她一辈子，就要实现这个诺言，永远都不放弃。"周月华的丈夫艾起说。

名人箴言

责任感与机遇成正比。　　——威尔逊

员工能力与责任的提高，是企业成功之源。　　——IBM公司

活在责任和义务里。　——耕云先生

真正的责任是信自己。　——佚名

对培养好幼儿具有高度的责任感。　——徐待立

友谊是一种责任。　——纪伯伦

友谊永远是一个甜柔的责任。　——纪伯伦

提出目标是管理人员的责任,实际上这是他的主要责任。　——巴纳德

我们应该不虚度一生,应该能够说:"我已经做了我能做的事。"　——居里夫人

社会犹如一条船,每个人都要有掌舵的准备。　——易卜生

我们为祖国服务,也不能都采用同一方式,每个人应该按照资禀,各尽所能。

——歌德

对一个人来说,所期望的不是别的,而仅仅是他能全力以赴和献身于一种美好事业。　——爱因斯坦

我们是国家的主人,应该处处为国家着想。　——雷锋

伟大的代价就是责任。　——丘吉尔

尽管责任有时使人厌烦,但不履行责任,只能是懦夫,不折不扣的废物。

——刘易斯

每个人都被生命询问,而他只有用自己的生命才能回答此问题;只有以"负责"来答复生命。因此,"能够负责"是人类存在最重要的本质。　——维克多·费兰克

每一个人都应该有这样的信心:人所能负的责任,我必能负;人所不能负的责任,我亦能负。如此,你才能磨炼自己,求得更高的知识而进入更高的境界。

——林肯

人生须知负责任的苦处,才能知道尽责任的乐趣。　——梁启超

一个人若是没有热情,他将一事无成,而热情的基点正是责任心。　——列夫·托尔斯

我们为祖国服务,也不能都采用同一方式,每个人应该按照资禀,各尽所

能。 ——歌德

对一个人来说，所期望的不是别的，而仅仅是他能全力以赴和献身于一种美好事业。 ——爱因斯坦

如果做某事，那就把它做好。如果不会或不愿做它，那最好不要去做。
——列夫·托尔斯泰

责任感常常会纠正人的狭隘性。当徘徊于迷途的时候，它会成为可靠的向导。 ——普列姆昌德

天下兴亡，匹夫有责。 ——顾炎武

我睡着时梦见生活是美人，我醒来时发现生活是责任。 ——胡适

责任就是对自己要去做的事情有一种爱。 ——歌德

每天务必要做一点你所不愿意做的事情，这是一条宝贵的准则，他可以使你养成认真尽责的习惯。 ——马克·吐温

一切责任的第一条：不要成为懦夫。 ——罗曼·罗兰

人一旦受到责任感的驱使，就能创造出奇迹来。 ——门肯

责任感常常会纠正人的狭隘性，当我徘徊于迷途的时候，它会成为可靠的向导。 ——普列姆昌德

在我们这个国家作为一个好国民，第一条件是他要能够并愿意凡事尽责，全力以赴。 ——罗斯福

上天从没有赋予一个人任何权力，若非同时让他肩负相对的责任。 ——约翰逊

责任趋向于有能力担当的人。 ——艾尔伯·哈柏德

承受个人生命责任的意愿即是自尊自重的泉源。 ——珍·迪迪安

每一项公民权都对应着一项公民责任。 ——爱迪森·海因斯

一个人做他所要做的，无论任何所要承受的结果，无论任何阻难、危险与压力，这即是人类道德之本。 ——约翰·甘乃迪

不要问你的国家能为你做什么，要问你能为你的国家做什么。 ——约翰·甘乃迪

位卑未敢忘忧国。 ——陆游

先天下之忧而忧，后天下之乐而乐。　——范仲淹

只为家庭活着，这是禽兽的私心；只为一个人活着，这是卑鄙；只为自己活着，这是耻辱。　——奥斯特洛夫斯基

鞠躬尽瘁，死而后已。　——诸葛亮

春蚕到死丝方尽，蜡炬成灰泪始干。　——李商隐

士不可以不弘毅。任重而道远，仁以为己任，不亦重乎？死而后已，不亦远乎？　——孔子

要使一个人显示他的本质，叫他承担一种责任是最有效的办法。　——毛姆

这个社会尊重那些为它尽到责任的人。　——梁启超

先生不应该专教书，他的责任是教人做人；学生不应该专读书，他的责任是学习人生之道。　——陶行知

我们的使命是照亮整个世界，熔化世上的黑暗。　——莎士比亚

人总是背负着自己的祖国和自己的憎恨到处走的。　——巴尔扎克

我们的地位向上升，我们的责任心就逐步加重。升得愈高，责任愈重。权力的扩大使责任加重。　——雨果

天才如果袖手旁观，即使他优美出众，也仍是畸形的天才。没有爱的天才是种怪物。　——莎士比亚

人类的使命在于自强不息的追求完美。　——托尔斯泰

我们应该在自己身上燃起理性的火光，使蒙昧无知的人们可以看见我们。

——高尔基

为责任而责任的事，我们是从没有干过的，干的只不过是能使人感到满意的那种责任。　——马克·吐温

歌咏人心，纵使只涉及一个人，只涉及人群中最微贱的一个，也得熔冶一切歌颂英雄的诗文于一炉，制成一部优越成熟的英雄赞。　——雨果

天才理应飞向天国，真正的诗人有责任唤醒世人，慎择那最崇高的灵境。

——普希金

艺术不是一种技艺，它是真实情操的表白。 ——托尔斯泰

作家是一只笛子，生活里和种种智慧一通过它就变成音韵和谐的曲调了，作家也是时代精神手中的一支笔，一支某位由圣贤用来撰写艺术史册的笔。 ——高尔基

人生只有一种确凿无疑的幸福——就是为别人而生活。 ——托尔斯泰

声名是一座活动的桥梁，可以令人飞渡深渊。鼓起您的雄心来，那是应该的。我相信您有卓越雄伟的能力，但您施展的时候，与其为了我，毋宁为了大众的幸福；您只会在我眼里更伟大。 ——巴尔扎克

必须时刻准备抛弃一切属于我们自个儿的东西：财产、荣誉、工作、幸福、爱情乃至于生命 ——罗曼·罗兰

要散布阳光到别人心里，先得自己心里有阳光。 ——罗曼·罗兰

如果人们不爱他的人民，那是最卑微的。 ——托尔斯泰

技师、医生、教师、画家与作家，就其本身的使命来说，都应该为人民服务。
——托尔斯泰

一切在于人，一切为了人。 ——高尔基

我把小小的礼物留给我所爱的人——大的礼物留给所有的人。 ——泰戈尔

人越是能够将心比心，他就越是真正的人。这个真理不仅是主观价值，而且表现在我们生活的每个方面。 ——泰戈尔

勇敢些！让我们来献身。献身给善，献身给真，献身给正义。 ——雨果

有才之士开导人，却一生贫困潦倒；有德之人为了大家的利益而作出牺牲，却一直缄口不言。 ——巴尔扎克

士不可以不弘毅。任重而道远，仁以为己任，不亦重乎？死而后已，不亦远乎？ ——孔子

古之成大事者，不惟有超世之才，亦必有坚忍不拔之志。 ——苏轼

风声雨声读书声，声声入耳；家事国事天下事，事事关心。 ——顾炎武

对奴隶，我们只当同情，对有反抗的奴隶，尤当尊敬。 ——闻一多

我的生命我的理智，我的光明，只是为烛照人类而具有的。我对于真理的认识，

是用以达到这目标的才能，这才是一种火，但它只是生活在我内心的光明中，把它在人类面前擎得高高的，使他们能够看到。　——托尔斯泰

世界上有两种人，一种人，虚度年华；另一种人，过着有意义的生活。在第一种人眼里，生活就是一场睡眠，如果这场睡眠在他看来，是睡在既柔和又温暖的床铺上，那他便十分心满意足；在第二种人眼里，可以说，生活就是建立丰功伟绩……人就在这个功绩中享到自己的幸福。　——别林斯基

谢谢火焰给你的光明，但是不要忘了那掌灯的人，他自己坚忍地站在黑暗中呢。　——泰戈尔

一个人要发现卓有成效的真理，需要千百个人在失败的探索和悲惨的错误中毁掉自己的生命。　——门捷列夫

抱负是高尚行为成长的萌芽。　——英格利希

责任心就是关心别人，关心整个社会。有了责任心，生活就有了真正的含义和灵魂。这就是考验，是对文明的至诚。它表现在对整体，对个人的关怀。这就是爱，就是主动。　——穆尼尔·纳素

一个人若是没有热情，他将一事无成，而热情的基点正是责任心。　——托尔斯泰

有无责任心，将决定生活、家庭、工作、学习成功和失败。这在人与人的所有关系中也无所不及。　——托尔斯泰

自己无论怎样进步，不能使周围的人们随着进步，这个人对社会的贡献是极其有限的，绝不以"孤独""进步"为满足，必须负担责任，使大家都进步，至少使周围的人都进步。　——邹韬奋

国家是大家的，爱国是每个人的本分。　——陶行知

捧着一颗心来，不带半根草去。　——陶行知

在人生的路上，将血一滴一滴地滴过去，以饲别人。虽自觉渐渐瘦弱，也以为快乐。　——鲁迅

一个人的价值应看他贡献了什么，而不应该看他取得了什么。　——爱因斯坦

责任就像水、空气、食物一样重要。　　——洪能翔

责任是什么？责任就像你身体的质量，没有它必将会飘飘然起来，放浪自由，却没有前进的目标。　　——章文珍

责任心是一种发自内心的、敢于面对生活的勇气。　　——陈芳菲

有一种力量是从你那个跳动的心中发出的，它会指引你去做你认为重要的事，并且一定会竭尽全力，这就是责任心。　　——朱明然

责任心不是蓝天上的白云，潇洒、飘逸，片刻消失，而是万物生存必不可少的甘露。　　——柳赛平

责任通常分两种：一种如清茶，倒一杯是一杯，永远是被动；一种如啤酒，刚倒半杯，便已泡沫翻腾，永远是主动。　　——张瑜

责任心就是保质保量的完成自己该做的事。　　——金璐

责任心使我们约束自己，完善自己所必需的，它将伴你成长。　　——胡缨

自律在心中，生活有责任心。　　——夏韶东

责任心犹如大海中的定海神针，人类一旦失去责任心，世界就会像大海一样波涛汹涌，失去控制。　　——邱征兵

如果一个人有了责任心，那么他会努力把每一件事做得完美。　　——周姿延

力量越大，责任也就越大。　　——金龙升

每个人都希望有一瓶高雅的法国香水，它让你飘逸着芳香；每个人更应该有一颗责任心，它能铸造你坚毅的灵魂。　　——陈婷

责任心使一切的一切，因为由它所以世界才完美。　　——吴翰

责任就是对别人和自己负责。　　——李增阳

人不能没有责任心，就像小鸟不能没有翅膀，地球不能没有太阳。　　——孙盼

一种力量让我不断前行，那就是责任心。　　——李承皓

责任在于心，自律亦在于心。　　——陈思聪

一人做事一人当，男子汉应该有的就是责任。　　——朱成伟

做好每一件该做的事就是责任。　　——王爱珍

责任是与生俱来的，不可推卸的。　——张丽丽

责任心就是做任何事所需的一种平常而力求完美的心态。　——龚靖

每个人都应该担负起应尽的责任。　——徐磊刚

责任心是现代人素质的标志。　——吴玉妍

责任心的表现——自律；自律的前提——责任心。　——严甄

快乐成长，责任自我。　——郑鹏飞

责任心，简言之，即是益人益己的诚信行为。——宋晓晨

有无责任心，是一种境界。　——胡志娟

生命拽在自己手里，责任展现自己能力。　——郭志燕

责任心就像是一艘大船在迷失方向时的指明灯。　——金琪

雄鹰看到蓝天的广阔，便振翅高翔，自由而高傲；飞瀑看到峭崖的险绝，便一泻千仞，流银泻玉，灵动如龙；海燕看到巨浪的汹涌，便引吭高歌，乘风破浪，大气巍然。我们如果没有责任心，就如那墙头的浮草，轻浮浅陋。爱护班级，人人有责。　——倪蕾

在这个世界上责任是一种弥足珍贵的东西，取得它来自一个人的灵魂深处，它可以拯救灵魂，让心灵充满纯洁和自由。　——苏慧

拥有责任心就拥有了善良，它需要觉悟，就像泥土中的种子需要阳光雨露的滋润一般。　——朱小茜

拥有责任心前途一片光明。　——绍圣

一个人的责任重于荣誉。　——丁博

我们在享受权利的同时，对我们的义务要有责任心。　——柳倩钰

既然来到这个世界，我们就应该负担其作为这个世界的人所应该的担负的责任。　——叶志

责任如比一把琴，那当微风拂过的瞬间，我们听到的将是永恒。　——于易可

责任和权利是双生儿，想要享受权利，那么就勇于承担责任吧。　——洪敏丽

责任并不是你的负担，而是一种你应具有的信念，做一个有责任心的人吧。

——范华芳

不要把责任当作负担,要当作自己至高无上的荣耀。 ——章顺杰

责任是我们应尽的义务。 ——陈静

一个人如果有了责任感,那么他走遍世界都不怕。 ——王俊翔

要有多大的权力,必须先承担多大的责任。 ——楼骏

责任心在我心中已生根发芽。 ——盛衡

作为确定的人,现实的人,你就有规定、就有使命、就有任务,至于你是否意识到这一点,那是无所谓的。 ——马克思

自由不在于在幻想中摆脱自然规律而独立,而在于认识这些规律,从而能够有计划地使自然规律为一定的目的服务。 ——恩格斯

在他握有意志的完全自由去行动时,他才能对他的这些行为负完全责任。

——马克思

没有无义务的权利,也没有无权利的义务。 ——马克思

全心全意为人民服务是我们党的根本宗旨,密切联系群众是我们党的优良作风。在革命战争年代,我们党能够赢得人民群众的衷心拥护,就在于党以自己的实际行动表明,它是为人民利益而斗争的。 ——江泽民

如果他要进行选择,他也总是必须在他的生活范围里面、在绝不由他的独自性所造成的一定的事物中间去进行选择的。 ——马克思

人类始终只提出自己能够解决的任务,因为只要仔细考察就可以发现,任务本身,只有在解决它的物质条件已经存在或者至少在形成过程中的时候,才会产生。 ——马克思

责任心就是关心别人,关心整个社会。有了责任心,生活就有了真正的含义和灵魂。这就是考验,是对文明的至诚。它表现在对整体,对个人的关怀。这就是爱,就是主动。 ——穆尼尔·纳素

一个人若是没有热情,他将一事无成,而热情的基点正是责任心。 ——托尔斯泰

有无责任心,将决定生活、家庭、工作、学习成功和失败。这在人与人的所有

关系中也无所不及。　——托尔斯泰

当仁不让。　——孔子

铁肩担道义。　——李大钊

敬业乐群。　——《礼记·学记》

敬者何？不怠慢、不放荡之谓也。　——朱熹

良农不为水旱不耕，良贾不为折阅不市，士君子不为贫穷怠乎道。　——荀子

要使一个人显示他的本质，叫他承担一种责任是最有效的办法。　——毛姆

责任就是对自己要求去做的事情有一种爱。　——歌德

苟利国家生死以，岂因祸福避趋之。　——林则徐

凡是我受过他好处的人，我对于他便有了责任。　——梁启超

我们不是为自己而生，我们的国家赋予我们应尽的责任。　——西塞罗

要使周围的一切都大放光彩，自己也应该像蜡烛那样燃烧。　——高尔基

人能尽自己的责任，就可以感觉到好像吃梨喝蜜似的，把人生这杯苦酒的滋味给抵消了。　——狄更斯

我的职责是要我说出我认为公平的合乎人道的话。无论这会使别人喜欢或厌恶，那不是我的事情。我知道文字一旦发表了就会自动流传。我充满希望地把它们播种在血腥的泥土中。收获的季节会来到的。　——罗曼·罗兰

精神不是任何人的仆从。我们才是精神的仆从。我们没有别的主子。我们生存着是为了传播它的光明，捍卫它的光明，把人类中一切迷途的人们集合在它的周围。　——罗曼·罗兰

太阳像一块畸形的红炭，从云堆中射出光来。这一切都悬在森林、燕麦田上空。一派欢乐景象。于是我想：不，这个世界不是一场玩笑，不是走向那个永恒天堂的苦难深谷，而是那些美好世界之一，它美丽、欢快。我们不仅能够，而且应当使它更加美丽、更加欢快，为了我们的同时代人，也为了以后的世世代代。　——托尔斯泰

当一个作家深切地感到自己和人民的血肉联系的时候，这就会给他以美和力

量。 ——高尔基

为责任而责任的事，我们是从没有干过的，干的只不过是能使人感到满意的那种责任。 ——马克·吐温

责任感常常会纠正人的狭隘性，当我们徘徊于迷途的时候，它会成为可靠的向导。 ——普列姆昌德

坚毅而崇高的思想方式，能够使一个人建立起生活目的和认识自己的生活职责。 ——托尔斯泰

每个人应该有这样的信心：人所能负的责任，我必能负；人所不能负的责任，我亦能负。 ——林肯

男性的第一魅力是责任感。 ——余秋雨

（五）和睦

个人感悟

我家大厅中挂着一块"家和万事兴"的牌匾，其内容写道："将相和，国富强；家人和，业必兴；夫妻协力山成玉，婆媳同心土变金；妻贤夫祸少，夫正妻心顺；老爱小，少敬老；和睦堂里福寿广，和气家中人为贵，和气福也。"

"修身、齐家、治国、平天下"是古人对生活志向的最高追求，而"齐家"的意思就是"家庭和睦"。

家庭的特点，就是多人的共处。家庭不同于国家之处，在于不可能像国家一样，在行为上有明文的法律规定。但是，家庭成员必有其行为上的默契。这就是家庭文化的共识。也就是说，一个家庭的持久，是依赖家庭文化的；相对而言，家庭文化起到了一种家庭法律的作用。

具体的人，是有差别的。一个家庭更是如此，尤其是几代同堂的大家庭。其差别，不仅来自于男女性别、思想认识、社会认识、学识等，还有年龄落差的明显特征。这就在家庭中产生了强和弱的现实状况。而且，这种强弱的状况，伴随家庭的

存在而存在。

家庭差别的具体表现，大多普遍地显示于生活习惯上，如：作息时间、口味等等。

那么，一个家庭的和睦，是怎样在永远存在着强弱的环境中达成的呢？是不是一味地遵从强者，就能保持家庭的和睦呢？如果按照这个原则，那么，老人就可以不被尊重而被忽略，女性就可以被肆意凌辱，孩子就可以被任意奴役，残疾家庭成员就可以被抛弃。显然，这是极端不符合事实的。

其次，又何为家庭之强呢？是以年轻力壮，拥有强大的暴力能力；还是以拥有钱财的养身之本；还是将在社会上为官，作为家庭之强的评判标准呢？显然，这是没有一个固定的准则，而且，家庭的长久和睦，也不是以强为根基的。尽管"强"始终在家庭中显示其存在的姿态。

那么，家庭和睦的基本原则是什么呢？是照顾、保护、爱护、帮助弱小。这一点，首先从夫妇两者的和睦上体现。往往处于体力和社会强者的男性，对相对柔弱的妻子的爱护、关心和保护，换来夫妇的恩爱。从而奠定一个家庭。这种对弱者的呵护，在有孩子加入后，也转移到孩子身上；当和老人同住时，也延伸到对老人的照顾上。如此，整个家庭才不存在矛盾，而显示和睦的真实景象。在家庭中，保持对弱者的谦让、照顾、爱护、保护和帮助，就是长久和睦家庭存在的基本原则。

一个国家何尝不是一个家庭呢？！尤其是崇尚儒家学说，拥有深厚儒家思想浸润的中国，更是对家庭重视，更应该明白呵护弱小，乃是家庭得以维持和持久存在与和睦的基本原则。

经典事例

"举案齐眉"的故事是宣扬家庭和睦的典故。

梁鸿，东汉人，字伯鸾，原籍平陵（今陕西咸阳市西北），年轻时家里很穷，由于刻苦好学，后来很有学问。但他不愿意做官，和妻子依靠自己的劳动，过着俭朴而愉快的生活。

梁鸿的妻子，是和他同县孟家的女儿，名叫孟光，生得皮肤黝黑，体态粗壮，喜爱劳动，没有小姐的习气。据说，孟家当初为这个女儿选对象，很费了一些周折。30岁了还没出嫁。主要原因倒不在于一班少爷嫌她模样儿不够俏，而在于她瞧不起那些少爷的一副副娇模样。她自己提出要嫁个像梁鸿那样的男子。她父母没法，只得托人去向梁鸿说亲。梁鸿也听说过孟光的性格，便同意了。

孟光刚嫁到梁鸿家里的时候，作为新娘，穿戴得不免漂亮些，梁鸿一连七天都不理睬她。到了第八天，孟光挽起发髻，拔去首饰，换上布衣布裙，开始勤劳操作。梁鸿大喜，说道："好啊，这才是我梁鸿的妻子呢！"

据《后汉书·梁鸿传》载，梁鸿和孟光婚后，隐居在灞陵（今陕西长安县东）的深山里。后来，迁居吴地（今江苏苏州）。两人共同劳动，互助互爱，彼此又极有礼貌，真所谓相敬如宾。据说，梁鸿每天劳动完毕，回到家里，孟光总是把饭和菜都准备好了，摆在托盘里，双手捧着，举得齐自己的眉毛那样高，恭恭敬敬地送到梁鸿面前去，梁鸿也就高高兴兴地接过来，于是两人就愉快地吃起来。

名人箴言

孝顺公婆，和睦妯娌。　　——宣鼎

上和下睦，夫唱妇随。　　——周兴嗣

无论到哪里去旅行，没有比家更美的地方。　　——德国谚语

无论是国王还是农夫，家庭和睦是最幸福的。　　——歌德

对于亚当而言，天堂是他的家，然而对于亚当的子孙而言，家是他们的天堂。　　——伏尔泰

幸福家庭是培育孩子成人的温床，家庭生活的乐趣是抵抗坏风气毒害的最好良剂。　　——卢梭

家庭是学习举止礼貌的好场所。如果你的孩子成人后有良好的举止，这会使他们生活更加惬意舒适。　　——索菲娅·罗兰

聪明的家长总是站在孩子后面鼓掌，愚昧的家长总是站在孩子前面数落。　　——教育专家

无论是国王还是农夫,家庭和睦是最幸福的。　——歌德

家必自毁,而后人毁之。　——孟子

居家有二语,曰:惟怒则平情,惟俭则足用。　——洪应明

在家中享受幸福,是一切抱负的最终目的。　——塞·约翰生

家居的快乐,是所有志向的最终目标;是所有事业的劳苦的终点。　——塞·约翰生

男子为了各自家庭而承担的工作,是努力支撑、发展和维护他们的家;至于女子呢?则是努力维护家庭的秩序,家庭的安适和家庭的可爱。　——罗斯金

家庭生活的乐趣是抵抗坏风气的毒害的最好良剂。　——卢梭

人无国王、庶民之分,只要家有和平,便是最幸福的人。　——歌德

永远记住这点:世上最不平凡的美是家里的美。　——萧伯纳

家庭和睦是人生最快乐的事。　——歌德

家庭是每个人的城堡。　——科克

家庭是用孜孜不倦的爱情和劳动建立起来的。　——陀思妥耶夫斯基

家庭是社会的一个天然的基层细胞,人类美好的生活在这里实现,人类胜利的力量在这里滋长,儿童在这里生活着、成长着——这是人生的主要的快乐。

——马卡连柯

人类社会始终希望不断繁衍。它用持久不衰的感情代替性质短暂的欢乐,创造了人类最伟大的业绩和各种社会的永恒基础——家庭。　——巴尔扎克

家庭,是一个能动的要素;它从来不是静止不动的,而是随着社会从较低阶段向较高阶段的发展,从较低的形式到较高的形式。　——摩尔根

家庭乃是社会之缩影,事实上,家庭是具有自发维持能力的最小社会。

——孔德

任何一种文明为了生存下去,必须建立一种强固的家庭制度。　——齐美尔

家庭是一种特殊的形式,是任何其他形式所不能取代的。它是社会生活的开始,它是单独的持续不断的形式。这种形式建立在纯真爱的坚实基础上。正确的、健

康的家庭中，父母并不是为着孩子而生活，而是父母和孩子共同为社会的发展而生活。　——罗林，米莱尔

家庭的管理同政权的管理一样，粗暴的专制所要镇压的罪行大部分是由它本身引起的，反之，和善的、开明的统治既免除了引起分裂的许多原因，也使情调缓和，使犯过的倾向减少。　——斯宾塞

家庭生活的乐趣是抵抗坏风气的毒害的最好良剂。　——卢梭

借着温和与耐心，借着安宁之道，首先寻求对于你俩双方都蒙受益处的事物，你自己建立起一个快乐美满的家庭。　——罗伯逊

要造一个"快乐的家"，有六样东西是必要的。诚实是建筑师，整洁是室内装饰者。它必须以情爱来温暖，以欢乐为照明；勤奋是通风口，把气氛换新，并为每日带来新的健康；而最重要的，那做为保护的护盖与荣光的，则只有上帝的福可以达成。　——亚历山大·哈弥尔顿

一个温暖甜蜜的家，可以带来善良的生活。这是人类的具体表征。一个人如果没有善良的生活，便不会有美好的思想，也便不会涌发崇高的意愿。因为人的心灵必须寄托在健全的基础上。　——汤普登

世界困扰日多，生活负担日重，我们只有一个属于自己的地方，这个地方就是我们挣扎奋斗而建立的家庭。　——维斯冠

你不会忘记自己的家庭。不论你离家多远，不论你做什么事，也不论别人的观点，你的心中永远觉得家庭就在你的身边。　——维斯冠

世界上最幸福的事情，就是拥有一个美满的家庭。家庭的每一分子都应该和洽相处，而且彼此属于对方。　——维斯冠

世界和社会对家庭的影响，就是我们所需要面对的现实。家庭告诉我们生活充满奇特，也告诉我们生命是一种挑战。家庭是我们了解自己的地方，在家庭里，除了爱，其他都不存在。　——维斯冠

一个家庭要采取任何行动之前，夫妻之间要么是完全破裂，要么是情投意合才行。当夫妇之间的关系不确定，既不这样，又不那样的时候，他们就不可能采取任

何行动了。　——列夫·托尔斯泰

每个家庭都有怕人知道的秘密。　——萨克莱

在妇女染有庸俗化习气的家庭里，最容易培养出骗子、恶棍和不务正业的东西来。　——契诃夫

世界上没有比家庭更需要赞美的地方，也没有比家庭更被忽视应该称赞的地方。当你和我学到这赞美他人的原则后，首先就得应用在家庭中。每一个做妻子的都有她的优点，罕少她的丈夫承认她具有某些优点，才与她携手共度这漫长的人生旅程。可是结婚几年后，夫妻的关系越来越淡，做丈夫的似乎已忘了应该常常给予妻子一点小小的赞美。　——卡耐基

一个会操持家务的太太实在是必要的。假如说吧，你娶了一位哲学博士，长得也顶美，可是一进厨房便觉恶心，夜里和你讨论康德的哲学，力主生育节制，即使有了小孩也不会抱着，你怎么办？听我的话，要娶，就娶个能做贤妻良母的。

——老舍

爱情很难抵得住家务的烦恼，必须一方具有极坚强的品质，夫妻才能幸福。　——巴尔扎克

夫妻必须互相尊重，而不是互相拴上链子。　——列夫·托尔斯泰

男人与丈夫不同。同理，女人与妻子也不同。　——艾丽丝

要是她爱得过火，以致丈夫的意志就是她的法律，她养成了察颜观色揣度他的意愿的习惯，她很快就会成为一个遭到忽视的傻瓜。　——夏洛蒂·勃朗特

一个女人变成一个妻子，是一件庄严、奇异而又冒险的事情。　——夏洛蒂·勃朗特

夫妇是伴侣，是共同劳动者，又是新生命的创造者。　——鲁迅

只要父母之间没有亲热的感情，只要一家人的聚会不再使人感到生活的甜蜜，不良的道德就势必来填补这些空缺了。　——卢梭

互敬、互信、互学、互助、互爱、互让、互勉、互谅。　——周恩来

有恶妻的男人，无须魔鬼。　——雷曼

假如一个妇人相信他的丈夫是聪慧的,那就是最好的使她保持贞操及柔顺的维系;然而假如这妇女发现丈夫妒忌心重,她就永不会以为他是聪慧的了。——培根

感情冷漠,互相疏远会使丈夫或妻子蓄意另寻新的爱情。——苏霍姆林斯墓

好人的家里如果有一个恶妻,今生等于走进了地狱。——萨迪

年纪大了,像小孩一样,彼此更容易接受对方。时间可以使我们回复童年的景象,像小孩分享他们的纯真,也像兄弟般互相帮助。年纪大了,双方会更了解对方和更尊重对方,所以更容易接受对方。——维斯冠

你是他最亲近的人,也是最谅解他的人。如果你一些私人时间也不给他的话,他会非常痛苦。——维斯

(六)生活

个人感悟

生活是什么?

对于呱呱坠地的婴儿来说,生活是奶。他所品尝到的只有一种滋味,那就是甜蜜。

对于七八岁的孩子来说,生活是泥。在天真烂漫的孩子手里,用一堆堆泥巴"过家家",他是爸爸,她当妈妈,在稚嫩中塑造着美好的未来生活。

对于20岁的少年来说,生活是画。用那五颜六色的画笔勾勒出一幅幅美丽的图画,不管是暮色沉沉还是洋洋洒洒,每一张都是我们用心在画,每一幅都包含着我们的激情和憧憬。

对于30岁的青年来说,生活是酒。这是一杯醇酒,有时浓烈有时薄,你尽可去"对酒当歌",也可一醉方休,但你必须学会承受压力和苦难、正视挫折和荣耀。

对于40岁的壮年来说,生活是棋。棋局莫测,需运筹帷幄。每走一步都要深思熟虑,谨慎行事。方可步步为营、局局皆胜。切不可妄自尊大,得意忘形。一着不慎,满盘皆输,输棋并不可怕,可怕的是失去获胜的信心和勇气。

对于50岁的中年来说,生活是歌。人的一生有其自己的韵律和拍子,而50岁

正是生命交响乐当中最华丽的乐章，有高亢激昂的，有婉转优美的，有轻松悠扬的，有舒缓低沉的，我们应该能够体验到这种人生的韵律之美，应该能够像欣赏大交响曲那样，欣赏人生的主要题旨，欣赏它的冲突的旋律，以及最后的决定。

对于60岁的老人来说，生活是书。人生戏剧的大幕即将缓缓落下，静静地合上剧本，书中的情节仍历历在目。无论是跌宕起伏还是惊心动魄的剧情，或许更有平淡无奇的人生经历，但每一章，都保证是真实的，无丝毫的隐瞒和虚伪。

对于70岁的长者来说，生活是茶。一个人只有在神清气爽，心气平静，知己满前的境地中，方能领略到茶的滋味。好茶必有回味，岁月已不会改变什么，只能尽兴地生活，慢慢地品味它，细细地追忆那久远的过去。一切的是是非非、恩恩怨怨都已抛开，唯一想的就是静心品味夕阳之乐、夕阳之美。

对于80岁的寿者来说，生活是水。走过风风雨雨，早已学会了坦然面对，平淡对待每一天每一刻，世事纷争早已如视无物，心宽体健养天年，不是神仙胜似神仙。

对于我们每一个人而言，从那第一声啼哭起，我们便走进了这个多姿多彩的世界，开始演绎着各自生活的角色。一样的长大成人，一样的娶妻生子，一样的生老病死。

人的一生其实很短暂，不必去刻意强求什么，只需坦然地度过每一天。生活像走迷宫，站在路口，左右徘徊，来的路已渐渐忘去，下面的路却是未知。智者说：寻路终有路，敢走敢行，路便是路。这便是生活。

生活中有苦也有甜，生活中有涩也有酸，生活中又累也有获，你想获得什么，看你走的是什么路，得到的就是实际的生活。

经典事例

一位老和尚，他身边聚拢着一帮虔诚的弟子。这一天，他嘱咐弟子每人去南山打一担柴回来。弟子们匆匆行至离山不远的河边，人人目瞪口呆。只见洪水从山上奔泻而下，无论如何也休想渡河打柴了。无功而返，弟子们都有些垂头丧气，唯独一个小和尚与师傅坦然相对。师傅问其故，小和尚从怀中掏出一个苹果，递给师傅说，过不了河，打不了柴，见河边有棵苹果树，我就顺手把树上唯一的一个苹果摘来了。后来，这位小和尚成了师傅的衣钵传人。

世上有走不完的路，也有过不了的河。过不了的河掉头而回，也是一种智慧。但真正的智慧还要在河边做一件事情：放飞思想的风筝，摘下一个"苹果"。历览古今，抱定这样一种生活信念的人，最终都实现了人生的突围和超越。

名人箴言

如果能追随理想而生活，本着正直自由的精神、勇往直前的毅力、诚实不自欺的思想而行，则定能臻于至美至善的境地。　——居里夫人

我以为人们在每个时期都可以过有趣而且有用的生活。我们应该不虚度一生，应该能够说，"我已经做了我能做的事"，人们只能要求我们如此，而且只有这样我们才能有一点快乐。　——居里夫人

只有这样的人才配生活和自由，假如他每天为之奋斗。　——歌德

你若要喜爱你自己的价值，你就得给世界创造价值。　——歌德

智慧最后的结论是：生活也好，自由也好，都要天天去赢取，这才有资格去享有它。　——歌德

灰色的理论到处皆有。我的朋友，只有生活的绿树四季常青，郁郁葱葱。

——歌德

生活看起来最如此的庸俗，如此的易于满足日常平淡的事物，然而它总是在暗地里念念不忘某些更高的要求，而且去寻找满足这些要求的手段。　——歌德

活是没有旁观者的。　——歌德

相信生活，它给人的教益比任何一本书籍都好。　——歌德

生活便是寻求新的知识。　——门捷列夫

生活得最有意义的人，并不就是年岁活得最大的人，而是对生活最有感受的人。　——卢梭

生活的情况越艰难，我越感到自己更坚强，甚而也更聪明。　——高尔基

生活的全部意义在于无穷地探索尚未知道的东西，在于不断地增加更多的知识。　——左拉

生活最沉重的负担不是工作，而是无聊。　——罗曼·罗兰

宿命论是那些缺乏意志力的弱者的借口。　——罗曼·罗兰

人的一生可能燃烧也可能腐朽，不能腐朽，愿意燃烧起来！　——奥斯特洛夫斯基

共同的事业，共同的斗争，可以使人们产生忍受一切的力量。　——奥斯特洛夫斯基

只有我们这样看透了，也能看明白生活的全部意义的人，才不会随便死去，哪怕只有一点机会，就不能放弃生活。　——奥斯特洛夫斯基

人生不是一种享乐，而是一桩十分沉重的工作。　——列夫·托尔斯泰

人生的价值，并不是用时间，而是用深度去衡量的。　——列夫·托尔斯泰

一切利己的生活，都是非理性的，动物的生活。　——列夫·托尔斯泰

生活只有在平淡无味的人看来才是空虚而平淡无味的。　——车尔尼雪夫斯基

只有平庸的人们的生活才是空虚和无味的。　——车尔尼雪夫斯基

一个人的价值，应该看他贡献什么，而不应当看他取得什么。　——爱因斯坦

人只有献身于社会，才能找出那短暂而有风险的生命的意义。　——爱因斯坦

充满着欢乐与斗争精神的人们，永远带着欢乐，欢迎雷霆与阳光。　——赫胥黎

生活就是战斗。　——柯罗连科

为了生活中努力发挥自己的作用，热爱人生吧。　——罗丹

世间的活动，缺点虽多，但仍是美好的。　——罗丹

过去属于死神，未来属于你自己。　——雪莱

辛勤的蜜蜂永没有时间悲哀。　——布莱克

当你的希望一个个落空，你也要坚定，要沉着！　——朗费罗

不要慨叹生活底痛苦！——慨叹是弱者。　——高尔基

无私是稀有的道德，因为从它身上是无利可图的。　——布莱希特

毫无理想而又优柔寡断是一种可悲的心理。　——培根

你要是按照自然来造就你的生活，你就决不会贫穷；要是按照人们的观念来造就你的生活，你就决不会富有。　——伊壁鸠鲁

所谓幸福的生活，必然是指安静的生活，原因是只有在安静的气氛中，才能够产生真正的人生乐趣。　——罗素

人不像动物，人能领略出生活的唯一目的就是享受生活。　——巴勒特

生活是我们在自己喜欢的环境中所遵循的一种习惯。　——巴尔扎克

我们的生活样式，就像一幅油画，从近看，看不出所以然来，要欣赏它的美，就非站远一点不可。　——叔本华

生活已经不是快乐的宴席，节日般的欢腾，而是工作、斗争、穷困和苦难的经历。　——别林斯基

生活是一辆永无终点的公共车，当你买票上车后，很难说你会遇见什么样的旅伴。　——爱默生

生活并不是一条人工开凿的运河，不能把河水限制在一些规定好的河道内。

——泰戈尔

活本身就是五花八门的矛盾集合——有自然的也有人为的，有想象的也有现实的。　——泰戈尔

我一生都在学习怎样生活。到我学得差不多时，此生也将近尾声了。　——霍克曼

世上充满了有趣的事情可做，在这令人兴奋的世界中，不要过着乏味的生活。　——戴尔·卡耐基

生活，就是理解。生活，就是面对现实微笑，就是越过障碍注视将来。生活，就是自己身上有一架天平，在那上面衡量善与恶。生活，就是有正义感、有真理、有理智，就是始终不渝、诚实不欺、表里如一、心智纯正，并且对权利与义务同等重视。生活，就是知道自己的价值，自己所能做到的与自己所应该做到的。生活，就是理智。　——雨果

生活就像海洋，只有意志坚强的人，才能到达彼岸。　——马克思

研究生活的人才能从生活中得到教训。　——克柳切夫斯基

未经思索的生活是不值得过的。　——苏格拉底

有所作为是生活中的最高境界。　——恩格斯

生活是有钱人的一场喜剧，穷人的一场悲剧；是智者的一场美梦，是愚人的一场游戏。　——谚语

生活比胆汁还要苦，但如果没有胆汁，就谁也没有生活。　——阿尔特

如果我们每天的生活总是平平常常、毫无变化，那么生活多年与生活一天是一样的。完全的一致就会使得最长的生命也显得短促。　——曼恩

生活这样美好，活它一千辈子吧！　——贝多芬

人们以人们的目的来判断人的活动。目的伟大，活动才可以说是伟大的。
　　　　　　　　　　　　　　　　　　　　　　——契诃夫

人生是指我们若没有嗜好的话，便不过如同极度无聊经营不善的剧院而已。　——斯蒂文生

人的一生中可能犯的最大错误，就是经常担心犯错误。　——哈伯德

利己的人最先灭亡。他自己活着，并且为自己而生活。如果他的这个"我"被损坏了，那他就无法生存了。　——培根

生活是欺骗不了的，一个人要生活得光明磊落。　——爱因斯坦

不管一切如何，你仍然要平静和愉快。生活就是这样，我们也必须对待生活，要勇敢、无畏、含着笑容地——不管一切如何。　——罗莎·卢森堡

他们必须对生活有信心然后才能使生活永远延续下去。而所谓信心，就是希望。　——雨果

在对生活存着理智的清醒的态度的情况下，人们就能够战胜他们过去认为不能解决的悲剧。　——保罗·郎之万

我感到逐渐虚弱，所以我趁着我还能觉出心中的烈火，趁着我的脑子还清楚，我就赶快抓紧每一分钟的时间。死亡在守候着我，我就更加强了我对生活中的一切

悲惨遭遇：瞎眼、不能动、剧烈的疼痛。尽管这个样子，我仍然是非常幸福的人。

——高士其

书本上的知识而外，尚须从生活的人生中获得知识。 ——达尔文

人们努力追求的庸俗的目标——财产、虚荣、奢侈的生活，我总觉得都是可鄙的。 ——爱因斯坦

只要你不计较得失，人生还有什么不能想法子克服的？ ——海明威

生活便是寻求新的知识。 ——门捷列夫

微贱往往是非野心的阶梯，凭借着它一步步爬上了高处；当他一旦登上了最高的一级之后，他便不再回顾那梯子；他的眼光彩夺目仰望云霄，瞧不起他从前所恃为凭借的低下的阶梯。 ——莎士比亚

即令你还不能坚强得足够成为真正有德之人，你至少也应该仰慕那些伟大的德行！ ——德谟克里特

人人都有幸福和痛苦，只不过是程度不同而已。谁遭受的痛苦最少，谁就是最幸福的人；谁感受的快乐最少，谁就是最可怜的人。 ——卢梭

是工作使人生有味。 ——艾约尔

人生最美好的，就是在你停止生存时，也还能以你所创造的一切为人们服务。 ——奥斯特洛夫斯基

人的美德的荣誉比他的财富的荣誉不知大多少倍。之所以没在我们的记忆中留下一丝痕迹，就因为他们只想用庄园和财富留名后世。岂不见多少人在钱财上一贫如洗，但是美德上却是豪富呢？ ——达·芬奇

人生虽只有几十春秋，但它决不是梦一般的幻灭，而是有着无穷可歌可颂的深长意义的；附和真理，生命便会得到永生。 ——泰戈尔

抱负是高尚行为成长的萌芽。 ——英格利希

对一个人的评价，不可视其财富出身，更不可视其学问的高下，而是要看他真实的品德。 ——培根

智者说话，是因为他们有话要说；愚者说话，则是因为他们想说。 ——柏拉图

最有道德的人，是那些有道德却不须由外表表现出来而仍感满足的人。
——帕拉图

生命会给你所要的东西，只要你不断地向它要，只要你在要的时候讲得清楚。　——爱因斯坦

在脸上放一个大大、宽宽、诚实无欺的笑容，把双肩向后拉直，好好地、深深地吸上一口气，再唱上一段歌儿，若是不会唱歌，就吹个口哨，若是不会吹哨，就哼个曲子。　——卡耐基

光辉的人生中，一个忙迫的钟头，胜于无意义的人生的一世。　——司各特

真正美丽的东西必须一方面跟自然一致，另一方面跟理想一致。　——席勒

为了在生活中努力发挥自己的作用，热爱人生吧。　——罗丹

真善美是些十分相近的品质，在前面的两种品质之上加一些难得而出色的情状，真就显得美，善也显得美。　——狄德罗

不可能存在没有真实的人生，真实恐怕就是指人生本身吧。　——卡夫卡

要人们的愚蠢实在不可能；因为那需要知识去领悟，因此，能领悟它的人是不会愚昧的。　——泰罗

如果我曾经或多或少地激励了一些人的努力，我们的工作，曾经或多或少地扩展了人类的理解范围，因而给这个世界增添了欢乐，那我也就感到满足了。
——爱迪生

没有斗争就没有功绩，没有功绩就没有奖赏，而没有行动就没有生活。
——别林斯基

工作中，你要把每一件小事都和远大的固定的目标结合起来。　——马雅可夫斯基

先从人世间个别的美的事物开始，逐渐提升到最高境界的美，好像升梯，逐步上进，从一个美形体到两个美形体，从两个美形体到全体的美形体；从美的形体到美的行为制度，从美的行为制度到美的学问知识，最后再从美的学问知识一直到只有以美本身为对象的那种学问，彻悟美的本身。　——柏拉图

高尚的娱乐，对人生是宝贵的恩物。　　——鹤见右辅

生命力同人性一样普通；但是，生命力也和人性一样有时是相当于天才的　——萧伯纳

在一切大事业上，人在开始做事前要像千眼神那样察看时机，而在进行时要像千手神那样抓住时机。　——培根

生命的价值在于使用生命。　——泰国谚语

如果工作对于人类不是人生强索的代价，而是目的，人类将是多么幸福。

——罗丹

莫扎特从不为永恒作曲，但是正因为这个理由，所以他的许多作品均是永恒的。　——爱因斯坦

想升高，有两样东西，那就是必须做鹰，或者做爬行动物。　——巴尔扎克

一个人的真正价值首先决定于他在什么程度上和在什么意义上从自我解放出来。　——爱因斯坦

他跟一切懦弱的人一样。受了社会的白眼不敢说出来。慢慢地他学会了把感情压在胸中，把自己的心当作一个避难所。好多浅薄的人，管这个现象叫作自私自利。孤独的人与自私的人确很相像，使一般说长道短之辈毁谤好人的话，显得凿凿有据。　——巴尔扎克

人生的道路虽然漫长，但紧要处常常只有几步。　——谚语

人的感情和行为千差万别，正如在鹰钩鼻子与塌鼻子之间还可能有各式各样别鼻子。　——歌德

平庸的生活使人感到一生不幸，波澜万丈的人生才能使人感到生存的意义。　——池田大作

正因为无人不晓这阴沉的力量和它们危险的戏举，我们才对沉默怀有深深的惧意。迫不得已时，我们忍受孤立的、自身的沉默，几个人的、人数倍增的、尤其是一群人的沉默却是超自然的负担，最强的心灵都畏惧无以解释分量。我们消耗大部分生命来寻找沉默统治不到的地盘。一旦两三人相遇，他们只想驱逐看不见的敌人，

要知道，多少平凡的友谊不是建筑在对沉默的仇恨之上？假如人们白费了努力，沉默仍成功地潜入聚集者之中，他们便会不要地从事物未知的庄重一面扭转脑袋，然后马上走开，将位置留给生人，从此便互相回避，唯恐百年之搏斗再次落空，唯恐有人偷偷向敌手敞开大门　——M·梅特林克

人生就像弈棋，一步失误，全盘皆输，这是令人悲哀之事；而且人生还不如弈棋，不可能再来一局，也不能悔棋。　——弗洛伊德

善良和谦虚是永远不应令人厌恶的两种品德。　——斯蒂文生

由我看来，好客是一宗美德，一宗幸福，也是一个排场；不论从哪个方面来看，甚至你认为这是一宗投机吧，难道不应该为了解他的客人，为他的朋友尽情表示一下人中的脉脉的温情如水的柔情吗！　——巴尔扎克

在蠢人感到人生困难的时候，贤人看起来容易；而当蠢人感到容易的时候，贤者就感到困难。　——歌德

因为我对权威的轻蔑，所以命运惩罚我，使我自己竟也成了权威。　——爱因斯坦

如果容许我再过一次人生，我愿意重复我的生活。因为，我从来就不后悔过去，不惧怕将来。　——蒙田

命运很像撒娇任性的女人，只喜爱好些泼辣果敢的人，对于他们才百依百顺，唯命是从呢。　——库普林

生命像一粒种籽，藏在生活的深处，在黑土层和人类胶泥的混合物中，在那里，多少世代都留下他们的残骸。一个伟大的人生，任务就在于把生命从泥土中分离开。这样的生育需要整整一辈子。　——罗曼·罗兰

人生是一场无休、无歇、无情的战斗，凡是要做个够得上称为人的人，都得时时刻刻向无形的敌人作战。本能中那些致人死命的力量，乱人心意的欲望，暧昧的念头，使你堕落使你自行毁灭的念头，都是这一类的顽敌。　——罗曼·罗兰

等到自私的幸福变成了人生唯一的目标之后，不久人生就变得没有目标。

——罗曼·罗兰

明智者创造的机会比他发现得要多。　——培根

人的生命恰似一部小说，其价值在于贡献而不在于短长。　——佚名

当你服务他人的时候，人生不再是毫无意义的。　——葛登纳

人生到世界上来，如果不能使别人过得好一些，反而使他们过得更坏的话，那就太糟糕了。　——艾略特

无论才能、知识多么卓著，如果缺乏热情，则无异纸上画饼充饥，无补于事。

金钱！金钱是人类所有发明中是近似恶魔的一种发明。再没有其他东西比在金钱上有更多的卑鄙和欺骗，因而也没有其他方面能为培植伪善提供这么丰腴的土地。　——马卡连柯

失足可以很快弥补，失言却可能永远无法补救。　——富兰克林

虽然人人都企求得很多，但所需要的却是微乎其微。因为人生是短暂的，人的命运是有限的。　——歌德

我们曾经为欢乐而斗争，我们将要为欢乐而死。因此，悲哀永远不要同我们的名字联在一起。　——伏契克

人不应该像走兽那样活着，应该追求知识和美德。　——佚名

衡量人生的标准是看其是否有意义；而不是看其有多长。　——普鲁塔克

放纵自己的欲望是最大的祸害；谈论别人的隐私是最大的罪恶；不知自己过失是最大的病痛。　——亚里士多德

真正的诗人哪怕在做梦的时候也是清醒的。他并没有像着了魔似的被他的诗才所支配，而是牢牢地控制着它。他漫游在伊甸园的圣林里，就像在自己家乡的小路上散步一样自由自在。他高蹈于九天之上，却并未因之如痴如醉。即使身处地狱，足踏着燃烧的火灰，他也毫不灰心丧气；即使穿过天花板外的浑沌界和"黑夜的古国"，他依然毫不为难、得意翱翔。甚至，即使暂时让自己处于"心灵失调"的严重浑沌状态，他心甘情愿地与李尔王一同发疯，或者与泰门一同厌恶人类（这也算是一种疯病吧），然而，不管他发疯也好，厌恶人类也好，都不是毫无控制、任意泛滥的——尽管看起来他似乎完全甩掉了理智的缰绳，实际上他并未甩掉——他自

有保护神在他耳边悄悄密语，有善良的臣仆肯特向他提出清醒的劝告，还有那正直的管家弗莱维斯向他推荐友好的决策。当他看起来最不近人情的时候，倒是反映出了人生的真谛。　　——兰姆

世界上有两种人，一种人，虚度年华；另一种人，过着有意义的生活。在第一种人的眼里，生活就是一场睡眠，如果这场睡眠在他看来，是睡在既柔和又温暖的床铺上，那他便十分心满意足了；在第二种人眼里，可以说，生活就是建立功绩……人就在完成这个功绩中享受到自己的幸福。　　——别林斯基

对上级谦恭是本分；对平辈谦逊是和善；对下级谦逊是高贵；对所有的人谦逊是安全。　　——亚里士多德

不管怎样的事情，都请安静地愉快吧！这是人生。我们要依样地接受人生，勇敢地大胆地，而且永远地微笑着。　　——卢森堡

人类经常把一个生涯发生的事，撰写成历史，在从那里看人生；其实，那不过是衣服，人生是内在的。　　——罗曼·罗兰

凡不是就着泪水吃过面包的人是不懂得人生之味的人。　　——歌德

一般人赞许的往往是平庸人。对于平庸人，人们很乐于济助；对于有才智的人，人们以有所剥夺为快。后者成为忌妒的对象，人们对他毫不原谅；可是为了前者利益，人们不惜一切给以支援，他受人们虚荣心的拥护。　　——孟德斯鸠

不戚戚于贫贱，不汲汲于富贵。　　——陶渊明

富贵不淫贫贱乐，男儿到此是豪雄。　　——程颢

夫君子之行，静以修身，俭以养德，非澹泊无以明志，非宁静无以致远。
　　——诸葛亮

芸芸众生，孰不爱生？爱生之极，进而爱群。　　——秋瑾

人一辈子都在高潮——低潮中浮沉，唯有庸碌的人，生活才如死水一般。
　　——傅雷

生活的理想，就是为了理想的生活。　　——张闻天

要解放孩子的头脑、双手、脚、空间、时间，使他们充分得到自由的生活，从

自由的生活中得到真正的教育。　——陶行知

人生应该如蜡烛一样，从顶燃到底，一直都是光明的。　——萧楚女

人生的价值，即以其人对于当代所做的工作为尺度。　——徐玮

春蚕到死丝方尽，人至期颐亦不休。

一息尚存须努力，留作青年好范畴。　——吴玉章

我觉得坦途在前，人又何必为了一些小障碍而不走路呢？　——鲁迅

生活太安逸了，工作就被生活所累。　——鲁迅

时间顺流而下，生活逆水行舟。　——艾青

清贫，洁白朴素的生活，正是我们革命者能够战胜许多困难的地方！　——方志敏

在人生的道路上，谁都会遇到困难和挫折，就看你能不能战胜它。战胜了，你就是英雄，就是生活的强者。　——张海迪

但愿每次回忆，对生活都不感到负疚。　——郭小川

生活真像这杯浓酒，不经三番五次的提炼呵，就不会这样可口！　——郭小川

我们不得不饮食、睡眠、游情、恋爱，也就是说，我们不得不接触生活中最甜蜜的事情；不过我们必须不屈服于这些事物。　——吴运铎

重要的是，开头就要习惯于在不好的地方也能睡觉，这是以后不怕遇到坏床的办法。一般地说，艰苦的生活一经变成了习惯，就会使愉快的感觉大为增加，而舒适的生活将是会带来无限的烦恼的。　——徐特立

在我们懒惰的人看来，都以为省出来的时间，只是为休息休息，哪知人家工作之外，还要读书。省出来的时间愈多，就是读书的时间愈多，使工不误读，读不误工，工读打成一片，才是真正人的生活。　——茅盾

一个人，如果过分地追求吃喝玩乐，整天沉湎于个人主义的小天地，那么他所追求的东西就难免有一天要成为沉重的负担，使自己深陷泥潭而不能自拔。

——陶铸

人生只有一生一死，要生得有意义，死得有价值。　——邓中夏

人生最有趣的事情，就是送旧迎新，因为人类最高的欲求，是在时时创造新生活。　——李大钊

在无限的时间的河流里，人生仅仅是微小又微小的波浪。　——郭小川

世间万物有盛衰，人生安得常少年。　——于谦

人生只有两种事，就是幸福和愁苦；一种口头说出来，一种心里暗想着。
　　　　　　　　　　　　　　　　　　——藏族谚语

青年之文明，奋斗之文明也，与境遇奋斗，与时代奋斗，与经验奋斗。故青年者，人生之王，人生之春，人生之华也。　——李大钊

人生的目的，在发展自己的生命，可是也有为发展生命必须牺牲生命的时候。因为平凡的发展，有时不如壮烈的牺牲足以延长生命的音响和光华。绝美的风景，多在奇险的山川。绝壮的音乐，多是悲凉的韵调。高尚的生活，常在壮烈的牺牲中。　——李大钊

无德之人常嫉妒他人之有德。　——培根

我的理由是，世界上的事，若不让别人尴尬，也不让自己尴尬，最好的办法就是自我作贱。比如我长得丑，就从不在女性面前装腔作势，且将五分的丑说到十分的丑，那么丑倒有它的另一可爱处了。　——贾平凹

无论在什么样的社会里，一个人的理想，是为了多数人的利益，为了社会的进步，对社会生产力的发展起了促进作用，也就是说，合乎社会历史的发展规律，就是伟大的理想。　——陶铸

不能只为了爱——盲目的爱，——而将别的人生的要义全盘疏忽了。　——鲁迅

作为一个人，要是不经历过人世上的悲欢离合，不跟生活打过交手仗，就不可能真正懂得人生的意义。　——杨朔

人生最苦痛的是梦醒了无路可走。做梦的人是幸福的；倘没有看出可走的路，最要紧的是不要去惊醒他。　——鲁迅

人生至愚是恶闻已过，人生至恶是善谈人过。　——申居郧

幸赖桥梁以渡。桥何名欤？曰奋斗。　——茅以升

所谓高质量人生，其实就是平衡不断遭到破坏和重建。　——赵鑫珊

自己活着，就是为了使别人过得更美好。　——雷锋

战士的日常生活，是并不全部可歌可泣的，然而又无不和可歌可泣相关联，这才是实际上的战士。　——鲁迅

一个人光溜溜的到这个世界来，最后光溜溜的离开这个世界而去，彻底想起来，名利都是身外物，只有尽一人的心力，使社会上的人多得他工作的裨益，是人生最愉快的事情。　——邹韬奋

假如生活欺骗了你，

不要悲伤，不要心急，

阴郁的日子需要镇静，

相信吗？

那愉快的日子即将来临，

心永远憧憬未来，

现在却常是阴沉，

一切都是瞬间，一切都会过去，

而那过去了的，

就会变成亲切的怀念。　——普希金

人生修养感悟 下册

 著

中州古籍出版社

HuoXianzhang

目录

299 四 社交篇
（一）处世 - 300 -
（二）交往 - 315 -
（三）友谊 - 323 -
（四）礼仪 - 344 -
（五）宽容 - 358 -
（六）和谐 - 367 -

375 五 理想篇
（一）志向 - 376 -
（二）信念 - 389 -
（三）信仰 - 407 -
（四）工作 - 416 -
（五）践行 - 438 -
（六）奋斗 - 446 -

457 六 价值篇
（一）奉献 - 458 -
（二）助人 - 471 -
（三）敬业 - 475 -
（四）爱国 - 480 -
（五）荣誉 - 490 -
（六）财富 - 504 -

513 七 守纪篇
（一）自由 - 514 -
（二）纪律 - 524 -
（三）守法 - 530 -
（四）廉洁 - 535 -
（五）自律 - 537 -
（六）慎独 - 541 -

545 八 幸福篇
（一）健康 - 546 -
（二）乐观 - 552 -
（三）慈善 - 559 -
（四）孝廉 - 564 -
（五）进取 - 572 -
（六）知福 - 579 -

人生修养感悟

第四篇 · 社交篇

（一）处世

个人感悟

处世就是待人接物、应付世情、与人交往的态度和方法，也叫作处世之道或者处世哲学。

一般而言，我们认为所谓处世就是以一定的道德观念和规范，指导人们认识和处理社会活动中人与人之间的关系。如封建社会的"三纲五常"，资本主义社会信奉金钱就是一切，等等，这都是一种处世方式。在社会主义社会，正确的处世哲学应该是以马克思主义的世界观为指导，以社会主义道德和规范作为行为的准则，并以此处理人与人之间的关系。

处世是一种艺术，一种哲学，也是一种技巧。学会了正确的处世方法，就可以更好地处理和家庭、朋友、同事和社会的关系，协调人与人之间的关系，在任何环境下，都能做到逍遥自在，怡然自得，澹然自安，欣欣自乐。

那么，到底该如何处世呢？第一要正确地认识自己，促进自己最突出的天赋，并培养其他方面。只有认清了自己，了解自己的优点和缺点，才能更好地与别人相处。第二要学会保留意见，过分争执无益且自己又有失涵养。通常，在事情真想不是很清楚时，要保持理性，不可急于表明自己的态度或发表意见。第三，要学会适应环境，一味地抱怨环境是没有任何意义的，只有改变自己才能改变环境。第四，要学会取长补短，学习别人的长处，弥补自己的不足。人无完人，金无赤足，三人行，必有我师，在同朋友的交流中，要用谦虚、友好的态度对待每一个人。第五，不要抱怨，抱怨会使你丧失信誉。自己做的事没成功时，不要总把责任推给别人或者给自己寻找各种借口，要勇于承认自己的不足，并努力使事情做圆满。适度地检讨自己，并不会使人看轻你，反而会赢得别人的尊重。最后，要目光远大，不能只看到眼前利益，聪明人为冬天准备。身处逆境之时，要保持坚定的信念；置身顺境之时，也要居安思危。

处世是人们生活中客观存在，处世需要一定的艺术修养，处世是为了改变更新生活，处世是为促进社会进步。

经典事例

在林中小道上走着两个人——爷爷和小男孩。天很热，他们多么想喝口水呀。旅行者走到一条小河旁。清凉的河水缓缓地流动，发出轻轻的潺潺声。他们弯下身子，喝了起来。

"谢谢你，小河。"爷爷说。男孩笑了起来。"您为什么要对小河说'谢谢'？"他问爷爷，"要知道，小河不是活人，它听不到您的话，也不会接受您的感谢。""是这样吗？"爷爷说，"孩子，如果狼喝了小河的水，它是不会说'谢谢'的。而我们不是狼，我们是人。你知道吗，为什么人要说'谢谢'？好好想一想，谁需要这个词？"小男孩沉思起来了。他还有的是时间。他的路还很长很长……

太阳和风争论谁更有力量。风说："当然是我。你看下面那穿着外套的老人，我打赌可以比你更快地把他的外套吹掉。"说完，风使劲地对着老人吹，恨不得一下子把外套扯下来。但它越吹，老人把外套裹得越紧。风吹累了，太阳从云层钻出来，暖洋洋地照在老人身上。没多久，老人便开始出汗。不一会儿，老人把外套脱了下来。太阳对风说："尊重、温和，永远胜过激烈、狂暴。"

名人箴言

人事关系在社会上是一种资本，若要它经久，就不得不节用。　——托尔斯泰

棋逢对手，胜利才更光荣。　——莎士比亚

无论做什么事情，都不要着急。不管发生什么事，都要冷静、沉着。　——狄更斯

为人处世，记住一条原则大有好处：能够不落笔据在人家手里，那就千万不要落，因为，谁说得准多早晚会让人家利用呢。　——狄更斯

一人有任何正当理由信任自己的人，永远不在别人面前炫耀，以使别人信任他。　——狄更斯

在世上所有的手法里面，奉承是最巧妙、最狡猾的一种。　——巴尔扎克

能够讨每个人喜欢的人是不能令人真正喜欢的。　——巴尔扎克

在大胆方面，要学习鸟雀；在多嘴方面，要学习鱼儿。　——雨果

玩笑也得看时间和地点；应该严肃的时候，我会严肃得像只驴子。不过人有时候会露马脚，驴子也忍不住喊叫。　——罗曼·罗兰

一分钟的静默是一场令人晕眩的交响乐！这个乐曲包含的内容比生活的本质更为丰富。　——罗曼·罗兰

我爱你就是因为你无所不知，但是却沉默不语。　——高尔基

每一个人身上都有一个傻子和一个骗子：傻子就是人的情感，骗子就是人的智慧。情感之所以愚蠢是由于它直率、真实、不会装模作样；可是不装模作样又怎能生活下去呢？　——高尔基

在这个世界上，尽如人意的事是并不多的。咱们既活着做人，就只能迁就咱们所处的实际环境，凡事忍耐些。　——泰戈尔

他看到风向对他不利，就知道瞎忙也是白搭，唯一的办法是坐下来等待。

——泰戈尔

从前有一句贺词，非常美妙，像黄金一般宝贵。"你向富裕的山上攀登的时候，希望你不会遇到一个朋友。"　——马克·吐温

最好的礼貌是不要多管闲事。　——狄更斯

用温柔的手段来处理人家肉体上的创伤，用温柔的态度来安慰人家精神上的痛苦。　——狄更斯

不要急于谴责人吧！谴责人是极容易的事，您不要专门去谴责。要冷静地观察一切，要记住：一切都会过去的，一切都会变好的。　——高尔基

经常谈论别人的短处只会使一个人心胸狭窄，使一个人变得非常多疑，非常无聊。　——泰戈尔

经验变成科学，每走一步都会把生活装点得更加美好。　——高尔基

同样价值的东西，往往因为主人的喜恶而分别高下。　——莎士比亚

正人君子的话，在当时往往被认为虚伪，奸诈小人的眼泪，却容易博取人们的同情。　——莎士比亚

一个人看不见自己的美貌，他的美貌只能反映在别人的眼里。　——莎士比亚

建筑在别人地面上的一座华厦，因为看错了地位方向，一场辛苦完全白费。　——莎士比亚

每件东西都会穿破用烂，最后被人丢开的。　——狄更斯

一个人倒霉至少有这么一点好处，可以认清楚谁是真正的朋友。　——巴尔扎克

人的生命的大部分都是致力于从心灵深处来拔掉自己青年时代的幼芽。这种手术就叫作经验的获得。　——巴尔扎克

当一团线有那么多线头的时候就一定会打结。　——巴尔扎克

如果我不愿意得罪一方面的人，就要得罪双方。　——罗曼·罗兰

有经验的车夫知道，作为一种恐吓举着鞭子，比打跑着的牲口的头好。

——托尔斯泰

谁都不满足于自己的财产，谁都满足于自己的聪明。　——托尔斯泰

要是害怕狼群，就别到森林里去。　——托尔斯泰

世界上没有一匹这样的马，它可以驮着你躲开你自己！　——高尔基

单靠信仰，我们有时候也会把问题看错，只抓住了虚假的东西的。　——泰戈尔

对一根快要倒塌的柱子，你抓得愈紧，它就倒得愈快。　——泰戈尔

只有会跑的人才会有摔跤的经历。　——泰戈尔

露珠只是在它自己小小球体范围里理解太阳。　——泰戈尔

人世中，欢乐与忧愁，机遇与不幸，疑虑与危险，以及绝望与悔恨总是混杂在一起的。　——泰戈尔

我们只要把事情做得对，并且努力地干，那就能得到别人的赞许；但是我们自己的赞许却比这个强一百倍；可惜还没有找到什么办法，获得自己的赞许。

——马克·吐温

皱纹不过是表示原来有过笑容的地方。　——马克·吐温

留在外面比从里面摆脱出来要容易一些。　——马克·吐温

需得在记忆中树起一个危险信号，不致轻易给吹熄或者烧掉，而能固定地树在那里，永远起个警戒作用。　——马克·吐温

尽管人们把知识的重要性吹得天花乱坠，但是，人的直觉在指导人正确行动方面，却比知识还要重要一百倍。　——马克·吐温

一个人的经验是要在刻苦中得到的，也只有岁月的磨炼能够使它成熟。
　　　　　　　　　　　　　　　　　　　　——莎士比亚

一个人思虑太多，就会失却做人的乐趣。　——莎士比亚

在人生这本书里，多数的人们都会从过分善良的天性里找到简单的教训。
　　　　　　　　　　　　　　　　　　　　——狄更斯

傻瓜旁边必然有骗子。　——巴尔扎克

假使没有暴风雨，船帆不过是一块破布而已，有了暴风雨，这块破布就发生了作用。　——雨果

最上等的酒在酿酒桶里也不免有酒糟。　——雨果

只有在属于自己的位置上，才觉得心安理得。　——托尔斯泰

生活不是一条人造的运河，不能把它禁锢在几条规定好的河道之中。只要我们一旦在自己的生活中看清楚这一点，我们就不会受任何谎言的欺骗了。　——泰戈尔

有百折不挠的信念所支持的人的意志，比那些似乎是无敌的物质力量有更强大的威力。　——爱因斯坦

意志的出现不是对愿望的否定，而是把愿望合并和提升到一个更高的意识水平上。　——罗洛·梅

事业常成于坚忍，毁于急躁。我在沙漠中曾亲眼看见，匆忙的旅人落在从容的后边；疾驰的骏马落在后头，缓步的骆驼继续向前。　——萨迪

天行健，君子以自强不息。　——文天祥

永远没有人力可以击退一个坚决强毅的希望。　——金斯莱

您得相信，有志者事竟成。古人告诫说："天国是努力进入的。"只有当勉为

其难地一步步向它走去的时候，才必须勉为其难地一步步走下去，才必须勉为其难地去达到它。 ——果戈理

一个有决心的人，将会找到他的道路。 ——佚名

意志坚强，就会战胜恶运。 ——佚名

钢是在烈火和急剧冷却里锻炼出来的，所以才能坚硬和什么也不怕。我们的一代也是这样的在斗争中和可怕的考验中锻炼出来的，学习了不在生活面前屈服。
——奥斯特洛夫斯基

发现者，尤其是一个初出茅庐的年轻发现者，需要勇气才能无视他人的冷漠和怀疑，才能坚持自己发现的意志，并把研究继续下去。 ——贝弗里奇

生活的道路一旦选定，就要勇敢地走到底，绝不回头。 ——左拉

即使在把眼睛盯着大地的时候，那超群的目光仍然保持着凝视太阳的能力。 ——雨果

被克服的困难就是胜利的契机。 ——丘吉尔

意大利有一句谚语：对一个歌手的要求，首先是嗓子、嗓子和嗓子……我现在按照这一公式拙劣地摹仿为：对一个要成为不负于高尔基所声称的那种"人"的要求，首先是意志、意志和意志。 ——奥斯特洛夫斯基

精诚所至，金石为开。 ——蔡锷

人生布满了荆棘，我们想的唯一办法是从那些荆棘上迅速跨过。 ——伏尔泰

希望是厄运的忠实的姐妹。 ——普希金

无论是美女的歌声，还是鬣狗的狂吠，无论是鳄鱼的眼泪，还是恶狼的嚎叫，都不会使我动摇。 ——恰普曼

告诉你使我达到目标的奥秘吧，我唯一的力量就是我的坚持精神。 ——巴斯德

思想的形成，首先是意志的形成。 ——莫洛亚

卓越的人的一大优点是：在不利和艰难的遭遇里百折不挠。 ——贝多芬

成大事不在于力量的大小，而在于能坚持多久。 ——约翰逊

取得成就时坚持不懈，要比遭到失败时顽强不屈更重要。 ——拉罗什夫科

忍耐和坚持虽是痛苦的事情，但却能渐渐地为你带来好处。　——奥维德

只有刚强的人，才有神圣的意志，凡是战斗的人，才能取得胜利。　——歌德

即使遇到了不幸的灾难，已经开始了的事情决不放弃。　——佚名

天行健，君子以自强不息。　——《易经》

一次失败，只是证明我们成功的决心还够坚强。　——博维

谁有历经千辛万苦的意志，谁就能达到任何目的。　——米南德

不做什么决定的意志不是现实的意志；无性格的人从来不做出决定。　——黑格尔

千磨万击还坚韧，任尔东南西北风。　——郑板桥

通向人类真正伟大境界的道路只有一条——苦难的道路。　——爱因斯坦

我们关心的，不是你是否失败了，而是你对失败能否无怨。　——林肯

意志若是屈从，不论程度如何，它都帮助了暴力。　——但丁

实话可能令人伤心，但胜过谎言。　——瓦·阿扎耶夫

老老实实最能打动人心。　——莎士比亚

不要说谎，不要害怕真理。　——列夫·托尔斯泰

金钱比起一份纯洁的良心来，又算得了什么呢？　——哈代

失足，你可以马上恢复站立；失信，你也许永难挽回。　——富兰克林

一个人严守诺言，比守卫他的财产更重要。　——莫里哀

真诚与朴实是天才的宝贵品质。　——斯坦尼斯拉夫斯基

良心是我们每个人心头的岗哨，它在那里值勤站岗，监视着我们别做出违法的事情来。　——毛姆

真诚才是人生最高的美德。　——乔叟

一言既出，驷马难追。　——中国谚语

走正直诚实的生活道路，必定会有一个问心无愧的归宿。　——高尔基

在一切道德品质中，善良的本性是世界上最需要的。　——罗素

两心不可以得一人，一心可得百人。　——《淮南子》

对自己真实，才不会对别人欺诈。　——莎士比亚

信用难得易失。费年功夫积累的信用往往会由于一时的言行而失掉。　——池田大作

失掉信用的人，在这个世界上已经死了。　——哈伯特

遵守诺言就像保卫你的荣誉一样。　——巴尔扎克

对人以诚信，人不欺我；对事以诚信，事无不成。　——冯玉祥

信用既是无形的力量，也是无形的财富。　——松下幸之助

人际关系最重要的，莫过于真诚，而且要出自内心的真诚。真诚在社会上是无往不利的一把剑，走到哪里都应该带着它。　——三毛

信用就像一面镜子，只要有了裂缝就不能像原来那样连成一片。　——阿米尔

闪光的东西，并不都是金子；动听的语言，并不都是好话。　——莎士比亚

守信用胜过有名气。　——罗斯福

诚实比一切智谋更好，而且它是智谋的基本条件。　——康德

辛勤的蜜蜂永没有时间悲哀。　——布莱克

岁月从指间流淌着，感觉到自己的星宿从轨迹中慢慢陨落。　——布莱克

也许一个人要走很长的路，经历过生命中无数突如其来的繁华和苍凉才会变得成熟。　——布莱克

人的一生中，应该带有闪耀的光彩，照亮这世界的某个角落。　——布莱克

坚持到底，成功降临；半途而废，希望破灭。　——布莱克

当你的希望一个个落空，你也要坚定，要沉着！　——朗费罗

生活有时虽然令人沮丧，但你可以努力让自己的过得开心。　——朗费罗

向日葵只会朝阳不会选择没有阳光的地方。　——朗费罗

生命中总有那么多难以预料的事情　巨大的微笑背后是那么多的辛酸与痛楚。　——朗费罗

世界上有很多事情是我们无法改变的，要学会承受。　——朗费罗

一个人真正伟大的地方，就是在于他能意识到自己的渺小！　——朗费罗

命运是存在的，只不过有的人不敢去相信，有的人不屑去相信罢了。 ——朗费罗

这个世界里你不是为了别人而活，要记住你是为了自己而活。 ——朗费罗

即使命运只留给我两扇简单的磨盘，我也懂得用信心、智慧和执著，磨出亮丽的人生。 ——朗费罗

只有经历过地狱般的折磨，才有征服天堂的力量。只有流过血的手指才能弹出世间的绝唱。 ——朗费罗

先相信你自己，然后别人才会相信你。 ——屠格涅夫

不要慨叹生活的痛苦！，慨叹是弱者的行为。 ——高尔基

生活只有在平淡无味的人看来才是空虚而平淡无味的。 ——高尔基

一个没有受到献身的热情所鼓舞的人，永远不会做出什么伟大的事情来。

——车尔尼雪夫斯基

共同的事业，共同的斗争，可以使人们产生忍受一切的力量。 ——奥斯特洛夫斯基

攀登科学高峰，就像登山运动员攀登珠穆朗玛峰一样，要克服无数艰难险阻，懦夫和懒汉是不能享受到胜利的喜悦和幸福的。 ——陈景润

有些人因为贪婪，想得到更多的东西，却把现在所有的也失掉了。 ——伊索

金钱的贪求（这个毛病，目前我们大家都犯得很凶）和享乐的贪求，促使我们成为它们的奴隶，也可以说，把我们整个身心投入深渊。唯利是图，是一种痼疾，使人卑鄙，但贪求享乐，更是一种使人极端无耻、不可救药的毛病。 ——郎加纳斯

哪有斩不掉的荆棘？哪有打不死的豺虎？哪有推不翻的山岳？你必须奋斗着，勇猛地奋斗着，胜利就是你的。 ——邓中夏

天下作伪是最苦恼的事情，老老实实是最愉快的事情。 ——邹韬奋

自以为聪明的人往往是没有上场的。世界上最聪明的人是最老实的人。因为只有老实人才能经得起事实和历史的考验。 ——周恩来

生活是欺骗不了的，一个人要生活得光明磊落。 ——冯雪峰

人们努力追求的庸俗的目标——财产、虚荣、奢侈的生活，我总觉得都是可鄙的。 ——爱因斯坦

不要对一切人都以不信任的眼光看待，但要谨慎而坚定。 ——德谟克里特

天才并不是自生自长在深林荒野里的怪物，是由可以使天才生长的民众产生、长育出来的，所以没有这种民众，就没有天才。 ——鲁迅

选择朋友一定要谨慎！地道的自私自利，会戴上友谊的假面具，却又设好陷阱来坑你。 ——克雷洛夫

紧急的时候得到帮助是宝贵的，然而并不是人人都会给予及时的帮助；但愿老天爷让我们别交上愚蠢的朋友，因为殷勤过分的蠢才比任何敌人还要危险。

——克雷洛夫

在你有权力有名望的时候，卑鄙的人是不敢抬起嫉妒的眼睛看你一眼的；然而，到你一落千丈的时候，显示最大的毒辣的就是他们。 ——克雷洛夫

一个人不应该与被财富毁了的人交接来往。 ——居里夫人

我只请求你们一件事：假如你们能活过这个时代，那么不要忘记，不要忘记好人也不要忘记坏人。 ——伏契克

自由是做法律所许可的一切事情的权利。 ——孟德斯鸠

不要过分地醉心于放任自由，一点也不加以限制的自由，它的害处与危险实在不少。 ——克雷洛夫

享有极端的自由——这是一件危险的和有害的事情。没有纪律，就既不会有平心静气的信念，也不能有服从，也不会有保护健康和预防危险的方法了。 ——赫尔岑

认为艺术家的自由在于他想干什么就干什么，那么是错误的。这是胡作非为者的自由。 ——斯坦尼斯拉夫斯基

我们要想实现自己的人生，应该把我们生命中过去与将来间的关系、时间全用在人生方面的活动，不用在兽欲方面的冲动。 ——李大钊

为着阶级和民族的解放，为着党的事业的成功，我毫不稀罕那华丽的大厦，却宁愿居住在卑陋潮湿的茅棚；不稀罕美味的西餐大菜，宁愿吞嚼刺口的苞粟和菜根；不稀罕舒服柔软的钢丝床，宁愿睡在猪栏狗窠似的住所！ ——方志敏

清贫、洁白、朴素的生活，正是革命者能够战胜许多困难的地方！ ——方志敏

一个人只有物质生活没有精神生活是不行的；而有了充实的革命精神生活，就算物质生活差些，就算困难大些，也能忍受和克服。 ——陶铸

不管时代的潮流和社会的风尚怎样，人总可以凭着自己高贵的品质，超脱时代和社会，走自己正确的道路。现在，大家都为了电冰箱、汽车、房子而奔波、追逐、竞争。这是我们这个时代的特征了。但是也还有不少人，他们不追求这些物质的东西，他们追求理想和真理，得到了内心的自由和安宁。 ——爱因斯坦

利己的人最先灭亡。他自己活着，并且为自己而生活。如果他的这个"我"被损坏了，那他就无法生存了。 ——奥斯特洛夫斯基

你们不见美貌的青年穿戴过分反而损了他们的美么？你不见山村妇女，穿着朴质无华的衣服反比盛装的妇女美得多么？ ——达·芬奇

人生就八个字：喜怒哀乐忧愁烦恼。喜和乐只占两个，看透了就好。 ——叶云燕

人生就像一场戏，因为有缘才相聚。相扶到老不容易，是否更该去珍惜。为了小事发脾气，回头想想又何必。别人生气我不气，气出病来无人替。我若气死谁如意？况且伤神又费力。邻居亲不要比，儿孙琐事由他去，吃苦享乐在一起，神仙羡慕好伴侣。

一个人的快乐，不是因为他拥有的多，而是因为他计较的少。

心量狭小，则多烦恼，心量广大，智慧丰饶。

未必钱多乐便多，财多累己招烦恼。清贫乐道真自在，无牵无挂乐逍遥。

静坐常思己过，闲谈莫论人非，能受苦乃为志士，肯吃亏不是痴人，敬君子方显有德，怕小人不算无能，退一步天高地阔，让三分心平气和，欲进步需思退步，若着手先虑放手，如得意不宜重往，凡做事应有余步。持黄金为珍贵，知安乐方值

千金，事临头三思为妙，怒上心忍让最高。切勿贪意外之财，知足者人心常乐。若能以此去处事，一生安乐任逍遥。

圣人求心，不求佛；愚人求佛不求心。

平安是幸，知足是福，清心是禄，寡欲是寿。

人之心胸，多欲则窄，寡欲则宽。

宁可清贫自乐，不可浊富多忧。

受思深处宜先退，得意浓时便可休。

势不可使尽，福不可享尽，便宜不可占尽，聪明不可用尽。

滴水穿石，不是力量大，而是功夫深。

平生不做皱眉事，世上应无切齿人。

须交有道之人，莫结无义之友。饮清静之茶，莫贪花色之酒。开方便之门，闲是非之口。

多门之室生风，多言之人生祸。

世事忙忙如水流，休将名利挂心头。粗茶淡饭随缘过，富贵荣华莫强求。

"我欲"是贫穷的标志。事能常足，心常惬，人到无求品自高。

人生至恶是善谈人过；人生至愚恶闻己过。

诸恶莫做，众善奉行，莫以善小而不为，莫以恶小而为之。

莫妒他长，妒长，则己终是短。莫护己短，护短，则己终不长。

做事不必与俗同，亦不宜与俗异。做事不必令人喜，亦不可令人憎。

世上有两件事不能等：一孝顺，二行善。

存平等心，行方便事，则天下无事。怀慈悲心，做慈悲事，则心中太平。

生气，就是拿别人的过错来惩罚自己。原谅别人，就是善待自己。

"恶"，恐人知，便是大恶。"善"，欲人知，不是真善。

扶危周急固为美事。能不自夸，则其德厚矣！

遇顺境，处之淡然，遇逆境，处之泰然。

是非天天有，不听自然无。

五官刺激，不是真正的享受。内在安详，才是下手之处。

人为善，福虽未至，祸已远离；人为恶，祸虽未至，福已远离。

不妄求，则心安，不妄做，则身安。

不自重者，取辱。不自长者，取祸。不自满者，受益。不自足者，博闻。

积金遗于子孙，子孙未必能守；积书于子孙，子孙未必能读。不如积阴德于冥冥之中，此乃万世传家之宝训也。

积德为产业，强胜于美宅良田。

能付出爱心就是福，能消除烦恼就是慧。

身安不如心安，屋宽不如心宽。

罗马人恺撒大帝，威震欧亚非三大陆，临终告诉侍者说："请把我的双手放在棺材外面，让世人看看，伟大如我恺撒者，死后也是两手空空。"

梦中冥冥有乐趣，觉后空空无大千。

儿孙自有儿孙福，莫为儿孙做远忧。

征服世界，并不伟大，一个人能征服自己，才是世界上最伟大的人。

把自己的欲望降到最低点，把自己的理性升华到最高点，就是圣人。

嫉妒别人，仇视异己，就等于把生命交给别人。

一个人如果不被恶习所染，幸福近矣。

诽谤别人，就像含血喷人，先污染了自己的嘴巴。

恨别人，痛苦的却是自己。

人之所以平凡，在于无法超越自己。

大肚能容，断却许多烦恼障，笑容可掬，结成无量欢喜缘。

改变自己，是自救，影响别人，是救人。

谎言像一朵盛开的鲜花，外表美丽，生命短暂。

唯其尊重自己的人，才更勇于缩小自己。

人不求福，斯无祸。人不求利，斯无害。

智者顺时而谋，愚者逆时而动。

见己不是，万善之门。见人不是，诸恶之根。

学一分退让，讨一分便宜。增一分享受，减一分福泽。

念头端正，福星临，念头不正，灾星照。

善人行善，从乐入乐，从明入明。恶人行恶，从苦入苦，从冥入冥。

心慈者，寿必长。心刻者，寿必促。

骨宜刚，气宜柔，志宜大，胆宜小，心宜虚，言宜实，慧宜增，福宜惜，虑不远，忧亦近。

苦口的是良药，逆耳必是忠言。改过必生智慧。护短心内非贤。

你目前拥有的，都将随着你的死亡而成为他人的。那为何不现在就布施给真正需要的人呢？

人之所以痛苦，在于追求错误的东西。

人生最大的敌人是自己。人生最大的失败是自大。人生最大的愚蠢是欺骗。

人生最可怜的是嫉妒。人生最大的错误是自卑。人生最大的痛苦是痴迷。

人生最大的羞辱是献媚。人生最危险的境地是贪婪。人生最烦恼的是争名利。

人生最大的罪过是自欺欺人。人生最可怜的性情是自卑。人生最大的破产是绝望。

人生最大的债务是人情债。人生最大的罪过是杀生。人生最可恶的是淫乱。

人生最善良的行为是奉献。人生最大的幸福是放得下。人生最大的欣慰是布施。

人生最大的礼物是宽恕。人生最可佩服的是精进。人生最大的财富是健康。

心好命也好，富贵直到老。命好心不好，福转为祸兆。心好命不好，祸转为福报。

心命具不好，遭殃且贫夭。心可挽乎命，最要存人道。命实造于心，祸福为人招，信命不修心，阴阳恐虚矫。修心亦听命，天地自相保。

寡言养气，寡事养神，寡思养精，寡念养性。

改变别人，不如先改变自己。

感激伤害你的人，因为他磨炼了你的心志。

感激欺骗你的人，因为他增进了你的见识。

感激鞭打你的人，因为他消除了你的业障。

感激遗弃你的人，因为他教导了你应自立。

感激绊倒你的人，因为他强化了你的能力。

感激斥责你的人，因为他助长了你的定慧。

感激所有使你坚定成就的人。

凡夫迷失于当下，后悔于过去圣人觉悟于当下，解脱于未来。

节欲戒怒，是保身法，收敛安静，是治家法，随便自然，是省事法，行善修心是出世法。守此四法，结局通达。

择善人而交，择善书而读，择善言而听，择善行而从。

忍人所不能忍，行人所不能行。名"大雄"，故名"大雄宝殿"。即佛也。

忍耐好，忍耐是奇宝。一朝之念不能忍，斗胜争强祸不小。忍气不下心病生，终生将你苦缠绕，让人一步有何妨，量大福大无烦恼。

寒山问拾得：世人有人谤我、欺我、辱我、笑我、轻我、贱我，我当如何处之？拾得曰：只要忍他、避他、由他、耐他、不要理他，再过几年，你且看他。

忍一时，风平浪静，退一步，海阔天空。

恶是犁头，善是泥，善人常被恶人欺，铁打犁头年年坏，未见田中换烂泥。

气是无明火，忍是敌灾星，但留方寸地，把于子孙耕。

你能把"忍"功夫做到多大，你将来的事业就能成就多大。

屈己者，能处众，好胜者，必遇敌。

事不三思总有败，人能百忍自无忧。

是非以不辩为解脱，烦恼以忍辱为智慧，办事以尽力为有功。

万事得成于忍，与其能辩，不如能忍。

伤人之语，如水覆地，难以挽回。

时时好心，就是时时好日。

话多不如话少，话少不如话好。

得理要饶人，理直气要和。

不怕事多,只怕多事。

真正的布施,是把烦恼、忧虑、分别、执着统统放下。

一念放下,万般自在。

学佛就是学做人。佛法,就是完成生命觉醒的方法,修行,就是修正自己的行为、思想、见解。

凡夫转境不转心。圣人转心不转境。

知"因果"即知进退。知佛法,即得开心果。

欲知过去世,今生受者是。欲知来世果,今生做者是。

若真修道人,不见世间过。

智者知幻即离,愚者以幻为真。

世间有为法,如梦幻泡影,如露亦如电,应作如是观。

不惜光阴过时悔,黑发不学白发悔。酒色赌博致祸悔,安不将息病时悔。官行贿赂致罪悔,富不勤俭贫时悔。不孝父母老时悔,遇难不帮有事悔。动不三思临头悔,盲目草率错时悔。

生活只有两种选择:要么勇往直前,做自己生命的主角;要么留在原地,做别人配角。 ——易斌

(二)交往

个人感悟

从语言学上讲,交往是指信息的交流;从社会学上讲,交往指由于共同活动的需要而在人们之间所产生的那种建立和发展相互接触的复杂和多方面的社会联系;从心理学上讲交往是指人与人之间的心理接触或直接沟通,彼此达到一定的认知;从哲学上讲,交往是指人所特有的相互往来关系的一种存在方式,即一个人在与其他人的相互联系中的一种存在方式。本书的交往主要是指社会学角度的交往,也可以称作人际交往。

从交往的规模来看,交往可分为群众性交往与个人交往;从交往途径来看,交往可分为直接交往和间接交往;从交往的主体来看,交往可分为角色交往、非角色交往;从交往的目的看,交往可分为情谊交往、工作性交往;从交往时间看,交往可分为长期交往、短期交往;从交往工具看分为口头交往、书面交往等。

交往具有三种最基本的功能。一是信息沟通功能。交往是人们传送、接受信息的过程。在交往当中,人们不仅传受信息,而且也在形成着信息。例如通过交往,人们了解对方的观点、立场,并形成关于对方的估计。二是调节沟通功能。借助于交往,人不仅可以调节自身的活动,而且也可以调节别人的活动,同时并接受来自别人的调节影响。在交往过程中,人可以影响伙伴活动的所有构成要素,如动机、目的、规划、决策、动作的完成和监督等。三是情绪沟通功能。交往是人的情绪状态的重要决定因素。人的整个情绪领域都是在人们交往的条件下产生和发展起来的。这些条件决定着情绪的强度水平,情绪的缓和也是在这些条件下实现的。除上述三种基本功能外,交往还具形成和发展人际关系的功能、使人们彼此认识和理解的功能以及组织共同活动的功能等。

一棵树只有根茎叶互相配合,才能与那千百数群争抢阳光;一只鹰只有翅于尾互相搭配才能翱翔于悬崖天际。一株草挡不住风沙,一株草不能……然而当千万株草聚集在一起时,彼此互相间默契地合作,他们就拥有了那"野火烧不尽,春风吹又生"的生命力。

交往是人类特有的存在方式和活动方式,是人与人之间发生社会关系的一种中介,是以物质交往为基础的全部经济、政治、思想文化交往的总和。

人是社会的人,自然就离不开彼此的交往。古人说:君子之交淡如水,小人之交甘如饴,形象阐释了两种不同的人生交往。21世纪是一个多元化的世纪,是一个信息时代,要生存,要发展,人与人之间就要学会交往,真诚相待,尊重对方。

交往时人类活动的必然,是人类沟通必须形式,是人们相互支持的渠道,交往要通过真诚尊重实现。

经典事例

陈胜自立为张楚王数个月后，有不少早年和他同为佃农的友人到陈城来，直接上宫殿表示要见陈胜。守门人严拒纳之，并将之逮捕，友人一再表示自己和陈胜的老友关系，虽被释放，但仍被赶了出来。友人不甘心，乃在府邸外等待陈胜。数日后，陈胜外出巡视，友人立刻遮道呼之，直呼其名"陈涉"。陈胜惊视之，故人也，便召见之，并载之入宫殿中。友人见王宫之华丽，不禁表示："陈涉呀，您今天称王，这地方太华丽了，真教人羡慕呀！"友人出入王宫次数多了，和官员混熟了，便不忌讳地谈起了陈胜年轻时最不愿为人所知的心酸事。左右亲近立刻向陈胜警告："您的友人愚钝无知，胡乱说话，为了吾王威严，饶他不得。"盛怒下的陈胜，下令斩杀该友人。陈胜的老友见之，皆寒心，纷纷暗中离去，使原来的主要班底，瞬间丧失大半。从此以后，留在陈胜身旁的亲信，都只剩下严苛虐待部属、喜欢察察为明的"拍马屁"大将。其中，朱房宫居中正，胡武为司过，由中央主控驻在各地的部将，有不遵守王令者，立刻击而罪之。诸将由是逐渐离心，只有陈胜及少数亲信还自以为威信已立，犹洋洋得意着。

名人箴言

和太强的人在一起，我会感觉不到自己的存在。交朋友不是让我们用眼睛去挑选那十全十美的，而是让我们用心去吸引那些志同道合的。　　——罗兰

交易场上的朋友胜过柜子里的钱款。　　——托·富勒

不是真正的朋友，再重的礼品也敲不开心扉。　　——弗·培根

恋爱使人坚强，同时也使人软弱。友情只使人坚强。　　——勃纳尔

对于一个病人来说，仁爱、温和、兄弟般的同情，有时甚至比药物更灵。
　　　　　　　　　　　　　　　　　——陀思妥耶夫斯基

要把同道的人当作朋友，而不必把同利的人当作朋友。　　——罗曼·罗兰

当你身处顺境，只在接受邀请才来访，而当你身处逆境时不邀自来的人，才是真正的朋友。　——奇奥佛拉斯塔

我们想的是如何养生，如何聚财，如何加固屋顶，如何备齐衣衫；而聪明人考虑的却是怎样选择最宝贵的东西——朋友。　——爱默生

当穷神悄然进来，虚伪的友情就越窗仓皇而且逃。　——米尔

与有肝胆人共事，从无字句处读书。　——周恩来

友谊！世界上有多少人在说这个字的时候指的是茶余酒后愉快的谈话和相互间对弱点的宽容！可是这跟友谊有什么关系呢？　——法捷耶夫

真正的友谊从来不会平静无波。　——赛维涅夫人

交一个读破万卷书邪士，不如交一个不识一字端人。　——金缨

得不到友谊的人将是终身可怜的孤独者。没有友情的社会则只是一片繁华的沙漠。　——培根

世间最好的东西，莫过于有几个头脑和心地都很正直的严正的朋友。　——爱因斯坦

你通常会发现自己跟没有什么话可说的人在一起时反而话更多。　——帕菲萨

保持友谊的最好办法是不出卖朋友。　——米兹涅尔

友谊是我哀伤时的缓和剂，激情的舒解剂，是我们的压力的流泄口，我们灾难时的庇护所，是我们犹疑时的商议者，是我们脑子的清新剂，我们思想的散发口，也是我们沉思的锻炬和改进。　——杰利密·泰勒

友谊是天地间最可宝贵的东西，深挚的友谊是人生最大的一种安慰。　——邹韬奋

友情在过去的生活里，就像一盏明灯，照彻了我的灵魂，使我的生存有了一点点光彩。　——巴金

欺骗的友谊是痛苦的创伤，虚伪的同情是锐利的毒箭。　——列宁

破裂的友谊虽然能恢复，但却再也达不到亲密无间的程度了。　——托·富勒

要想得到别人的友谊，自己就得先向别人表示友好。　——爱默生

大量的友谊使生命坚强。爱与被爱是生活中最大的幸福。　——西德尼·史密斯

友谊的主要效用之一就在使人心中的愤懑抑郁之气得以宣泄驰放，这些不平凡

之气是各种的情感都可以引起的。　——培根

老的树最好烧，老的马最好骑，老的书最好读，老的酒最好喝，老的朋友最可信赖。　——莱特

我们粗心的错误，往往不知看重我们自己所有的可贵的事物，直至丧失了它们以后，方始认识它们的真价。我们的无理的憎嫌，往往伤害了我们的朋友，然后再在他们的坟墓之前椎胸哀泣。　——莎士比亚

宁肯与好人一起咽糟糠，不愿与坏人一起吃宴席。　——托马斯·富勒

真正的友谊是一种缓慢生长的植物，必须经历并顶得住逆境的冲击，才无愧友谊这个称号。　——华盛顿

衡量朋友的真正标准是行为而不是言语；那些表面上说尽好话的人实际上离这个标准正远。　——华盛顿

真正的友谊，无论从正反看都应一样，不可能从前面看是蔷薇，而从反面看是刺。　——吕克特

酒食上得来的朋友，等到酒尽樽空，转眼成为路人。　——莎士比亚

比荣誉、美酒、爱情和智慧更宝贵、更使人幸福的东西是我的友谊。　——海塞

友谊只能在实践中产生并在实践中得到保持。　——歌德

飞黄腾达的路上一定点缀着破碎的友谊。　——威尔斯

在业务的基础上建立的友谊，胜过在友谊的基础上建立的业务。　——洛克菲勒

最难忍受的孤独莫过于缺少真正的友谊。　——培根

理解绝对是养育一切友情之果的土壤。　——威尔逊

人生最美好的东西，就是他同别人的友谊。　——林肯

友谊能增进快乐，减轻痛苦；因为它能倍增我们的喜悦，分担我们的烦忧。

——爱迪生

哦，朋友，这就是我的肺腑之言。因为有了你，蓝天才广阔无垠；因为有了你，玫瑰才火红艳丽。　——爱默生

友谊是个无垠的天地，它多么宽广啊！　——罗·布朗宁

真诚的友谊好像健康，失去时才知道它的可贵。　——歌尔登

友谊！你是灵魂的神秘胶漆；你是生活的甜料，社会性的连接物！　——罗·布莱尔

友谊之于人心其价值真有如炼金术上常常所说的他们的宝石之于人身一样。　——培根

为门庭增添光彩的是来做客的朋友。　——爱默生

父亲是财源，兄弟是安慰，而朋友既是财源，又是安慰。　——富兰克林

为别人尽最大的力量，最后就是为自己尽最大的力量。　——罗斯金

人好刚，我以柔胜之；人用术，我以诚感之；人使气，我以理屈之。　——金缨

美好的东西时常是由于它是真诚的。　——罗曼·罗兰

人必其自爱也，然后人爱诸；人必其自敬也，然后人敬诸。　——扬雄

不自重者致辱，不自畏者招祸。　——申涵煜

是不必己，非不必人。　——张居正

二人同心，其利断金。　——《易经》

亲仁善邻，国之宝也。　——《左传》

礼之用，和为贵。　——《论语》

君子和而不同，小人同而不和。　——《论语》

乐民之乐者，民亦乐其乐；忧民之忧者，民亦忧其忧。　——《孟子》

天时不如地利，地利不如人和。　——《孟子》

千人同心，则得千人力；万人异心，则无一人之用。　——《淮南子》

单者易折，众则难摧。　——崔鸿

和以处众，宽以接下，恕以待人，君子人也。　——林逋

有朋自远方来，不亦乐乎？　——《论语》

君子成人之美，不成人之恶。　——《论语》

君子之交淡若水，小人之交甘若醴。君子淡以亲，小人甘以绝。　——庄子

冤家宜结不宜解。　——钱彩

相逢一笑泯恩仇。　——鲁迅

人生得一知己足矣。　——鲁迅

桃花潭水深千尺,不及汪伦送我情。　——李白

可怕的还不是孤独和寂寞,而是你不得不同你不愿意交往的人打交道。
　　　　　　　　　　　　　　　　　　　——何怀宏

一个永远不欣赏别人的人,也就是一个永远也不被别人欣赏的人。　——汪国真

不要害怕拒绝他人,如果自己的理由出于正当。　——三毛

成功的人际关系在于你能捕捉对方观点的能力;还有,看一件事须兼顾你和对方的不同角度。天底下只有一种方法可以影响人,就是提出他们的需要,并且让他们知道怎样去获得。能设身处地为他人着想,了解别人心里想些什么的人,永远不用担心未来。　——卡耐基

真诚地赞赏他人。　——卡耐基

渴求他人的注意,并希望他人感到自己重要,这也许是人性的一大特征。因此,要满足他人的这种愿望,你只需学会一点:真诚地赞赏他人。但有些人就是不善此道,他们要么不会称赞他人,要么虚情假意、让人一眼识破,这种虚伪的赞许只能更加令人反感,更遭人憎恶!何不发自内心,出于真诚,对他人施予称赞之辞!同时,你也能从中获得应有的回报。　——卡耐基

我们每个人都有自己的需求,有些人做事往往过于单方面强调自己的需求,而忽略或不顾他人的需求,这样他们反倒无法实现自己的需求。从事推销业务者,为何有些人颇为成功,业绩显著,而有些人总是碰壁?因为前者善于从考虑他人的角度来从事自己的业务,而后者只是想到达到自己的目的,没有考虑他人的需求与反应。现实中的很多事情不也是同样的道理么?　——卡耐基

既然你已经来到世上,就应庆幸自己在世上是独一无二的,应该把自己的禀赋发挥出来。我们每个人的生活面貌由自己塑造而成的,如果我们能学会接受自己,看清自己的长处,明白自己的短处,便能踏稳脚步,达到目标。　——卡耐基

人有两种能力是千金的无价之宝—— 一是思考能力。二是分清事情的轻重缓急

并妥当处理的能力。快乐并非取决于你是什么人，或你拥有什么，它完全来自于你的思想。　——卡耐基

仅只劳心的工作，并不会让人感到疲劳。大多数疲劳现象源于精神或情绪的态度。为所有而喜，不为所有而忧。凡是往好的一面去想，这种习惯比收入千磅还好。　——卡耐基

人并非生来就具有某些恶习和不良习惯，而是后天慢慢养成的。对于我们的生活和事业来讲，有些习惯虽然不好，但它们可以无碍大事，不会产生直接的冲突和严重危害；而有些则是我们获得幸福与成功的大改。对于后者，我们应该努力改正，并坚决摒弃，否则，这些恶习会影响我们终生。　——卡耐基

我们很多人都有这样切身感受，当自己春风得意之时，便会感觉生活处处充满阳光；而一日遇到困难，或身处逆境时，就觉得生活阴暗，甚至感到世界的末日即将来临！因此，个人主观性在一定程度上影响和改变着人们的生活和事业。其实，我们每个人拥有百分之九十的长处，而只有百分之十的不足。问题是，你如何发现和对待这百分之九十与百分之十的关系。当你将自己的百分之十与他人相比时，你不禁会感叹！　——卡耐基

当别人问你、无情地批评你时，是因为他们自以为这样可以提高他们自己的重要性。一旦你被人踢时，这并不完全是件坏事，至少说明了一点。有些人喜欢攻击比自己教育程度好，对自己有某种威胁，或比自己成功的人，来满足自己卑劣的本性。当有人踢你时，请记住，没有人会踢一只死狗！　——卡耐基

渴求赞美，这是人的一种共识。但现实生活中，我们不可能时时让悦耳的称赞充斥于耳，更要面对难听的指责、无情的批评，甚至是恶意的攻击。而且有些人为达到自己的目的，为抬高自己，他们乐此不疲，颇有绝招，但有些人就是爱中他人之计，与之较真，与之反抗，甚至使之成为自己的一大精神负担与压力。记住古人的一句哲理之言，让他人去说吧！　——卡耐基

如果我们想结交朋友，就要先为别人做些事情——那些需要花时间、精力、体贴、奉献才能做到的事。只有你真正关心他人，才能赢得他人的注意、帮忙和合作，甚

至最忙碌的重要人物也不例外。　——卡耐基

如果你希望别人很高兴见到你，你必须高兴地会见别人。世上人人都在寻求快乐，但只有一个确实有效的方法，那就是控制你的思想。人们极重视他们的名字，因而他们竭力设法使之延续，即使牺牲也在所不惜。如果你希望成为一个善于谈话的人，那就先做一个注意静听的人。　——卡耐基

宽慰自己最好的方法是多看别人的短处，鼓励自己最好的方法是多看自己的长处。

和英俊的男人握握手，和深刻的男人谈谈心，和成功的男人多交流，和普通的男人过日子。

如果你要做自己喜欢的事情，那毕业5周年的聚会，你不要去，因为那时你正处在最艰难的时刻，而你的同学们，大多在大公司里平步青云。同样，10周年聚会，你也不要去。但是，20周年的同学聚会，你可以去，你会看到，那些坚持梦想的人和随波逐流的人，生命将有什么不同。

提防两种人：认为所有人都是笨蛋的聪明人，认为所有人都是聪明人的笨蛋。珍视两种人：一个只知流泪的人为你流了血，一个只懂流血的人为你流了泪。远离两种人：遇到好事就伸手的人；碰到难处就躲闪的人。　——麦家

（三）友谊

个人感悟

友谊是知情，是知音，是知心。曹雪芹在《红楼梦》中说得好："万两黄金容易得，知心一个也难求。"所以有人就有这样的感叹：人生得一知己足矣！伟大的物理学家爱因斯坦也说："世间最美好的东西，莫过于有几个有头脑和心地都很正直的、严正的朋友。"

友谊是诤言，是中肯，是医治心病的良药，真正的朋友很像一些内行的心理医生，不仅会帮助你摆脱不良情绪的困扰，而且能帮你卸下精神包袱。

友谊是愉快，是欢乐，是幸福。它会使一个人的人生感到充实、和谐。有了它，人就不会感到孤独；有了它，就会使一个人的人生变得更有意义和价值。

友谊是一盏明灯。它能使人在彷徨之中增加信心，在困难之中见到希望，在黑暗之中见到光明，它能弥补一个人心灵中的创伤，可以将一个人从危险的堕落之中挽救过来。

友谊也是一种责任，是一种义务。人，不仅要对自己负责，也要对自己的朋友负责。友谊会使你先朋友之忧而忧，后朋友之乐而乐；会使你心甘情愿地去为朋友尽义务，毫无怨言地为朋友作贡献。

友谊，由一个缘字开始，凭一个信字延续，朋友全靠一个心字长久！友谊在空间的来往中加深，情义在时间的流逝中求真，心意在空间的交流中坦诚，距离在相互的问候中靠近，心愿在彼此的祝福中验证。

友谊，以互相尊重为基础。崇高美好的友谊，在你获得成功的时候，为你高兴，而不捧场；在你遇到不幸或悲伤的时候，会给你及时的支持和鼓励；在你有缺点可能犯错误的时候，会给你正确的批评和帮助。

总之，友谊是人生最重要的东西，所以英国伟大学者达尔文说："谈到名声、荣誉、快乐、财富这些东西，如果同友谊相比，它们都是尘土。"

一个人要获得真正的友谊，并非是一件容易的事。

真正的友谊不能采取实用主义的态度。有的人今天想要友谊时对他人就好得不得了，明天不想要友谊时则冷若冰霜，态度来了一个一百八十度的大弯；有的人"需要"友谊时就什么都愿意做，什么都愿意给，不"需要"友谊时，则特别怕麻烦，甚至懒得答理他人，这样的人是很难获得真正的友谊。

真正的友谊不能从个人的私利出发。有的人功利性极其强烈，将建立友谊作为达到个人某种目的的工具，将友谊看作是谋取私利的手段。有利可图时，则亲密无间；无利可图时，则立即反目为仇；私利没有达到目的时，就尽量去建立友谊，私利达到后则尽快摆脱友谊。隋朝学人王通曰："以势交者，势尽则疏；以利交者，利尽则散。"这种人是不可能得到真正的友谊的，即使有了友谊也不会天长日久。

为什么青少年时代建立起来的友谊最难使人忘怀，使人留恋？因为这个时代是人们最纯洁、最真诚、最无私的时代。

真正的友谊要忠实，要真诚，要赤诚。既是朋友，就要彼此信任，就要诚恳老实，就要襟怀坦白，就要推心置腹，要敞开自己的心扉，是一就是一，是二就是二，彼此要充分交换意见，不能当面一套，背后又是一套，不要遮遮掩掩，不能三心二意，不能虚情假意，经过忠诚考验的友谊才是真正的的友谊。

真正的友谊不是在口头上的，要在行动上互相帮助。俄国文学家车尔尼雪夫斯基说："交朋友干什么？为的是到紧要关头能有储备的代办处。"哪一个人活在世上不会碰到困难？不会遇到挫折、失败？不会发生危难？所以朋友有了困难就要伸出援助之手，尤其是当他人处于危难之中的时刻，更要去帮助。建立在酒肉基础和哥们义气上的友谊是最不可靠的友谊，只有患难相济的友谊才是真正的友谊。

真正的友谊是互爱，真心的友谊是互助，真诚的友谊是力量，真挚的友谊是享受。

经典事例

阿拉伯传说中有两个朋友在沙漠中旅行，在旅途中的某点他们吵架了，一个还给了另外一个一记耳光。被打的觉得受辱，一言不语，在沙子上写下："今天我的好朋友打了我一巴掌。"他们继续往前走。直到到了沃野，他们就决定停下。被打巴掌的那位差点淹死，幸好被朋友救起来了。被救起后，他拿了一把小剑在石头上刻了："今天我的好朋友救了我一命。"一旁好奇的朋友问说：为什么我打了你以后，你要写在沙子上，而现在要刻在石头上呢？另个笑笑地回答说：当被一个朋友伤害时，要写在易忘的地方，风会负责抹去它；相反的如果被帮助，我们要把它刻在心里的深处，那里任何风都不能抹灭它。

名人箴言

人生所贵在知己，四海相逢骨肉亲。　　——《雁门集》

一切朋友都要得到他们忠贞的报酬，一切仇敌都要尝到他们罪恶的苦杯。

——莎士比亚

想与所有的人交友的人，不是任何人的朋友。 ——普菲费尔

和朋友谈心，不必留心，但和敌人对面，却必须刻刻防备。 ——鲁迅

竭诚相助亲密无间，乃友谊之最高境界。 ——瓦鲁瓦尔

君子忌苟合，择交如求师。 ——贾岛

最善于应付对外面敌人的恐惧的是尽量交友；对于不能交为朋友的人，至少要避免和他们结怨；要是连这个也办不到，就要尽可能地避免和他们往来，为自己的利益疏远他们。 ——伊壁鸠鲁

那些背叛同伴的人，常常不知不觉地把自己也一起灭亡了。 ——伊索

只要一起经历过长大和成熟的过程，就足以使最肤浅的相识变为最亲密的知己。 ——洛根·史密斯

与其得小人，不如交愚人。 ——司马光

君子不镜于水，而镜于人。镜于水，见而之容；镜于人，则知凶与吉。

——墨翟

知道危险而不说的人，是敌人。 ——歌德

我需要三件东西：爱情、友谊和图书。然而这三者之间何其相通！炽热的爱情可以充实图书的内容，图书又是人们最忠实的朋友。 ——蒙田

决不要陷于骄傲。因为一骄傲，你就会拒绝别人的忠告和友谊的帮助；因为一骄傲，你就会在应该同意的场合固执起来；因为一骄傲，你就会丧失客观方面的准绳。——巴甫洛夫

真诚的友谊好像健康，失去时才知道它的可贵。 ——哥尔顿

有些人对你恭维不离口，可全都不是患难朋友。 ——莎士比亚

以权利合者，权尽而交疏。 ——司马迁

交朋友要交有义气的人，正如聪明的医师治病前必须切脉考察病根，交朋友也必须考察对方的品德，否则是危险的。 ——伊本·穆加发

在无利害观念之外，互相尊敬似乎是友谊的另一要点。　——莫罗阿

只能和你同乐不能和你共苦的人，丢掉了天堂七个门中的一把钥匙。　——纪伯伦

青年男女应当保持真诚的关系，也就是说，要有这样一种关系：无论对任何事物，不夸大，也不低估。如果彼此不欺骗，如果尊重自己也尊重他人，这时候，不管保持什么样的关系——友谊的、爱慕的等等关系——那都是健全的关系。
　　　　　　　　　　　　　　　　　　　——马卡连柯

在欢乐时，朋友会认识我们；在患难时，我们会认识朋友。　——科林斯

面对不幸，了解朋友。　——赫尔德

一个好朋友常常是在逆境中获得的。　——拉丁美洲谚语

在业务的基础上建立的友谊，胜过在友谊的基础上建立的业务。　——洛克菲勒

正如真金要在烈火中识别一样，友谊必须在逆境里经受考验。　——奥维德

选择朋友一定要谨慎！地道的自私自利，会戴上友谊的假面具，却又设好陷阱来坑你。　——克雷洛夫

没有一宗友情是地久天长的。人们在你的生活里来去如流，有时，友情的过程是短暂的、有限的。　——索菲娅·罗兰

所谓以礼待人，即用你喜欢别人对待你的方式对待别人。　——切斯特菲尔德

一切善的终点与顶峰，生命最后的明星都是友爱。　——埃·马卡姆

人心只能赢得，不能靠人馈赠。　——叶芝

先淡后浓，先疏后密，先远后近，交友之道也。　——《胡氏家训》

当你的朋友向你倾吐胸襟的时候，你不要怕说出心中的"否"，也不要瞒住心中的"可"。　——吉普林

友谊与爱情一样，只有生活在能够与之自然相处，无需做作和谎言的朋友中间，你才会感到愉快。　——莫洛亚

真实的十分理智的友谊是人生最美好的无价之宝。　——高尔基

相知无远近，万里尚为邻。　——张九龄

对在各种孤独中间，人最怕精神上的孤独。　——巴尔扎克

友谊的最大努力并不是向一个朋友展示我们的缺陷，而是使他看到他自己的缺陷。　——拉罗什富科

伪装的朋友要比凶恶的敌人更坏。　——普卡利西尔

莫愁前路无知己，天下谁人不识君。　——高适

大凡敦厚忠信，能攻吾过者，益友也；其谄媚轻薄，傲慢亵狎，导人为恶者，损友也。　——朱熹

人的生活离不开友谊，但要得到真正的友谊才是不容易；友谊总需要忠诚去播种，用热情去灌溉，用原则去培养，用谅解去护理。　——马克思

缺乏真正的朋友乃是最纯粹的最可怜的孤独；没有友谊不过是一片荒。

——培根

学会爱人，学会懂得爱情，学会做一个幸福的人——这就是要学会尊重自己，就是要学会人类的美德。　——马卡连柯

真正的友谊不是一株瓜蔓，会在一夜之间蹿将起来，一天之内枯萎下去。

——夏洛蒂·勃朗特

没能弄清对方的底细，决不能掏出你的心来。　——巴尔扎克

相识满天下，知心能几人。　——冯梦龙

交友时须慎思，先知其品性、家世和交游。　——瓦鲁瓦尔

保持友谊的最好的办法是不出卖朋友。　——米兹涅尔

朋友邀宴，可以缓往；朋友有难，必须速赴。　——书摘

兄弟不一定是朋友，朋友往往是兄弟。　——富兰克林

爱是苛求的，因为苛求而短暂。友谊是宽容的，因为宽容而长久。　——周国平

宴笑友朋多，患难知交寡。　——蒲松龄

最亲近的朋友往往就是铸成大错的冤家。　——约·梅西

在背后称赞我们的人，就是我们的良友。　——塞万提斯

友谊，那心灵的神秘的结合者！生活的美化者，社会的巩固者！　——罗伯特·布拉亥

友谊！世界上有多少人在说这个字的时候指的是茶余酒后愉快的谈话和相互间对弱点的宽容！可是这跟友谊有什么关系呢？　——法捷耶夫

交上了坏朋友的人，是难以得到世人的敬重的。　——克雷洛夫

当路谁相假，知音世所稀。　——孟浩然

所谓友谊，首先是诚恳，是批评同志的错误。　——奥斯特洛夫斯基

友情是天堂，没有它就像地狱；友情是生命，没有它就意味着死亡。　——威·莫里斯

友谊绝不会忍受长期和频繁的忠告。　——罗伯特·林德

友谊不但能使人生走出暴风骤雨的感情而走向阳光明媚的晴空，而且能使人摆脱黑暗混乱的胡思乱想而走入光明与理性的思考。　——培根

富贵招朋友，困苦识知己。　——英国谚语

开诚布公与否和友情的深浅，不应该用时间的长短来衡量。　——巴尔扎克

幸福并不在于多友，而在于慎择友人及其价值。　——约翰生

人生交契无老少，论交何必先同调。　——杜甫

友谊是个无垠的天地，它多么宽广啊！　——罗·布朗宁

朋而不心，面朋也；友而不心，面友也。　——扬雄

甚至不愿听朋友说真话的人，是真正不可救药的人。　——西塞罗

不爱任何人的人，据我看是也不能为任何人所爱的。　——德谟克里特

培养青年要尊重劳动者和劳动人民的感情。　——加里宁

向你的朋友学好，对着你的影子整装。　——蒙古族谚语

悲伤可以自行料理；而欢乐的滋味如果要充分体会，你就必须有人分享才行。　——马克·吐温

落日见秋草，暮年逢故人　——李端

友谊建立在同志中，巩固在真挚上，发展在批评里，断送在奉承中。　——列宁

相知在急难，独好亦何益。　——李白

文士满华堂，不如一直友。　——吴喜纪

士有妒友，则贤交不亲，君有妒臣，则贤臣不至。　——荀况

在智慧提供给整个人生的一切幸福之中，以获得友谊最为重要。　——伊壁鸠鲁

仇恨终将泯灭，友谊万古常青。　——西塞罗

朋友间必须患难相济，那才能说得上是真正的友谊。　——莎士比亚

丈夫结交须结贫，贫者结交交始亲。　——高适

君子居人间则治，小人居人间则乱。君子欲和人，譬犹水火不相能然也，而鼎在其间，水火不乱，乃和百味，是以君子不可不慎择人在其间。　——刘向

友谊是两个平等者之间的无私交往；爱情则是暴君与奴隶之间的卑下交流。　——奥立弗·哥尔斯密

万两黄金容易得，知心一个也难求。　——曹雪芹

朋友，以义合者。　——朱熹

那些私下和你谈到你的错误的人，可放心和他做朋友，因为他甘冒不韪。　——剌里

友谊的基础在于两个人的心肠和灵魂有着最大的相似。　——贝多芬

你的敌人和朋友携手合作，才能伤你的心。敌人大肆诽谤你，朋友赶忙传给你听。　——马克·吐温

交得其道，千里同好，固于胶漆，坚于金石。　——谯周

浅近轻浮莫与交。　——贯休

世事短如春梦，人情薄似秋云。　——郑之珍

友谊像婚姻一样，其维持有赖于避免不可宽恕的事情。　——奥维德

友谊是一个神圣而又古老的名字。　——奥维德

不是真正的朋友，再重的礼品也敲不开心扉。　——弗·培根

人之相知，贵在知心。　——李陵

友谊的主要效用之一，就是使人心愤怨和抑屈之气得以宣泄释放。　——培根

志合者，不以山海为远；道乖者，不以咫尺为近。　——葛洪

讲义气的人，他们彼此建立友谊，是非常容易的；要他破坏已有的友谊，却是一件难事。正如黄金的器皿一样，是不容易破碎的；倘若破坏了，要修补它，使它恢复原状，却是最容易的事。　——伊本·穆加发

柔和的态度对于一颗被人轻蔑的心的确是很大的安慰。　——罗曼·罗兰

朋友如甜瓜，百试始得。　——法国谚语

衣服新的好，朋友旧的好。　——莎士比亚

近朱者赤，近墨者黑。　——傅玄

恩情须学水长流。　——鱼玄机

天下有一知己，可以不恨。　——林语堂

但愿老天爷让我们别交上愚蠢的朋友，因为殷勤过分的蠢才比任何敌人还要危险。　——克雷洛夫

人生所贵在知己，四海相逢骨肉亲。　——李贺

真正的朋友应该说真话，不管那话多么尖锐。　——奥斯特洛夫斯基

势利之交，难以经远。　——诸葛亮

相见情已深，未语可知心。　——李白

找一个赞美你的朋友，不如找一个挑你刺的朋友。　——《当代青年谈人生》

当穷神悄然进来，虚伪的友情就越窗仓皇而且逃。　——米尔

人生得一知己足矣，斯世当以同怀视之。　——鲁迅

在幸运时不与人同享的，在灾难中不会是忠实的友人。　——伊索

谁若想在厄运时得到援助，就应在平日待人以宽。　——萨迪

寻找朋友的人，是理应找到朋友的，没有朋友的人，说明他从未寻找过。

——莱辛

求爱的人得爱；舍身友谊的人有朋友；殚精竭虑而创造幸福的人便有幸福。

——莫罗阿

生活的美化者，社会的巩固者。　——罗伯特·布拉亥

全为实利打算，换言之，就是只要全家。充其极端，做人全无感情，全无义气，全无趣味，而人就变成枯燥、死板、冷酷、无情的一种动物。这就不是"生活"，而仅是一种"生存"了。 ——丰子恺

难得是诤友，当面敢批评。 ——陈毅

度尽劫波兄弟在，相逢一笑泯恩仇。 ——鲁迅

与朋友交，言而有信。 ——子夏

我们要竭尽全力来保卫我们的名誉和权利。 ——彭托皮丹

当你遭遇挫折而感到愤闷抑郁的时候，向知心挚友的一度倾诉可以使你得到疏导。否则这种积郁使人致病。俗语说：人总是乐于把最大的奉承留给自己，而友人的逆耳忠言却可以治疗这个毛病。朋友之间可以从两个方面提出忠告：一是关于品行的，二是关于事业的。 ——培根

友谊像清晨的雾一样纯洁，奉承并不能得到友谊，友谊只能用忠实去巩固它。 ——马克思

岁寒知松柏，患难见真情。 ——中国谚语

你通常会发现自己跟没有什么话可说的人在一起时反而话更多。 ——帕菲萨

以财交者，财尽则交绝；以色交者，华落而爱渝。 ——《战国策》

友谊也像花朵，好好地培养，可以开得心花怒放，可是一旦任性或者不幸从根本上破坏了友谊，这朵心上盛开的花，可以立刻萎颓凋谢。 ——大仲马

坎坷的道路上可以看出毛驴的耐力，患难的生活中可以看出友谊的忠诚。

——米南德

选择朋友要冷静，不可操之过急，断交更要慎重，能对你开怀直言的人，便是你的挚友。 ——约翰逊

因为有利可图才与你结为朋友的人，也会因为无利可图而与你绝交。 ——塞内加

破坏水堤的是腐朽的树根，破坏友谊的是言而无信的人。 ——西塞罗

把友谊归结为利益的人，我认为是把友谊中最宝贵的东西勾销了。 ——西塞罗

当你身处顺境，只在接受邀请才来访，而当你身处逆境时不邀自来的人，才是真正的朋友。　——奇奥佛拉斯塔

择友勿急躁，弃友更须三思。　——富兰克林

我服从理性，有必要时，我可以为它牺牲我的友谊，我的憎恶，以及我的生命。　——罗曼·罗兰

乍见翻疑梦，相悲各问年。——司空曙

友谊真是一样最神圣的东西，不光是值得特别推崇，而且值得永远赞扬。它是慷慨和荣誉的最贤慧的母亲，是感激和仁慈的姐妹，是憎恨和贪婪的死敌；它时时刻刻都准备舍己为人，而且完全出于自愿，不用他人恳求。　——薄伽丘

什么样的人，交什么样的朋友。——欧里庇得斯

缺乏真正的朋友乃是最纯粹最可怜的孤独；没有友谊则斯世不过是一片荒野；我们还可以用这个意义来论"孤独"说，凡是天性不配交友的人其性情可说是来自禽兽而不是来自人类。——培根

朋友是宝贵的，但敌人也可能是有用的；朋友会告诉我，我可以做什么，敌人将教育我，我应当怎样做。——席勒

自由只有通过友爱才得以保全。——雨果

势利之交出乎情，道义之交出乎理，情易变，理难忘。——傅玄

谁若自顾快走，你别和他结伴同走；谁若对你薄情，你别把他当作朋友。
　　　　　　　　　　　　　　　——瑟蒂斯

自己不能胜任的事，切勿轻易答应别人；既经允诺，就必须实践自己的诺言。——华盛顿

亲贤学问，所以长德也。——刘向

亲之割之不断，疏者属之不坚。——韩愈

人家帮我，永志不忘，我帮人家，莫记心上。——华罗庚

真正的友谊从来不会平静无波。——赛维涅夫人

人与人之间，只有真诚相待，才是真正的朋友。谁要是算计朋友，等于自己欺

骗自己。 ——哈吉·阿布巴卡·伊芒

友谊是两颗心真诚相待，而不是一颗心对另一颗心的敲打。 ——鲁迅

人不能老是行时，在你背时的时候，有人还了解你，就是知己了。 ——刘少奇

"君子之交淡如水"，因为淡所以不腻，才能持久。 ——佚名

真正的朋友有三种：爱你的朋友、忘你的朋友、恨你的朋友。 ——桑弗

交朋友，贵在眼慈，横看成岭侧成峰——总是个好家伙。小疵人人有，哪个还不是也有，自己难道没有？ ——三毛

那些忘恩的人，落在困难之中，是不能得救的。 ——伊索

山上高松溪畔竹，清风才动是知音。 ——杨行敏

友谊是精神的默契，心灵的相通，美德的结合。 ——彭威廉

贫交不可忘，久交念敦敬。 ——鲍照

君子赠人之言，庶人赠人以财。 ——荀况

花朵以芬芳熏香了空气，但它的最终任务，是把自己献给你。 ——泰戈尔

最理想的朋友，是气质上互相倾慕，心灵上互相沟通，世界观上互相合拍，事业上目标一致的人。 ——周汉晖

君子与君子以同道为朋；小人与小人以同利为朋。 ——欧阳修

婴其鸣矣，求其友声。 ——《诗经》

幸福的时候需要忠诚的友谊，患难的时刻尤其需要。 ——塞涅卡

君有奇才我不贫。 ——郑板桥

为朋友死不难，难在找一个值得为他死的朋友。 ——霍姆兹

友谊能增进快乐，减轻痛苦，因为它能倍增我们的喜悦，分担我们的烦恼。
——爱迪生

在快乐时，朋友会认识我们；在患难时，我们会认识朋友。 ——柯林斯

友谊不能成为一种交易；相反，它需求最彻底的无利害观念。 ——莫罗阿

友谊是个无垠的天地，它多么宽广啊。 ——罗·布朗宁

仁爱的话，仁爱的诺言，嘴上说起来的容易的，只有在患难的时候，才能看见

朋友的真心。　——克雷洛夫

　　和好人交游，必然会受到好的陶冶；和恶人为伍，必然也要受到恶的熏染，风吹过香物以后，必然也会发出馨香；风吹过臭物之后，必然就要发出臭味。

——伊本·穆加发

　　真正的朋友应该说真话，不管话多么尖锐。　——奥斯特洛夫斯基

　　实际上，人们的联合是不可思议的，是一条神奇的"友爱"纽带把所有的人联系在一起。　——卡莱尔

　　你不要把那人当作朋友，假如他在你幸运时表示好感。只有那样的人才算朋友，假如他能解救你的危难。　——萨迪

　　真正的朋友，在你获得成功的时候，为你高兴，而不捧场。在你遇到不幸或悲伤的时候，会给你及时的支持和鼓励。在你有缺点可能犯错误的时候，会给你正确的批评和帮助。　——高尔基

　　择友宜慎，弃之更宜慎。　——富兰格林

　　尘世之友谊，莫过于寒窗。　——字严

　　蜜糖算最甜，友谊的话比蜜糖还甜。　——瑶族谚语

　　择友如淘金，沙尽不得宝。　——李成用

　　赢得友谊要靠智慧，保持友谊要靠美德，这两者是同等重要的。　——威·佩因特

　　平等和互惠是友谊的两个标志。　——奥维德

　　富裕带来荣誉，富裕创造友谊，穷人到哪儿都是下人。　——奥维德

　　在"友谊"的机械装置上使用"礼貌"这种精炼油实为明智之举。　——科利特

　　志同道合的人并不需要永远待在一起。有的人你和他长住一块，保持着亲密的关系，但从来不会推心置腹说心里话；而有些人，刚刚相识，就一见如故，彼此像忏悔一样把所有的秘密都泄露出来。　——佚名

　　挑选朋友要慎重，更换朋友要更慎重。　——富兰克林

　　要这样生活；使你的朋友不致成为仇人，使你的仇人却成为朋友。　——毕达

哥拉斯

  用狡计去害友人的人,自己将陷于危险埋伏之中。 ——伊索

  君子交有义,不比常相从。 ——郭遐叔

  朋友这种关系,美在锦上添花,贵在雪中送炭。 ——三毛

  损友敬而将骑士抛下马鞍,恶友会将朋出卖。 ——维吾尔族谚语

  一旦友谊破裂,名誉受玷污,忠诚变为罪恶和可耻的隐痛,以前的一切仅留下一个不停地出血的创伤,永远不可能愈合。 ——温塞特

  在背后称赞我们的人就是我们的良友。 ——塞万提斯

  一个人在其人生道路上如果不注意结识新交,就会很快感到孤单。人应当不断地充实自己对别人的友谊。 ——塞·约翰逊

  友谊,好比一瓶酒,封存的时间越长,价值则越高;而一旦启封,还够一个酒鬼滥饮一次。 ——梁晓声

  在不幸中,有用的朋友更为必要;在幸运中,高尚的朋友更为必要。在不幸中,寻找朋友出于必需;在幸运中,寻找朋友出于高尚。 ——亚里士多德

  人情却似杨柳絮,悠扬便逐春风去。 ——晏几道

  真正的友谊是一种缓慢生长的植物,必须经历并顶得住逆境的冲击,才无愧友谊这个称号。 ——华盛顿

  君子与君子以同道为朋;小人与小人以同利为友。 ——欧阳修

  与善人居,如入兰芷之室,久而不闻其香,则与之化矣。与恶人居,如入鲍鱼之肆,久而不闻其臭,亦与之化矣。 ——刘向

  连一个高尚朋友都没有的人,是不值得活的。 ——德谟克里特

  做一个善良的人,为群众谋幸福。 ——高尔基

  忠诚是爱情的桥梁,欺诈是友谊的敌人。 ——苗族谚语

  真正的志同道合者不可能长久地争吵;他们总会重新言好的。 ——歌德

  二人同心,其利断金;同心之言,其香如兰。 ——《周易》

  要更多去探望处在危难中而不是正在走红的朋友。 ——开伦

即使是最神圣的友谊里也可能潜藏着秘密，但是你不可以因为你不能猜测出朋友的秘密而误解了他。　——贝多芬

爱情是友谊的精华，书信是爱情的妙药。　——詹·豪厄

友谊和花香一样，还是淡一点的比较好，越淡的香气越使人依恋，也越能持久。　——席慕容

友情在过去的生活里，就像一盏明灯，照彻了我的灵魂，使我的生存有了一点点光彩。　——巴金

如果人表面效果来判断，爱情与其说像友谊不如说像仇恨。　——拉罗什富科

何为爱情？一个身子两颗心；何为友谊？两个身子一颗心。　——约瑟夫·鲁

没有可倾心相谈的知交的人们，是个吃自己和自己心的食人鬼。　——培根

人生最美好的东西，就是他同别人的友谊。　——林肯

人生结交在始终，莫以升沉中路分。　——贺兰进明

友谊应当是不朽的。　——蒂特·李维

我们不应该不惜任何代价地去保持友谊，从而使它受到玷污。如果为了那更伟大的爱，必须牺牲友谊，那也是没有办法的事；不过如果能够保持下去，那么，它就能真的达到完美的境界了。　——泰戈尔

你生平得不到理想中的知心，等到世界末日也不会发现忠诚的朋友。　——《天方夜谭》

因为有利可图才与你结为朋友的人，也会因为有利可图而与你绝交。　——塞内加

有缘千里来相会，无缘对面不相逢。　——施耐庵

友情在我过去的生活里就像一盏明灯，照彻了我的灵魂，使我的生存有了一点点的光彩。　——巴金

为朋友而死不难，难在找一个值得为之而死的朋友。　——英国谚语

单独一个人可能灭亡的地方，两个人在一起可能得救。　——巴尔扎克

如果友谊一旦破坏了，连爱情也不能够再使它恢复。　——《五卷书》

文情不厌新，交情不厌陈。能存先昔友，留示后来人。　——汤显祖

友谊总需要用忠诚去播种，用热情去灌溉，用原则去培养，用谅解去护理。

——马克思

三朋四友，吃喝玩乐，这叫作"酒肉朋友"，朋友相聚，不谈工作，不谈学习，不谈政治，只谈个人之间私利私愤的事，这叫作"群居终日，言不乃义"。

——谢觉哉

为朋友若要情谊持久，必须彼此谦让体贴。　——佚名

世界上用得最普遍的名词是朋友，但是最难得到的也是朋友。　——法国谚语

自己先做一个好人，然后找和你相仿的人做你的朋友。能如此，友谊才能稳固地成长。　——西塞罗

跟小人一起，办小事；跟大人一起，小事可成大功。　——佚名

友谊就好比一颗星星，而爱情只是一支蜡烛。蜡烛是要耗尽的，而星星却永远闪光。　——大仲马

忠诚是爱情的桥梁，欺诈是友谊的敌人。　——维吾尔族谚语

真正的友谊总是预见对方的需要，而不是宣布自己需要什么。　——莫洛亚

劝君更尽一杯酒，西出阳关无故人。　——王维

不论是多情的诗名、漂亮的文章，还是闲暇的欢乐，什么都不能代替亲密的友情。　——普希金

有时候，两个从不相识的人的确也很可能一见面就变成了知心的朋友。

——泰戈尔

一切亲人并不都是朋友，而只有那些有共同利益关系的才是朋友。　——德谟克里特

朋友之交不宜浮杂。　——《抱朴子》

友谊只能在实践中产生并在实践中得到保持。　——歌德

老的树最好烧，老的马最好骑，老的书最好读，老的酒最好喝，老的朋友最可信赖。　——莱特

古之君子，绝友不出丑语。 ——嵇康

主人和奴仆之间不可能有友谊。 ——库尔齐

酒食上得来的朋友，等到酒尽樽空，转眼成为路人。 ——莎士比亚

同心而共济，始终如一。 ——欧阳修

未言心相醉，不在接杯酒。 ——陶潜

知己肝胆相照。 ——文天祥

平日若无真义气，临事休说生死交。 ——施耐庵

不可以一时之誉，断其为君子，不呆以一时之谤，断其为小人。 ——冯梦龙

能媚你的，必能害你，要加倍防备；肯谏你的，必肯助你，要倾心细听。

——曲波

心地善良的人、富于幻想的人比冷酷残忍的人更容易聚合。 ——约翰逊

真挚的友谊犹如健康，不到失却时，无法体味其珍贵。 ——培根

与君远相知，不道云海深。 ——王昌龄

以文会友，以友辅仁。 ——《论语》

世界上最难寻觅而又最易失去的是朋友。 ——韦伯斯特·罗利

掘井须到流，结交须到头。 ——贾岛

不要对一切都以不信任的眼光看待，但要谨慎而坚定。 ——德漠克利特

决不要陷于骄傲。因为一骄傲，你们就会在应该同意的场合固执起来；因为一骄傲，你们就会拒绝别人的忠告和友谊的帮助；因为一骄傲，你们就会丧失客观标准。 ——巴甫洛夫

最主要的是所选朋友必须正派，即品行端正的人。 ——邹韬奋

一生中交一个朋友谓之足，交两个朋友谓之多，交三个朋友谓之难得。

——亨·亚当斯

好感是友谊的先决条件，但不能把两者混为一谈。 ——亚里士多德

朋友的深情，刀子砍不断。 ——维吾尔族谚语

友谊不是别的，而是一种以善意和爱心去连接世上一切神俗事物的和谐。

——西塞罗

从另一个人的诤言中所得来的光明，比从他自己的理解力、判断力中所得出的光明更干净纯粹。 ——英国谚语

阳称其善以悦彼之心，阴养彼之恶以快己之意，此友道之大戮也。 ——李惺

以权利合者，权利尽而交疏。 ——司马迁

朋友的每一次背信弃义都增加了几分我们对于金钱威力的信赖。 ——威廉·申斯通

人走好运，宾朋如云；逢了厄运，蛛网挂门。 ——英国谚语

朋友之间用不自然的礼貌时，就可以知道他们的感情已经开始低落了。

——莎士比亚

聪明的人们就应该尽上力量去建立友谊，而不应去结仇恨。 ——《五卷书》

一个人从另一个人的诤言中所得来的光明，比从他自己的理解力、判断力所得出的光明更是干净纯粹。 ——培根

友谊既不需要奴隶，也不允许有统治者，友谊喜欢平等。 ——冈察洛夫

夫大寒至，霜雪降，然后知松柏之茂也。 ——《淮南子》

问姓惊初见，称名忆旧容。 ——李益

同德则同心，同心则同志。 ——左丘明

博弈之交不终日，饱食之交不终月；势力之交不终年，惟道义之交可以终身。 ——金缨

用了狡计去害友人的人，自己将陷于危险埋伏之中。 ——伊索

朋友之交，不宜杂浮。 ——葛洪

朋友间当遵守以下法则：不要求别人寡廉鲜耻的行为，若被要求时则应当拒绝之。 ——西塞罗

对你严肃的面孔，那是一盏明灯。 ——柯尔克孜族谚语

好人常直道，不顺世间逆。恶人巧谄多，非义苟且得。 ——孟郊

友谊能增进快乐，减轻痛苦；因为它能倍增我们的喜悦，分担我们的烦忧。

——爱迪生

撇开友谊，无法谈青春，因为友谊是点缀青春的最美的花朵。 ——池田大作

最关于应付对外面敌人的恐惧的是尽量交友；对于不能交为朋友的人，至少要避免和他们结怨；要是连这个也办不到，就要尽可能地避免和他们往来，为自己的利益疏远他们。 ——伊壁鸠鲁

金质礼品会断送友谊。因为赠礼者也许的确会忘记自己的慨举，但受礼者却永远会感此厚恩。 ——威·史密斯

有时候爱会自然而然地从信任、敬重和友谊中产生。我愿意从最后一个开始，到第一个终止。 ——冈察洛夫

同声自相应，同心自相知。 ——傅玄

人总有他不懂的事，正是凭着这个，人才能相处一起，相互保持尊重。

——佚名

真正的朋友遇难就帮，假心的朋友遇难就嚷。 ——柯尔克孜族谚语

保持友谊的最好办法就是任何事情也不假手于他，同时也不借钱给他。

——保罗

忠实的朋友是菩萨的化身。 ——拿破仑

友谊往往是由一种两个人比一个人更容易实现的共同利益结成的，只有在相互满足时这种关系才是纯洁的。 ——斯特林堡

只要莫逆之交的真情洋溢与世态炎凉的残酷有了比较，一个人才会恍然大悟。 ——巴尔扎克

富贵固然和友谊的好坏无关，但是贫穷却最能考验朋友憎爱分明的真假。

——莎士比亚

朋友是抵抗忧愁、不愉快和恐惧的保卫者，是友爱与信赖的罐子。 ——《五卷书》

要想吸引朋友，须有种种品性。自私、小器、嫉忌，不喜欢成人之美，不乐闻人之誉的人，不能获得朋友。 ——马尔顿

人之相识，贵在相知；人之相知，贵在知心。　——孟轲

一个结婚以后的朋友，无论如何不是从前的朋友了。男人的灵魂现在掺入了一些女人的灵魂。　——罗曼·罗兰

真诚的、十分理智的友谊是人生的无价之宝。你能否对你的朋友守信不渝，永远做一个无愧于他的人，这就是你的灵魂、性格、心理以至于道德的最好的考验。　——马克思

遇见通情达理的人，我们当然感到趣味无穷；遇见怪诞不经的人，我只当散心取乐。　——莫里哀

友如作画须求淡，山似论文不喜平。　——翁朗夫

人间最凶猛的瘟疫便是谄媚。　——乔叟

桃花潭水深千尺，不及汪伦送我情。　——李白

能媚我者必能害我，宜加意防之；肯规予者必背助予，宜倾心听之。　——金缨

不要以为我们看不见的东西就是不存在，在我们一生中，一定会有机会发现一些不使我们失望的人。　——佚名

交朋友必择胜己者。　——何坦

重要的不在于你是谁生的，而在于你跟谁交朋友。　——塞万提斯

只要你告诉我，你交的是些什么样的人，我就能说出，你是什么人。　——歌德

朋友之义，务在切直以升于善道者也。　——徐干

与智者同行，必得智慧；与愚者作伴，必定无益。　——大卫王

恩德相结者，谓之知己；腹心相结者，谓之知心。　——冯梦龙

决不要骄傲。因为一骄傲，你就会在应该同意的场合固执起来，因为一骄傲，你就会拒绝别人的忠告和友谊的帮助。　——巴浦洛夫

山河不足重，重在遇知己。　——鲍溶

不能光是揭露人家过去的错误，而不尊重人家目前的为人。　——奥斯汀

在智慧提供给整个人生的一切幸福之中，以获得友谊为最重要。　——伊壁鸠鲁

真正的朋友太少，言行不一的朋友太多。他们只是语言上的君子，行动上的矮

子，像月亮那样，时而亏缺，时而满。我们只得宣布，把他们看成是还没有用上就知道其价值的货币吧！　——克书多

傲慢亵狎，导人为恶者，损友也。　——朱熹

灾难能证明友人的真实。　——伊索

友谊永远是美德的辅佐，不是罪恶的助手。　——西塞罗

举世重交游，拟结金兰交。　——范质

友谊是心灵的结合。　——伏尔泰

从来夸有龙泉剑，试割相思得断无？　——《唐诗纪事》

学问难穷，帮亲师取友。　——汤斌

趋炎附势的小人，不可共患难！　——拜伦

与朋友之间不要有金钱来往，不要借钱给朋友，要是你借钱给人家，就像胡适先生一样，我借了，就不要求还。人与人之间可有金钱来往，使我们人际关系比较成功。　——三毛

既然我们都是凡人，就不如将友谊保持在适度的水平，不要对彼此的精神生活介入得太深。　——欧里庇德斯

若要对一个人维持交谊，是决不可揭穿他的秘密的，尤其是那种和自尊心有关的秘密。　——大仲马

选择朋友应当像选择阅读的书籍一样，一要谨慎，二要控制数量。　——詹·豪厄尔

妥协对任何友谊都不是坚固的基础。　——泰戈尔

朋友交好，若要情谊持久，就必须彼此谦让体贴。　——乔叟

高尚与友谊，忠实与勇敢——这是天赋于人的四个名称。　——季达菲

一个人倒霉至少有这么一点儿好处，可以认清谁是真正的朋友。　——巴尔扎克

不是血肉的联系，而是情感和精神的相通使一个人有权利去援助另一个。

——柴可夫斯基

当你身居要职的时候，不会愿意接待朋友；有一天他失意伤心，才会需要朋友同情。　——萨迪

一个篱笆三个桩，一个好汉三个帮。　——毛泽东

像爱情始于爱情一样，友谊始于友谊。　——佚名

我不愿意把我们之间的友谊比作铁链；因为铁链也许会被雨水锈蚀，或被倒下来的树砸断。　——彭威廉

只有真诚相待，才是真正的朋友。　——佚名

怯懦的朋友在叛离之后，会成为最凶残的仇敌。　——埃·斯宾塞

交朋友必择己者。讲贯切磋，益也；追随游玩，损也。　——《西畴老人常言》

衣不如新，人不如故。　——《汉乐府》

别有寄托的友谊，不是真正的友谊，而是撒入生活海洋里的网，到头来空收无益。　——纪伯伦

忍耐朋友于一时，以免失掉他于永远。　——蒙古谚语

我们想的是如何养生，如何聚财，如何加固屋顶，如何备齐衣衫；而聪明人考虑的却是怎样选择最宝贵的东西——朋友。　——爱默生

帮助朋友，以保持友谊；宽恕敌人，为争取感化。　——富兰克林

（四）礼仪

个人感悟

礼仪是人类为维系社会正常生活而要求人们共同遵守的最起码的道德规范，它是人们在长期共同生活和相互交往中逐渐形成，并且以风俗、习惯和传统等方式固定下来。对一个人来说，礼仪是一个人的思想道德水平、文化修养、交际能力的外在表现。

中华民族源远流长，在五千年悠久的历史长河中，不但创造了灿烂的文化，而且形成了中华民族的传统美德，在博大精深的传统文化遗产中，很多优良的、传统

的礼仪规范，直至今天仍然有很强大的生命力，它是中华民族宝贵的精神财富。中国传统文化从某种意义上可以说是"礼仪文化"，中华民族自古以来就享有"礼仪之邦"的美称。在我国的传统经典中，有许多对于礼貌的解读，例如《礼记·冠义》"凡人之所以为人者，礼仪也"，认为礼是人与动物相区别的标志；《左传·隐公十五年》"礼，经国家，定社稷，序民人，利后嗣者也"，认为礼是治国安邦的根本；孔子说"不学礼，无以立"，认为礼是立身之本和区分人格高低的标准。可见，自古以来，我国就重视对人民礼仪的教育。

礼仪的教育内容涵盖着社会生活的各个方面。从对象上看有个人礼仪、公共场所礼仪、待客与做客礼仪、餐桌礼仪、馈赠礼仪、交际礼仪等；从内容上看有仪容、举止、表情、服饰、谈吐、待人接物等。在人际交往过程中的行为规范称为礼节，礼仪在言语动作上的表现称为礼貌。

礼仪、礼节、礼貌内容丰富多样，并且有它自身的规律性，每种礼仪都有它对应的原则，最基本的礼仪原则一是敬人的原则，就是对待他人要尊敬礼貌；二是自律的原则，就是在交往过程中要克己、慎重、积极主动、自觉自愿、礼貌待人、表里如一，自我对照，自我反省，自我要求，自我检点，自我约束，不能妄自尊大，口是心非；三是适度的原则，适度得体，掌握分寸；四是真诚的原则，诚心诚意，以诚待人，不逢场作戏，言行不一。

礼仪是一个人是否有道德的基本评价标准，是一个人展示自身形象的名片。在现实社会中，是否有礼仪，反映了你是否能更好地立足于社会，能否得到更好地发展，只要你注意好礼仪，就会受到别人的格外青睐，赢得别人的尊重。

经典事例

一位很有名的剧院经理来拜访大仲马。一见面，他连帽子也没脱下，就冒火地问这位剧作家为什么把最新的剧本卖给一家小剧院的经理。大仲马承认有这么回事。这位经理于是出了一个远远胜于他对手的高价，想把剧本买回来，大仲马笑了笑说："其实你的那位同行用一个很简单的方法，就以很低的价格把剧本买走了。""那是怎么回事？""因为他以与我交往为荣，并且一见面就脱下帽子。"你可以没有金钱，你可以没有地位，你可以没有智慧，但你不能没有礼貌，学会礼貌待人，在尊重别人的同时你会发现自己也正被别人尊重着。

名人箴言

礼貌是一种语言。它的规则与实行，主要要从观察那些有教养的人们举止上去学习。　——洛克

有文化教养的人能在美好的事物中发现美好的含义。这是因为这些美好的事物里蕴藏着希望。　——王尔德

性情的修养，不是为了别人，而是为自己增强生活能力。　——池田大作

礼貌出自内心，其根源是内在的，然而，如果礼貌的形式被取消，它的精神与实质亦随之消失。　——约翰·霍尔

仁义礼善之于人也，辟之若货财粟米之于家也。　——荀子

满招损，谦受益，莫伸手，终日乾乾，自强不息。　——陈毅

没有伟大的品格，就没有伟大的人，甚至也没有伟大的艺术家，伟大的行动者。　——罗曼·罗兰

在男人身上，智慧和教养最要紧，漂亮不漂亮，对他来说倒算不了什么！要是你头脑里没有教养和智慧，那你哪怕是美男子，也还是一钱不值。　——契诃夫

教养中寄寓着极大的向往——对美好和光明的向往。它甚至还有一个更大的向往——使美好和光明战胜一切的向往。　——阿诺德

礼貌使有礼貌的人喜悦，也使那些受到人家礼貌相待的人们喜悦。　——孟德斯鸠

无知的人总以为他所知道的事情很重要，应该见人就讲。但是一个有教养的人是不轻易炫耀他肚子里的学问的，他可以讲很多东西，但他认为还有许多东西是他讲不好的。　——卢梭

礼貌是儿童与青年所应该特别小心地养成习惯的第一件大事。　——约翰·洛克

礼貌经常可以替代最高贵的感情。 ——梅里美

礼貌是最容易做到的事，也是最珍贵的东西。 ——冈察尔

脾气暴躁是人类较为卑劣的天性之一，人要是发脾气就等于在人类进步的阶梯上倒退了一步。 ——达尔文

蜜蜂从花中啜蜜，离开时营营地道谢。浮夸的蝴蝶却相信花是应该向他道谢的。 ——泰戈尔

天下有大勇者，猝然临之而不惊，不故加之而不怒。 ——苏轼

我们应该注意自己不用言语去伤害别的同志，但是，当别人用语言来伤害自己的时候，也应该受得起。 ——刘少奇

礼貌使人类共处的金钥匙。 ——松苏内吉

讲话气势汹汹，未必就是言之有理。 ——萨迪

人之所以为贵，以其有信有礼；国之所以能强，亦云惟佳信与义。 ——张九龄

良好的礼仪的功用或目的只在使得那些与我们交谈的人感到安适与满足，没有别的。要能做到通过恰如其分的普通的礼节与尊重，表明你对他人的尊敬、重视与善意。这是一种很高的境界，要能做到这种境地，而又不被人家疑心你谄媚、伪善或卑鄙，是一种很大的技巧。 ——洛克

人类追求的无非是快乐，因此有礼貌的人较之有用处的更能得到别人的欢迎，一个真挚朋友的能力、真诚和善意，往往不易抵消他的严肃与坚实的表示所产生的不安。 ——洛克

知识必需用礼貌来装饰并抚平他在世间的道路，没有它们，知识就像一颗硕大而粗糙的钻石，为了好奇与它实质上的价值而收置在树里固然好，但是琢磨之后却更为珍贵。 ——查里德菲尔

要想有教养，"就要去了解全世界在谈论和思索的最美好的东西"。 ——阿诺德

生活里最重要的是有礼貌，它比最高的智慧，比一切学识都重要。 ——佚名

一人勇敢而率真的灵魂，能用自己的眼睛去观照，用自己的心去爱，用自己的

理智去判断。不做影子，而做人。　——罗曼·曼兰

切忌浮夸铺张。与其说得过分，不如说得不全。　——列夫·托尔斯泰

衣冠不正，则宾者不肃。　——管仲

进退无仪，则政令不行。　——管仲

修养的本质如同人的性格，最终还是归结到道德情操这个问题上。　——爱默生

怀着善意的人，是不难于表达他对人的礼貌的。　——卢梭

一个人要帮助弱者，应当自己成为强者，而不是和他们一样变成弱者。对于他们已经做了坏事，不防宽大为怀，如果你愿意。对于他们将做未做的坏事可决不能放松。　——罗曼·罗兰

让一得百，争十失九。　——马克

谦逊是美德的色彩。　——提奥格尼斯

礼貌出自内心，其根源是内在的，然而，如果礼貌的形式被取消，它的精神与实质亦随之消失。　——约翰·霍尔

仁义礼善之于人也，辟之若货财粟米之于家也。　——荀子

礼之大本，以防乱也。　——柳宗元

德行比人情世故更难获得；青年人失掉了德行是很少能够再恢复的。怯懦无能和不懂人情世故是大家归给私家教育的过错，其实这并不是在家庭里面进行教育的必然结果，也并不是无法医治的毛病。如果说家里溺爱太过，常常使人懦弱无能，应该竭力避免，那主要是因为我们的目的是为了德行的缘故。　——洛克

彬彬有礼的风度，主要是自我克制的表现。　——爱默生

这种落于俗套的高贵和风雅是再平庸低劣不过的。　——雨果

其交也以道，以接也以礼。　——孟子

贫而无谄，富而无骄。　——子贡

没有经过琢磨的钻石是没有人喜欢的，这种钻石戴了也没有好处。但是一旦经过琢磨，加以镶嵌之后，它们便生出光彩来了。美德是精神上的一种宝藏，但是使它们生出光彩的则是良好的礼仪。　——洛克

骄傲的人必然嫉妒，他对于那最以德性受人称赞的人便怀忌恨。　——斯宾诺莎

这就是纯朴性格的好处：如果说这种性格有时会叫人做出非常笨拙的事情，如果说这种性格在上流社会几乎可以肯定会让具有它的人遭到毁灭，那么从另一方面说，这种性格对于具有相近性格的人来说，它的影响却是迅速的，具有决定性意义的。　——司汤达

有耐心的人，能得到他所期望的。　——富兰克林

在风度上和在各种事情上一样，唯一不衰老的东西，是心地。心地善良的人单纯朴实。　——巴尔扎克

当一个人是一个真正的人的时候，他就应当与大言不惭和矫揉造作之间保持等距离，既不夸夸其谈，也不扭捏取宠。　——雨果

对于心地善良的人来说，付出代价必然得到报酬这种想法本身就是一种侮辱。美德不是装饰品，而是美好的心灵的表现形式。　——纪德

傲不可长，欲不可纵，乐不可极，老不可满。　——魏征

事业常成于坚忍，毁于急躁。我在沙漠中曾亲眼看见，匆忙的旅人落在从容者的后边；疾驰的骏马落后，缓步的骆驼却不断前进。　——萨迪

乐以移风易俗，礼以安上化人。　——吴兢

存在着一种出自内心的礼貌。它是变换了形式的爱心。由此产生出一种外部表现出来的最适宜的礼貌。　——歌德

礼节要举动自然才显得高贵。假如表面上过于做作，那就丢失了应有的价值。——培根

假如自负，虚荣心或愤怒使儿童失去了恐怖，或者使他不听恐怖心的劝告，这种心理便应该采取适当的方法消除掉，应该使他稍稍考虑一下，降低火气，三思而后行，看看眼前的事值不值得冒险。　——洛克

一切礼仪，都是为了文饰那些虚应故事的行为、言不由衷的欢迎，出尔反尔的殷勤而设立的；如果有真实的友谊，这些虚伪的形式就该一律摈弃。　——莎士比亚

不应嫉妒天才人物，就像不应该嫉妒太阳一样。　——尤里·邦达列夫

一个头脑正常的人，是不会自满的。　——圣西门

我们不应该把自己想得太好，以致把自己的价值估计得高；我们也不可因为自己具有某些长处，别人没有，便以为应在别人面前占优势；我们只应该在我们的本分以内谦逊地接受别人对于我们的给予。　——洛克

他的谈吐总是平易近人的，这种单纯既掩饰了他对某些事物的无知，也表现了他的良好的风度和宽容。　——托尔斯泰

嫉妒是一种可耻的感情，人是应当信赖的。　——列夫·托尔斯泰

慷慨，尤其是还有谦虚，就会使人赢得好感。　——歌德

人有拂郁，先用一忍字，后用一忘字，便是调和气汤。　——陶觉

君子忍人所不能忍，容人所不能容，处人所不能处。　——马南

礼仪是微妙的东西，它既是人类间交际不可或缺的，也是不可过于计较的。如果把礼仪看得高于一切，结果就会失去人与人真诚的信任。因此在语言交际中要善于找到一种分寸，使之既直爽又不失礼。这是最难又是最好的。　——培根

所谓从礼待人，即用你喜欢别人对待你的方式对待遇别人。　——查理德菲尔

为了使儿童具有自信，获得一点点与人相处的技能，就去牺牲他的天真，让他和那些没有教养的邪恶的孩子交往，这是很不对的；刚毅自主的品性的主要用途是为保持他的德行。男孩子有了与人交接的机会，没有不能学得镇定的，只要时间够。　——洛克

言非礼仪，谓之自暴也，吾身不能属仁由义，谓之自弃也。　——泰戈尔

对我们的习惯不加节制，在我们年轻精力旺盛的时候，不会立即显出它的影响。但是它逐渐消耗这种精力，到衰老时期我们不得不结算账目，并且偿还导致我们破产的债务。　——泰戈尔

对一个有优越才能的人来说，懂得平等待人，是最伟大、最真正的品质。

——理查德·斯蒂尔

我愿意以天才比美德，以学问比财富。如美德越少的人，越需要财富，天才越

低的人，越需要学问。　——扬格

所谓良好教养，它们在几乎所有国家中乃至于一个地区里，都不尽相同；每一个明辨事理的人都会模仿他所在之地的良好教养，并与之看齐。　——切斯特菲尔德

在缺乏教养的人身上，勇敢就会成为粗暴，学识就会成为迂腐，机智就会成为逗趣，质朴就会成为粗鲁，温厚就会成为谄媚。　——洛克

人有礼则安，无礼则危。　——《札记》

总会发生些情愿与不情愿、知道与不知道、清醒与迷误的那种痛苦与幸福的事儿。但如果心里存在虔诚情感，那么在痛苦中也会得到安宁。否则，便只能在愤怒争吵、妒嫉仇恨、唠唠叨叨中讨活了。　——泰戈尔

涵养为首，致知次之，力行又次之。　——朱熹

礼仪又称教养，其本质不过是在交往中对于任何人不表示任何轻视或侮蔑而已，谁能理解并接受了这点，又能同意以上所谈的规则和准则并努力去实行它们，他一定会成为一个有教养的绅士。　——洛克

一种虽然拙劣的辩词或平凡的观察，如果这样提出来，前面加几句尊重别人的意见的话，他便可以得到更多的荣誉和重视。　——佚名

年轻人不可中途插嘴，说的时候要用请教的态度，不能像教训别人似的。应该避免固执的态度和傲慢的神情，要谦逊地提出问题。谦逊不会遮住他们的才能，也不会减弱他们的理由的力量。它反而可以使他们得到更好的注意，使他们所说的话宜于让人接受。　——洛克

浑身刻板死沉、满面阴惨抑郁的人，不论其生相如何，衣饰如何，都是天上人间最坏的人。　——狄更斯

虔诚不是目的，而是手段，是通过灵魂的最纯洁的宁静而达到最高修养手段。　——歌德

父子有亲，君臣有交，夫妇有别，长幼有序，朋友有信。　——孟子

要做一个襟怀坦白，光明磊落的人，不管是在深藏内心的思想活动中，还是在

表露于外的行为举止上都是这样。　——温塞特

善待那些具有爱心的人。　——梅特灵克

自尊心是进步之母，自贱心是堕落之源，故自尊心不可无，自贱心不可有。
　　　　　　　　　　　　　　　　　　　　　　　　——邹韬奋

细腻与风雅原是朴实的人必然具备的长处，在他身上使他的谈吐更耐人寻味，不亚于主教的辞令。　——巴尔扎克

"良好的模范恳切的语言和真诚坦白的同情"，系指家长、教师、同学及其他人的示范对儿童的影响。　——夸美纽斯

伟大的人是绝不会滥用他们的优点的，他们看出他们超过别人的地方，并且意识到这一点，然而绝不会因此就不谦虚，他们的过人之处愈多，他们愈认识到他们的不足。　——卢梭

一知半解的人，多不谦虚，见多识广有本领的人一定谦虚。　——谢觉哉

仁者爱人，有礼者敬人，爱人者，人恒爱之；敬人者，人恒敬之。　——孟子

谦逊和服从使他们更适于受教导；所以事先尽可以不必过于注意自信的养成。最该花时间、下功夫和努力的，是使他们获得德行的原则、实践和良好的教养。这才是他们应该事先多加准备的事，免得后来容易失掉。　——洛克

生活中最重要的是礼貌，它比最高的智慧，比一切学识都重要。　——赫尔岑

一种天性的粗暴，使得一个人对别人没有礼貌，因而不知道尊重别人的倾向、气性或地位。这是一个村鄙野夫的真实标志，他毫不注意什么事情可以使得相处的人温和，使他尊敬别人，和别人合得来。　——洛克

教养就是习惯于从最美好的事物中得到满足而且知道为什么。　——范戴克

礼也者，犹体也。　——《太平御览》

用语言、事物表扬，用警告、训斥、惩罚及对特殊的个别的过错采用体罚，以有教益的惩罚制度，即"持以坦白的态度，出以诚恳的目的"，使儿童理解这样做是对他有好处的，正如吃苦药治病一样。　——夸美纽斯

礼即理也。　——朱熹

接受忠告，就是增进一个人自己的能力。 ——歌德

贵而不骄，胜而不悖，贤而能下，刚而能忍。 ——诸葛亮

骄则无礼。 ——《国语》

我在日常生活中严守着一个美好的准则："人贵有自知之明。"我是素以此来鞭策自己的。 ——安格尔

侍人要丰，自奉要约，责己要厚，责人要薄。 ——吕坤

不敬他人，是自不敬也。 ——《旧唐书》

轻蔑，或者说是缺乏适当的敬意。这可以从容色、言辞或姿色上面表现出来。 ——洛克

非难别人，找别人的错处，这和礼仪是直接对立的。人们无论犯了什么过失，或者当着别人的面，把它们在光天化日之下公开宣布出来。任何人有了污点都会感到羞耻。缺点一旦被人发现了，他总会感到有点不安的，哪怕仅仅被人疑心有缺点也一样。 ——洛克

任何人，不论多么博学，只要他的学问和他的生活之间还存在着一段不可架梁的距离，就都称不上是有教养的人。 ——波伊斯

人知贵生乐安而弃礼义，辟之是犹欲寿而刎颈也。 ——荀子

礼让不费什么，而得到一切。 ——蒙塔鸠

虚心使人进步，骄傲使人落后。 ——毛泽东

一个人只要有耐心进行文化方面的修养，就绝不至于蛮横得不可教化。
——贺拉斯

一清如水的生活，诚实不斯的性格，在无论哪个阶层里，即使心术最坏的人也会对之肃然起敬。在巴黎，真正的道德，跟一颗大钻石或珍奇的宝物一样受人欣赏。 ——巴尔扎克

礼，所以正身也；师，所以正礼也。 ——荀子

自负是进步的敌人。 ——比奥

决不要骄傲。因为一骄傲，你就会在应该同意的场合固执起来，因为一骄傲，

你就会拒绝别人的忠告和友谊的帮助。　——巴甫洛夫

合理安排儿童每天的生活，使之总是忙于有益的事情避免无事生非或虚度时光。　——夸美纽斯

文化修养的目的在于增强和提高鉴赏那些最高尚、最深奥的事物的真和美的能力。　——波伊斯

对于对方的无礼的一种无言的非议和责备，而这种讥讽是使谁都会感受到不安的。　——洛克

一个人的礼貌，就是一面照出他的肖像的镜子。　——歌德

一个宽宏大量的人，他的爱心往往多于怨恨，他乐观愉快、豁达、忍让而不悲伤、消沉、焦躁、恼怒；他对自己的伴侣和亲友的不足处，以爱心劝慰，述之以理，动之以情，使听者动心、感佩、尊从，这样他们之间就不会存在感情上的隔阂、行动上的对立、心理上的怨恨。　——穆尼尔·纳素夫

人之有礼，犹鱼之有水矣。　——葛洪

凡是一个能够受到大家欢迎的人，他的动作不仅是有力量，而且要优美，坚实是不够的，就是有用也无济于事，无论什么事情，必须具有优雅的办法和态度，才能显得漂亮，得到别人的喜欢。　——洛克

善气迎人，亲如弟兄；恶气迎人，害于戈兵。　——管仲

探索别人身上的美德，寻找自己身上的恶习。　——富兰克林

真正以谦虚是最高的美德，也即一切美德之母。　——丁尼生

在你过去的生活中，你伤害过谁，也早已忘记了，可是被你伤害的那个人却永远不会忘记你。他决不会记住你的优点，而是记住你对他的伤害。　——戴尔·卡耐基

插嘴和争辩也不符合礼仪的要求，别人谈话的时候去插嘴是一种最大的冒犯，因为我们在知道人家将说什么之前就去答复人家，若不是鲁莽愚蠢，也是一种明白表示即对方的话他已经听腻了，不愿对方说下去。　——洛克

权力和财富，甚至德行本身，其所以被人人看重，也都是因为它们能够增进我

们的幸福之故，凡是帮助别人，而帮助时的态度不好，使得别人感到不安的人，从别人的幸福看来，他是不会受到欢迎的。凡是知道如何使得对方感到舒畅，而自己又不至于奴颜卑膝、降低身份的人，他就可以说得到了处世的真诀，到处都会受到欢迎与重视。所以说礼貌是儿童与青年所应该特别小心养成习惯的第一件大事。 ——洛克

礼所以决嫌疑，定犹豫，别同异，明是非也。 ——吴兢

甘居下位不算美德；能往下降才是美德，承认低于我们的事物高于我们，也是一种美德。 ——歌德

使人高贵的是人的品格。 ——劳伦斯

自重、自觉、自制，此三者可以引致生命的崇高境域。 ——丁尼生

无论什么时候也不要以为自己已经知道了一切，不管人家对你评价多么高，你总要有勇气地对自己说："我是个毫无所知的人。" ——巴甫洛夫

有教养的人的遗产，比那些无知的人的财富更有价值。 ——德谟克利特

他们一旦进入社会，与人交接，一方面固然可以增加知识和自信，同时也容易使他们失去他们的德行；所以他们对于德行是不能不在事先多做准备，使它深深固定在他们身上的。 ——洛克

古之小儿，便能敬事长者，与之提携，则两手奉长者之手，问之，掩口而对。盖稍不敬事，便不忠信，故教小儿，且先安详恭敬。 ——张载

美德是安琪儿，但它是盲目的安琪儿，必须请求"知识"给它指引通向其目的地的路径。 ——霍勒斯·曼

只有竹子那样的虚心，牛皮筋那样的坚韧，烈火那样的热情，才能产生出真正不朽的艺术。 ——茅盾

相鼠有皮，人而无仪；人而无仪，不死行为。 ——《诗经》

礼节太繁，执意把过分的，别人受不了感到愚蠢、惭愧的礼节强加给别人，这种情形看起来与其说是尊重人家，还不如说是嘲弄人家。 ——洛克

没有一种礼貌会在外表上叫人一眼就看出教养的不足，正确的教育在于使外表

上的彬彬有礼和人的高尚的教养同时表现出来。　——歌德

良好教养的顶点即表现在热心助人上。　——佚名

不由礼之事，非不可行也，行之不能久。　——杨炯

人无论走到何处都是一样的，应当忍受，不该一味固执，跟社会作无谓的斗争。只要心安理得、我行我素就行了。要使人真正成为有教养的人，必须具备三个品质；渊博的知识，思维的习惯和高尚的情操。　——车尔尼雪夫斯基

我们在社会上故意把自己弄得狼狈可笑，仍然是由于虚荣太甚，想从人们的恶意中窃取快乐；别人怕产生这种恶意，原来也是由于我们激起他们的的嫉妒所致。　——司汤达

如果通过修养达不到提高鉴赏力的目的，修养两字也就毫无意义了。　——波伊斯

礼尚往来，往而不来非礼也；来而不往亦非礼也。　——《礼记》

即使是最深刻的言论，如果一个说的时候态度粗暴，傲慢或者吵吵嚷嚷，即便是在辩论上面获得了胜利，在别人心目中也是难以留下好印象的。　——洛克

礼之于人，犹酒之有糵也。　——孔子

宁愿做一朵篱下的野花，不愿做一朵受恩惠的蔷薇。与其逢迎献媚，偷取别人的欢心，毋宁被众人所鄙弃。　——莎士比亚

自敬，则人敬之；自慢，则人慢之。　——朱熹

谦虚是不可缺少的品德。　——孟德斯鸠

民未之礼，虽聚易散。　——冯梦龙

礼之用，和为贵。　——《论语》

品德应该高尚些；处世，应该坦率些，举止，应该礼貌些。　——孟德斯鸠

民无礼而何为，财非义而不取。　——施耐庵

修养之于心地，其重要犹如食物之于身体。　——西塞罗

五花八门的粉饰，滔滔不绝的雄辩，不过是冒充强烈信仰的无动于衷地卖弄辞藻而已。　——司汤达

礼仪不良有两种：第一是忸忧羞怯。第二种是行为不检点和轻慢，要避免这两种情形，就只有好好地遵守下面这条规则：不要看不起自己，也不要看不起别人。 ——洛克

礼貌举止好比人的穿衣，既不可以太宽也不可以太紧。 ——佚名

要留心，即使当你独自一人时，也不要说坏话或做坏事，而要学得在你自己面前比在别人面前更知耻。 ——德谟克里特

静以修身，俭以养德。 ——诸葛亮

贫而无谄，富而无骄。 ——子贡

强本而节用，则天不能贫。 ——荀况

侈而惰者贫，而力而俭者富。 ——韩非

真正的礼貌就是克己，就是千方百计地使周围的人都像自己一样平心静气。 ——蒲柏

良好的礼貌由微小的牺牲组成。 ——爱献生

礼貌是博爱的花朵。 ——儒贝尔

礼节礼貌是琐事中的善行。 ——小威廉·皮特

礼貌之于人性如同热量之于蜡烛。 ——叔本华

礼貌经常可以代替最高贵的感情。 ——梅里美

礼貌建筑在双重基础上：既要表现出对别人的尊重，也不要把自己的意见强加于人。 ——霍夫曼斯塔尔

是否能对粗鲁者保持耐心，这是检验良好礼貌的标准。 ——所罗门伊本加比洛夫

礼貌是人生习惯的第一件大事。 ——美洲谚语

有两种和平的强大力量，那就是法律和礼貌。 ——德国谚语

礼貌是聪明的事，无礼是愚蠢的。 ——德国谚语

有礼貌的人，能走遍天下。 ——德国谚语

社交的起因在于人们生活的单调和空虚。社交的需要驱使他们来到一起，但各

自具有的许多令人厌憎的品行又驱使他们分开。终于，他们找到了能彼此容忍的适当距离，那就是礼貌。　——叔本华

你要看见朋友之间用着不自然的礼貌的时候，就可以知道他们的感情已经衰落。　——莎士比亚

讲礼貌不会失去什么，却能得到一切。　——玛·沃·蒙塔古

讲礼貌对人并无损害。　——意大利谚语

礼貌是一枚假币，舍不得花它表明智力的贫乏。　——叔本华

彬彬有礼并不破费钱财。　——欧洲谚语

礼貌不费分文。　——拉丁美洲谚语

礼貌周全不花钱，却比什么都值钱。　——西班牙谚语

一个人可能在他的礼貌中消失得无影无踪。　——梭罗

周到的礼貌用在那些你不喜欢的人身上，绝不比挑战书尾那句"您恭顺的仆人"更多一点真诚。当然，这是一种人们普遍赞同和理解的情况。　——切斯特菲尔德

客套话如隔着面纱接吻。　——法国

谁在平日节衣缩食，在穷困时就容易渡过难关；谁在富足时豪华奢侈，在穷困时就会死于饥寒。　——萨迪

礼仪的目的与作用本在使得本来的顽梗变柔顺，使人们的气质变温和，使他尊重别人，和别人合得来。　——约翰·洛克

善气迎人，亲如弟兄；恶气迎人，害于戈兵。　——管仲

（五）宽容

个人感悟

宽容，是人类文化传承的美德。大海因为宽容，而变得浩瀚无边；天空因为宽容，云彩绵绵而美丽动人；山峰因为宽容，汇集细土尘沙而巍峨耸立。世界因有了宽容，才有了永恒的美丽。

宽容是一种美德。所谓"人之初，性本善"，在人一生下来的时候，心灵的起点都是一样的，每个人都有善良的潜质。也许可以很简单地定义，善良的人都有一颗宽容的心，能忘却别人对自己的伤害，能对一切险恶的事看得淡然。就是这种凌驾于人与人之间关系桥梁上的美德，更是让彼此的距离挨近，不是在彼岸，不需要船渡，两颗心近在咫尺。

　　宽容是一种美德，更是一种修养。宽容不是胆小怕事，而是海纳百川的大度。做人要学会宽容。

　　宽容如水。宽容，即原谅他人的过错，不耿耿于怀，不锱铢必较，和和气气，做个大方的人。宽容如水般的温柔，在遇到矛盾时，往往比过激的报复更有效。它似一泓清泉，款款抹去彼此一时的敌视，使人冷静、清醒。

　　宽容似火。因为更进一层的宽容，不仅意味着不计较个人得失，还能用自己的爱与真诚来温暖别人的心。心平如水的宽容，已是难得；雪中送炭的宽容，更可贵，更令人感动。

　　宽容如诗。宽容是一首人生的诗。至高境界的宽容，不仅仅表现在日常生活中对某件事的处理上，而且升华为一种待人处事的人生态度。宽容的含义也不仅限于人与人之间的理解与关爱，而是对天地间所有生命的包容与博爱。

　　宽容是门学问。对于小过失，小错误，你可以快乐地宽容对方，但对于大过失，大错误，就要考虑清楚。宽容并非包庇，隐瞒，而是帮助。

　　当然，宽容更应是"严于律己，宽以待人"。轻易原谅自己，那不是宽容，是懦弱。"宽以待人"，也要看对象，宽容不珍惜宽容的人，是滥情；宽容不值得宽容的人，是姑息；宽容不可饶恕的人，是放纵。所以，宽容本身也是一门学问。

　　宽容赋予生命美丽的色彩，因为宽容，纷繁的生活才变得纯净；因为宽容，单调的生活才显得鲜丽。宽容，能融化彼此心中的冰冻，更将那股爱的热力射进对方心中。在这充满竞争的时代，人们所需要的不正是这种宽容吗？选择宽容，也就是选择了关爱和温暖，同时也选择了人生的海阔天空。

经典事例

第二次世界大战结束后不久,在全民大选中,丘吉尔落选了。

丘吉尔是个名扬四海的政治家,又是第二次世界大战中领导英国人民取得反法西斯胜利的英雄。对于他来说,落选当然是件极狼狈的事,但他坦然对待。

当时他正在自家的游泳池里游泳,这时秘书气喘吁吁地跑来告诉他:"不好!丘吉尔先生,你落选了!"不料丘吉尔却爽然一笑说"好极了!这说明:我们胜利了!我们追求的就是民主,民主胜利了,难道不值得祝贺?朋友劳驾,把毛巾递给我,我该上来了!"真佩服丘吉尔,那么从容,那么理智,只一句话,就成功地再现了一种极豁达大度宽容的大政治家的风范!

还有一次,在一次酒会上,一个女政敌高举酒杯走向丘吉尔,并指了指丘吉尔的酒杯,说:"我恨您,如果我是您的夫人,我一定会在您的酒里投毒!"显然,这是一句满怀仇恨的挑衅。但丘吉尔笑了笑,挺友好地说:"您放心,如果我是您的先生,我一定把它一饮而尽!"

名人箴言

世界上最宽阔的是海洋,比海洋更宽阔的是天空,比天空更宽阔的是人的胸怀。 ——雨果

海纳百川有容乃大,山高万仞无欲则刚。 ——林则徐

忍一句,息一怒,忍一事,少一事。 ——中国谚语

最高贵的复仇是宽容。 ——雨果

宽容意味着尊重别人的任何信念。 ——爱因斯坦

恶人胆大,小人气大,君子量大。 ——中国谚语

遇方便时行方便,得饶人处且饶人。 ——吴承恩

与人为善就是善于宽谅。 ——弗罗斯特

忍耐记心间,烦恼不沾边。 ——中国谚语

一个伟大的人有两颗心:一颗心流血,一颗心宽容。 ——纪伯伦

对待别人的宽容，我们应该知道自惭；我们宽容地对待别人，应该知道自律。

能忍能让真君子，能屈能伸大丈夫。　　——中国谚语

没有宽宏大量的心肠，便算不上真正的英雄。　　——普希金

能容小人，方成君子。　　——冯梦龙

忍耐是痛苦的，但它的结果是甜蜜的。　　——卢梭

意志坚如铁，度量大似海。　　——毛泽东

紫罗兰把它的香气留在那踩扁了它的脚踝上。这就是宽怒。　　——马克·吐温

不会宽容别人的人，是不配受到别人宽容的。　　——屠格涅夫

惟宽可以容人，惟厚可以载物。　　——薛

一个伟大的人有两颗心：一颗心流血，一颗心宽容。　　——纪伯伦

忍耐是痛苦的，但它的结果是甜蜜的。　　——卢梭

没有宽宏大量的心肠，便算不上真正的英雄。　　——普希金

不会宽容别人的人，是不配受别人宽容的，但谁能说自己是不需要宽容的呢？　　——屠格涅夫

有时宽容引起的道德震动比惩罚更强烈。　　——苏霍姆林斯基

人心不是靠武力征服，而是靠爱和宽容大度征服。　　——斯宾诺莎

一个伟大的人有两颗心：一颗心流血，一颗心宽容。　　——纪伯伦

不责人小过，不发人阴私，不念人旧恶　　——三者可以养德，也可以远害。

　　　　　　　　　　　　　　　　　　——洪应明

宽容意味着尊重别人的任何信念。　　——爱因斯坦

宽恕而不忘却，就如同把斧头埋在土里而把斧柄留在外面一样。　　——巴斯克里

宽宏精神是一切事物中最伟大的。　　——欧文

自己萎弱，恶人健全；自己恶动，忌人活泼；自己饮水，嫉人喝茶；自己呻吟，恨人笑声，总是心地欠宽大所致。　　——林语堂

愈是自己有错的人愈不肯宽恕别人，这是个规律。　　——博马舍

用谅解、宽恕的目光和心理看人、待人，人就会觉得葱茏的世界里，春意盎然，到处充满温暖。　——蔡文甫

一个人如果不能从内心去原谅别人，那他并不能真正心安理得。——凡高

一个人的胸怀能容得下多少人，就能赢得多少人。——凡高

一旦能容纳自己的失败，就会变得比失败更强大。　——哈罗德·埃文斯

心中装满着自己的看法与想法的人，就不会听到别人的心声。　——安东尼奥·波尔基亚

心胸豁达！足能涵万物，心胸狭隘！无能容一沙。　——安东尼奥·波尔基亚

说"我能原谅，但我忘不了"，是"我不能原谅"的另种说法。　——比彻

谁若想在困厄时得到援助，就应在平日待人以宽。　——萨迪

生活中，谅解可以产生奇迹，谅解可以挽回感情上的损失，谅解犹如一个火把能照亮由焦躁、怨恨复仇心理铺就的道路。　——穆尼尔·纳素夫

如果一个人宽恕了别人，那么他便觉得自己非常坚强。　——小仲马

请尽量相信，每一个有坏处的人都有他值得人同情和原谅的地方。一个人的过错，常常并不只是他一个人造成的。　——罗兰·罗曼

能宽恕别人是一件好事，但如果能将别人的错误忘得一干二净那就更好。

——勃朗宁

谅解也是一种勉励、启迪、指引，它能催人弃恶从善，使歧路人走入正轨，发挥他们的潜力。　——穆尼尔·纳素夫

宽恕可以交友，当你能以豁达光明的心地去宽恕别人的错误时，你的朋友自然就多了。　——罗兰·罗曼

宽恕和受宽恕是难以言喻的快乐，是连神明都会为之羡慕的极大乐事。

——哈伯德

宽恕给予我们再度去爱的机会，又帮助我们敞开心怀，既能给予爱，又能接受爱。　——约翰·格雷

宽恕而不忘却，就像把斧头埋在土里，而斧柄还露在外面。　——巴斯克里

宽容意味着尊重别人的无论哪种可能有的信念。　——爱因斯坦

宽容产生的道德上的震动比责罚产生的要强烈得多。　——苏霍姆林斯基

宽怀大度一些，机会便多了，世界也大了；偏狭小气，机会便少了，世界也小了。——凡高

江海不与坎井争其清，雷霆不与蛙蚓斗其声。　——富兰克林

对于所受的伤害，宽恕比得仇更高尚，鄙视比雪耻更有气派。　——富兰克林

得放手时须放手，可饶人处且饶人。　——沈采

生活中有许多这样的场合：你打算用愤恨去实现的目标，完全可能由宽恕去实现。　——西德尼·史密斯

宽以济猛，猛以济宽，宽猛相济。　——《左传》

尽量宽恕别人，而决不要原谅自己。　——西拉斯

人有不及者，不可以己能病之。　——薛

人们应该彼此容忍：每一个人都有弱点，在他最薄弱的方面，每一个人都能被切割捣碎。　——济慈

眼界要阔，遍历名山大川；度量要宏，熟读五经诸史。　——金缨

度量如海涵春育，应接如流水行云。　——金缨

和以处众，宽以待下，恕以待人，君子人也。　——林逋

抬眸四顾乾坤阔，日月星晨任我攀。　——苏轼

君子之道，忠恕而已矣。己所不欲，勿施于人。我不欲人之加诸我也，吾亦欲无加诸人。　——《论语》

宽容就像天上的细雨滋润着大地。它赐福于宽容的人，也赐福于被宽容的人。　——莎士比亚。

宽容是文明的唯一考核。　——海尔普斯

智慧的艺术就是懂得该宽容什么的艺术。　——威廉·詹姆斯

宽宏精神是一切事物中最伟大的。　——欧文

诚挚地宽恕，再把它忘记。　——英国

宽宥是人性的，而忘却是神性的。　——詹姆斯·格兰

宽容的人最为性急，耐受力强的人最不宽容。　——贝尔奈

生活过，而不会宽容别人的人，是不配受到别人的宽容的。但是谁能说是不需要宽容的呢？　——屠格涅夫

正义之神，宽容是我们最完美的所作所为。　——华兹华斯

只有勇敢的人才懂得如何宽容；懦夫决不会宽容，这不是他的本性。　——斯特恩

宽容要么对人有益，要么对人有害。　——伯克

损着别人的牙眼，却反对报复，主张宽容的人，万勿和他接近。　——鲁迅

人之心胸，多欲则窄，寡欲则宽。　——金缨

量大好做事，树大好遮荫。　——中国谚语

人之谤我也，与其能辩，不如能容。人之侮我也，与其能防，不如能化。
　　　　　　　　　　　　　　　　——弘一大师

人非尧舜，谁能尽善。　——李白

关公放了曹丞相，丈夫要有容人量。　——中国谚语

人为善就是善于宽谅。　——弗罗斯特

忍耐记心间，烦恼不沾边。　——中国谚语

能忍能让真君子，能屈能伸大丈夫。　——中国谚语

毋以小嫌疏至戚，毋以新怨忘旧恩。　——金缨

圣人贵宽，而世人贱众。　——陆贾

东海广且深，由卑下百川；五岳虽高大，不逆垢与尘。　——曹植

事不三思终有悔，人能百忍自无忧。　——冯梦龙

人本该是有良心的，就连最残酷的心也会有宽恕他人的短暂、美好的记忆。　——塞弗尔特

多宽恕别人，少宽恕自己。　——中国谚语

宽恕一个敌人要比宽恕一个朋友容易。　——布莱克

有忍，其乃有济；有容，德乃大。　——《尚书》

自出洞来无敌手，得饶人处且饶人。　——善棋道人

仁者爱万物。　——《史记》

山锐则不高，水狭则不深。　——刘向

气馁者自画，量狭者易盈。　——朱之瑜

以大度兼容，则万物兼济。　——《宋朝事实类苑》

恶人胆大，小人气大，君子量大。　——中国谚语

不会宽容别人，是不配受到别人的宽容的。　——屠格涅夫

胸中天地宽，常有渡人船。中国谚语　太山不让土壤，故能成其大；河海不择细流，故能就其深；王者不却众庶，故能明其德。　——李斯

太刚则折，至察无徒。　——《晋书》

能容小人，方成君子。　——冯梦龙

能下人，故其心虚；其心虚，故所广取；所广取，故其人愈高。　——李贽

一忍可以支百勇，一静可以制百动。　——苏洵

遇方便时行方便，得饶人处且饶人。　——吴承恩

尽量宽恕别人，而决不要原谅自己　——西拉斯

人们应该彼此容忍：每一个人都有弱点，在他最薄弱的方面，每一个人都能被切割捣碎。　——济慈

为了能同所有的男男女女和睦相处，我们必须允许每一个人保持其个性。

——叔本华

宽而栗，严而温。　——《淮南子》

智慧的艺术就是懂得该宽容什么的艺术。　——威廉·詹姆斯

宽宏精神是一切事物中最伟大的。　——欧文

诚挚地宽恕，再把它忘记。　——英国谚语

宽宥是人性的，而忘却是神性的。　——詹姆斯·格兰

宽容的人最为性急，耐受力强的人最不宽容。　——贝尔奈

生活过，而不会宽容别人的人，是不配受到别人的宽容的。但是谁能说是不需

要宽容的呢？　——屠格涅夫

正义之神，宽容是我们最完美的所作所为。　——华兹华斯

宽容要么对人有益，要么对人有害。　——伯克

宽容意味着尊重别人的任何信念。　——爱因斯坦

如果两个人争吵起来，错在那个比较聪明的人。　——歌德

尊敬别人，才能让人尊敬。　——笛卡尔

尽量宽恕别人，而决不要原谅自己。　——西拉斯

宽宏精神是一切事物中最伟大的。　——欧文

宽以济猛，猛以济宽，政是以和。　——《孔子家语》

牢骚太盛防肠断，风物长宜放眼量。　——毛泽东

宽容就如同自由，只是一味乞求是得不到的，只有永远保持警惕，才能拥有。　——汪国真

没有宽宏大量的心肠，便算不上真正的英雄。　——普希金

大足以容众，德足以怀远。　——《淮南子》

人心不是靠武力征服，而是靠爱和宽容征服。　——斯宾诺莎

不会宽容别人的人，是不配受到别人宽容的。　——屠格涅夫

不责人小过，不发人阴私，不念人旧恶，三者可以养德，也可以远害。

——洪应明

忍耐是痛苦的，但它的结果是甜蜜的。　——卢梭

胸中天地宽，常有渡人船。　——中国谚语

人非尧舜，谁能尽善。　——李白

圣人贵宽，而世人贱众。　——陆贾

人本该是有良心的，就连最残酷的心也会有宽恕他人的短暂、美好的记忆。　——塞弗尔特

多宽恕别人，少宽恕自己。　——中国谚语

忍耐记心间，烦恼不沾边。　——中国谚语

气馁者自画，量狭者易盈。 ——朱之瑜

宽恕一个敌人要比宽恕一个朋友容易。 ——布莱克

关公放了曹丞相，丈夫要有容人量。 ——中国谚语

抬眸四顾乾坤阔，日月星晨任我攀。 ——苏轼

与人为善就是善于宽谅。 ——弗罗斯特

有忍，其乃有济；有容，德乃大。 ——《尚书》

以大度兼容，则万物兼济。 ——《宋朝事实类苑》

东海广且深，由卑下百川；五岳虽高大，不逆垢与尘。 ——曹植

事不三思终有悔，人能百忍自无忧。 ——冯梦龙

遇方便时行方便，得饶人处且饶人。 ——吴承恩

开诚心，布大度。 ——康有为

人之心胸，多欲则窄，寡欲则宽。 ——金缨

一忍可以支百勇，一静可以制百动。 ——苏洵

恶人胆大，小人气大，君子量大。 ——中国谚语

欲温而和畅，不欲察察而明切也。 ——《晋书》

宽容要么对人有益，要么对人有害。 ——伯克

治国之道，在乎猛宽得中。 ——朱熹

我沿路得到七个微笑，三个白眼，我就用七成的力气回应微笑，三成的力气回应白眼；我吃到的食物，七次好吃，三次难吃，我就用七成的味觉享受美味，三成的味觉忍受苦涩。我无意放大世界的善意，也无意放大世界的恶意，只是依照比例，实地接收有晴有雨的天气。世界与我，互相而已。 ——蔡康永

（六）和谐

个人感悟

"和谐社会需要健康的人际关系，因为它是一个人可以依赖的最重要的外在资

源。"首都经贸大学心理学教授杨眉在接受采访时说。

而我国的人际关系现状却令人堪忧：

早些时候，中国人民大学舆论研究所曾在全国做过一次人际关系调查，结论是：我国社会人际关系正在走向整体"滑坡"。

2009年末的一项调查也表明，身为天之骄子、相互间并无多大利害冲突的大学生，其人际关系的状况也并不乐观，其中有60%的大学生反映自己的人际关系不好。

现在，"构建和谐社会"成为一个热点被广泛关注，而人际关系的和谐是社会和谐的基石。

那么，究竟人际关系对个人发展有什么意义？什么样的人际关系才算积极、健康、符合和谐社会的发展需求呢？

"人际关系指的是人们在社会生活中，通过物质交往和精神交往而发生、发展和建立起来的人与人之间的关系。按照社会角色划分，人际关系分为家庭关系、工作关系、社会关系等几大类。这些关系的处理对个人成长有十分重要的意义。"杨眉说。

"一个人在一生中要担当多种社会角色，家庭和睦是人际关系和谐的基础，所以在家庭中，要协调好各种关系，使家庭和睦；在工作中又存在同事关系、上下级关系、朋友关系等，只有在轻松和谐的氛围下，才能充分调动人的积极性，为各项工作提供强大的动力和支持。"中国科学院心理研究所任孝鹏博士补充道。和谐社会，不仅是单个的人与人之间的和谐，还包括个人与集体的和谐乃至与整个社会和谐。个人与集体、与社会在利益上既有共同性，又存在着差异性，难免会发生冲突，因而必须处理好相互之间的关系，做到人与社会的和谐一致。

无法回避的现实是，人在生活中会遇到了越来越多的各种各样的压力，所以必须想办法排遣，否则就会产生负性情绪，比如焦虑、抑郁等，这时，你很可能会想到寻求社会支持，而和谐的人际关系就是这个社会支持之一。

经典事例

清朝康熙年间有个大学士名叫张英。一天张英收到家信，说家人为了争三尺宽的宅基地，与邻居发生纠纷，要他用职权疏通关系，打赢这场官司。张英阅信后坦然一笑，挥笔写了一封信，并附诗一首：千里修书只为墙，让他三尺有何妨？万里长城今犹在，不见当年秦始皇。

家人接信后，让出三尺宅基地。邻居见了，也相让三尺宅基地。结果成了六尺巷，这个化干戈为玉帛的故事流传至今。

这个故事告诉我们要有坦荡的胸怀，人与人之间要保持一种和谐的人际关系。

名人箴言

君子和而不同，小人同而不和。 ——孔子

均无贫，和无寡，安无倾。 ——《论语》

友谊是一种和谐的平等。 ——毕达哥拉斯

美在和谐。 ——赫拉克利特

亲善产生幸福，文明带来和谐。 ——雨果

没的真谛应该是和谐。这种和谐体现在人身上，就造就了人的美；表现在物上，就造就了物的美；融汇在环境中，就造就了环境的美。 ——冰心

看不见的和谐比看得见的和谐更美。 ——赫拉克利特

各美其美，美人之美，美美与共，天下大同。 ——费孝通

对和谐之美的追求是人的本能。 ——马克思

幸福永远存在于人类不安的追求中，而不存在于和谐与稳定之中。 ——鲁迅

自然常会孕育美好的心灵。 ——罗曼·罗兰

世界上没有比大自然更崇高的东西了。 ——果戈里

自然的巨大力量不是以丑恶而是以美来显现它的真相的。 ——泰戈尔

大自然完全能够满足我们的需要，却无法满足我们的贪婪。 ——甘地

大自然的每一个领域都是绝妙无伦的。 ——亚里士多德

非但不能强制自然，还要顺从自然。　——埃斯库罗斯

人法地，地法天，天法道，道法自然。　——老子

天不语而四时行，地不语而百物生。　——李白

文明带来和谐，亲善才能产生幸福。　——俄罗斯

同志间要是没有和谐的气氛，一切都顺利开展。　——伏尔泰

世界就是一座供奉不和谐之神的巨大神庙。　——雨果

那些年轻时没有在内心和谐中生活的人们，那些没有获得生命真正珍品的人们，以后会像一只长腿老苍鹭一样悲伤地站在没有鱼的湖边。　——罗曼·罗兰

所谓内心的快乐，是一个人过着健全的、正常的、和谐的生活所感到的快乐。　——罗曼·罗兰

幸福永远存在于人类不安的追求中，而不存在于和谐与稳定之中。　——鲁迅

友谊不是别的，而是一种以善意和爱心去连接世上一切神俗事物的和谐。
　　　　　　　　　　　　——西塞罗

万物的和平在于秩序的平衡，秩序就是把平等和不平等的事物安排在各自适当的位置上。　——奥古斯丁

聪明人与朋友同行，步调总是齐一的。

多一个铃铛多一声响，多一枝蜡烛多一分光。

孤雁难飞，孤掌难鸣。

火车跑得快，全靠车头带。

集体是力量的源泉，众人是智慧的摇篮。

人多力量大，柴多火焰高。

人是要有帮助的。荷花虽好，也要绿叶扶持。

土多好打墙，人多力量强。

万人操弓，共射一招，招无不中。

我不应把我的作品全归功于自己的智慧，还应归功于我以外向我提供素材的成千成万的事情和人物。

我们知道个人是微弱的，但是我们也知道整体就是力量。

一致是强有力的，而纷争易于被征服。

只要人手多，石磨挪过河。

只有在集体中，个人才能获得全面发展其才能的手段，也就是说，只有在集体中才可能有个人自由。

众人扶船能过山。

柴多火旺，水涨船高。

船载千斤，掌舵一人。

单丝不成线，独木不成林。

稻多打出米来，人多讲出理来。

滴水不成海，独木难成林。

二人同心，其力断金。

凡是经过考验的朋友，就应该把他们紧紧地团结在你的周围。

军民团结如一人，试看天下谁能敌。

力戒骄傲，这对领导者是一个原则问题，也是保持团结的重要条件。

全世界无产者为什么不会团结起来,奋然而起？他们除了锁链什么都不会失去！

若不团结，任何力量都是弱小的。

三人省力，四人更轻松，众人团结紧，百事能成功。

天时不如地利，地利不如人和。

团结就是力量。

我们的事业是正义的，我们的团结是坚强的。

一个人像一块砖砌在大礼堂的墙里，是谁也动不得的；但是丢在路上，挡人走路是要被人一脚踢开的。

一切使人团结的是善与美，一切使人分裂的是恶与丑。

不但要团结和自己意见相同的人，而且要善于团结那些和自己意见不同的人，还要善于团结那些反对自己并且已被实践证明是犯了错误的人。　——毛泽东天才并不是自生自长在深林荒野里的怪物，是由可以使天才生长的民众产生、长育出来的，所以没有这种民众，就没有天才。　——鲁迅

青春没有亮光，就像一片沃土，没长庄稼，或者还长满了荒草。　——吴运铎

一滴水只有放进大海里才永远不会干涸，一个人只有当他把自己和集体事业融合在一起的时候才能最有力量。　——雷锋

为了达到伟大的目标和团结，为此所必需的千百万大军应当时刻牢记主要的东西，不因那些无谓的吹毛求疵而迷失方向。　——恩格斯

只要千百万劳动者团结得像一个人一样，跟随本阶级的优秀人物前进，胜利也就有了保证。　——列宁

创造人的是自然界，启迪和教育人的却是社会。　——别林斯基

人民是土壤，它含有一切事物发展所必需的生命汁液；而个人则是土壤上的花朵与果实。　——别林斯基

个人离开社会不可能得到幸福，正如植物离开土地而被扔到荒漠不可能生存一样。　——列夫·托尔斯泰

个人如果单靠自己，如果置身于集体的关系之外，置身于任何团结民众的伟大思想的范围之外，就会变成怠惰的、保守的、与生活发展相敌对的人。　——高尔基

要永远觉得祖国的土地是稳固地在你脚下，要与集体一起生活，要记住，是集体教育了你。哪一天你若和集体脱离，那便是末路的开始。　——奥斯特洛夫斯基

不管一个人多么有才能，但是集体常常比他更聪明和更有力。　——奥斯特洛夫斯基

凡是经过考验的朋友，就应该把他们紧紧地团结在你的周围。　——莎士比亚

人们在一起可以做出单独一个人所不能做出的事业；智慧、双手、力量结合在一起，几乎是万能的。　——韦伯斯特

人不能孤独地生活，他需要社会。　——歌德

单个的人是软弱无力的,就像漂流的鲁滨孙一样,只有同别人在一起,他才能完成许多事业。　——叔本华

谁要是蔑视周围的人,谁就永远不会是伟大的人。　——左伊默

若不团结,任何力量都是弱小的。　——拉封丹

朋友间的不和,就是敌人进攻的机会。　——伊索

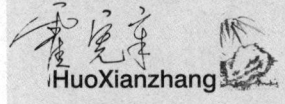

人生修养感悟

第五篇·**理想篇**

（一）志向

个人感悟

"有志者，事竟成。"这里的志，就是大志，就是雄心壮志，就是崇高的理想。

志向作为一种价值目标，它能够激发人们的意志和激情，产生一种强大的精神动力，激励人们以积极、主动、顽强的精神投身于生活、工作，只有远大志向的人才能对人生抱有积极向上的进取精神和乐观态度，才能对工作抱有无限的热忱。

成功学教父卡耐基认为："立志、工作、成功是人类活动的三大环节，是事业发展的规律。工作随着志向走，成功随着工作来，立志是踏入事业的大门的开始，勤于工作是登堂入室的旅程，这旅程的尽头就有成功在等待着你。"因此，立志是事业成功的前提和关键。有多大的志向，就会有多大的成就，没有什么是想不到的，只有做不到。一个人有什么样的志向，很可能就能有什么样的事业。

"有志者、事竟成，破釜沉舟，百二秦关终属楚；苦心人，天不负，卧薪尝胆，三千越甲可吞吴。"一个人立下了什么样的志向决定了他今后能够做出什么样的事业。因此，如果要想正确地评判一个人未来的职业生涯，就应该了解他的志向是什么。

以国家民族的兴亡为己任的人必然心忧天下，不会仅满足于一方小天地。他们多精力充沛，在遇到挫折和磨难的时候，能够顽强地坚持下来，从而渡过难关。这样的人的时间观念大都很强，时间对于他们来说是宝贵的，不会轻易浪费时间。而且他们的应变能力比较突出，在面对任何一件比较棘手的问题时，都能够保持沉着冷静，认真地思考应对的策略，懂得如何进退，保全自己，所以国家的兴旺，民族的振兴等也往往和他们的命运紧密地连接在一起，这种人就是古人所认为的那种"天将降大任于斯人也"的大人物。

以公共事业为志向的人一定不会碌碌无为，而会加倍努力、奋进，做个成功的人。这种人多希望自己的表现与众不同，并且具有一定的影响力，能够吸引他人的目光。另外，由于想干一番事业，所以他们往往有很强的取胜愿望，希望把他人远远地抛在后面，自己永远保持第一名的优势。而且，他们有较强的自主意识，希望走一条完全属于自己特色的事业之路，为公共事业作出自己的贡献。

　　社会上也存在一些没有任何志向的人，他们如同井底之蛙，对自己的要求就只有井口那么大一点，只想着有吃有穿，有个工作就好。这样的人，如果能够成功也绝对是偶然，且成功者甚少。他们每天都觉得自己这样已经够了，很容易自我满足，渐渐地失去了动力和活力，就再也不想去走出井底了。这样的人拥有的也就只有井口那一片天了，真是可怜！

　　志向是通往成功的目标，志向是实现目标的动力，志向是有作为的人的理想，志向是不平凡标准的方向。

经典事例

　　在一个小小的池塘边有一片小小的芦苇丛，在这片小小的芦苇丛里住着一只很老很老的老蜗牛，这只老蜗牛有一个很大很大的大理想，就是一定要爬上世界的最高处。

　　于是这只老蜗牛为了这个大理想马上背起小房子启程了。它一直爬啊爬，一共爬了七天七夜，终于爬到了池边最高的那棵芦苇顶上。老蜗牛抬起头望着蓝天高兴地说："嘿嘿，瞧！我终于成功了，天空离我多近呀！"

　　刚说完，老蜗牛低下头看到一只小蚂蚁背着一棵谷子从芦苇下路过，连忙大声喊道："小蚂蚁！小蚂蚁！快看，我在上面呢！"

　　小蚂蚁听到喊声，抬起头，朝芦苇上望去，看到了在上面的老蜗牛，故意提高嗓门对老蜗牛大声说："蜗牛爷爷，你好厉害！你是怎么爬上去的？"

　　老蜗牛听了不由得得意起来，也因此更加深信自己已经站在了世界的最高处，它还大笑着回答："怎么样，没有谁能比蜗牛爷爷爬得更高了吧，哈哈……"

　　小蚂蚁低下头偷偷说："嘿嘿，夸它几句就当真，真是老糊涂了！"

　　小蚂蚁走后，一条小蚯蚓路过芦苇丛。老蜗牛朝着小蚯蚓大声说："小蚯蚓，小蚯蚓，快找找我在哪！"

小蚯蚓朝着喊声的方向望去,看到蹲在芦苇上的老蜗牛后马上露出一种诡异的笑容,很快大声地回应道:"蜗牛爷爷,你爬地好高啊,那里一定是世界的最高处!"

老蜗牛听了更加高兴得不得了,"哈哈哈"的笑声传遍了整个小池塘。

小蚯蚓却低声笑道:"呵呵,太容易上当了,真好玩!"

小蚯蚓走后,一只小青蛙路过芦苇丛,老蜗牛又连忙朝着小青蛙大声说:"小青蛙,小青蛙,快看!我站在了世界的最高处。"

小青蛙朝老蜗牛望去,紧张得说:"蜗牛爷爷你那儿不是世界的最高处,而且四周没有掩护的东西,很容易被小鸟发现和吃掉的,快下来吧!"

可是老蜗牛已经听不进去了,它确信自己站在了世界的最高处。于是对着小青蛙生气地说:"你胡说!你一定是在嫉妒我!我才不上你得当呢!这里就是世界的最高处,连小鸟也不可能飞得这高……"话还没说完,只见一只小鸟飞了过来把可怜的老蜗牛和它大理想一起吞进了肚子里。

名人箴言

人的志向通常和他们的能力成正比例。　——约翰逊

一个人如果不到最高峰,他就没有片刻的安宁,他也就不会感到生命的恬静和光荣。　——肖伯纳

吾志所向,一往无前,愈挫愈奋,再接再厉。　——孙中山

虽有天下易生之物也,一日曝之,十日寒之,未有能生者也。　——孟轲

自小多才学,平生志气高。别人怀宝剑,我有笔和刀。　——《神童诗》

任何职业都不简单,如果只是一般地完成任务当然不太困难,但要真正事业有所成就,给社会作出贡献,就不是那么容易的,所以,搞各行各业都需要树雄心大志,有了志气,才会随时提高标准来要求自己。　——谢觉哉

劝汝立身须苦志,月中丹桂自扶疏。　——刘谦

白首壮心驯大海,青春浩气走千山。　——林伯渠

理论彻底,策略准确。然后以排除万难坚定不移的勇气和精神向前干去,必有

成功的一日。　——邹韬奋

欲速则不达，见小利则大事不成。　——《论语》

只要朝着一个方向努力，一切都会变得得心应手。　——勃朗宁

永远得不到安宁，永远得不到满足，老是追求着永远得不到的东西，情节、计划、忧虑和烦恼永远萦绕在脑际——不管这是多么离奇，有一点是明白无误的：那是一种不可抗拒的力量，一个人就是在这种力量的驱使下去制订人生计划的！　——狄更斯

君子志于择天下。　——刘炎

志比精金，心如坚石。　——冯梦龙

生死穷达不易其操。　——苏轼

哪有斩不掉的荆棘？哪有打不死的豺虎？哪有推不翻的山岳？你必须奋斗着，勇猛地奋斗着，胜利就是你的。　——邓中夏

处逸乐而欲不放，居贫苦而志不倦。　——王充

忧劳可以兴国，逸豫可以亡身，自然之理也。　——欧阳修

水激石则鸣，人激志则宏。　——秋瑾

立志是一件很重要的事情。工作随着志向走，成功随着工作来，这是一定的规律。立志、工作、成功是人类活动的三大要素。立志是事业的大门，工作是登堂入室的旅程，这旅程的尽头就有个成功在等待着，来庆祝你的努力结果。　——巴斯德

丈夫志不大，何以佐乾坤？　——邵谒

有其志必成其事，盖烈士之所徇也。　——曹操

丈夫志，当景盛，耻疏闲。　——苏舜钦

如果一个人不知道他要驶向哪头，那么任何风都不是顺风。　——塞涅卡

坚其志，苦其心，劳其力，事无大小，必有所成。　——曾国藩

人的理想志向往往和他的能力成正比。　——约翰逊

了却君王天下事，赢得生前身后名。　——辛弃疾

一思尚存，此志不懈。　——胡居仁

男儿一副好身手，拼将热血洒神州。 ——李贯慈

人在精神方面受到了最可怕的打击，往往会丧失神志。 ——狄更斯

让自己的内心藏着一条巨龙，既是一种苦刑，也是一种乐趣。 ——雨果

苦心人无不负，卧薪尝胆三千越甲可吞吴。 ——蒲松龄

老当益壮，宁移白首之心；穷且益坚，不坠青云之志。 ——王勃

男儿志兮天下事，但有进兮不有止，言志已酬便无志。 ——梁启超

不为穷变节，不为贱移志。 ——桓宽

无冥冥之志者，无昭昭之明，无昏昏之事者，无赫赫之功。 ——荀况

把意念深潜得下，何理不可得，把志气奋发起，何事不可做。 ——吕坤

持志如心痛，一心在痛上，岂有功夫说闲话，管闲事。 ——王守仁

夫志当存高远，慕先贤，绝情欲，弃疑滞，使庶几之志，揭然有所存，恻然有所感；忍屈伸，去细碎，广咨问，除嫌吝，虽有淹留，何损于美趣，何患于不济。若志不强毅，意不慷慨，徒碌碌滞于俗，默默束于情，永窜伏于平庸，不免于下流矣。 ——诸葛亮

志士不忘在沟壑，勇士不忘在其元。 ——孟子

忧国忘家，捐躯济难，忠臣之志也。 ——曹植

学者志不立，一经患难，愈见消沮。 ——黄宗羲

志不可一日坠，心不可一日放。 ——王豫

雄心壮志是茫茫黑夜中的北斗星。 ——勃朗宁

立志不坚，终不济事。 ——朱熹

丈夫志四方，有事先悬弧，焉能钓三江，终年守菰蒲。 ——顾炎武

人若有志，万事可为。 ——斯迈尔斯

人无善志，虽勇必伤。 ——《淮南子》

人所缺乏的不是才干而是志向，不是成功的能力而是勤劳的意志。 ——部尔卫

有坚决信心者才能达到目的。 ——拉伯雷

人若无志，与禽兽同类。　——孟轲

慷慨丈夫志，可以耀锋？　——孟郊

男儿铁石志，总是报国心。　——戚继光

剜心也不变，砍首也不变！只愿锦绣的山河，还我锦绣的面。　——柔石

饱食终日，无所用心，难矣哉。　——《论语》

我们的生命虽然短暂而且渺小，但是伟大的一切都由人的手所造成。人生在世，意识到自己的这种崇高的任务，那就是他的无上的快乐。　——屠格涅夫

志不真则心不热，心不热则功不紧。　——颜元

天将降大任于斯人也，必先苦其心志，劳其筋骨，饿其体肤，空乏其身，行拂乱其所为也，所以动心忍性，增益其所不能。　——《孟子》

住世一日，则做一日好人，居官一日，则做一日好事。　——罗大经

哀莫大于心死，而人死亦次之。　——庄子

志向是天才的幼苗，经过热爱劳动的双手培育，在肥田沃土里将成长为粗壮的大树。不热爱劳动，不进行自我教育，志向这棵幼苗也会连根枯死。确定个人志向，选好专业，这是幸福的源泉。　——苏霍姆林斯基

人品、学问，俱成于志气，无志气人，一事做不得。　——申居郧

志以成道，言以宣志。　——王通

学者欲去昏惰之病必以立志为先。　——真德秀

感情有着极大的鼓舞力量，因此，它是一切道德行为的重要前提，谁要是没有强烈的志向，也就不能够热烈地把这个志向体现于事业中。　——凯洛夫

老冉冉其将至兮，恐修名之不立。　——《离骚》

祖国的尊严高于一切，人民的利益重于一切，为了祖国和人民，我们愿意献出一切。　——刘成乾

生活赋予我们的一种巨大的和无限高贵的礼品，这就是青春：充满着力量，充满着期待、志愿，充满着求知和斗争的志向，充满着希望、信心的青春。　——奥斯特洛夫斯基

显誉成于僚友，德行立于有志。　——范晔

立志以定其本，居正以持其志。　——胡宏

志不立，天下无可成之事。　——王守仁

当立心做大事，不立心做大官。　——孙中山

燕雀焉知鸿鹄之志哉？　——司马迁

总是力求在集体中创造一种共同热爱科学和渴求知识的气氛，使智力兴趣成为一些线索，以其真挚的、复杂的关系——即思信的相互关系把一个个的学生连接在一起。　——苏霍姆林斯基

老来益当奋志，志为气之帅，有志则气不衰，故不觉其老。　——申涵光

致君尧舜上，再使风俗淳。　——杜甫

大丈夫处世，当扫除天下，安事一室乎！　——《后汉书》

唯君子为能通天下之志也。　——《易经》

没有野心的人也许某天会享有盛名，然而，有野心的人不想出人头地则很罕见。　——诺思

身而常逸者，则志不广。　——孔子

坚硬优质的钢条，是经过千锤百炼而成的；瑰丽美观的贝壳是经过水冲日曝而得的。我们的意志和毅力也必须在火热的斗争中接受严峻的考验，去接受长期的锻炼。只有这样才能使自己在困难面前，永远热情奋发，斗志昂扬。　——加里宁

当我们只遇到逆风行舟的时候，我们调整航向迂回行驶就可以了；但是，当海面上波涛汹涌，而我们想停在原地的时候，那就要抛锚。当心啊，年轻的舵手，别让你的缆绳松了，别让你的船锚动摇，不要在你没有发觉以前，船就漂走了。

　　　　　　　　　　　　——卢梭

有志不在年高，无志空活百岁。　——石玉昆

志若不移山可改，何愁青史不书功。　——钱穆

当教师把每一个学生都理解为他是一个具有个人特点的、具有自己的志向、自己的智慧和性格结构的人的时候，这样的理解才能有助于教师去热爱儿童和尊重儿

童。 ——赞科夫

执志不绝群，则不能臻成功铭弘勋。 ——葛洪

夫志，气之帅也。 ——孟轲

一个有志气的人，他为之奋斗的目标应该是远大的，高尚的，而决不是被私利障住眼睛的懦夫。 ——殷庆功

英雄者，胸怀大志，腹有良策，有包藏宇宙之机，吞吐天地之志者也。 ——《三国演义》

弃燕雀之小志，慕鸿鹄而高翔。 ——于谦

壮心，未与年俱老，死去犹能作鬼雄。 ——陆游

人生活的世界上好比一只船在大海中航行，最重要的是要辨清前进的方向。 ——潘菽

男儿出门志，不独为谋身。 ——杜荀鹤

人们说生命是很短促的，我认为是他们自己使生命那样短促的。 ——卢梭

男儿事业当志奇。 ——贯休

古之人，得志，泽加于民，不得志，修身见于世。穷则独善其身，达则兼济天下。 ——《孟子》

身可辱，而志不可夺。 ——王勃

立志是读书人最要紧的一件事。 ——孙中山

大丈夫当雄飞，安能雌伏？ ——《后汉书》

怜君头早白，其志竟不衰。 ——白居易

死生一事付鸿毛，人生到此方英杰。 ——秋瑾

子曰："志于道，据于德，依于仁，游于艺。" ——《论语》

身如逆流船，心比铁石坚。望父全儿志，至死不怕难。 ——李时珍

未有不立志之人，便能做得事业。 ——戚继光

心随朗月高，志与秋霜洁。 ——佚名

浩荡入溟阔，志泰心超然。 ——白居易

志向不过是记忆的奴隶,生气勃勃地降生,但却很难成长。　——莎士比亚

慷慨丈夫志,可以耀锋芒。　——孟郊

当我们在一些难关面前停顿下来的时候,他总是说:"你会把它弄好的!凭你的聪明,这点小事是难不倒你的!"而我们往往就因为父亲这句话,奇迹似的把本来弄不好的东西弄好,对本来视为畏途的工作发生兴趣。　——罗曼·罗兰

勇敢坚毅真正之才智乃刚毅之志向。　——拿破仑

立志没有所谓过迟。　——波多维斯

丈夫之志,能屈能伸。　——程允升

男儿千年志,吾生未有涯。　——文天祥

船在汹涌的波浪中行驶,固然是危险的事,但只要把舵者善于应付,未尝不可化险为夷,渡过大洋,安登彼岸。一个年轻人的就业,也是如此,四周都为困难所包围,你得镇静应付,把层层障碍打破,便发现你的康庄大道。你须知道,老天决不辜负有心人的上进志向,除非你畏难苟安,无毅力应付,结果才覆败。　——卡耐基

目标越接近,困难越增加。　——歌德

志不立,如无舵之舟,无衔之马,漂荡奔逸,何所底乎?志不立,天下无可成之事。虽百工技艺,未有不本于志者。　——《训欲遗规》

愿效老牛,为国损躯。　——童第周

莫教桑麻困后人,浮云富贵不如贫,男儿志在安天下,破旧山河再造新。

——杨超

富贵不能淫,贫贱不能移,威武不能屈,此之谓大丈夫。　——《孟子》

凡事都要脚踏实地去作,不驰于空想,不骛于虚声,而惟以求真的态度作踏实的工夫。以此态度求学,则真理可明,以此态度作事,则功业可就。　——李大钊

有志者,事竟成。　——范晔

一日一钱,千日千钱,绳锯木断,水滴石穿。　——班固

僵卧孤村不自哀,尚思为国戍轮台。　——陆游

骐骥一跃，不能十步；驽马十驾，功在不舍。　　——荀子

青年人首先要树雄心，立大志，其次就要决心为国家、人民作一个有用的人才；为此就要选择一个奋斗的目标来努力学习和实践。　　——吴玉章

最糟糕的是人们在生活中经常受到错误志向的阻碍而不自知，直到摆脱了那些阻碍时才能明白过来。　　——歌德

志在林泉，胸怀廊庙。　　——琮琼

一个人如果没有机会为自己的主张而斗争的话，主张就没有必要存在。

——托马斯

莫道玉关人老矣，壮志凌云，依旧不惊秋。　　——京镗

君子或出或处，可以不见用，用必措天下于治安。　　——戴震

凡是新的事情在起头总是这样，起初热心的人很多，而不久就冷淡下去，撒手不做了。因为他已经明白，不经过一番苦功是做不成的，而只有想做的人，才忍得过这番痛苦。　　——陀思妥也夫斯基

非无江海志，潇洒送日月。　　——杜甫

心欲小而志欲大，智欲圆而行欲方。　　——《淮南子》

在一切大事业上，人在开始前要像千眼神那样察视时机，而在进行时要像千手神那样抓住时机。　　——培根

立志在坚不欲说，成功在久不在速。　　——张孝祥

虎瘦雄心在，人贫志气存。　　——万松老人

那个使他奉献自己，以促使其早日实现的主义，将不受所有法律的订立和法律的破坏所左右，而日渐茁壮成熟——就像土里的种子，不管冬日的寒冻，夏日的干旱，仍然将它饱满的谷粒献给人类那样。　　——庞陀彼丹

面对悬崖峭壁，一百年也看不出一条缝来，但用斧凿，得进一寸进一寸，得进一尺进一尺，不断积累，飞跃必来，突破随之。　　——华罗庚

伟大的人物都走过了荒沙大漠，才登上光荣的高峰。　　——巴尔扎克

一个障碍，就是一个新的已知条件，任何障碍都提出了一个新的问题。只要有

意愿，任何一个障碍都能成为一个跳板，一个反跳的机会。 ——杜伽尔

若无松柏志，超越不为高。 ——郭沫若

坚志者，功名之主也。不惰者，众善之师也。 ——《抱朴子》

愿随壮士斩蛟蜃，不愿腰间缠锦绦。 ——苏轼

丈夫志四海，我愿不知老。 ——陶渊明

凡是伟大的人物从来不承认生活是不可改造的。他会对于当时的环境不满意；不过他的不满意不但不会使他抱怨和不快乐，反而使他充满一股热忱想闯出一番事业来，而其所作所为便得出了结果。 ——麦尔顿

不登高山，不知天之大；不临深谷，不知地之厚也。 ——荀子

志须预定自道远，世事岂得终无成？ ——徐谦

志气这东西是能传染的，你能感染着笼罩在你的环境中的精神。那些在你周围不断向上奋发的人的胜利，会鼓励激发你作更艰苦的奋斗，以求达到如像他们所做的样子。 ——斯蒂文生

无所畏惧者与具有威慑力量的人同样刚强。 ——席勒

一个人如果胸无大志，即使再有壮丽的举动也称不上是伟人。 ——拉罗什夫科

居不隐者，思不远也；身不危者，志不广也。 ——刘昼

如果想定了就不要再犹豫。你以后可以安心学画。我从十四岁那年下决心搞中国画，以后从来没有动摇过。 ——潘天寿

笃志而体，君子也。 ——《荀子》

纵横计不就，慷慨志犹存。 ——魏征

朝为田舍郎，暮登天子堂。将相本无种，男儿当自强。 ——《神童诗》

人须立志，志立则功就。天下古今之人，未有无志而建功。 ——朱棣

我想一切胸襟宽广的人都有雄心大志；但是我所器重的心怀大志的人，却是那些坚定而有信心地走这条道路的人，而不是那些企图一蹴而就、浅尝辄止的人。 ——狄更斯

志坚者，功名之主也。 ——葛洪

种子不落在肥土而落在瓦砾中，有生命力的种子决不会悲观和叹气，因为有了阻力才有磨炼。　——夏衍

无目标而生活，犹如没有罗盘而航行。　——拉斯金

益重青青志，风霜恒不渝。　——李隆基

战士自有战士的抱负：永远改造，从零出发；一切可耻的衰退，只能使人视若仇敌，踏成泥沙。　——郭小川

书不记，熟读可记；义不精，细思可精。惟有志不立，直是无着力处。
　　　　　　　　　　　　　　　　　　　　——朱熹

性痴则其志凝。故书痴者文必工，艺痴者技必良。世之落拓而无成者，皆自谓不痴者也。　——蒲松龄

正路并不一定就是一条平平坦坦的直路，难免有些曲折和崎岖险阻，要绕一些弯，甚至难免误入歧途。　——朱光潜

咬定青山不放松，立根原在破岩中，知磨万击还坚韧，任尔东西南北风。
　　　　　　　　　　　　　　　　　　　　——郑板桥

一个人即使已登上顶峰，也仍要自强不息。　——罗素·贝克

贫而懒惰乃真穷，贱而无志乃真贱。　——罗丹

志犹学海，业比登山。　——王通

画工须画云中龙，为人须为人中雄。　——秋瑾

一个从不怀疑生活方向和目标的人，绝对不会绝望。　——莫里亚克

进则安居以行其志，退则安居以修其所未能，则进亦有为，退亦有为也。
　　　　　　　　　　　　　　　　　　　　——张养浩

有志诚可乐，及时宜自强。　——欧阳修

学艺之道无它，锻炼意志第一。　——徐悲鸿

所以才智人，不肯自弃暴。力欲争上游，性灵乃其要。　——赵翼

丈夫志四方，忍为别离哀。　——郭嵩焘

千古圣贤豪杰，即奸雄欲有立志者，不外乎一个"勤"字。　——曾国藩

生活赋予我们一种巨大的和无限高贵的礼品，这就是青春：充满着力量，充满着期待志愿，充满着求知和斗争的志向，充满着希望信心和青春。　——奥斯特洛夫斯基

人在没有受到伟大观点所鼓舞的时候，他的活动即是毫无结果的、卑微的，那么观念要在现实中得到价值，就只有到这时候——当一个献身为崇高观念而服务的人的心中，拥有充沛的力量促使它圆满地实现时才有可能。　——车尔尼雪夫斯基

想到一个人毕生的一切努力可能会淹没在一代人默默无闻的冲积层中，岂不难受？对一个父亲来说，希望他的孩子至少记起他，难道不是合理的吗？哪怕是作为例子来引用？　——杜伽尔

心不清则无以见道，志不确则无以定功。　——林逋

志之难也，不在胜人，在自胜。　——韩非

将相本无种，男儿当自强。　——高明

环境愈艰难困苦，就愈需要坚定的毅力和信心，而且，懈怠的害处就愈大。
　　　　　　　　　　　　　　　　——列夫·托尔斯泰

宁可清贫有志，不可浊富多忧。　——释道远

骐骥筋力成，志在万里外。　——李白

夫学须志也，才须学也，非学无以广才，非志无以成学。　——诸葛亮

但言虚心，不若先言立志。　——陈确

每一个人要有做一代豪杰的雄心斗志！应当做个开创一代的人。　——周恩来

如果你表现得"好像"对自己的工作感兴趣，那一点表现就会使你的兴趣变得真实，还会减少你的疲惫、你的紧张，以及你的忧虑。　——卡耐基

进锐退速，只是心志不凝定。　——申居郧

猛志逸四海，骞翮思远翥。　——陶渊明

志向和热爱是伟大行为的双翼。　——歌德

不想当元帅的士兵不是好士兵。　——拿破仑

（二）信念

个人感悟

理想是人生的航船和风帆，决定着人走什么路向什么方向前进；理想是对未来事物的想像和希望，是人们努力实现人生目标的动力；理想是激励人锐意进取的力量，让人鼓起面对一切不幸的勇气。

法国作家雨果说过："人有了物质才能生存，有了理想才谈得上生活，你要了解生存和生活的不同吗？动物生存，而人则生活，可见，生活的理想，就是为了理想而生活。"陶铸也说过："一个精神生活很充实的人，一定是一个很有理想的人，一定是很高尚的人，一定是一个只做物质的主人而不做物质奴隶的人。"

人的理想，通常有两种：一种是社会理想，旨在救世和改造社会；另一种是人生理想，旨在自救和完善自我。前者是做人的社会责任，为立业目标；后者是追求智慧和美德，是立业目标必备的活力。没有人生理想，就会被社会所抛弃，因为，人一旦对社会毫无价值的时候，就失去做人的真实意义。高尔基说："一个人追求的目标越高，他的才力就发展得越快，对社会就越有益，我确信这也是一个真理。"

理想，是实现灵魂生活的寄托，人一旦没有理想，没有灵魂，注定不可能有人生真实的生活，就做人来说，只要一个人看重灵魂生活，理想便永远不会枯竭，自然就有旺盛的生命活力。战国时期，孟子曾说过："天将降大任于斯人也，必先苦其心志，劳其筋骨，饿其体肤，空乏其身，行拂乱其所为，所以动心忍性，曾益其所不能。"为实现人生之大任，为国家和民族作出有益的贡献，经受大悲大苦，吃苦耐劳，亦乐在其中，这就是理想的即使作用，理想的力量。

徐特立说："一个人有了远大理想就在最艰苦困难的时候，也会感到幸福。"法国大作家罗曼·罗兰说："事业上最怕的敌人就是没有坚强的信念。"人不论做什么事情，理想是成功的信念，有志者事竟成，这是人生进取的规律。

理想的实现需要需要远大的志向作支撑，法国科学家巴斯德说："立志是一件很重要的事情，工作随着志向走，成功随着工作来，这是一定的规律。意志、工作、成功,是人类活动的三大要素,立志是事业的大门,工作是登堂入室的旅程。这旅程的尽头就有个成功在等待着,来庆祝你的努力结果。"

理想的确定不能脱离客观实际,一定要从自己所处的位置、环境、个人具有的基本素养、才干以及其他条件来确定,既不能过高,也不能过低,要以跳起来能抓得住为准。如果脱离实际,心比天高,只能是空想失望,悔恨终生。如果是胸无大志,妄自菲薄,无心进取,必将是一事无成,碌碌无为,消极坠落。

理想的实现是一个艰苦卓绝的过程。任何理想变为现实,都要经历艰难困苦的磨炼,甚至冒有风险。通往理想的道路上没有捷径可走,投机取巧,弄虚作假,只能是纸上画饼。理想即事业,任何事业都是人认认真真、勤勤恳恳、兢兢业业、流汗流血干出来的。北宋范仲淹自幼丧父,家道贫寒,但他少年立志,夜以继日攻读诗书,疲倦时,就用凉水洗面,东西不够吃,就用稀粥充饥。他克勤克俭,受尽磨难,博览群书,又倾心于国家功业,成为政治、军事、文学的一代大家。孔子说:"吾十有五,立志于学。"终身饱经风霜,吃尽苦头,成为世人崇拜的圣人。

读懂理想,一是要有一双慧眼,二是要有一个博大胸怀,三是要有一个高远志趣。注重唯实,实践立志、工作、成功———人类活动的三大要素,理想的硕果自然丰收在望。

经典事例

由刘华清、张震任总顾问,由国防大学副政委谭乃达任编委会主任、编写组长的《黄克诚传》,经过 8 年的编写,于党的十八大前夕,由当代中国出版社出版发行了。出于对老一辈无产阶级革命家、军事家、政治家的敬爱之情,我认真阅读了这部 80 多万字的传记,有的章节更是反复细读,感触良多。尤其是信念坚定,矢志不渝。黄克诚大将不愧是我们的一代楷模,永远是我们学习的榜样。

黄克诚是 1923 年 6 月在湖南衡阳省里第三师范见到毛泽东的,1925 年加入中国共产党,并在广州参加了由毛泽东等领导的政治讲习班,1926 年参加北伐战争。大革命失败后,他在白色恐怖下,千里找党,从湖南到湖北,再去上海,终于同党中央接上了关系，由在上海的中央军委直接分配到国民革命军中秘密开展党的工作，之后派到中央苏区。

黄克诚忠诚于党突出表现在：面对敌人的升官发财的诱惑不动摇，面对党内的错误批判不灰心。在他60多年的革命生涯中，9次被错误批判、降职，险些被杀头。他面对这一切，丝毫未动摇对党的忠诚，对共产主义的坚定信念。

在1962年党的八届十中全会上，中途让他退出，剥夺了他参加中央全会的资格。试想，这对一位时年60岁、功勋卓著的老党员，精神上是多么大的打击。在我党我军的历史上，九上九下、九下九上者，唯黄克诚也。在逆境中他写下了后来流传的那首七律：

少无雄心老何求，摘掉纱帽更自由。

蛰居矮屋看世界，漫步小园度白头。

书报诗棋能消遣，吃喝穿住不发愁。

但愿天公勿作恶，五湖四海庆丰收。

这，似乎是一种无奈，但，那是一种从容、一种自信，无比坦荡开阔的胸怀。几经沉浮总不悔，坚定党的理想信念，坚信党的伟大正确——包括坚信党有能力修正自己的错误。

读完他的传记，合卷深思，他那高尚的政治品格，无怨无悔的政治信念，是留给后人最宝贵的精神财富。

名人箴言

有的人爱说目标很难达到，那是由于他们的意志薄弱所致。 ——卡耐基

我渴望随着命运指引的方向，心平气和地，没有争吵、悔恨、羡慕，笔直走完人生旅途。 ——魏尔伦

人的生命是有限的，可是，为人民服务是无限的，我要把有限的生命，投入到无限的"为人民服务"之中去。 ——雷锋

一个能思想的人，才是一个力量无边的人。 ——巴尔扎克

在蠢人感到人生困难的时候，贤人看起来容易；而当蠢人感到容易的时候，贤者就感到困难。　——歌德

让孩子们不要去空谈崇高的理想，让这些理想存在于幼小心灵的热情激荡之中，存在于激奋的情感和行动之中，存在于爱和恨、忠诚和不妥协的精神之中。
　　　　　　　　　　　　　　　　　　　　——苏霍姆林斯基

船的力量在帆桨，人的力量在理想。　——民间谚语

敌人只能砍下我们的头颅，决不能动摇我们的信仰！因为我们信仰的主义，乃是宇宙的真理！　——方志敏

我们必须有恒心，尤其要有自信！我们必须相信我们的天赋是要用来做某种事情的，无论代价多么大，这种事情必须做到。　——居里夫人

理想是指路明灯。没有理想，没有坚定的方向；没有方向，没有生活。
　　　　　　　　　　　　　　　　　　　　——托尔斯泰

没有理想，就达不到目的；没有勇敢，就得不到东西。　——别林斯基

人致力于一个目标，一种观念，是人在生活过程中追求完整之需要的一种表现。　——罗曼·罗兰

一个没有远大理想的人，就像一部没有马达的机床。　——民间谚语

高尚的理想并不因为默默无声而失去价值；自私的追求不因为大叫大嚷而而伟大起来。　——民间谚语

一个人的活动，如果不是被高尚的思想所鼓舞，那它是无益的、渺小的。
　　　　　　　　　　　　　　　　　　　　——车尔尼雪夫斯基

对未来的真正慷慨，是把一切献给现在。　——加缪

理想的书籍是智慧的钥匙。　——托尔斯泰

神甚放，行则眠，鸿告鸟一再高举，天地睹方圆。　——辛弃疾

一个人有了崇高的伟大的理想，还一定要有高尚的情操。没有高尚的情操，再伟大的理想也是不能达到的。　——陶铸

一个没有远大理想和崇高生活目的的人，就像一只没有翅膀的鸟，一台没有马

达的机器，一盏没有钨丝的灯泡。　——张华

生活的目标是人类美德和人类幸福的心脏。　——乌辛斯基

现实，它永远没有幻想那么美妙，却是人们可以落脚的地方。　——民间谚语

在人生中第一要紧的是发现自己。为了这个目的，各位时常需要孤独和深思。
　　　　　　　　　　　　　　　　　　　——南森

抱负是高尚行为成长的萌牙。　——莫格利希

什么是理想，革命事业就是理想；什么是幸福，为人民服务就是幸福。　——民间谚语

即使我们是一枝蜡烛，也应该"蜡炬成灰泪始干"；即使我们只是一根火柴，也要在关键的时刻有一次闪耀；即使我们死后尸骨都腐烂了，也要变成磷火在荒野中燃烧。　——艾青

在沙滩上沉思，永远得不到珍珠。　——民间谚语

希望是漠漠沙海中的一片绿洲，昭示着新的生命；希望是茫茫狂涛中的一盏明灯，指引着前进的方向；希望是生命的发动机，源源不断地输送着能量；希望是困难时坚韧的拐杖，是忧愁时鼓舞人心的乐曲，是绝望时振奋人心的强心剂。　——佚名

吾志所向，一往无前；愈挫愈奋，再接再厉。　——孙中山

我在自己的一生里也曾经历过被遗弃和背叛的痛苦。可是有一种东西却救了我：我的生活永远是有目的、有意义的，这就是为社会主义而奋斗。　——奥斯特洛夫斯基

不同的生活理想，不同的生活态度，决定一个人在战斗中站的位置。　——吴运铎

一旦自私的幸福，变成了人生唯一的目标，人生就会变得没有目标。　——罗曼·罗兰

智识欲的目的是真，道德欲的目的是善，美欲的目的是美。真善美，即人间理想。　——黑田鹏信

愿得此身长报国，何须生入玉门关。　——戴叔伦

横眉冷对千夫指，俯首甘为孺子牛。　——鲁迅

人能为自己心爱的工作贡献出全部力量、全部精力、全部知识，那么这项工作将完成得出色，收效也更大。　——奥勃鲁切夫

一个人的理想的生命，比他们的躯体的生命长得多。我们的肉体在宇宙是短暂的，但我们的理想却可以穿越时间的限制，在历史的原野上奔驰。　——刘玲

生活中没有理想的人，是可怜的人。　——屠格涅夫

只要我还能划水，我就不肯被淹死；只要我还能站立，我就不肯倒下。　——笛福

骏马无腿难走路，人无理想难进步。　——民间谚语

金钱与时间是人生两样最沉重的负担。最不快活的就是那些拥有这两样东西太多，多得不知怎样使用的人。　——约翰

十岁时被点心、二十岁被恋人、三十岁被快乐、四十岁被野心、五十岁被贪婪所俘虏。人，到什么时候才能追求睿智呢？　——卢梭

一个人如果认为自己在一生中能干出一番不同寻常的大事，就比没有远大理想的可怜虫，有着更多的成功的机会。　——伯纳德·马拉默德

不参加变革社会的斗争，理想永远是一种幻影。　——吴运铎

犹疑不决的人，即使有理想，也不会有信心去实现。　——印尼民间谚语

一个人的理想越崇高，生活越纯洁。　——伏尼契

道德教育成功的"秘诀"在于，当一个人还在少年时代的时候，就应该在宏伟的社会生活背景上给他展示整个世界、个人生活的前景。　——苏霍姆林斯基

如果不献身给一个伟大的理想，生命就是毫无意义的。　——何塞·黎萨尔

忠实于理想——这是崇高而又有力的一种感情，这种感情和最残酷的压迫相对抗，这种感情甚至在危急万分的时刻也仍存于人的心中。　——伏契克

有理想的生活，即充满了公共利益，因而抱有高尚目的的生活，便是世界上最优美，最有趣的生活。　——加里宁

事功者一时之荣，志节者万世之业。　——孙中山

生活最大的危险就是一个空虚的心灵。　——葛劳德

工作中，你要把每一件小事都和远大的固定的目标结合起来。 ——马雅可夫斯基

每个人都必须按自己心灵的良心来生活，但不是按任何理想。使良心屈从于信条，或理念，或传统，甚至是内在冲动，那是我们的堕落。 ——劳伦斯

正因为有了理想，生活才变得这样甜蜜；正因为有了理想，生活才显得如此宝贵。因为，并不是任何理想都能如愿以偿！我将带着对生活的热爱，对生活的憧憬一直走下去，永远走下去。 ——艾特玛托夫

在当前现实的狭隘基础上，有高尚理想，全面的计划；在一步一步行动上，想到远大前途，脚踏实地地稳步前进，才能有所成就。 ——徐特立

理想与现实之间，动机与行为之间，总有一道阴影。 ——爱略特

不经风雨，长不成大树；不受百炼，难以成钢。迎着困难前进，这也是我们革命青年成长的必经之路。有理想有出息的青年人必定是乐于吃苦的人。 ——雷锋

谁为时代的伟大目标服务，并把自己的一生献给了为人类兄弟而进行的斗争，谁才是不朽的。 ——涅克拉索夫

如果能追随理想而生活，本着正直自由的精神，勇往直前的毅力，诚实而不自欺的思想而行，则定能臻于至善至美的境地。 ——居里夫人

成功的奥秘在于目标的坚定。 ——迪斯雷利

人生应为生存而食，不应为食而生存。 ——富兰克林

一个人光溜溜地到这个世界上来，最后光溜溜地离开这个世界而去，彻底想起来，名利都是身外物，只有尽一个人的心力，使社会上的人多得他工作的裨益，是人生最愉快的事情。 ——邹韬奋

要是一个人，能充满信心地朝他理想的方向去做，下定决心过他所想过的生活，他就一定会得到意外的成功。 ——戴尔·卡耐基

人的理想志向往往和他的能力成正比。 ——约翰逊

空想一百年，不值一分钱。 ——民间谚语

人生最高理想，在求达于真理。 ——李大钊

伟大的理想唯有经过忘我的斗争和牺牲才能实现。 ——乔万尼奥里

要向大的目标走去，就得从小的目标开始。 ——列宁

未尝过艰辛的人，只能看到世界的一面，而不知其另一面。真正的人生，只有在经过艰苦卓绝的斗争之后才能实现。 ——塞涅卡

人生最美好的，就是在你停止生存时，也还能以你所创造的一切为人们服务。 ——奥斯特洛夫斯基

对于我来说，生命的意义在于设身处地替人着想，忧他人之忧，乐他人之乐。 ——爱因斯坦

有理想的人，生活总是火热的。 ——斯大林

劳动受人推崇。为社会服务是很受人赞赏的道德理想。 ——杜威

君子以俭德辟难，不可荣以禄。 ——《易经》

要有生活目标，一辈子的目标，一段时期的目标，一个阶段的目标，一年的目标，一个月的目标，一个星期的目标，一天的目标，一个小时的目标，一分钟的目标。 ——托尔斯泰

真正美丽的东西必须一方面跟自然一致，另一方面跟理想一致。 ——席勒

我宁可做人类中有梦想和有完成梦想的愿望的、最渺小的人，而不愿做一个最伟大的、无梦想、无愿望的人。 ——纪伯伦

做学问的功夫，是细嚼慢咽的功夫。好比吃饭一样，要嚼得烂，方好消化，才会对人体有益。 ——陶铸

人的活动如果没有理想的鼓舞，就会变得空虚而渺小。 ——车尔尼雪夫斯基

没有福气的人好吃，没有理想的人好睡。 ——民间谚语

人生最高之理想，在求达于真理。 ——李大钊

人生的努力，总向光明的方面走，这是人类向上的自然动机 ——李大钊

累累的创伤，就是生命给你的最好东西，因为在每个创伤上面都标志着前进的一步。 ——罗曼·罗兰

不能胜寸心，安能胜苍穹？ ——龚自珍

名节重泰山，利欲轻鸿毛。　——于谦

神圣的工作在每个人的日常事务里，理想的前途在于一点一滴做起。　——谢觉哉

我们的斗争和劳动，就是为了不断地把先进的理想变为现实。　——周扬

人生活在希望之中，旧的希望实现了，或者泯灭了，新的希望的烈焰随之燃烧起来。如果一个人只管活一天算一天，什么希望也没有，他的生命实际上也就停止了。　——莫泊桑

一个精神生活很充实的人，一定是一个很有理想的人，一定是一个很高尚的人，一定是一个只做物质的主人而不做物质的奴隶的人。　——陶铸

理想是需要的，是我们前进的方向。现实有理想的指导才有前途；反过来，也必须从现实的努力奋斗中才能实现理想。　——周恩来

千金在手，一尘不染；身无分文，心忧天下。　——李惺

如果能追随理想而生活，本着正直自由的精神、勇往直前的毅力、诚实不自欺的思想而行，则定能臻于至美至善的境地。　——居里夫人

高于一切国家和全人类的，是精神的王国，是灵魂的故乡。　——马志尼

生活不能没有理想。应当有健康的理想，发自内心的理想，来自本国人民的理想。　——季米特洛夫

奋斗就是生活，人生惟有前进。　——巴金

功崇惟志，业广惟勤。　——《尚书》

停步在山谷的人永远也翻不过山岗。　——约翰·雷

台阶是一层一层筑起的，目前的现实是未来理想的基础。只想将来，不从近处现实着手，就没有基础，就会流于幻想。　——徐特立

人生的目的，在发展自己的生命，可是也有为发展生命必须牺牲生命的时候。因为平凡的发展，有时不如壮烈的牺牲足以延长生命的音响和光华。绝美的风景，多在奇险的山川。绝壮的音乐，多是悲凉的韵调。高尚的生活，常在壮烈的牺牲中。　——李大钊

胸无理想，枉活一世。　——民间谚语

道德教育的核心问题，是使每个人确立崇高的生活目的。人每日好似向着未来阔步前进，时时刻刻想着未来，关注着未来。由理解社会理想到形成个人崇高的生活目的，这是教育，首先是情感教育的一条漫长的道路。　——苏霍姆林斯基

人生是共同使用的葡萄园，一起栽培，一起收获。　——罗曼·罗兰

检验一个人的理想之果如何，不是看他从社会上得到什么，而是看他给了人类什么。　——王伯勋

一身轻似叶，所重全名节。　——李玉

看见一个年轻人丧失了美好的希望和理想，看见那块他透过它来观察人们行为和感情的粉红色轻纱在他面前撕掉，那真是伤心啊！　——莱蒙托夫

高尚的道德情操和道德行为与追求美的理想这两者常常统一在一起，是密不可分的。　——周扬

要使生如夏花之绚烂，死如秋叶之静美。　——泰戈尔

人生每多失望，能把思想寄托在高贵的性格、纯洁的感情和幸福的境界上，也就大可自慰了。　——福楼拜

应该相信，自己是生活的战胜者。　——雨果

人生的道路和归宿，不是享乐也不是忧愁。努力啊，为了每一个明天，每个明天都比今天胜一筹。　——朗费罗

豪气贯日月，英风动大地。　——陈毅

乐观是希望的明灯，它指引着你从危险峡谷中步向坦途，使你得到新的生命新的希望，支持着你的理想永不泯灭。　——达尔文

我宁可做人类中有梦想和有完成梦想的愿望的最渺小的人，而不愿做一个最伟大的无梦想无愿望的人。　——纪伯伦

每一个人都有一定的理想，这种理想决定着它的努力和判断的方向。就在这个意义上，我从来不把安逸和快乐看作是生活目的本身——这种伦理基础，我叫它猪栏的理想。　——爱因斯坦

你们的理想与热情，是你航行的灵魂的舵和帆。　——罗曼·罗兰

世界上最快乐的事，莫过于为理想而奋斗。　——苏格拉底

走得最慢的人，只要他不丧失目标，也比漫无目的地徘徊的人走得快。
　　　　　　　　　　　　　　　　　　　　　　　　　——莱辛

没有比人生更难的艺术，因为其他的艺术和学问，到处都可以找到很理想的老师。　——塞涅卡

活着，要有自己的价值。要作为一个强者存在于这个世界。　——夏宁

我的人生哲学是工作，我要揭示大自然的奥秘，并以此为人类造福。我们在世的短暂的一生中，我不知道还有什么比这种服务更好的了。　——爱迪生

有理想充满社会利益的，具有明确目的的生活是世界上最美好和最有意义的生活。　——加里宁

人生只有在斗争中才有价值，受过痛苦，才能得到报酬。　——赫尔岑

人生的一切变化，一切魅力，一切美都是由光明和阴影构成的。　——列夫·托尔斯泰

为了培养坚不可摧的理想，人民需要特殊的艺术，特殊的场所，而主要是能在人民思想感情中引起反响的特殊作品。人民不应当觉得自己只是闯入一个思想陌生的世界的客人，而应当在这种艺术中认识自己，认识自己的力量。　——茨威格

无论哪个时代，青年的特点总是怀抱着各种理想和幻想。这并不是什么毛病，而是一种宝贵品质。　——加里宁

攀登高峰要不畏艰险，实现理想要勇于奋斗。　——民间谚语

没有信仰，则没有名副其实的品行和生命；没有信仰，则没有名副其实的国土。　——惠特曼

如果工作是一种乐趣，人生就是天堂！　——歌德

凡事以理想为因，实行为果。　——鲁迅

人生最苦痛的是梦醒了无路可走。做梦的人是幸福的；倘没有看出可走的路，最要紧的是不要去惊醒他。　——鲁迅

现实是此岸，理想是彼岸，中间隔着湍急的河流，行动则是架在河上的桥梁。　——克雷洛夫

理想的人物不仅要在物质需要的满足上，还要在精神旨趣的满足上得到表现。　——黑格尔

理想是人生的太阳。　——德莱赛

我要扼住命运的咽喉，它妄想使我屈服，这绝对办不到。生活是这样美好，活它一千辈子吧！　——贝多芬

对于一艘盲目航行的船来说，所有的风都是逆风。　——哈伯特

为了达到目标，暂时走一走与理想背驰的路，有时却正是智慧的表现。
　　　　　　　　　　　　　　　　　　——佚名

一个人追求的目标越高，他的才力就发展得越快，对社会就越有益。我确信这也是一个真理。　——高尔基

就是在我们母亲的膝上，我们获得了我们的最高尚最真诚和最远大的理想，但是里面很少有任何金钱。　——马克·吐温

为了高尚的目标，多大的代价我也愿付出。　——罗曼·罗兰

一个精神生活很充实的人，一定是一个很有理想的人，一定是一个很高尚的人，一定是一个只做物质的主人而不做物质的奴隶的人。　——陶铸

理想对我来说，具有一种非凡的魅力。我的理想总是充满着生活和泥土气息。我从来都不去空想那些不可能实现的事情。　——奥斯特洛夫斯基

年轻的朋友啊，春已经翩然而至，就像阻不住的生机已经降临枝头，青春已经降临你的生命。让我重复一句吧：它得之不难，失之也易。因此，当你拥有它的时候，就得想到应该如何珍爱它，不久之后又应该如何与之揖别，以及将来应该如何使之终于化作我们称之为"果子"的东西。　——岑桑

理想，能给天下不幸者以欢乐！　——高尔基

人生在世，事业为重。一息尚存，绝不松劲。　——吴玉章

灿烂的科学需要美好的理想，美好的理想需要行动来实现。　——民间谚语

人类的精神与动物的本能区别在于，我们在繁衍后代的同时，在下一代身上留下自己的美、理想和对于崇高而美好的事物的信念。　——苏霍姆林斯基

每个人的一生都是战役，多事多难的漫长战役。　——爱比克泰多

不为圣贤，便为禽兽；不问收获，但问耕耘。　——曾国藩

一种理想，就是一种力！　——罗曼·罗兰

理想的社会状态不是财富均分，而是每个人按其贡献的大小，从社会的总财富中提取它应得的报酬。　——亨·乔治

理想的人是品德、健康、才能三位一体的人。　——木村久一

理想是指路明灯。没有理想就没有坚定的方向；没有方向就没有生活。
——托尔斯泰

成功的秘诀，在永不改变既定的目的。　——卢梭

清贫、洁白、朴素的生活，正是我们革命者能够战胜许多困难的地方。
——方志敏

人生至善，就是对生活乐观，对工作愉快，对事业兴奋。　——布兰登

理想是事业之母。　——叶圣陶

由预想进行于实行，由希望变为成功，原是人生事业展进的正道。　——丰子恺

有所作为是生活的最高境界。　——恩格斯

没有理想，即没有某种美好的愿望，也就永远不会有美好的现实。——陀思妥耶夫斯基

立志是一件很重要的事情。工作随着志向走，成功随着工作来，这是一定的规律。立志、工作、成功是人类活动的三大要素。立志是事业的大门，工作是登堂入室的旅程，这旅程的尽头就有个成功在等待着，来庆祝你的努力结果　——巴斯德

毫无理想而又优柔寡断是一种可悲的心理。　——培根

当我活着时，我要做生命的主宰，而不做它的奴隶。　——惠特曼

理想并不是一种空虚的东西，也并不玄奇，它既非幻想，更非野心，而是一种追求真美的意识。　——莎菲德拉

为人务须振作精神。不可稍形颓丧。人生处世必有不如意之时。愈不得意，愈能振作，便不难人定胜天。　——张元济

社会主义制度的建立给我们开辟了一条到达理想境界的道路，而理想境界的实现还要靠我们的辛勤劳动。　——毛泽东

我们一来到世间，社会就在我们面前树起了一个巨大的问号：你怎样度过自己的一生。　——爱因斯坦

惟愿诸君将振兴中华之责任，置之于自身之肩上。　——孙中山

我以为人们在每一个时期都可以过有趣而且有用的生活。我们应该不虚度一生，应该能够说"我已经做了我能做的事"，人们只能要求我们如此，而且只有这样我们才能有一点欢乐。　——居里夫人

长太息以掩涕兮，哀民生之多艰！　——屈原

我相信我们应该在一种理想主义中去找精神上的力量，这种理想主义要能够不使我们骄傲，而又能够使我们把我们的希望和梦想放得很高。　——居里夫人

为着阶级和民族的解放，为着党的事业的成功，我毫不希罕那华丽的大厦，却宁愿居住在卑陋潮湿的茅棚；不希罕美味的西餐大菜，宁愿吞嚼刺口的苞粟和菜根；不希罕舒服柔软的钢丝床，宁愿睡在猪栏狗巢似的住所！　——方志敏

你生平得不到理想中的知心，等到世界末日也不会发现忠诚的朋友。　——《天方夜谭》

世界上有两种人，一种人，虚度年华；另一种人，过着有意义的生活。在第一种人的眼里，生活就是一场睡眠，如果这场睡眠在他看来，是睡在既柔和又温暖的床铺上，那他便十分心满意足了；在第二种人眼里，可以说，生活就是建立功绩，人就在完成这个功绩中享受到自己的幸福。　——别林斯基

一千个零抵不上一个一，一万次空想抵不上一次实干。　——民间谚语

伟大人物的最明显的标志，就是他坚强的意志，不管环境变换到何种地步，他的初衷与希望仍不会有丝毫的改变，而终于克服障碍，以达到期望的目的。

——爱迪生

如果我曾经或多或少地激励了一些人的努力,我们的工作,曾经或多或少地扩展了人类的理解范围,因而给这个世界增添了欢乐,那我也就感到满足了。

——爱迪生

志向是天才的幼苗,经过热爱劳动的双手培育,在肥田沃土里将成长为粗壮的大树。不热爱劳动,不进行自我教育,志向这棵幼苗也会连根枯死。确定个人志向,选好专业,这是幸福的源泉。 ——苏霍姆林斯基

启发我并永远使我充满生活乐趣的理想是真、善、美。 ——爱因斯坦

人生最宝贵的是生命,生命属于人只有一次。一个人的生命应当这样度过:当他回忆往事的时候,他不致因虚度年华而悔恨,也不致因碌碌无为而羞愧;在临死的时候,他能够说:"我的整个生命和全部精力,都已献给世界上最壮丽的事业为人类的解放而斗争。" ——奥斯特洛夫斯基

迎着阳光开放的花朵才美丽,伴着革命理想的爱情才甜蜜。 ——莫贵英

人生的光荣,不在永不失败,而在于能够屡仆屡起。 ——拿破仑

一个人有了远大的理想,就是在最艰苦困难的时候,也会感到幸福。 ——徐特立

生命之箭一经射出就永不停止,永远追逐着那逃避它的目标。 ——罗曼·罗兰

人生,幸福不是目的,品德才是准绳。 ——比彻

我想人的一生也不必求什么富贵,什么势力,只要能为国家尽义务,为社会造幸福,就算是好国民。 ——陈逸群

人必须像天上的星星,永远很清楚地看出一切希望和愿望的火光,在地上永远不熄地燃烧着火光。 ——高尔基

一个人一天也不能没有理想,但凭侥幸,怕吃苦,没有真才实学,再好的理想也实现不了。 ——张华

天下非一人之天下,乃天下人之天下也。 ——吕不韦

生平未报国,留作忠魂补。 ——杨继盛

在父母的眼中,孩子常是自我的一部分,子女是他理想自我再来一次的机

会。　——费孝通

青年人的特点在于他们抱有作理想事业的宏大志愿。　——加里宁

大海的浪花靠轻风吹起，生活的浪花靠理想鼓起。　——民间谚语

一个人的价值不在于他现在的水平有多高，而是在于他是否能在生活中不停顿地前进。　——靳凡

不管时代的潮流和社会的风尚怎样，人总可以凭着自己高尚的品质，超脱时代和社会，走自己正确的道路。现在，大家都为了电冰箱、汽车、房子而奔波、追逐、竞争。这就是我们这个时代的特征了。但是也还有不少人，他们不追求这些物质的东西，他们追求理想和真理，得到了内心的自由和安宁。　——爱因斯坦

理想是世界的主宰。　——霍桑

目标越接近，困难越增加。但愿每一个人都像星星一样安详而从容地不断沿着既定的目标走完自己的路程。　——歌德

理想的书籍是智慧的钥匙。　——托尔斯泰

金瓯已缺总须补，为国牺牲敢惜身。　——秋瑾

学我们的理想，不管怎么样，都属于未来。　——奇雷特

战士的日常生活，是并不全部可歌可泣的，然而又无不和可歌可泣相关联，这才是实际上的战士。　——鲁迅

思想是根基，理想是嫩绿的芽胚，在这上面生长出人类的思想、活动、行为、热情、激情的大树。　——苏霍姆林斯基

赤心事上，忧国如家。　——韩愈

呵，青年人理想多么崇高，立志追求真理，无论是生还是死，呵！莫回首，莫泄气。　——罗·布里奇斯

世间的任何事物，追求时候的兴致总要比享用时候的兴致浓烈。　——罗曼·罗兰

至于我，生来就为公众利益而劳动，从来不想去表明自己的功绩，唯一的慰藉，就是希望在我们的蜂巢里，能够看到我自己的一滴蜜。　——克雷洛夫

真正美的东西必须一方面跟自然一致，另一方面跟理想一致。　——席勒

所谓人生，是一刻也不停地变化着的。就是肉体生命的衰弱和灵魂生命的强大、扩大。　——列夫·托尔斯泰

天地与我并存，万物与我为一。　——庄子

计利当计天下利，求名应求万世名。　——于右任

抱负是高尚行为成长的萌芽。　——英格利希

一个人有了远大的理想，就是在最艰苦难的时候，也会感到幸福。　——徐特立

国仇未报心难死，忍作寻常泣别声。　——廖仲恺

人生不是一枝短短的蜡烛，而是一枝由我们暂时拿着的火炬。我们一定要把它燃烧得十分光明灿烂，然后交给下一代的人们。　——萧伯纳

我们要追求那真实的功业，要追求对宇宙人生更深远的了解；要追求永远超过狭小生活圈子之外的更有用的东西。　——罗曼·罗兰

人生的意义在理想的光辉中闪烁；生命的价值在创造的生活中闪现。　——陶铸

生活若剥去了理想、梦想、幻想，那生命便只是一堆空架子。　——聂夷中

灵魂如果没有确定的目标，它就会丧失自己，因为俗语说得好，到处在等于无处在，四处为家的人无处为家。　——贺拉斯

青春的光辉，理想的钥匙，生命的意义，乃至人类的生存、发展全包含在这两个字之中……奋斗！只有奋斗，才能治愈过去的创伤；只有奋斗，才是我们民族的希望和光明所在。　——马克思

我从不把安逸和快乐看作是生活的本身，这种伦理基础，我叫它猪栏的理想。　——爱因斯坦

革命尚未成功，同志仍需努力。　——孙中山

每个人的精神上都有几根感情的支柱对父母的、对信仰的、对理想的、对知友和爱情的感情支柱。无论哪一根断了，都要心痛的。　——柳青

良好的人生是受行动和智慧指导的。　——罗素

在生活中是没有旁观者的。我爱生活，并且为它战斗。　——伏契克

在理想的最美好世界中，一切都是为最美好的目的而设。　——伏尔泰

命运是一件很不可思议的东西。虽人各有志，往往在实现理想时会遭遇到许多困难，反而会使自己走向与志趣相反的路，而一举成功。我想我就是这样。
　　　　　　　　　　　　　　　　——松下幸之助

信仰是心中的绿洲。　——纪伯伦

一个人追求的目标越高，他的能力就发展得越快，对社会就越有益。　——罗曼·罗兰

一个没有远大理想的人，就像一只没有翅膀的鸟。　——民间谚语

能够献身于自己祖国的事业，为实现理想而斗争，这是最光荣不过的事情了。　——吴玉章

活着又没有目标的人是可怕的。　——契诃夫

平生铁石心，忘家思报国。　——陆游

青春应该怎样度过？有的如同烈火，永远照耀别人。有的却像荧光，甚至也照不亮自己！不同的生活理想，不同的生活态度，决定一个人在战斗中站的位置。　——吴运铎

有一些人追求永恒的美，他们把无限放到他们的短暂的生命里。另外一些人胸无大志地活着。　——罗曼·罗兰

没有目的，就做不成任何事情；目的渺小，就做不成任何大事。　——狄德罗

让整个一生都在追求中度过吧，那么在这一生中必定会有许许多多顶顶美好的时刻。　——罗曼·罗兰

没有血气的人苍白，没有理想的人懈怠。　——民间谚语

只有像我这样发疯地爱生活、爱斗争、爱那新的更美好的世界的建设的人，只有我们这些看透了认识了生活的全部意义的人，才不会随便死去，哪怕只有一点机会就不能放弃生活。　——奥斯特洛夫斯基

追求理想是一个人进行自我教育的最初的动力，而没有自我教育就不能想象会有完美的精神生活。我认为，教会学生自己教育自己，这是一种最高级的技巧和艺

术。 ——苏霍姆林斯基

爱自己的祖国。这就是说,要渴望祖国能成为人类理想的体现,并尽自己的力量来促进这一点。 ——加里宁

1．愿景比管控更重要;2．信念比指标更重要;3．人才比战略更重要;4．团队比个人更重要;5．授权比命令更重要;6．平等比权威更重要;7．均衡比魄力更重要;8．理智比激情更重要;9．真诚比体面更重要。

(三)信仰

个人感悟

信仰是事业的大门,没有正确的信仰,注定成就不了伟大的事业。电影表演大师卓别林说过:"我相信,信仰是我们一切思想的先行官。"信仰的力量能唤起人们对于美好未来的情感,并鞭策人们为此目的去百折不挠地探索、取击。

我国历史上尊崇、恪守信仰的高尚之人更是不计其数。南宋英雄文天祥死后,人们发现他在就义前写了这样的话:"读圣贤书,所为何事?而今而后,庶几无愧。"意思是说:"我们读先贤的书,为的是什么呢?为的是报效国家,现在我要为民捐躯了,从今以后,我没有什么可羞愧的了。"明末少年英雄夏完淳就义前赋诗道:"人生孰无死,贵得死所耳,神游天地间,可以无愧矣!"意思是说:"人生谁人能不死呢?难能可贵的是死得其所。我死后神游在天地间,也可以问心无愧了。"方志敏烈士说:"敌人只能砍下我们的头颅,绝不能动摇我们的信仰!因为我们信仰的主义,乃是宇宙的真理。"

信仰赋予短暂生命以永恒的意义,这种意义可以说是人生价值的追求,人生价值的实现决不能离开社会的进步与文明发展的要求,也就是说,人生价值的实现是建立在信仰支柱的基础之上的。

信仰是道德行为的支配者,道德是一种社会意识形态,是人们共同生活及其行为的准则与规范。道德往往代表着社会的正面价值取向,起判断行为正当与否的作

用。而信仰则是判断道德的标准的出发点，道德是在信仰的支配下进行的，一种社会信仰被公众认可并作为一种社会准则后，就是道德。道德标准在各个地方的表现形式有所不同，但是他的最终出发点是一样的。人性最大的特点就是能防守最后的道德底线，否则人和禽兽就没什么区别。信仰在人们心中界定了这一条道德底线。

信仰是生命价值永恒的意义。自古以来，人们尊重生命，敬畏生命。生命是神圣的，是世界最基本的存在意义，如果没有生命，世界的存在与毁灭都没有任何意义。没有生命也无所谓世界的存在与毁灭。而生命的继续沿袭就是信仰的继续沿袭，反过来信仰的延续要依赖于生命的延续。

信仰需要坚定的勇气。鲁迅先生说过："伟大的心胸，应该表现出这样的气概——用笑脸来迎接悲惨的厄运，用百倍的勇气来应付一切的不幸。"在人生漫长而坎坷的征途中，谁都难免有一时的消沉和彷徨，但是一个点亮信仰明灯的人，总会坚定地生活和战斗，保持高尚的情操。让我们振奋革命精神，为了祖国的繁荣富强奋斗不息！

有了信仰，人们在生活的旅途中就有了指路的明灯，坚定了信仰使人们获取了战胜各种困难险阻的无穷力量，践行了信仰，就会使平凡的人成为伟大的人，取得彪炳史册的业绩。

经典事例

切·格瓦纳生于阿根廷罗萨里奥省，毕业于布宜诺斯艾利斯大学医学系。1955年，格瓦纳在墨西哥流亡时与古巴革命者卡斯特罗结识，从此加入了古巴的革命斗争。革命胜利后，曾担任古巴国家银行行长、工业部长。多次出访国外，成了古巴著名的国务活动家。1965年3月，在他出访亚、非国家回到哈瓦那后，古巴政坛上再未出现格瓦纳的身影。原来，这位天生的革命家已经辞去了古巴党、政、军的一切职务，去其他国家继续进行反帝斗争。格瓦纳在给卡斯特罗的告别信中说："哪里有帝国主义，就在哪里同它斗争；这一切足以鼓舞人心，治愈任何创伤。"而在他看来，非洲无疑是遭受帝国主义压迫最严重的地区。 切·格瓦纳先在刚果东部金沙萨领导游击战争，1966年返回拉丁美洲，深入玻利维亚丛林开展"游击中心"的革命活动。1967年10月7日，格瓦纳的游击队伍被玻利维亚政府军包围，格瓦纳被俘。1967年10月9日，他被玻利维亚当局杀害，时年39岁。格瓦纳是一个满怀激情的革命家，一个坚定的共产主义战士，一个为正义、为真理勇于献身的理想主义者。他是一个"堂·吉诃德"式的传奇人物，总是不经意间给世人以惊奇，用自己的生命书写着一个共产主义战士的悲壮历史。

名人箴言

推崇真理的能力是点燃信仰的火花。 ——苏霍姆林斯基

以死来鄙薄自己，出卖自己，否定自己的信仰，是世间最大的刑罚，最大的罪过。宁可受尽世间的痛苦和灾难，也千万不要走到这个地步。 ——罗曼·罗兰

当信仰丧失了，荣誉也失去了的时候，这人等于死了。 ——惠蒂尔

理智本身是一种信仰。它是一种确定自己思想和现实之间关系的信仰。

——切斯特顿

每个人的精神上都有几根感情的支柱，对父母的、对信仰的、对理想的、对知友和爱情的感情支柱。无论哪一根断了，都要心痛的。 ——柳青

想喝水时，仿佛能喝下整个海洋似的——这是信仰；等到真的喝起来，一共也只能喝两杯罢了——这是科学。 ——契诃夫

信仰，是人们所必须的。什么也不信的人不会有幸福。 ——雨果

爱情是种宗教，信奉这个宗教比信奉旁的宗教代价高得多；并且很快就会消失，信仰过去的时候像一个顽皮的孩子，还得到处闯些祸。 ——巴尔扎克

信仰是没有国土和语言界限的，凡是拥护真理的人，就是兄弟和朋友。

——亨利希·曼

敌人只能砍下我们的头颅，决不能动摇我们的信仰！因为我们信仰的主义，乃是宇宙的真理！ ——方志敏

获取信用是要付出很高代价的。 ——杰罗尔德

信仰，是人们所必须的。什么也不信的人不会有幸福。 ——雨果

信仰是心中的绿洲。 ——哈·纪伯伦

我瞻望四方，我到处都只看到幽晦不明．大自然提供给我的，无往而不是怀疑与不安的题材．如果我看不到有任何东西可以标志一位神明，我就会作出反面的结论；如果我到处都看到一位创造主的标志，我就会在信仰的怀抱里心安理得。然而我看到的却是可否定的太多而可肯定的又太少，于是我就陷入一种可悲泣的状态。 ——帕斯卡尔

没有信仰，则没有名副其实的品行和生命；没有信仰，则没有名副其实的国土。 ——惠特曼

年轻时代是培养、希望及信仰的一段时光。 ——拉斯金

失去信用是一个人的最大损失。 ——约·克拉克

你有信仰就年轻，疑惑就年老；有自信就年轻，畏惧就年老；有希望就年轻，绝望就年老；岁月使你皮肤起皱，但是失去了热忱，就损伤了灵魂。 ——卡耐基

没有哪个胜利者信仰机遇。 ——尼采

在理论的政治的认识上，站稳着脚步，才不至于随时为某些现象或谣言而动摇自己的革命信仰！ ——方志敏

信仰是个鸟儿，黎明还是黝黑时，就触着曙光而讴歌了。 ——泰戈尔

创造力来源于不同事物的意外组合。使差异最显著的最佳方法是把不同年龄、有不同文化和不同信仰的人掺杂在一起。 ——尼古拉·尼葛洛庞帝

对于我们来说，生活中必须有，也应该有某种人生信仰它偶尔用一句话、一场梦、一种表情或一个事件向我们传递一种令人振奋的消息。 ——蒙哥马利

爱情、希望、恐惧和信仰构成了人性，它们是人性的标志和特征。 ——罗·勃朗宁

没有了希望，一个人就不能维持他的信仰，保守他的精神，或保全他的内心纯洁。 ——巴尔扎克

怀疑与信仰，两者都是必需的。怀疑能把昨天的信仰摧毁，替明天的信仰开

路。 ——罗曼·罗兰

无限相信书籍的力量,是我的教育信仰的真谛之一。 ——苏霍姆林斯基

不相信任何人的人知道自己无信用。 ——奥尔巴赫

我愿意在我最困难的地方锤炼我的信仰;因为相信那些寻常和可见的对象并非信仰,只是劝告。 ——布朗

信仰是精神的劳动;动物是没有信仰的,野蛮人和原始人有的只是恐怖和疑惑。只有高尚的组织体,才能达到信仰。 ——契诃夫

人活着,总得有个坚定的信仰,不光是为了自己的衣食住行,还要对社会有所贡献。 ——张志新

信仰是心中的绿洲,思想的骆驼队是永远走不到的。 ——纪伯伦

除了知识和学问之外,世上没有任何其他力量能在人的精神和心灵中,在人的思想想象见解和信仰中建立起统治和权威。 ——培根

强烈的信仰会赢取坚强的人,然后又使他们更坚强。 ——罗斯金

年轻时代是培养习惯、希望及信仰的一段时光。 ——罗斯金

支配战士的行动的是信仰。他能够忍受一切艰难、痛苦,而达到他所选定的目标。 ——巴金

五花八门的粉饰,滔滔不绝的雄辩,不过是冒充强烈信仰的无动于衷的卖弄辞藻而已。 ——司汤达

信仰和迷信是截然不同的东西。 ——帕斯卡

忠诚可以简练地定义为对不可能的情况的一种不合逻辑的信仰。 ——门肯

信仰不是一种学问。信仰是一种行为,它只被实践的时候才有意义。 ——罗曼·罗兰

英雄主义是在于为信仰和真理而牺牲自己。 ——托尔斯泰

人是为了某种信仰而活着。 ——克莱尔

信仰有异于迷信,若坚信信仰甚至于迷信,则无异于破坏信仰。 ——帕斯卡

支配战士的行动的是信仰。他能够忍受一切艰难痛苦,而达到他所选定的目

标。 ——巴金

对有信仰的人，死是永生之门。 ——《失乐园》

在政治上，如同在宗教上一样，要想用火与剑迫使人们改变信仰，是同样荒谬的。 ——汉密尔顿

在理论的政治的认识上，站稳着脚步，才不至于随时为某些现象或谣言而动摇自己的革命信仰！ ——方志敏

信仰，是人们所必须的。什么也不信的人不会有幸福。 ——雨果

信仰是精神的劳动；动物是没有信仰的，野蛮人和原始人有的只是恐怖和疑惑。只有高尚的组织体，才能达到信仰。 ——契诃夫

哲学并不要求人们信仰它的结论，而只要求检验疑团。 ——马克思

信仰是人生的动力。 ——列夫·托尔斯泰

简单安静的生活其实不幸福，所以我只拥抱刹那绵延持久的感觉根本不快乐，所以我只信仰瞬间。 ——柏拉图

推崇真理的能力是点燃信仰的火花。 ——苏霍姆林斯基

我们共产党人从不讳言自己的信仰和目的，并且在任何时候都不改变。我前面已经说过，我们是来求同而不是立异的。什么是我们求同的基础呢？那就是我们都是中国人，都是轩辕黄帝的子孙！面对着日寇的步步进逼，中华民族到了生死存亡的关头，我们不愿当亡国奴！ ——周恩来

不曾犯过错误的青年既不原谅别人的过失，同时当作别人也有崇高的信仰。我们必须有了丰富的人生经验，才能理会拉斐尔的名言：所谓了解是彼此的程度相等。 ——巴尔扎克

真理的探求，真理的认识和真理的信仰乃是人性中的最优之点。 ——培根

信仰坚定的人是一刻也不会迷失方向的，他的灵魂将冲破炼狱的烈焰直奔天堂极乐世界。 ——温塞特

除了知识和学问之外，世上没有其他任何力量能在人们的精神和心灵中，在人的思想、想象、见解和信仰中建立起统治和权威。 ——培根

弱者，或趋向衰落人们的贫穷生活需要对神的信仰，但是自己心中拥有太阳和生命的人除了自己以外，有必要到什么地方去寻找信仰吗？ ——罗曼·罗兰

支配战士行动的力量是信仰，他能够忍受一切艰难、痛苦，而达到他所选定的目标。 ——巴金

哪里缺乏意志，哪里就急不可待地需要信仰。意志作为命令的情感，是自主和力量的最重要标志。 ——尼采

我心中有一个不变的信仰，它是什么，我也不很清楚，但我不会放弃这在冥冥之中引导我的力量，直到有一天我离开尘世，回返永恒的地方。 ——三毛

很多公司选择缩减，那可能对于他们来说是对的。我们选择了另外一条道路。我们的信仰是：如果我们继续把伟大的产品推广到他们眼前，他们会继续打开他们的钱包。 ——乔布斯

你最信仰谁，你将最像谁。 ——黎鸣

为信仰挺身而出被人怀疑与我无关。 ——纳什

我想我们应该为自己的信仰挺身而出，应该讨论身边的大事。 ——纳什

第一是在世界的一切地方，一切人都有言论与表达意见的自由。第二是在世界的一切地方，一切人都有以自己的方式信仰宗教的自由。第三是免于匮乏的自由，保证世界一切地方，每一个国家的居民都能过一种健康的和平生活。第四是免于恐惧的自由，使世界上一切地方，没有一个国家能够向任何邻国发起侵略行动。

——富兰克林

不要把信仰悬挂在墙壁上。 ——巴尔扎克

人活着就要用生命去解释自己的信仰。 ——马·普顿尔

一个人的信仰就是他经常地、有意识地或无意识地在实践着的真理。

——本·利明

没有信仰，就没有真正的美德。 ——卢梭

信仰比理智更有才华。 ——菲·贝利

信仰是用期望的形式表达的爱。 ——威·埃·钱宁

一切引人向善的信仰都是有益的。　——托·潘恩

信仰的主要组成部分是耐心。　——乔·麦克唐纳

有两件事是我最憎恨：没有信仰的博学多才和充满信仰愚昧无知。　——穆罕默德

信仰是一种尝试，一种用人类语言解释超越人类现实的高尚的尝试。

——克·达·莫利

信仰的眼睛就是耳朵。　——托·富勒

每个人总不免有所迷恋，每个人总不免犯些错误，不过在进退失据、周围的一切开始动摇的时候，信仰就能拯救一个人。　——马明·西比利亚克

我们若凭信仰战斗，就有双重的武装。　——柏拉图

信仰是一种感情，这种感情的力量，就同其他各种感情一样，恰好同激动的程度成正比。　——雪莱

信仰决不是知识，而是使知识有效的意志决断。　——费希特

我相信，信仰是我们一切思想的先行官。否定信仰，即等于反对我们一切创造力量的精神源泉。　——卓别林

信仰是人类赖以生存的众多的力量之一，若是没有它，便意味着崩溃。

——威廉·詹姆斯

信仰就是生命车。　——托尔斯泰

信仰能将具有毁灭性的绝望变为逆来顺受的屈从。　——布莱辛顿

我们的信仰战胜了我们的恐惧。　——朗费罗

以利益为主的阵营总是会动摇的，但以信仰为主的是分化不了的。　——巴尔扎克

理想会有反复，信仰坚定不移；事实一去就不复返。　——歌德

支配战士行动的力量是信仰，他能够忍受一切艰难、痛苦，而达到他所选定的目标。　——巴金

信仰人们所必须的，什么也不信的人不会幸福。　——雨果

信仰的价值恐怕胜于真理的价值吧！真理不讲情，但信仰却具有慈母之心，科学对于我们的渴望是冷淡的，而信仰却安慰我们。　——阿密埃尔

幸运的人为了使自己不过分得意，不幸福的人作为支撑，不幸的人为了不屈服，各人都需要信仰。　——洪保德

弱者，或趋向衰落人们的贫穷生活需要对神的信仰，但是自己心中拥有太阳和生命的人除了自己以外，有必要到什么地方去寻找信仰吗？　——罗曼·罗兰

思辨的结束就是信仰开始。　——祁克果

信仰是去相信我们所从未看见的，而这种信仰的回报，是看见我们相信的。　——圣·奥古斯丁

所谓信仰就是自我暗示，在潜意识中被宣布或反复指点所产生的一种精神状态。　——拿破仑

没有信仰的人是空虚的废物，没有原则的人是无用的小人。　——列宾

没有信仰，则不没有名副其实的品行和生命；没有信仰，则没有名副其实的国土。　——惠特曼

最可怕的敌人，就是没有坚定的信仰。　——罗曼·罗兰

有信仰未必能成大事，而没有信仰却将一事无成。　——小巴特勒

一个失去了信仰的人靠什么生活下去呢？　——绪儒斯

没有信仰的人如同盲人。　——弥顿

信仰是精神的劳动；动物是没有信仰的，野蛮人和原始人有的只是恐怖和疑惑。只有高尚的组织体，才能达到信仰。　——契诃夫

勇敢和必胜的信念常使战斗得以胜利结束。　——恩格斯

信仰，是人们所必须的。什么也不信的人不会有幸福。　——雨果

一个人的活动，如果不是被高尚的思所鼓舞，那它是无益的、渺小的。
——车尔尼雪夫斯基

将来胜利之日，我们可能活着，可能已死去，但我们的纲领是永存的，它将使全人类获得解放。　——李卜克内西

谁为时代的伟大目标服务，并把自己的一生献给了为人类兄弟而进行的斗争，谁才是不朽的。　——涅克拉索夫

对一个人来说，所期望的不是别的，而仅仅是他能全力以赴和献身于一种美好事业。　——爱因斯坦

年轻时代是培养习惯、希望及信仰的一段时光。　——罗斯金

人活着，总得有个坚定的信仰，不光是为了自己的衣食住行，还要对社会有所贡献。　——张志新

英雄主义是在于为信仰和真理而牺牲自己。　——托尔斯泰

理智本身是一种信仰。它是一种确定自己思想和现实之间关系的信仰。

——切斯特顿

爱情、希望、恐惧和信仰构成了人性，它们是人性的标志和特征。　——罗·勃朗宁

当信仰丧失了，荣誉也失去了的时候，这人等于死了。　——惠蒂尔

信仰不是一种学问。信仰是一种行为，它只被实践的时候才有意义。　——罗曼·罗兰

在经济大潮的冲击下，很多人忘掉了根本的东西，拿"致富光荣"作为一个人信仰的全部，那是非常可怕的。　——李晨阳

（四）工作

个人感悟

工作是人们从事劳动奉献社会的表现形式。工作是人们生活的重要组成部分，也是人生的主要组成部分，还是人际交往的主要环境，是体现自身价值的机会，是展示个人才华的舞台，是一个人奉献社会、服务他人及服务家庭的一个平台。

在日常工作中，每一件事都值得我们去做。即使只是最普通的事，我们也应该付出热情和努力，多想想怎样把工作做得最好，尽职尽责地去完成，养成良好的职

业素养。即使感到工作环境中有不公平的人和事，也应该保持良好的工作心态把工作做好。只要我们努力过，把时间花在哪里，就会在那里看到成绩。

也就是说，工作意味着责任，而责任就是使命，当我们被赋予某种使命时，生命的价值才会体现出来，所以每一个人都应该有着工作责任心。

责任心是指个人对自己和他人、对家庭和集体、对国家和社会所负责任的认识、情感和信念，以及与之相应的遵守规范、承担责任和履行义务的自觉态度。工作责任心是指从事职业活动的人必须承担的职责和义务。一般来说，责任就是义务，工作责任心就是职业义务，工作责任心和职业义务是靠外在的行为规范力量来推动的。工作中履行职业责任和职业义务就是与得到相应的报酬紧密联系的。

工作责任心主要表现在以下几个方面：第一，为成功完成工作而保持高度热情和付出额外努力；第二，自愿做一些本不属于自己职责范围内的工作；第三，助人与合作；第四，遵守组织的规定和程序；第五，赞同，支持和维护组织的目标。

一个没有工作责任心的人永远不可信任，但如果只把工作看作是一种责任也是不完整的，还应该把工作当成一种事业，当成一种使命，把自己的工作与团队的发展、利益紧密联系起来干的时候才是有意义的，有更大价值。

当一个人为团队的发展努力时，才会放大自我，才会体会干中的不同滋味，才更能体味怎么干，干到什么程度。当然一个人的事业心、使命感不是一开始就有的，他是在一种力量感召下，在一种氛围的激励下，在优秀人物的启发带领下才形成的。所以我们要创造这种氛围，形成这种团队，共同努力干事业，完成历史赋予我们的使命。

要勤奋工作，不勤不出活、不出成绩。勤奋是良好品德的表现，是工作作风好的表现，是奋发向上，进取心、上进心的表现，是竞争意识强的表现，是工作积极、认真、踏实、肯干的表现，是优秀人才的突出特质之一。

工作是很有意义的，工作是美丽的，是丰富多彩的，成就也是精彩的。工作使人生壮丽、杰出、卓越，甚至伟大。不工作是很无聊、乏味、难受、痛苦的。所以人人都要珍惜工作机会，热爱工作，努力工作才对。也许工作中会有不顺心的时候，这很正常，这才叫生活，不然不显其丰富多彩，那只能是平淡无奇。也许工作是很苦很累的，但最累的时候往往是最有意义的时候，最轻松的时候，大多数是最无聊、无意思的时候。我们要学会享受工作带来的欢乐、愉快，别冷落工作，要善待工作。

工作是人们实现自己价值的平台，是奉献社会的落脚点，工作需要爱岗敬业的素质，更需要同事之间的共同协力。

经典事例

大漠，烽烟，马兰。平沙莽莽黄入天，英雄埋名五十年。剑河风急云片阔，将军金甲夜不脱。战上自有战士的告别，你永远不会倒下！

林俊德，中国工程院院士、总装备部某基地研究员林俊德，2012年病逝。

林俊德入伍52年，参加了我国全部核试验任务，为国防科技和武器装备发展倾尽心血，在癌症晚期，仍以超常的意志工作到生命的最后一刻。

林俊德的中学和大学都是靠政府助学金完成的。大学毕业后，他被分配从事核试验研究。由于核爆炸具有极大的破坏性，测量仪器研制一直存在很大难度。林俊德根据当时的实际情况，独立创新制作了钟表式压力自记仪，为测量核爆炸冲击波参数提供了完整可靠的数据。在之后40多年的科研旅途中，他先后获得30多项科技成果。

2012年5月4日，他被确诊为"胆管癌晚期"。为了不影响工作，他拒绝手术和化疗。5月26日，因病情突然恶化，他被送进重症监护室。醒来后，他强烈要求转回普通病房，他说："我是搞核试验的，一不怕苦，二不怕死，现在最需要的是时间。"

林俊德住院期间，整理移交了一生积累的全部科研试验技术资料；多次打电话到实验室指导科研工作。5月31日上午，已极度虚弱的林俊德，先后9次向家人和医护人员提出要下床工作。于是，病房中便出现了震撼人心的一幕：病危的林俊德，在众人的搀抬下，向数步之外的办公桌，开始了一生最艰难也是最后的冲锋……

5小时后，心电仪上波动的生命曲线，从屏幕上永远地消失了。这位军人，完成了生命中最后的冲锋。

临终前，林俊德交代：把我埋在马兰。马兰，一种在"死亡之海"罗布泊大漠中仍能扎根绽放的野花。坐落在那里的中国核试验基地，就是以这种野花来命名的。

名人箴言

出头露面的人是有福的。知道世人一定在瞧着他必须完成的事业，他从头到底干得挺有劲儿。然而这样的人更值得尊敬，他默默无闻地躲在暗地里，在漫长的辛苦的日子里无报酬地劳动，得不到光荣也得不到表扬；只有一种思想鼓舞着他的勤劳：他的工作对大众是有益的。　——克雷洛夫

人类需要善于实践的人，这种人能由他们的工作取得最大利益；但是人类也需要梦想者，这种人醉心于一种事业的大公无私的发展，因而不能注意自身的物质利益。　——居里夫人

伟大的事业是根源于坚韧不断的工作，以全副精神去从事，不避艰苦。

——罗素

立志、工作、成就，是人类活动的三大要素。立志是事业的大门，工作是登堂入室的旅程。这旅程的尽头有个成功在等待着，来庆祝你的努力结果。　——巴斯德

真正希望过"很宽阔、很美好的生活"，就创造它吧，和那一些正在英勇地建立空前未有的、宏伟的事业的人手携手地去工作吧。在生活中，堆积了许多美好的、实际的工作，这些工作会使我们的土地富饶，会把人从偏颇、成见和迷信的可耻的俘虏中解放出来。　——高尔基

天才是由于对事业的热爱而发展起来的。简直可以说，天才——就其本质而论——只不过是对事业，对工作的热爱而已。　——高尔基

教师的人格就是教育工作者的一切，只有健康的心灵才有健康的行为。

——乌申斯基

果实的事业是尊贵的，花的事业是甜美的，但还是让我在默默献身的阴影里做叶的事业吧。　——泰戈尔

如果自己明确未来的方向，我想上帝都会为你而让路。 ——陈鹏

工作，就是一个人不得不做的事情；而玩耍，却是一个人不一定要做的事情。 ——马克·吐温

只知工作不知休息的人，有如没有刹车的汽车，其险无比。而不知工作的人，则和没有引擎的汽车一样，没有丝毫用处。 ——福特

工作是一种乐趣时，生活是一种享受！工作是一种义务时，生活则是一种苦役。 ——高尔基

工作是人类生活中不可缺少的条件，劳动是人类财富的真正源泉。 ——托尔斯泰

休息与工作的关系，正如眼帘与眼睛的关系。 ——泰戈尔

要取得最辉煌、最卓越的成功，就必须心态平和、心情舒畅，而只有找到自己最喜欢的工作才能做到这一点。 ——拿破仑·希尔

工作需从容，好像你有百年寿命；祈祷要虔诚，好像你明天就可能去见上帝。 ——富兰克林

假想生命是一场抛接球游戏，而你必须在空中抛接五个球。这五个球分别是工作、家庭、健康、朋友、精神，你必须让这五个球不落地。你很快就会发现，工作是个橡皮球，如果掉在地上会弹回来，而其他四个球都是玻璃球，掉在地上会破损，甚至粉碎。所以，你必须知道这一点，并努力平衡你的生活。 ——戴森

摆脱心事的最好方法是工作。 ——车尔尼雪夫斯基

我的座右铭是：第一忠诚，第二勤奋，第三专心工作。 ——卡耐基

对工作不满的人终究要失败，因为他已被环境所厌弃。 ——池田大作

只有那不拘在任何环境中都能视如乐园的人，才能取得人生的胜利。 ——池田大作

智慧的总和就是献身工作加上不浪费一分一秒。 ——爱默生

我这一生基本上只是辛苦工作，我可以说，我活了七十五年，没有哪一个月过的是真正得舒服生活，就好像推一块石头上山，石头不停地滚下来又推上去。

——歌德

往往在工作结束时，我们才知道从何着手。 ——帕斯卡

今天尽你最大的努力去做好，明天你也许就能做得更好。 ——牛顿

我知道我的腿力有限，我知道我的眼力有限，但我从不知道我的工作的限度。 ——拿破仑

工作就是人生的价值，人生的欢乐，也是幸福之所在。 ——罗丹

工作：做得到的人——去做；做不到的人——去教；不能教的人——去管。

——乔·吉拉德

工作是通向健康和财富之路，它可以使你一步步向上走。 ——乔·吉拉德

对待工作要像音乐家演奏乐器一样，他们演奏各种乐器，但奏出的却都是美妙的旋律。 ——高尔基

工作是医治人间一切病痛和疾苦的万应良药。 ——卡莱尔

不迟到的唯一办法就是早一点出发去上班。 ——彼德

职业和工作在使人得到幸福与满足方面所起的作用比我们大多数人意识到的要多得多。 ——塞尔斯

我的人生哲学是工作，我要揭示大自然的奥秘，并以此为人类造福。我们在世的短暂一生中，我不知道有什么比这种服务更好的了。 ——爱迪生

衡量一天工作的质量，不是看你有多疲倦，而是看你有多不疲倦。 ——彼德

我的座右铭是：我自己能做的事决不假手于他人。 ——孟德斯鸠

作为一种医治忧伤的药物，工作胜过威士忌。 ——爱迪生

爱我的人，一定要是理解我的工作。要求我放弃工作，即使我爱他，也会和他分手。 ——山口百惠

人们以热爱工作自居，可是，假若工作是一种痛苦，热爱工作是不可能的；假若工作是一种乐趣，热爱工作则无功可居。 ——普吕多姆

什么工作都厌恶的人也会厌恶生活。 ——西塞罗

在科学上，每一条道路都应该走一走，发现一条走不通的道路，就是对科学的

一大贡献。那种证明"此路不通"的吃力不讨好的工作,就让我来做吧! ——爱因斯坦

聪明的人依靠自己的工作,愚蠢的人依靠自己的希望。 ——佚名

一部机器可以做五十个普通人的工作,但没有哪部机器可以完成一个伟大的人的工作。 ——哈伯德

除非一个人有大量的工作要做,否则他不可能从懒散、空闲中得到乐趣。
——杰罗姆

独立思考能力,对于从事科学研究或其他任何工作,都是十分必要的。在历史上,任何科学上的重大发明创造,都是由于发明者充分发挥了这种独创精神。
——华罗庚

思考与实用的结合,就能产生明确的概念,就能找到一些简便方法,这些方法的发现激励着自尊心,而方法的准确性又能使智力得到满足,原来枯燥无味的工作,有了简便方法,就令人感到兴趣了。 ——卢梭

努力学习,勤奋工作,让青春更加光彩。 ——王光美

科学家不是依赖于个人的思想,而是综合了几千人的智慧,所有的人想一个问题,并且每人做它的部分工作,添加到正建立起来的伟大知识大厦之中。 ——卢瑟福

人,不管是什么,应当从事劳动,汗流满面地工作,他生活的意义和目的、他的幸福、他的欢乐就在于此。 ——契诃夫

天才不能使人不必工作,不能代替劳动。要发展天才,必须长时间地学习和高度紧张地工作。人越有天才,他面临的任务也越复杂,越重要。 ——阿·斯米尔诺夫

我不能说我不珍视这些荣誉,并且我承认它很有价值,不过我却从来不曾为追求这些荣誉而工作。 ——法拉第

在这个国度里,唯一能通往最高权力的道路就是从事律师工作。 ——威·琼斯

尽量在舒适的情况下工作。记住,身体的紧张会制造肩痛和精神疲劳。

——卡耐基

哪里有天才，我是把别人喝咖啡的工夫都用在工作上的。 ——鲁迅

毅力、勤奋、忘我投身于工作的人。诚实和勤勉，应该成为你永久的伴侣。
——富兰克林

教师的人格就是教育工作者的一切，只有健康的心灵才有健康的行为。
——乌申斯基

既异想天开，又实事求是，这是科学工作者特有的风格，让我们在无穷的宇宙长河中探求无穷的真理吧。 ——郭沫若

立志是事业的大门，工作是登门入室的旅途。 ——巴斯德

一生的生活是否幸福、平安、吉祥，则要看他的处世为人是否道德无亏，能否作社会的表率。因此，修身的教育，也成为他的学校工作的主要部分。 ——裴斯泰洛齐

正派的男人连工作的时间还嫌不够，他哪能白浪费时间去打扮自己，去做降低自己身份的事情？我宁愿一下子牺牲自己的生命，也不愿意把它减价为零。
——巴尔扎克

天才，就其本质而说，只不过是一种对事业、对工作过盛的热爱而已。
——高尔基

自尊心、幻想、情思的早熟和智能的呆滞，再加上必然的后果。懒散，这些就是祸根。科学，劳动，实际工作。才能够使我们病态的、浪荡的青年清醒过来。
——冈察洛夫

睡眠和休息丧失了时间，却取得了明天工作的精力。 ——毛泽东

护士必须要有同情心和一双愿意工作的手。 ——南丁格尔

字典里最重要的三个词，就是意志、工作、等待。我将要在这三块基石上建立我成功的金字塔。 ——巴斯德

人生的价值，即以其人对于当时代所做的工作作为尺度。 ——徐玮

没有恰如人意的工作，只有可能选择一个更接近你所要走的路的出发点。

——爱因斯坦

照亮我的道路，并且不断地给我新的勇气去愉快地正视生活的理想，是善、美和真。要是没有志同道合者之间的亲切感情，要不是全神贯注于客观世界——那个在艺术和科学工作领域里永远达不到的对象，那么在我看来，生活就会是空虚的。人们所努力追求的庸俗的目标——财产、虚荣、奢侈的生活——我总觉得都是可鄙的。　——爱因斯坦

我能舍弃一切，但是不能舍弃党，舍弃阶级，舍弃革命事业。我有一天生命，我就应该为它们工作一天！　——方志敏

真正的科学研究者对他所从事的工作完全舍弃了功利观点。　——李奥贝纳

尽忠职守，勤奋工作，并且热爱荣耀相信自己的直觉。　——李奥贝纳

如果我曾经或多或少地激励了一些人的努力，我们的工作，曾经或多或少地扩展了人类的理解范围，因而给这个世界增添了欢乐，那我也就感到满足了。

——爱迪生

只有经过长时间完成其发展的艰苦工作，并长期埋头沉没于其中的任务，方可有所成就。　——黑格尔

人才进行工作，而天才则进行创造。　——舒曼

最高的道德就是不断地为人服务，为人类的爱而工作。　——甘地

谁不会休息，谁就不会工作。　——列宁

人们的举止应当像他们的衣服，不可太紧或过于讲究，应当宽舒一点，以便于工作和运动。　——培根

人能为自己心爱的工作贡献出全部力量、全部精力、全部知识，那么这项工作将完成得出色，收效也更大。　——奥勃鲁切夫

要成为德、智、体兼优的劳动者，锻炼身体极为重要。身体健康是求学和将来工作之本。运动能治百病，能使人身体健康，头脑敏捷，对学习有促进作用。

——吴耕民

聪明的资质、内在的干劲、勤奋的工作态度和坚忍不拔的精神，这些都是科学

研究成功所需要的其他条件。 ——贝弗里奇

自己动手,自己动脚,用自己的眼睛观察——这是我们实验工作的最高原则。 ——巴甫洛夫

天才就是最强有力的牛,他们一刻不停地,一天要工作小时。 ——于尔·勒纳

爱情是一个不可缺少的、但它只能是推动我们前进的加速器,而不是工作、学习的绊脚石。 ——张志新

从工作里爱了生命,就是通彻了生命最深的秘密。 ——纪伯伦

教育不能创造什么,但它能启发儿童创造力以从事于创造工作。 ——陶行知

最好不要在西下的时候去幻想什么,而要在旭日初升的时候即投入工作。

——谢觉哉

我们常常听人说,人们因工作过度而垮下来,但是实际上十有八九是因为饱受担忧或焦虑的折磨。 ——卢伯克

人们要想得到工作的胜利即得到预想的结果,一定要使自己的思想合于客观的外界的规律性,如果不合,就会在实践中失败。 ——毛泽东

如果自身伟大,任何工作你都不会觉得渺小。 ——乔·麦克唐纳

一不为名,二不为利,但工作目标要奔世界先进水平。 ——邓稼先

电视并不是真实的生活,在现实生活中,人们实际上得离开咖啡屋去干自己的工作。 ——比尔·盖茨

没有非常的精力和工作能力便不可能成为天才。既没有精力也没有工作能力的所谓天才,不过是一个漂亮的肥皂泡或者是一张只能到达月球上去兑现的支票而已。但是,哪里有超乎常人的精力与工作能力,哪里就有天才。 ——李卜克内西

我的人生哲学是工作,我要提示大自然的奥秘,并以此为人类造福。我们在世的短暂一生中,我不知道还有什么比这种服务更好的了。 ——爱迪生

天才是由于对事业的热爱感而发展起来的,简直可以说,天才就其本质而论作者:只不过是对事业、对工作过程的热爱而已。 ——高尔基

当一个人用工作去迎接光明,光明很快就会来照耀着他。 ——冯学峰

有一类卑微的工作是用艰苦卓绝的精神忍受着的,最低陋的事情往往指向最崇高的目标。 ——莎士比亚

少说空话,多做工作,扎扎实实,埋头苦干。 ——邓小平

艺术家对于自然有着双重关系,他既是自然的主宰,又是自然的奴隶,他是自然的奴隶,因为他必须用人世间的材料进行工作,才能使人理解;同时他又是自然的主宰,因为他使这种人世间的材料服从他的较高的意旨,并且为这较高的意旨服务。 ——歌德

检验真理的工作也没有被过去某一个时代的一批学者一劳永逸地完成;真理必须通过它在各个时代受到的反对和打击被人重新发展。 ——泰戈尔

女作家应当不是写,而是在纸上刺绣,因而工作得精细迟缓。 ——契诃夫

在一个崇高的目的的支持下,不停地工作。即使慢,也一定会获得成功。

——爱因斯坦

把工作当乐趣看,那么我们天天有乐趣。 ——李奥贝纳

我想正是伸手摘星的精神,让我们很多人长时间地工作奋战。不论到哪,让作品充分表现这个精神,并且驱使我们放弃佳作,只求杰作。 ——李奥贝纳

我绝不悲观。我要争取多活。我要为我们的社会主义祖国工作到生命的最后一息。 ——巴金

如果我曾经或多或少地激励了一些人的,努力,我们的工作,曾经或多或少或少地扩展了人类的理解范围,因而给这个世界增添了一分欢乐,那我也就感到满足了。 ——爱迪生

要对生命感到喜悦,因为它给了你去爱的机会,去工作,去玩乐,并用能仰头看星星的机会。 ——享利·凡·戴克

立志是一件很重要的事情。工作随着志向走,成功随着工作来,这是一定的规律。立志、工作、成功是人类活动的三大要素。立志是事业的大门,工作是登堂入室的旅程,这旅程的尽头就有个成功在等待着,来庆祝你的努力结果…… ——巴斯德

理性和真理是人所共具的，属于那先说出来的人并不多于那引用的人。也不是根据柏拉图多于根据我自己，既然他和我一样看见和了解它。蜜蜂到处掠取各种花朵，但后来酿成蜜糖，便完全是他们自己的了；已经不再是百里香或仙唇花了。同样，人们属于他自己的作品。他的教育、工作和研究没有别的目的，只是要培养他的这种消化能力。　——蒙田

世上最艰难的工作是什么？思想。凡是值得思想的事情，没有不是人思考过的；我们必须做的只是试图重新加以思考而已。　——歌德

搞科学工作需要人的全部生命，八小时工作制是行不通的。　——朱洗

读书人不一定有知识，真正的常识是懂得知识，会思想，能工作。　——徐特立

我这一生基本上只是辛苦工作，我可以说，我活了七十五岁，没有那一个月过的是舒服生活，就好像推一块石头上山，石头不停地滚下来又推上去。　——歌德

决定经济向前发展的并不是财富强大，他们只决定媒体、报纸、电视的头条，真正在GDP中占百分比最大的还是那些名不见经传的创新的中小企业；真正推动社会进步的也不是少数几个明星式的CEO，而是更多默默工作着的人，这些人也同样是名不见经传，甚至文化程度教育背景都不高，这些人中，有经理人、企业家，还有创业者。　——彼得·德鲁克

天才不能使人不必工作，不能代替劳动。要发展天才，必须长时间地学习和高度紧张地工作。人越有天才，他面临的任务也就越复杂，越重要。　——阿·斯米尔诺夫

生活最沉重的负担不是工作，而是无聊。　——罗曼·罗兰

伟大的事业是根源于坚韧不断的工作，以全副精神去从事，不避艰苦。

——罗素

一个有真正天才能力的人却在工作过程中感到最高度的快乐。　——歌德

精神健康的人，总是努力地工作及爱人，只要能做到这两件事，其他的事就没有什么困难。　——弗洛伊德

我个人认为，我们输给人家的地方是生活以及工作的观念和态度。　——王永庆

你要追求工作，别让工作追求你。　　——富兰克林

历史把那些为了广大的目标而工作，因而使自己变得高尚的人看作是伟大的人；经验则把使最大多数人幸福的人称赞为最幸福的人。　　——马克思

科学的历史，从某种意义上说，就是错觉和失败的历史，是伟大的顽愚者以笨拙和低效能进行工作的历史。　　——寺男寅彦

我喜欢我们的公司看起来像一家光着脚丫的代理商，心中一直努力"穿别人的鞋子"，设身处地为他人着想——是一个辛勤工作的农场，而不是休闲观光的农舍。　　——李奥贝纳

一个人的思想不会停滞，当他清醒时，他的头脑不停地工作，就像不断跳动的脉搏，他无法止住任何一种思想。　　——马可·奥勒利乌斯

政府的行政机构就像一家信托所，须为委托人的利益而不是受委托人的利益去工作。　　——西塞罗

一个懒惰心理的危险，比懒惰的手足，不知道要超过多少倍。而且医治懒惰的心理，比医治懒惰的手足还要难。因为我们做一件不愿意不高兴的工作，身体的各部分，都感到不安和无聊。反过来说，如果对于这种工作有兴趣、愉快，工作效率不但高，身心也感觉到十分舒适。因不适宜的劳动，使身心忧郁而患成的病症，医生称为懒惰病。　　——戴尔·卡耐基

破坏的人和建设的人，两者都是意志的现象：一个是准备工作，另一个是完成工作；前者好像是一个恶的天才，后者似乎是一个善的天才；对这一个给予光荣，对另一个给予忘却。恶者哇啦哇啦，把庸俗的人们从梦里惊醒，对他佩服得五体投地，可是善者却一直默不作声。　　——巴尔扎克

公众的信任不能随便托付给人，除非这个人首先证实自己能胜任而且适合从事这项工作。　　——马·亨利

往往有这样的情形：为科学和技术开拓新道路的，有时并不是科学界的著名人物，而是科学界毫不知名的人物，平凡的人物，实践家，工作革新者。　　——斯大林

一个人也许会相信许多废话，却依然能以一种合理而快乐的方式安排他的日常

工作。　——诺曼·道格拉斯

　　我最信奉的是员工的力量。我相信如果他们犯了错误，应该让他们明白这并不会导致恶果。真正能够导致恶果的，是犯了错误却竭力加以掩盖。但是如果员工不愿意犯错误，那么他们永远不可能作出正确的决策。另一方面，如果他们总是犯错误，你就应该让他们去为你的竞争对手工作。　——花旗集团经营格言

　　要正直地生活，别想入非非！要诚实地工作，才能前程远大。　——陀思妥耶夫斯基

　　天才是由于对事业的热爱感而发展起来的，简直可以说天才，就其本质而论只不过是对事业、对工作过程的热爱而已。　——高尔基

　　从工作里爱了生命，就是贯彻了生命最深的秘密。　——纪伯伦

　　人类一生的工作，精巧还是粗劣，都由他每个习惯所养成。　——富克兰林

　　先付报酬的工作是肯定干不好的。　——约·弗洛里奥

　　我的生命属于整个社会；在我有生之年，尽我力所能及为整个社会工作，这就是我的特殊的荣幸。　——萧伯纳

　　有两种基督教道德，一种是私德，一种是公德。这两种道德如此不同，如此不相干，以致彼此之间像大天使和政客一样毫无关系。一年中美国公民有三百六十三天恪守基督教公德，使国家的完美性质保持纯洁无瑕；然后，在余下的两天，他把基督教私德留在家里竭尽全力去破坏和毁灭他整整一年的忠实而正当的工作。　——马克·吐温

　　管理阶层的领导能力是刺激员工努力工作的原动力。　——毕雷敦

　　最爱发牢骚的人就是没有能力反抗，不会或不愿工作的人。　——高尔基

　　振兴世界的唯一办法是人人都做好眼前工作。切不可好高骛远，只求大功。　——查·金斯莱

　　他出卖了他的才能，做下文丐的工作，跟文学制造家合力生产，帮助造成舆论，变成了一个新闻界的妓女。　——茨威格

　　有乐趣的环境能滋养创意，没有人工作只是为了好玩，但并不意味工作不能变

得有趣。 ——李奥贝纳

人只有为自己同时代的人完善，为他们的幸福而工作，他才能达到自身的完善。 ——马克思

人们总是首先认识许多不同的事物的特殊的本质，然后才有可能进一步地进行概括工作，认识诸种事物的共同本质。 ——毛泽东

人类被赋予了一种工作，那就是精神的成长。 ——列夫·托尔斯泰

轻易地完成别人难以完成的工作是才能；完成有才能的人力所不能及的工作是天才。 ——阿米尔

装傻得好也是要靠才情的；他必须窥伺被他所取笑的人们的心情，了解他们的身份，还得看准了时机；然后像窥伺眼前每一只鸟雀的野鹰一样，每个机会都不放松。这是一种和聪明人的艺术一样艰难的工作。 ——莎士比亚

真正的学者真正了不起的地方，是暗暗做了许多伟大的工作而生前并不因此出名。 ——巴尔扎克

什么叫工作？工作就是斗争。哪些地方有困难、有问题，需要我们去解决。我们是为着解决困难去工作、去斗争的。越是困难的地方越是要去，这才是好同志。 ——毛泽东

我对青年的劝告只用三句话就可概括，那就是，认真工作，更认真地工作，工作到底。 ——俾斯麦

机关工作的情况类似于制造业，工作的成果不是以制造者个人的成果面貌呈现，而是以工厂之成果的面貌呈现。 ——蒙森

我的人生哲学是工作，我要揭示大自然的奥妙，为人类造福。 ——爱迪生

善待乏味的人，有可能到头来会为一个乏味的人工作。 ——比尔·盖茨

天才就是最强有力的牛，他们一刻不停地一天工作十八小时。 ——勒南

工作中，你要把每一件小事都和远大的固定的目标结合起来。 ——马雅可夫斯基

一分时间，一分成果。对科学工作者来说，就不是一天八小时，而是寸阴必珍，

寸阳必争！ ——童第周

一生有"三怕"：一怕工作少，二怕用钱多，三怕麻烦人。 ——任弼时

幸福存在于一个人真正的工作中。 ——奥理略

人生最大快乐，是自己的劳动得到了成果。农民劳动得了收获，工人劳动出了产品，医生劳动治好了病，教师劳动教好了学生，其他工作都是一样。 ——谢觉哉

在一个崇高的目标支持下，不停地工作，即使慢，也一定会获得成功。

——爱因斯坦

航天这门活，地面工作做透了，天上就不会出问题。 ——张履谦

从科学园地采收的果实，如同农人的收获一样，常常是工作与幸运和有利的情势的共同产物。 ——贝齐里乌斯

干部缺少正常的录用、奖惩、退休、退职、淘汰办法，反正工作好坏都是铁饭碗，能进不能出，能上不能下，这些情况必然造成机构臃肿，层次多，副职多，闲职多，而机构臃肿又必然促成官僚主义的发展。 ——邓小平

完成工作的方法是爱惜每一分钟。 ——达尔文

我们党必须有原则上的严肃性，但在实施原则的具体工作中又必须有高度的灵活性。 ——刘少奇

灵感全然不是漂亮地挥着手，而是如健牛般竭尽全力工作的心理状态。

——柴可夫斯基

驱使或者说激励天才工作的，并不是什么新的思想，萦绕在他们脑中的那些已被人阐述过却又阐述得不够充分的思想。 ——德拉克鲁瓦

凡是较有成就的科学工作者，毫无例外地都是利用时间的能手，也都是决心在大量时间中投入大量劳动的人。 ——华罗庚

有什么办法使这种仅有书本知识的人变名副其实的知识分子呢？唯一的办法就是使他们参加到实际工作中去，变为实际工作者，使从事理论工作的人去研究重要的实际问题。 ——毛泽东

完成工作的方法，是爱惜每一分钟。 ——达尔文

在学校和生活中，工作的最重要的动力是工作中的乐趣，是工作获得结果时的乐趣以及对这个结果的社会价值的认识。　——爱因斯坦

教育者应当深刻了解正在成长的人的心灵……只有在自己整个教育生涯中不断地研究学生的心理，加深自己的心理学知识，才能够成为教育工作的真正的能手。　——苏霍姆林斯基

经验显示，成功多因于赤忱，而少出于能力。胜利者就是把自己身体和灵魂都献给工作的人。　——查尔斯·巴克斯顿

未来是光明而美丽的，爱它吧，向它突进，为它工作，迎接它，尽可能地使它成为现实吧！　——车尔尼雪夫斯基

人生是一个永不停息的工厂，那里没有懒人的位置。工作吧！创造吧！
　　　　　　　　　　　　　　　　　　　　　　——罗曼·罗兰

通过辛勤工作获得财富才是人生的大快事。　——巴尔扎克

每个时代都有它自己的语言，而且通常各个时代词汇的差异要比思想的差异大得多。作家的主要工作就是把其他时代的思想译成自己所处的时代的语言。
　　　　　　　　　　　　　　　　　　　　　　——奥古斯特·海尔

伟大的工作，并不是用力量而是用耐心去完成的。　——约翰逊

如果工作对于人类不是人生强索的代价，而是目的，人类将是多么幸福。
　　　　　　　　　　　　　　　　　　　　　　——罗丹

人类被赋予了一种工作，那就是精神的成长。　——列夫·托尔斯泰

人生不是一种享乐，而是一桩十分沉重的工作。　——列夫·托尔斯泰

一般人总是等待着机会从天而降，而不想努力工作来创造这种机会。当一个人梦想着如何去挣五万镑钱时，一百个人却干脆梦着五万镑就掉在他们眼前。
　　　　　　　　　　　　　　　　　　　　　　——米尔恩

不要在工作面前退缩，说这不可能，劳动会使你创造一切。　——印度谚语

教育的唯一工作与全部工作可以总结在这一概念之中——道德。　——赫尔巴特

利器完不成的工作，钝器常能派上用场。　——狄更斯

一个人光溜溜地到这个世界来，最后光溜溜地离开这个世界而去，彻底想起来，名利都是身外物，只有尽一人的心力，使社会上人多得你工作的裨益，是人生最愉快的事情。　——邹韬奋

不是每一个都要站在第一线上的，各人应该做自己份内的工作。　——赫尔岑

如果你们，年轻的人们，真正希望过"很宽阔、很美好的生活"，就创造它吧，和那些正在英勇地建立空前未有的、宏伟的事业的人携手去工作吧。　——高尔基

天才是由于对事业的热爱而发展起来的。简直可以说，天才——就其本质而论——只不过是对事业，对工作的热爱而已。　——高尔基

你直截了当地问我，我从生活中得到什么乐趣以及我为何继续不断地工作。我继续不断地工作跟母鸡继续不断地下蛋是一个道理。凡是有生命的东西，隐隐之中都有一种积极活动的强烈冲动。生命本身逼着人活下去。不活动，除非作为激烈活动之间恢复体力的措施，对于健康的肌体来说，是件痛苦而危险的事——实际上几乎是不可能的。只是垂死的人才能真正无所事事。　——门肯

我把科学的广阔园地，看作是一个广大的原野，其中散布着一些黑暗的地方和一些光明的地方。我们的工作的目的，应该是或者扩大光明地方的界限，或者在原野中增加光亮的中心。　——狄德罗

要解决问题，还须作系统的周密的调查工作和研究工作，这就是分析的过程。提出问题即矛盾的所在。　——毛泽东

科学需要一个人贡献出双重的精力，假定你们每个人有两次生命，这对你们来说还是不够的。科学要求每个人有极紧张的工作和伟大的热情。　——巴甫洛夫

对等工作的严肃态度，高度的正直，形成了自由和秩序之间的平衡。　——罗曼·罗兰

最后的结果确定工作的成败。　——莎士比亚

劳动教学里还能培养这样一些宝贵的个性品质，如学会集体工作、热爱劳动、克服困难的坚毅精神等。　——赞科夫

工作中最重要的是提高效率。　——约·爱迪生

公共的利益，人类的福利，可以使可憎的工作变为可贵，只有开明人士才能知道克服困难所需要的热忱。　——佚名

研究工作必须从资料做起……不掌握第一手资料，研究工作只能是空中楼阁。　——孙叔平

懒惰——它是一种对待劳动态度的特殊作风。它以难以卷入工作而易于离开工作为其特点。　——杰普莉茨卡娅

在科学工作中，不愿意越过事实前进一步的人，很少能理解事实。　——赫胥黎

认为文学的责任就在于从坏人堆里挖出"珍珠"来，那就等于否定文学本身。文学所以叫作艺术，就是因为它按生活的本来面目描写生活。它的任务是无条件的，直率的真实。把文学的职能缩小成为搜罗"珍珠"之类地专门工作。那是致命打击。　——契诃夫

我们教育工作者的任务就在于让每个儿童看到人的心灵美，珍惜爱护这种美，并用自己的行动使这种美达到应有的高度。　——苏霍姆林斯基

生活、工作、学习倘使都能自动，则教育之收效定能事半功倍。所以我们特别注意自动力之培养，使它关注于全部的生活工作学习之中。自动是自觉的行动，而不是自发的行动。自觉的行动，需要适当的培养而后可以实现。　——陶行知

我只有在工作得很久而还不停歇的时候，才觉得自己的精神轻快，也觉得自己找到了活着的理由。　——契诃夫

人生在世界是短暂的，对这短暂的人生，我们最好的报答就是工作。　——爱迪生

人生最宝贵的是生命，人生最需要的是学习，人生最愉快的是工作，人生最重要的是友谊。　——斯大林

对未来的最好策划，是善于处理目前，完成最近的的工作任务。　——麦唐纳

当我们在一些难关面前停顿下来的时候，他总是说："你会把它弄好的！凭你的聪明，这点小事是难不倒你的！"而我们往往就因为父亲这句话，奇迹似的把本

来弄不好的东西弄好,对本来视为畏途的工作发生兴趣。　——罗兰

只有当全体居民都参加管理工作时,才能彻底进行反官僚主义的斗争,才能完全战胜官僚主义。　——列宁

天才就是回避艰苦工作的能力。　——埃·哈伯德

领导干部的重点工作就是交涉或协调,因此,这种说服的力量就成为该干部优秀与否的决定因素。　——绂山芳雄

生活的乐趣取决于生活都本身,而不是取决于工作或地点。　——爱默生

谁肯认真地工作,谁就能做出许多成绩,就能超群出众。　——恩格斯

学会集体工作的艺术。在今天的科学中,只有集体的努力才会有真正的成就。如果你一个人工作,即使你有非凡的能力,你也不能在科学上做出巨大的发现,而你的同事将始终是你的思想的扩音器和放大器,正如你自己——集体中的一员——也是别人的思想的扩音器和放大器一样。　——泽林斯基

要工作,要勤劳:劳作是最可靠的财富。　——拉·封丹

人类需要善于实践的人,这种人能由他们的工作取得最大利益;但是人类也需要梦想者,这种人醉心于一种事业的大公无私的发展,因而不能注意自身的物质利益。　——居里夫人

人生至善,就是对生活乐观,对工作愉快,对事业兴奋。　——布兰登

科学的探讨与研究,其本身就含有至美,其本身给人的愉快就是报酬;所以我在我的工作里面寻得了快乐。　——居里夫人

神圣的工作在每个人的日常事务里,理想的前途在于一点一滴做起。　——谢觉哉

只靠信念虽然可以做出奇迹,但这只是表面。意志,不错,意志越坚强,工作越能完成。　——杜伽尔

没有一件工作是旷日持久的,除了那件你不敢着手进行的工作。　——波德莱尔

真正希望过"很宽阔、很美好的生活",就创造它吧,和那一些正在英勇地建

立空前未有的、宏伟的事业的人手携手地去工作吧。在生活中，堆积了许多美好的、实际的工作，这些工作会使我们的土地富饶，会把人从偏颇、成见和迷信的可耻的俘虏中解放出来。　——高尔基

勤劳致富是千古不变的真理。无论当学徒还是做老板，一样要拼、要搏、要奋斗。一件任务交给我，不管多么困难，我都要把它做好。工作是我最大兴趣，勤劳是我创业的源头。　——陈绍良

我所享有的任何成就，完全归因于对客户与工作的高度责任感，不惜付出自我而成就完美的热情，以及绝不容忍马虎的想法，草率粗心的工作，与差强人意的作品。——李奥贝纳

对科学家来说，不可逾越的原则是为人类文明而工作。　——李约瑟

科学、劳动、实际工作，才能够使我们病态的、放荡的青年清醒过来。——冈察洛夫

实践和行动是人生的基本任务；学问和知识不过是手段、方法，通过这些才能做好主要工作。所以，人生必须具备的知识应该按实践和行动的需要来决定。

——裴斯泰洛齐

一个人的生命是短暂的，而我的事业却无限的长久，个人尽管遭到不幸和许多痛苦，但是我们的劳动融合在集体的胜利里，这幸福有我的一份。只要我活一天，我一定为党为人民工作一天。什么是最大的幸福？毫不利己，专门利人。　——艾润生

我坚持奋战五十余年，致力于科学的发展。用一个词可以道出我最艰辛的工作特点，这个词就是"失败"。　——汤姆逊

效率是做好工作的灵魂。　——切斯特菲尔德

经理人员的任务则在于知人善任，提供企业一个平衡、密合的工作组织。

——洛德凯特寇得

天才就其本质而论只不过是对事业、对工作过程的热爱而已。　——高尔基

我的生活原则是把工作变成乐趣，把乐趣变成工作。　——艾伯乐

如果你表现得"好像"对自己的工作感兴趣，那一点表现就会使你的兴趣变得真实，还会减少你的疲惫、你的紧张，以及你的忧虑。　——戴尔·卡耐基

只有经过长时间完成其发展的艰苦工作，并长期埋头沉浸于其中的任务，方可望有所成就。　——黑格尔

科学要求每个人有极紧张的工作和伟大的热情。　——巴甫洛夫

真正希望过"很宽阔很美好的生活"，就创造它吧，和那些正在英勇地建立空前未有的宏伟的事业的人手携手地去工作吧。在生活中，堆积了许多美好的实际的工作，这些工作会使我们的土地富饶，会把人从偏颇成见和迷信的可耻的俘虏中解放出来。　——高尔基

真正的自由属于那些自食其力的人，并且在自己的工作中有所作为的人。

——罗·科林伍德

人生之晨是工作，人生之午是评议，人生之夜是祈祷。　——赫西奥德

古来一切有成就的人，都很严肃地对待自己的生命，当他活着一天，总要尽量多劳动，多工作，多学习，不肯虚度年华，不让时间白白地浪费掉。　——邓拓

我不能说我不珍重这些荣誉，并且我承认它很有价值，不过我却从来不曾为追求这些荣誉而工作。　——法拉第

工作就是人生的价值，人生的欢乐，也是幸福之所在。　——罗丹

越工作越能工作，越忙碌越能创造出闲暇。　——佚名

在当前这个时代，凡是信得过的诚实的不灌酒的工作者，只有在知识分子和农民当中，也就是说在这两个极端当中，才找得到——此外就找不到了。　——契诃夫

天才是由于对事业的热爱而发展起来的，简直可以说天才，就其本质来论只不过是对事业、对工作过程的热爱而已。　——高尔基

聪明的资质、内在的干劲、勤奋的工作态度和坚韧不拔的精神。这些都是科学研究成功所需的其他条件。　——贝弗里奇

如果工作是一种乐趣，人生就是天堂！　——歌德

人才进行工作，而天才进行创造。　——舒曼

一定要有自信的勇气，才会有工作的勇气。　　——鲁迅

伟大的事业是根源于坚韧不断地工作，以全副精神去从事，不避艰苦。

——罗素

不管你外表条件如何，不管你家境如何，都要牢牢地记住，必须有自己独立的工作和经济来源。也许你并不缺钱，或者有的是人愿养你，但一份事业，带给你的不只是钱，更是独立的人格。爱情是把心交给别人掌握，而事业才是牢牢掌控自己的人生。　　——陆琪

（五）践行

个人感悟

荀子曾说过："不登高山，不知天之高也；不临深谷，不知地之厚也。"

这句话的意思是要想了解"天之高""地之厚"，必须"登高山""临深溪"，"不登""不临"是无法了解"天""地"的情况的。人们要想获得真正的知识，必须亲身参与社会实践。

人非生则知之者，要求得知识，一靠学习，二靠实践，离开了实践，学习也就成了无源之水，无本之木。无数的客观事实证明，实践出真知，实践长才干，只有从实践中来，又经过实践检验的理性认识，才是真正的科学知识。

十年磨一剑，实践要在漫长的时间中才能造就成功。在近二十年的漫长岁月中，琴纳经过反反复复的试验研究，实践，坚持不懈，最后终于取得天花接种这项具有划时代意义的试验的成功。实践可能是一个漫长的历史过程，如果通过一个漫长的过程的实践，证明我们为之追求的东西却是错误的，那么应该坚决抛弃。实践是科学，来不得半点儿的虚伪和勉强。

同时，实践离不开正确理论的指导，否则在实践中就会彷徨、犹豫、无所适从。实践，还得放下架子，并且准备吃苦。用出劲来，扎扎实实地做事；静下心来，仔仔细细地琢磨。一些人以为自己懂得了书本知识，有了理论，就不付诸实践，把知

识、理论当成是装点门面的东西。

"纸上得来终觉浅,绝知此事要躬行。"学习理论的目的在于实践。过分强调理论而轻视实践,人就会丧失实践的能力。理论是虚的,通过实践,理论才落到实处。只有付诸行动,认真去实践,所学到的知识才不至于成为空洞教条的理论。

廉颇和赵括的故事早已流传千年,虽说胜败是兵家常事,但是由实践总结出来的理论指导的战争才是胜算大的。像廉颇虽是赵国老将,理论知识也许不如赵括记诵丰富,但是廉颇有着攻城略地的丰富战争实践经验,他带兵打仗所依靠的主要不是从兵书上背的理论知识而是实践的积累。而赵括缺少的恰恰是实践。谈起理论头头是道,口若悬河,而实战中却落得大败者大多是像赵括等缺乏斗争实践的人。所以说,实践是理论的基础,是理论的出发点和归宿点,对理论起决定作用,这是毫无疑义的。但也不能因此而轻视理论,导致唯实践主义。所以说,实践与理论是紧密联系在一起的,只有亲自去实践,才能获得真正闪光的理论。

历史早已证明,人民群众是社会实践的主体,离开了人民群众的实践活动,理论创新就会成为无源之水、无本之木。从根本上说,最广大人民改造世界、创造幸福生活的伟大实践是理论创新的动力和源泉。脱离了人民群众的实践,理论创新就会成为无源之水。只有认真总结人民群众的实践经验,才能为实现理论创新开辟道路;只有扎根于人民群众建设中国特色社会主义的伟大实践,才能使理论创新获得不竭的动力和源泉。

经典事例

1958年,由于对社会主义建设的经验不足,对经济发展规律和中国经济基础情况了解不够,中央以及地方的一些领导人在胜利面前滋长了骄傲自满情绪,急于求成,夸大了主观意志和主观努力的作用,因而轻率地发动了"大跃进"运动。庐山会议以后,彭德怀从中南海搬到北京郊外吴家花园居住。

在那里,彭德怀开了许多块荒地,选择水塘旁边土质最好的一分地,准备种小麦,这块地进行了深翻,整得很平整,每个土疙瘩都敲得粉碎,又用手捏过,他说:

人家说深翻我就深翻，说多下肥我就多下肥。说密植，说水浇，我都照着做，我把力气都用在这块地里，我看一亩地到底产多少斤。麦子确实长得不错，密密蓬蓬的麦穗挺粗壮，颗粒也饱满，沉甸甸的弯着腰儿，谁看了都翘起姆指说："长得好，长得好！"快收获时，彭总成天在地边守护着。不让麻雀去偷嘴。最后真正做到了颗粒归"筐"。一过秤，九十来斤。彭总说："一亩地，八九百斤。算我们功夫不够，加一倍，亩产两千斤，顶天了。"

最后彭德怀说："我们共产党人最讲实事求是，最提倡敢讲真话，这一点是我们的长处。假如你叫我去讲假话，昧着良心、不顾事实地瞎说一气，我不干，就是杀了老子的头我也不干，我没长那样的骨头。"

名人箴言

有知识的人不实践，等于一只蜜蜂不酿蜜。 ——萨迪

才学如果不用就会永远埋没。 ——萨迪

工作中，你要把每一件小事都和远大的固定的目标结合起来。 ——马雅可夫斯基

经验是永久的老师。 ——歌德

光有知识是不够的，还应当运用；光有愿望是不够的，还应当行动。 ——歌德

有的人不犯错误，那是因为他从来不去做任何值得做的事。 ——歌德

良好的开端，等于成功的一半。 ——柏拉图

科学的大胆的活动是没有止境的，也不应该有止境。 ——高尔基

与其咒骂黑暗，不如燃起一支明烛。 ——安娜·路易斯·斯特朗

我们不能等待自然的恩赐，我们要向自然索取。 ——米丘林

要想获得一种见解，首先就需要劳动，自己的劳动，自己的首创精神，自己的实践。 ——陀思妥耶夫斯基

所有的理论法则都依赖于实践法则；如果只有一条实践法则，那么它们就都依赖这一条实践法则。 ——费希特

凡是在理论上正确的，在实践上也必定有效。 ——康德

如果你不带偏见地去考虑问题，如果你思考一下这些准则的一般性质，你就可以得出一个完全不同的结论。因为所有的准则事实上都是实践上的。　——布拉德利

　　实践是思想的真理。　——车尔尼雪夫斯基

　　凡在理论上必须争论的一切，那就干脆用现实生活的实践来解决。　——车尔尼雪夫斯基

　　假如一个人尽想着"我办不到"，那他果然就会办不到。　——车尔尼雪夫斯基

　　世界上没有天生的才气，才气必须经过磨练。　——车尔尼雪夫斯基

　　实践"以客观世界为前提，作为他物的客观世界走着自己的道路"。　——黑格尔

　　实践"不仅具有普遍的资格，而且具有绝对现实的资格"。　——黑格尔

　　在捷径道路上得到的东西决不会惊人。当你在经验和诀窍中碰得头破血流的时候，你就会知道：在成名的道路上，流的不是汗水而是鲜血；他们的名字不是用笔而是用生命写成的。　——居里夫人

　　人类需要善于实践的人，这种人能由他们的工作取得最大利益；……但是人类也需要梦想者，这种人醉心于一种事业的大公无私的发展，因而不能注意自身的物质利益。　——居里夫人

　　实践中的失败主要由于不知道原因而发生，正是在这种情况下人的两种企望——对知识和力量的企望——真正相和在一起了。　——培根

　　一个人，只有在实践中运用能力，才能知道自己的能力。　——小塞涅卡

　　理论所不能解决的那些疑难，实践会给你解决。　——费尔巴哈

　　再没有什么比下面这一点更为一般人视为当然的了，这就是：有某些思辨的和实践的原则。　——洛克

　　任何一项劳动都是崇高的，崇高的事业只有劳动。　——卡莱尔

　　谁若只做了一半，就等于没有做。　——巴比塞

　　上天绝不帮助坐而不动的人。　——沙孚克里斯

　　平静的湖面，练不出精悍的水手；安逸的环境，造不出时代的伟人。　——列别捷夫

才智是实验的女儿。　——达·芬奇

理论是军官,实践是士兵。　——达·芬奇

智慧因为用得过度而毁坏的不多,大多都是因为不用才生锈。　——鲍乌维

要达到预期的目的,求实精神要比丰富知识更重要。　——博马舍

从我自己痛苦的探索中,我了解前面有许多死胡同,要朝着理解真正意义的事物迈出有把握的一步,即使是很小的一步也是很艰巨的。　——爱因斯坦

纸上得来终觉浅,绝知此事要躬行。　——陆游

耳闻之不如目见之,目见之不如足践之。　——刘向

要学会游泳,就必须下水。　——列宁

千虚不搏一实。　——《象山集·语录》

知识是宝库,但开启这个宝库的钥匙是实践。　——托·富勒

理论所不能解决的疑难问题,实践将为你解决。　——费尔巴哈

有其言,无其行,君子耻之。　——子思

行是知之始,知是行之成。　——陶行知

道虽学不行不至,事虽小不为不成。　——《荀子》

你要知道梨子的滋味,就要亲口尝一下。　——毛泽东

纸上得来终觉浅,绝知此事要躬行。　——陆游

九层之台,起于垒土;千里之行,始于足下。　——老子

判断一个人,不是根据他自己的表白或对自己的看法,而是根据他的行动。　——列宁

一个人只有经过东倒西歪的、让自己像个笨蛋那样的阶段才能学会滑冰。

——萧伯纳

一个人怎样才能认识自己呢?决不是通过思考,而是通过实践。　——歌德

实践,是个伟大的揭发者,它暴露一切欺人和自欺。　——车尔尼雪夫斯基

天下之事,闻者不如见者知之为详,见者不如居者知之为尽。　——陆游

讲得一事,即行一事,行得一事,即知一事,所谓真知矣。徒讲而不行,则遇

事终有眩惑。　——王廷相

　　自古圣贤之言学也，咸以躬行实践为先，识见言论次之。　——林逋

　　心中醒，口中说，纸上作，不从身上习过，皆无用也。　——颜元

　　学之之博，未若知之之要；知之之要，未若行之之实。　——李光地

　　一碗酸辣汤，耳闻口讲的，总不如亲自呷一口的明白。　——鲁迅

　　只有实践能克服经验的错误。　——巴人

　　任何理论都不如现实具体。　——沈从文

　　一定是实践和实际的人生经验教给了他这么些高深的理论。　——莎士比亚

　　人的思维是否具有客观的真理性，这并不是一个理论的问题，而是一个实践的问题。　——马克思

　　力行而后知之真。　——王夫之

　　及之而后知，履之而后艰。　——魏源

　　行动生困难；困难生疑问；疑问生假设；假设生实验；实验生断语；断语又生了行动，如此演进于无穷。　——陶行知

　　行动是老子，知识是儿子，创造是孙子。　——陶行知

　　一切真知都是从直接经验发源的。　——毛泽东

　　只有实际生活中可以学习，只有实际生活能教训人，只有实际生活能产生社会思想。　——瞿秋白

　　实际工作是重要的教育武器。　——陈云

　　理论脱离实践是最大的不幸。　——达·芬奇

　　人类用认识的活动去了解事物，用实践的活动去改变事物；用前者去掌握宇宙，用后者去制造宇宙。　——克罗齐

　　仅仅一个理论上的证明，也比五十件事实更能打动我。　——狄德罗

　　理论上一切争论而未决的问题，都完全由现实生活中的实践来解决。　——车尔尼雪夫斯基

　　理论在变为实践，理论由实践赋予活力，由实践来修正，由实践来检验。

——列宁

离开实践的理论是空洞的理论，而不以理论为指南的实践是盲目的实践。

——斯大林

知之愈明，则行之愈笃；行之愈笃，则知之益明。　——朱熹

专读书也有弊病，所以必须和现实社会接触，使所读的书活起来。　——鲁迅

没有实际的理论是空虚的，同时没有理论的实际是盲目的。　——徐特立

通过实践而发现真理，又通过实践而证实真理和发展真理。　——毛泽东

理论是实践的眼睛。　——邹韬奋

实践决定理论，真正的理论也有着领导行动的功用。　——邹韬奋

离开实际的理论是死理论，离开理论的实际是瞎实际。　——刘伯承

经不起实践检验的理论，是毫无用处的，甚至是有害的。　——陶铸

用理论来推动实践，用实践来修正或补充理论。　——廖沫沙

理论所不能解决的那些疑难，实践会给你解决。　——费尔巴哈

才智是实践的女儿。　——达·芬奇

所有的理论法则都依赖于实践法则；如果只有一条实践法则，那么它们就都依赖这一条实践法则。　——费希特

才学如果不用就会永远埋没。　——萨迪

凡是在理论上正确的，在实践上也必定有效。　——康德

我们不能等待自然的恩赐，我们要向自然索取。　——米丘林

只有实际生活中可以学习，只有实际生活能教训人，只有实际生活能产生社会思想。　——瞿秋白

实际工作是重要的教育武器。　——陈云

仅仅一个理论上的证明，也比五十件事实更能打动我。　——狄德罗

理论在变为实践，理论由实践赋予活力，由实践来修正，由实践来检验。
——列宁

离开革命实践的理论是空洞的理论，而不以革命理论为指南的实践是盲目的实

践。　——斯大林

知之愈明，则行之愈笃；行之愈笃，则知之益明。　——朱熹

路漫漫其修远兮，吾将上下而求索。　——屈原

有的人不犯错误，那是因为他从来不去做任何值得做的事。　——歌德

经验是永久的老师。　——歌德

要想获得一种见解，首先就需要劳动，自己的劳动，自己的首创精神，自己的实践。——陀思妥耶夫斯基

实践是思想的真理。　——车尔尼雪夫斯基

没有经过实践检验的理论，不管它多么漂亮，都会失去份量，不会为人所承认；没有以有分量的理论作基础的实践一定会遭到失败。　——门捷列夫

往往有这样的情形：为科学和技术开拓新道路的，有时并不是科学界的著名人物，而是科学界毫不知名的人物，平凡的人物，实践家，工作革新者。　——斯大林

科学所以叫科学，正是因为它不承认偶像，不怕推翻过时的旧事物，很仔细地倾听实践和经验的呼声。——斯大林

一切真知都是从直接经验发源的。　——毛泽东

通过实践而发现真理，又通过实践而证实真理和发展真理。——毛泽东

$A=X+Y+Z$ A 代表成功，X 代表艰苦的劳动，Y 代表正确的方法，Z 代表少说空话。　——爱因斯坦

一个人在科学探索的道路上走过弯路犯过错误并不是坏事，更不是什么耻辱，要在实践中勇于承认和改正错误。　——爱因斯坦

追求客观真理和知识是人的最高和永恒的目标。　——爱因斯坦

一切推理都必须从观察与实验得来。　——伽利略

科学的真理不应该在古代圣人的蒙着灰尘的书上去找，而应该在实验中和以实验为基础的理论中去找。——伽利略

自己动手，自己动脚，用自己的眼睛观察这是我们实验工作的最高原则。

——巴甫洛夫

我不喜欢那种没有实验的枯燥的讲课，因为归根到底所有的科学进展都是从实验开始的。　——奥斯特

科学尊重事实，不能胡乱编造理由来附会一部学说。　——李四光

实验室和发明是两个有密切关系的名词，没有实验室，自然科学就会枯萎；科学家一经离开了实验室，就变成战场上缴了械的战士。　——巴斯德

自然科学的理论不能离开实验的基础。"劳心者治人，劳力者受治于人"的重理论、轻实验的落后思想，对发展中国家的科学青年有很大的害处。　——丁肇中

把简单的事情考虑得很复杂，可以发现新领域；把复杂的现象看得很简单，可以发现新定律。　——牛顿

没有大胆的猜测就作不出伟大的发现。　——牛顿

一个正确的认识，往往需要经过由物质到精神，由精神到物质，即由实践到认识，由认识到实践这样多次的反复，才能够完成。　——毛泽东

知识是珍宝，但实践是得到它的钥匙。　——托马斯·富勒

最大的培养在实践。使用就是最大的培养。　——牛根生

创新是一个民族进步的灵魂，是国家兴旺发达的不竭动力。　——江泽民

手脑双全，是创造教育的目的。中国教育革命的对策是使手脑联盟。　——陶行知

要达到预期的目的，求实精神要比丰富知识更重要。　——博马舍

知识是宝库，但开启这个宝库的钥匙是实践。　——托·富勒

不要担心犯错误，最大的错误是自己没有实践的经验。　——沃韦纳戈

人生就是一万米长跑，如果有人非议你，那你就要跑得快一点，这样，那些声音就会在你的身后，你就再也听不见了。　——黄永玉

（六）奋斗

个人感悟

艰苦奋斗是一种生活准则，一种工作作风，一种利益观念，一种精神状态，是

一种高尚的奋斗目标和人类共同的价值方向。艰苦奋斗是一种信念，是一种精神，是一种志存高远的抱负。"艰难困苦，玉汝于成"，知艰苦，才懂得要奋斗，耐得艰苦，才能够奋力拼搏，才能够取得事业的成功。

历览前贤与名士，尚武者莫如勾践，卧薪尝胆，不谓不艰；为学者莫如孙敬、苏秦，悬梁刺股，不谓不苦；从政者莫如郑燮，"雅斋卧听萧萧竹，疑是民间疾苦声，些小吾曹州县吏，一枝一叶总关情"，不谓心志不明。一代伟人毛泽东、周恩来、朱德等更是崇尚节俭，奋斗不息的光辉典范。

艰苦奋斗的创业精神激励我们洗刷掉近代中国的百年耻辱，建立起一个全新的社会，展示出文明古国的大国风范，它不因物质生活资料的富裕、精神文化生活的繁荣而时过境迁。还应该清醒地看到，"我国人民生活总体上达到了小康水平，但现在达到的小康还是低水平的、不全面的，发展很不平衡的小康"，并不是处处富裕，人人无忧。还有待开发的边、老、山区，还有辍学的娃娃、孤寡老人。基础设施、基础教育、社会保障等财力不济的现象仍然存在。同世界发达国家相比，不论是人民生活水平、国家经济实力、科技实力、国防实力还存在很大的差距，尤其在高科技核心技术方面仍然存在较大压力。

"忧劳兴国，逸豫亡身"，"生于忧患，死于安乐"，艰苦奋斗任何时候都是我们中华民族的传家宝。即使有一天，国家的综合国力和人民生活水平赶上或超过了发达国家，我们也不能忘记艰苦奋斗。"历史和现实表明，一个没有艰苦奋斗精神作支撑的民族，是难以自强的；一个没有艰苦奋斗精神作支撑的国家是难以发展进步的；一个没有艰苦奋斗精神作支撑的政党，是难以兴旺发达的。"

"国家兴亡，匹夫有责"，当社会浮华袭来的时候，冷静思考，沉着应对。在认清国情的同时，更应该明确自身的责任，找准位置，从我做起，从身边做起，发出自身的光和热，艰苦奋斗，为民族大厦的建设添砖加瓦。

奋斗是人类社会的天性，通过奋斗推进社会进步。

奋斗是每个人的动机，通过奋斗改变自己的人生。

经典事例

美国最伟大的总统之一林肯生下来就一贫如洗,终其一生都在面对挫败:八次竞选八次落败,两次经商失败,甚至还精神崩溃过一次。好多次,他本可以放弃,但他并没有如此,也正因为他没有放弃,而是坚持奋斗,才成为美国历史上最伟大的总统之一。 以下是林肯进驻白宫前的简历:

1816年,家人被赶出了居住的地方,他必须工作以抚养他们。

1818年,母亲去世。

1831年,经商失败。

1832年,竞选州议员但落选了!

1832年,工作也丢了,想就读法学院,但进不去。

1833年,向朋友借钱经商,但年底就破产了,接下来他花了十六年,才把债还清。

1834年,再次竞选州议员赢了!

1835年,订婚后即将结婚时,未婚妻却死了,因此他的心也碎了!

1836年,精神完全崩溃,卧病在床六个月。

1838年,争取成为州议员的发言人,没有成功。

1840年,争取成为选举人了,失败了!

1843年,参加国会大选,落选了!

1846年,再次参加国会大选,这次当选了!前往华盛顿特区,表现可圈可点。

1848年,寻求国会议员连任失败了!

1849年,想在自己的州内担任土地局长的工作被拒绝了!

1854年,竞选美国参议员落选了!

1856年,在共和党的全国代表大会上争取副总统的提名得票不到一百张。

1858年,再度竞选美国参议员,再度落败。

1860年,当选美国总统。

名人箴言

奋斗这一件事是自有人类以来天天不息的。　——孙中山

人类要在竞争中求生存，更要奋斗。　——孙中山

必须在奋斗中求生存，求发展。　——茅盾

奋斗以求改善生活，是可敬的行为。　——茅盾

奋斗之心人皆有之。　——李叔同

奋斗是万物之父。　——陶行知

在艰苦中成长成功之人，往往由于心理的阴影，会导致变态的偏差。这种偏差，便是对社会、对人们始终有一种仇视的敌意，不相信任何一个人，更不同情任何一个人。爱钱如命的悭吝，还是心理变态上的次要现象。相反的，有器度、有见识的人，他虽然从艰苦困难中成长，反而更具有同情心和慷慨好义的胸襟怀抱。因为他懂得人生，知道世情的甘苦。　——南怀瑾

君子在下位则多谤，在上位则多誉；小人在下位则多誉，在上位则多谤。

——柳宗元

愿每次回忆，对生活都不感到负疚。　——郭小川

真正的人生，只有在经过艰难卓绝的斗争之后才能实现。　——塞涅卡

一个人可以失败多次，但是只要他没有开始责怪旁人，他还不是一个失败者。　——巴勒斯

做一切事都应尽而为，半途而废永远不行。　——拖达德

大胆挑战，世界总会让步。如果有时候你被它打败了，不断地挑战，它总会屈服的。　——萨克雷

事情很少有根本做不成的；其所以做不成，与其说是条件不够，不如说是由于决心不够。　——罗切福考尔德

完成伟大的事业不在于体力，而在于坚韧不拔的毅力。　——约翰逊

如果你很有天赋，勤勉会使其更加完善；如果你能力一般，勤勉会补足其缺陷。　——雷诺兹

天才只意味着终身不懈地努力。 ——门捷列耶夫

人只要奋斗就会犯错误。 ——歌德

我所能奉献的没有其他，只有热血、辛劳、眼泪与汗水。 ——丘吉尔

忍耐是痛苦的，但它的果实是甜蜜的。 ——卢梭

人经过努力可以改变世界，这种努力可以使人类达到新的、更美好的境界。没有人仅凭闭目、不看社会现实就能割断自己与社会的联系。他必须敏感，随时准备接受新鲜事物；他必须有勇气与能力去面对新的事实，解决新问题。 ——罗斯福

在科学上没有平坦的大道，只有不畏劳苦沿着其崎岖之路攀登的人，才有希望达到它光辉的顶点。 ——马克思

凡是决心取得胜利的人是从来不说"不可能的"。 ——拿破仑

为了保住这最后的、最伟大的自由堡垒，我们必须尽我们所能。 ——里根

有志者，事竟成。 ——爱迪生

有所成就是人生唯一的真正乐趣。 ——爱迪生

但是难道败局已定，胜利已经无望？不，不能这样说！ ——戴高乐

我成功是因为我有决心，从不踌躇。 ——拿破仑

如果你希望成功，当以恒心为良友，以经验为参谋，以谨慎为兄弟，以希望为哨兵。 ——爱迪生

只有有耐心圆满完成简单工作的人，才能够轻而易举地完成困难的事。
　　　　　　　　　　　　　　　　　　　　　——席勒

走自己的路，让别人说去吧！ ——但丁

道路是这样，吸取你的前辈所做的一切，然后再往前走。 ——托尔斯泰

在这个并非尽善尽美的世界上，勤奋会得到报偿，而游手好闲则要受到惩罚。——毛姆

在天才和勤奋两者之间，我毫不迟疑地选择勤奋，她是几乎世界上一切成就的催产婆。 ——爱因斯坦

在日常生活中，靠天才能做到的事，靠勤奋同样能做到；靠天才做不到的，靠

勤奋也能做到。 ——佚名

闲散如酸醋，会软化精神的钙质；勤奋如火酒，能燃烧起智慧的火焰。
——民间谚语

无论做什么事情，只要肯努力奋斗，是没有不成功的。 ——牛顿

无论头上是怎样的天空，我准备承受任何风暴。 ——拜伦

升平富足的盛世徒然养成一批懦夫，困苦永远是坚强之母。 ——莎士比亚

一棵质地坚硬的橡树，即使用一柄小斧去砍，那斧子虽小，但如砍个不停，终必把树砍倒。 ——莎士比亚

怒海不及我们顽强，雄狮不及我们自信，山岩不及我们坚定，不，残暴的死神也不及我们果决。 ——莎士比亚

充沛的精力加上顽强的决心，曾经创造出许多奇迹。 ——狄更斯

坚持真理的人是伟大的。伟大的心灵全部秘密几乎都在这个字里面：坚持。坚持对于勇气，正如轮子对于杠杆，那是支点的永恒更新。 ——雨果

请记住，环境越是困苦，就愈需要坚定的毅力和信心，而且懈怠的害处也就越大。 ——托尔斯泰

只要坚定不移地向着目标前进，就一定会达到目的。 ——托尔斯泰

坚强的生存愿望是顺利实现一切意愿的保证。 ——高尔基

我发现，正是在生活使我遭到最大的屈辱和痛苦的那些岁月里，正是我经受了那么多苦难的艰辛岁月，我渴望达到目的的勇气和顽强精神格外高涨。 ——高尔基

在奔赴危险的使命中，请予我以坚强，以苦痛来荣耀我，并助我攀登那每日为你而贡献的艰难的心怀。 ——泰戈尔

凭着一往无前的锐气，和张牙舞爪的雄狮为敌。 ——莎士比亚

横戈跃马的男儿，岂能做柔情的奴仆，要具有真正的品格，才算得真正的勇武。 ——莎士比亚

勇敢地走你自己认为正确合理的道路。 ——罗曼·罗兰

千万不要胆怯，决不能睁着眼让别人夺去你的权利；这是你自己的责任，没法

叫别人替代。　　——泰戈尔

　　勇敢地闯过一切艰难险阻，在崎岖的山道上攀行；如果这条道路要通过死亡之谷，那也要把死亡当作欢乐的源泉来欢迎。　　——泰戈尔

　　庸庸碌碌、心安理得地过下去是不道德的。而自动从战斗中退缩的人则是一个懦夫。　　——罗曼·罗兰

　　若是怕狼，就别进森林。　　——高尔基

　　生活不是享受，而是很辛苦的工作。　　——托尔斯泰

　　我们宁愿重用一个活跃的侏儒，不要一个贪睡的巨人。　　——莎士比亚

　　为了一个伟大的神圣目的，去千方百计、历尽艰辛地奋斗，是完全值得的。
　　　　　　　　　　　　　　　　　　　　　　　　——狄更斯

　　在人类事业的顶峰上神游过之后，我发现还有无数高山需要攀登，无数艰难险阻需要克服。　　——巴尔扎克

　　跟生活的粗暴打交道，碰钉子，受侮辱，自己也不得不狠下心来斗争，这是好事，使人生气勃勃的好事。　　——罗曼·罗兰

　　不要对任何人埋怨生活吧，因为安慰之词很少能包含一个人必要追求的东西。当一个人同妨碍他生活的事物进行斗争时，生活便会比什么都更加充实，更有意义。在斗争中，苦闷无聊的时刻会不知不觉地飞驰而去。　　——高尔基

　　有些事情是不能等待的。假如你必须战斗或者在市场上取得最有利的地位，你就不能不冲锋、奔跑和大步向前。　　——泰戈尔

　　懒驴子是打死也走不快的。　　——莎士比亚

　　他们不相信只有下功夫、花过心血才能使事情好转，而相信事情本身会自然而然地好转！就像一个疯子认为地球自己会变成方的一样。　　——狄更斯

　　具有了向上的力量，才能一眼望到山外的大地，蜿蜒的长河，人类精神的进步。　　——罗曼·罗兰

　　无论什么思想，都不是靠它本身去征服人心，而是靠它的力量；不是靠思想的内容，而是靠那些在历史上某些时期放射出来的生命的光辉。　　——罗曼·罗兰

人的愿望没有止境，人的力量用之不朽。　——高尔基

在这个并非尽善尽美的世界上，勤奋会得到报偿，而游手好闲则要受到惩罚。——毛姆

你应将心思精心专注于你的事业上。日光不经透镜屈折，集于焦点，绝不能使物体燃烧。　——毛姆

聪明的资质、内在的干劲、勤奋的工作态度和坚韧不拔的精神，这些都是科学研究成功所需要的条件。　——贝弗里奇

发明家全靠一股了不起的信心支持，才有勇气在不可知的天地中前进。
　　　　　　　　　　　　　　　　　　　　　　　　——巴尔扎克

拼一切代价，去奔你的前程。　——巴尔扎克

做了好事受到职责而坚持下去，这才是奋斗的本色。　——巴尔扎克

我宁愿靠自己的力量打开我的前途，而不求权势者垂青。　——雨果

进步，意味着目标不断前移，阶段不断更新，它的视影不断变化。　——雨果

对于学者获得的成就，是恭维还是挑战？我需要的是后者，因为前者只能使人陶醉，而后者却是鞭策。　——巴斯德

伟大的精力只是为了伟大的目的而产生的。　——斯大林

正确的道路是这样，吸取你的前辈所做的一切，然后再往前走。　——托尔斯泰

同样一件事情的发生，有的人感到非常痛苦，有的人能够接受。因为这两者的忍耐能力不同。有忍耐能力的人才容易成功。　——方海权

一棵大树经过一场雨之后倒了下来，原来是根基短浅。我们做任何事要打好基础，才能坚固不倒。　——方海权

我宁愿靠自己的力量打开我的前途，而不求权势者垂青。　——雨果

进步，意味着目标不断前移，阶段不断更新，它的视影不断变化。　——雨果

对于学者获得的成就，是恭维还是挑战？我需要的是后者，因为前者只能使人陶醉、而后者却是鞭策。　——巴斯德

如果有什么需要明天做的事，最好现在就开始。　——富兰克林

人生太短，要干的事太多，我要争分夺秒。　——爱迪生

不知明天该做什么的人是不幸的。　——高尔基

庸人费心将是消磨时光，能人费尽心机利用时光。　——叔本华

只有这样的人才配生活和自由，假如他每天为之而奋斗。　——歌德

一个人必须经过一番刻苦奋斗，才会有所成就。　——安徒生

凡事欲其成功，必要付出代价：奋斗。　——爱默生

对真理和知识的追求并为之奋斗，是人的最高品质之一。　——爱因斯坦

想象你自己对困难作出的反应，不是逃避或绕开它们，而是面对它们，同它们打交道，以一种进取的和明智的方式同它们奋斗。　——马克斯威尔

发明的秘诀在于不断的努力。　——牛顿

无论头上是怎样的天空，我准备承受任何风暴。　——拜伦

如果你过分珍爱自己的羽毛，不使它受一点损伤，那么你将失去两只翅膀，永远不再能够凌空飞翔。　——雪莱

停止奋斗，生命也就停止了。　——卡莱尔

只有勤勉、毅力才会使我们成功而勤勉一毅力又来源于为达到成功所需要的手段。　——史密斯

如果我们能够为我们所承认的伟大目标去奋斗，而不是一个狂热的、自私的肉体在不断地抱怨为什么这个世界不使自己愉快的话，那么这才是一种真正的乐趣。　——萧伯纳

无论做什么事情，只要肯努力奋斗，是没有不成功的。　——牛顿

脚跟立定以后，你必须拿你的力量和技能，自己奋斗。　——萧伯纳

我们应当努力奋斗，有所作为。这样，我们就可以说，我们没有虚度年华，并有可能在时间的沙滩上留下我们的足迹。　——拿破仑

做了好事受到指责而仍坚持下去，这才是奋斗者的本色。　——巴尔扎克

只有这样的人才配生活和自由，假如他每天为之而奋斗。　——歌德

一个人必须经过一番刻苦奋斗，才会有所成就。　——安徒生

无论头上是怎样的天空，我准备承受任何风暴。 ——拜伦

明珠那会永远埋于土中，蛟龙那会时常游于浅水。如果我们积累了无量福因和智慧，一定会脱俗显出。 ——方海权

一个人必须面向未来，要想着着手做的事情。但这并不容易做到。一个人的过去是一种日益加重的负担。 ——罗素

聪明的资质、内在的干劲、勤奋的工作态度和坚韧不拔的精神，这些都是科学研究成功所需要的条件。 ——贝弗里奇

发明家全靠一股了不起的信心支持，才有勇气在不可知的天地中前进。
——巴尔扎克

正确的道路是这样，吸取你的前辈所做的一切，然后再往前走。 ——托尔斯泰

奋斗这一件事是自有人类以来天天不息的。 ——孙中山

人生修养感悟

第六篇·**价值篇**

（一）奉献

个人感悟

奉献是指满怀感情地为他人服务，作出贡献，是一种不计回报的无偿服务。

因为有人奉献，社会的物质财富和精神财富才会不断增加，人类才会不断前进。奉献者付出的是青春、是汗水、是热情，是一种无私的爱心，甚至是无价的生命。奉献者收获的是一种幸福，一种崇高的情感，是他人的尊敬与爱戴，是自己生命的延长。

奉献是一个相对的概念，"赠人玫瑰，手有余香"，那些真正无私奉献的人，必然会受到全社会的尊敬。蓝天奉献给白云，白云也奉献给了蓝天，他们相互映衬才相得益彰；玫瑰奉献给爱情，爱情也奉献给玫瑰，如果没有爱情的奉献，玫瑰又怎么能如此受人喜爱？

不同人的奉献的能力可能不同，但只要是为他人，为社会作出了贡献，就都应该受到尊重。大人物有大智慧，他作的贡献大；小人物有小智慧，他为社会作的贡献小，我们不能因为他做的事小就说这不是奉献，也不能说因为他们有所收益就不是奉献。其实，对于那些能力有限的小人物，他们的奉献更值得我们的尊重。

奉献的重点不在于大小，而在于是否有奉献的意识，奉献的精神。"奉献精神"是一种爱，是对自己事业的不求回报的爱和全身心的付出。对个人而言，就是要在这份爱的召唤之下，把本职工作当成一项事业来热爱和完成，从点点滴滴中寻找乐趣，努力做好每一件事、认真善待每一个人，全心全意为机关事务工作服务，履行党和人民赋予的光荣职责，努力地用这份爱去感染身边的每一个人，用大家的无私奉献编织出事业的美丽蓝图。

当下社会上有一种错误的观念，认为付出就必须有回报，他们往往把奉献看作是一种经济关系，按照经济学对人类行为的假设，人的任何行为都是为了谋求自身利益的最大化，理性的人是不会自愿地去从事那种亏损行为的。常常把那些无私奉献的高尚的人称作"傻子"。这种认识是错误的，是让人不耻的，得不到人们赞许。

人是一切社会关系的总和，不能脱离社会而存在。当一个人认识到，自我是社会这个大机体的一个细胞，自我的存在必须依赖于社会的存在时，他就会把社会利益置于自我利益之上。也正是这样一种认识，才会升华为奉献的精神，衍生出奉献的行为。做到"人人为我，我为人人""天下为公"。

经典事例

原任云南保山地委书记的杨善洲从事革命工作近40年，两袖清风，清廉履职，忘我工作，一心为民。1988年退休后，他主动带领大家植树造林5.6万亩。去世前，他从当地20万元特别贡献奖中捐出了16万元，价值3亿元的林场也无偿交予给国家。2010年10月，杨善洲因病逝世，2011年获得感动中国人物奖。感动中国推选委员孙伟这样评价杨善洲：杨善洲的60年告诉我们：大公无私、坚守信念、一生奉献依然是党员干部的根本。推选委员陈淮说：一个人能够给历史，给民族，给子孙留下些什么？杨善洲留下的是一片绿荫和一种精神！绿了荒山，白了头发，他志在造福百姓；老骥伏枥，意气风发，他心向未来。清廉，自上任时起；奉献，直到最后一天。60年里的一切作为，就是为了不辜负人民的期望。

名人箴言

世间最庄严的问题是：我能做什么好事？——佚名

人要随时随地利用所有的方法，使用各种手段，在有生之日，尽力为善。

——韦斯利

人生不是一支短短的蜡烛，而是一支暂时由我们拿着的火炬。我们一定要把它燃得十分光明灿烂，然后交给下一代的人们。——萧伯纳

有取有舍的人多么幸福，寡情的守财奴才是不幸。——鲁达基

在人生的黄昏时，一代不幸的人在摸索徘徊：一些人在斗争中死去；一些人堕入深渊；种种机缘，希望和仇恨冲击着那些被偏见束缚着的人；在那黑暗泥泞的道路上同样也走着那些给人点亮灯光的人，每一个头上举着火种的人尽管没有人承认

他的价值，但他总是默默地生活着劳动着，然后像影子一样消失。　——普鲁斯

如果人仅仅为自己劳动，也许他能够成为著名的学者，伟大的智者，卓越的诗人，但是他永远也不能成为真正完善和真正伟大的人。　——马克思

你若要为你的意义而欢喜，就必须给这个世界以意义。　——歌德

利己的人最先灭亡。他自己活着，并且为自己而生活。如果他的这个"我"被损坏了，那他就无法生存了。　——奥斯特洛夫斯基

给予比接受更快乐。　——《圣经》

如果你在任何时候，任何地方，你一生中留给人们的都是些美好的东西——鲜花、思想，以及对你的非常美好的回忆——那你的生活将会轻松而愉快。那时你就会感到所有的人都需要你，这种感觉使你成为一个心灵丰富的人。你要知道，给永远比拿愉快。　——高尔基

月儿把她的光明遍照在天上，却留着她的黑斑给它自己。　——泰戈尔

我不配做一盏灯，那么就让我做一块木柴吧！　——巴金

历史把那些为了广大的目标而工作，因而使自己变得高尚的人看作是伟大的人；经验则把使最大多数人幸福的人称赞为最幸福的人。　——马克思

经验显示，成功多因于赤忱，而少出于能力。胜利者就是把自己身体和灵魂都献给工作的人。　——查尔斯·巴克斯顿

我知道一件事，你们当中唯一真正快乐的，是那些没法去服务人群，自己发现如何服务的人。　——史威芬

以吾人数十年必死之生命，立国家亿万年不死之根基，其价值之重可知。
　　　　　　　　　　　　　　　　　　　　——孙中山

个人必须带着其余的人一起走向完美，不断地尽其所能来扩大和增加朝这方面迈进的人流的流量。　——安诺德

自己脑子里只装满着自己，这种人正是那种最空虚的人。　——莱蒙托夫

你自己和你所有的一切，倘不拿出来贡献于人世，仅仅一个人独善其身，那实在是一种浪费。　——莎士比亚

壮心欲填海，苦胆为忧天。　——文天祥

夜把花悄悄地开放了，却让白日去领受谢词。　——泰戈尔

你们在开始一天生活的时候应该提醒自己去爱他人，应该努力去发现世间美好的事物，那么，从外界的反映中，你将发现一个可爱的自我。假如在你即将离开人世的时候，身边没有一个人紧紧握住你的手，这说明你在一生中未曾伸出友爱之手去帮助他人。　——巴斯凯利亚

有财富而不用，从没有达到目的这个角度上一看。就等于没有财富。　——《五卷书》

我更需要的是给予，不是收受。因为爱是一个流浪者他能使他的花朵在道旁的泥土里蓬勃焕发，却不容易叫它们在会客室的水晶瓶里尽情开放。　——泰戈尔

如果有一天，我能够对我的公共利益有所贡献，我就会认为自己是世界上最幸福的人了。　——果戈里

生命的用途并不在长短而在我们怎样利用它。许多人活的日子并不多，却活了很长久。　——蒙田

一个有德性的人，往往为他的朋友和国家的利益而采取行动，必要时乃至牺牲自己的生命。他宁愿捐弃世人所争夺的金钱荣誉和一切财物，只求自己的高尚。　——亚里斯多德

贪婪的心像沙漠中的不毛之地，吸收一切雨水，却不滋生草木以方便他人。　——欧洲谚语

我是春蚕，吃了桑叶就要吐丝，哪怕放在锅里煮，死了丝还不断，为了给人间添一点温暖。　——巴金

你要记得，永远要愉快地多给别人，少从别人那里拿取。　——高尔基

我们应当在不同的岗位上，随时奉献自己。　——海塞

生的人远比死的人更须要慈善。　——阿诺德

当我在说"愿上帝保佑女人"这句话时，尽管我们之中没有人能完全了解一位贤妻的崇高情怀，或是一位良母执着奉献，但他心中会说"阿门"！　——马克·吐

温

我没有别的东西奉献，唯有辛劳泪水和血汗。　——丘吉尔

年轻时，我的生命有如一朵花——当春天的轻风来到她的门前乞求时，从她的丰盛中飘落一两片花瓣，她你从未感到这是损失。现在，韶华已逝，我的生命有如一个果子，已经没有什么东西可以分让，只等待着将她和丰满甜美的全部负担一起奉献出发。　——泰戈尔

当你服务他人的时候，人生不再是毫无意义的。　——葛登纳

当你往前走的时候，要一路撒下花朵，因为同样的道路你决不会再走第二回。　——欧文

人需要有一颗牺牲自己私利的心。　——屠格涅夫

我可以一再坚持我们的贡献，那是因为，只有这种看法，才能在世界上有权力赢得人类的同情。　——罗丹

上天赋予的生命，就是要为人类的繁荣和平和幸福而奉献。　——松下幸之助

爱情存在于奉献的欲望之中，并把情人的快乐视作自己的快乐。　——斯韦登伯格

要重返生活就须有所奉献。　——高尔基

奉献乃生活的真正意义。　——阿德勒

务学不如务求师。　——扬雄

我们这一代就是施肥的一代，用自己的血灌溉快将实现的乐园，让后代享受人类应有的一切幸福，这就是我们一代的任务。　——李卡

一个好学生能够发现自己老师的错误，但是恭恭敬敬地保持沉默，因为正是这些错误对他有所裨益，使他走上大道。　——屠格涅夫

我们的报酬取决于我们所作出的贡献。　——韦特莱

如果我们想交朋友，就要先为别人做些事——那些需要花时间体力体贴奉献才能做到的事。　——卡耐基

倘使有一双翅膀，我甘愿做人间的飞蛾。我要飞向火热的日球，让我在眼前一

阵光身内一阵热的当儿，失去知觉，而化作一阵烟、一撮灰。　——巴金

给予的最需要的方面不在物质财富范围内，它存在于人性特有的领域。

——弗罗姆

快乐是一种香水，无法倒在别人身上，而自己却不沾上一些。　——爱默生

把别人的幸福当作自己的幸福，把鲜花奉献给他人，把棘刺留给自己！

——巴尔德斯

英雄主义是在于为信仰和真理而牺牲自己。　——托尔斯泰

奉献乃是生活的真实意义。假如我们在今日检视我们从祖先手里接下来的遗物，我们将会看到什么？他们留下来的东西，都有是他们对人类生活的贡献。　——阿德勒

仅仅一个人独善其身，那实在是一种浪费。上天生上我们，是要把我们当作火炬，不是照亮自己，而是普照世界；因为我们的德行尚不能推及他人，那就等于没有一样。　——莎士比亚

我要做的只是以我微薄的绵力来为真理和正义服务。　——爱因斯坦

以身许国，何时不可为？　——岳飞

人当活在真理和自我奉献里。　——庞陀彼丹

那个使他奉献自己，以促使其早日实现的主义，将不受所有法律的订立和法律的破坏所左右，而日渐茁壮成熟——就像土里的种子，不管冬日的寒冻，夏日的干旱，仍然将它饱满的谷粒献给人类那样。　——庞陀彼丹

德行善举是唯一不败的投资。　——梭洛

人并非为获取而给予；给予本身即是无与伦比的欢乐。　——弗罗姆

只要你曾经尽可能地贡献出来，就已经值得感激了。　——屠格涅夫

我们不能只要有所得，也要有所贡献。耀得暗室象白昼一般呢，但至少有些用处，可以使暗室中的人认识到一点周围的真正情形。　——恽代英

凡可以献上我的全身的事，决不献上一只手。　——狄更斯

一个丰富的天性，如果不拿自己来喂养饥肠辘辘的别人，自己也就要枯萎

了。 ——罗曼·罗兰

只有人类精神能够蔑视一切限制，相信它的最后成功，将它的探照灯照向黑暗的远方。 ——泰戈尔

给予是能使人产生优越感的。 ——雨果

竭力履行你的义务，你应该就会知道，你到底有多大价值。 ——列夫·托尔斯泰

没有无私的自我牺牲的母爱的帮助，孩子的心灵将是一片荒漠。 ——狄更斯

尽力做好一件事，实乃人生之首务。 ——富兰克林

只有努力去减少别人的苦难，你才会快活。 ——芒奇

真正高宏之人，必能造福于人类。 ——亚里斯多德

在生活的路上，将血一滴一滴地滴过去，以饲别人，虽自觉渐渐瘦弱，也以为快活。 ——鲁迅

一个人的真正价值首先决定于他在什么程度上和什么意义上从自我解放出来。 ——爱因斯坦

要像灯塔一样，为一切夜里不能航行的人，用火光把道路照明。 ——马雅可夫斯基

人们赞美流星，是因为它燃烧着走完自己的全部路程。 ——凌光

祖国陆沉人有责，天涯漂泊我无家。 ——秋瑾

一个人无论禀有着什么奇才异能，倘然不把那种才能传达到别人的身上，他就等于一无所有。 ——莎士比亚

人生价值，应该看他贡献什么，而不是取得什么。 ——爱因斯坦

我是炎黄子孙，理所当然地要把学到的知识全部奉献给我亲爱的祖国。
——李四光

我唯一的希望是能够多作贡献。 ——白求恩

我们能尽情享受的，只是施与的快乐。 ——穆克

光明的中国，让我的生命为你燃烧吧。 ——钱三强

我不会半心半意。我要么把整个心都献出来,要么就什么也不给。 ——捷尔任斯基

我所能奉献的,只有热血辛劳汗水与眼泪。 ——丘吉尔

太阳之所以伟大,在于它永远消耗自己。 ——谚语

为伟大的事业献身的人,永远不会被人们遗忘。 ——佚名

只要能培一朵花,就不妨做会朽的腐草。 ——鲁迅

一个人若能为别人的生命与人道的法则着想。纵使他正在为自己的生命挣扎,并处于极大的压力之下,也不会全无回报的。 ——丘吉尔

埋在地下的树根使树枝产生果实,却并不要求什么报酬。 ——泰戈尔

我觉得,只有人类在由衷地感谢下生出的报效之心,才是地球上最美好的东西。 ——小路实笃

我们的生命是天赋的,我们唯有献出生命,才能得到生命。 ——泰戈尔

贝壳虽然死了,却把它的美丽留给了整个世界。 ——张笑天

对人来说,最大的欢乐、最大的幸福是把自己的精神力量奉献给他人。
——苏霍姆林斯基

船锚是不怕埋没自己的。当人们看不见它的时候,正是它在为人类服务的时候。 ——普列汉诺夫

我被一条牢不可断的索链拴住在自己的国土上,我宁愿要我们的贫穷的暗淡的世界,我们没有烟囱的林舍赤裸的空地,却不要和蔼地对我凝望着的晴朗的天空。 ——果戈里

有的人觉得能够舍身,能够用牺牲来对人类表示深切而毫无私心的同情,是一种快乐。 ——罗曼·罗兰

要找出来我值多少,那是别人的事情,主要的是能够献出自己。 ——屠格涅夫

鞠躬尽瘁,死而后已。 ——诸葛亮

一个人不论赋有什么样的棋,他如果不知道自己有这种棋,并且不形成适合于

自己棋的计划，那种棋对他便完全无用。　——休谟

生命的多少用时间计算，生命的价值用贡献计算。　——裴多菲

人的一生，贡献所作所为的意义和价值，比人们的预料更多地取决于心灵的生活。　——马丹·杜·加尔

科学绝不是一种自私自利的享受。有幸能够致力于科学研究的人，首先应该拿自己的学识为人类服务。　——马克思

像蜡烛为人照明那样，有一分热，发一分光，忠诚而踏实地为人类伟大事业贡献自己的力量。　——法拉第

自然是伟大的，人类是伟大的，然而充满了崇高精神的人类的活动，乃是伟大中之尤其伟大者。　——茅盾

绿叶丝毫不嫉妒花朵，而且为花朵的美丽勤垦地工作着。　——佚名

但得众生皆得饱，不辞羸病卧残职。　——李纲

要是一个人的全部人格、全部生活都奉献给一种道德追求，要是他拥有这样的力量，一切其他的人在这方面和这个人相比起来都显得渺小的时候，那我们在这个人的身上就看到崇高的善。　——车尔尼雪夫斯基

春蚕到死丝方尽，蜡炬成灰泪始干。　——李商隐

不是每一个都要站在第一线上的，各人应该做自己分内的工作。　——赫尔岑

春蚕到死丝方尽，人至期颐亦不休，一息尚存须努力，留作青年为范畴。

——吴玉章

想想你的母亲，她对人生要求该多么微小，可是，落在她头上的又是怎样的一种命运？　——屠格涅夫

一个人总得慷慨一点，才配受人感谢。　——托马斯·哈代

点燃了的火炬不是为了火炬本身，就像我们的美德应该超过自己照亮别人。　——莎士比亚

肥皂一经使用，便会逐渐溶化，甚至消失殆尽，但在这之间，却能使被洗物尽涤肮脏。如果有在水中不溶化的肥皂，才是无用处的东西。不知自我牺牲，以裨益

社会，而只知吝惜一己之力的人，则宛如不会溶化的肥皂。　——华纳梅格

壮士临阵决死哪管些许伤痕，向千年老魔作战，为百代新风斗争。慷慨掷此身。　——华罗庚

爱，首先意味着奉献，意味着把自己心灵的力量献给所爱的人，为所爱的人创造幸福。　——苏霍姆林斯基

落红不是无情物，化作春泥更护花。　——龚自珍

捧着一颗心来，不带半棵草去。　——陶行知

采得百花成蜜后，为谁辛苦为谁甜。　——佚名

我唯一的希望就是多有贡献。　——白求恩

人民的愉快就是我的报酬。　——居里夫人

一个人对社会的价值，首先取决于他的感情、思想和行动对增进人类利益有多大作用。　——爱因斯坦

如果一个人仅仅想到自己，那么他一生里，伤心的事情一定比快乐的事情来得多。　——马明·西比利亚克

真正的学者真正了不起的地方，是暗暗做了许多伟大的工作而生前并不因此出名。　——巴尔扎克

我是世界的公民，应为人类而生。　——诺贝尔

一个人的价值，应该看他贡献什么，而不应当看他取得什么。　——爱因斯坦

人只有献身于社会，才能找出那短暂而有风险的生命的意义。　——爱因斯坦

为人类的幸福而劳动，这是那么壮丽的事业，这个目的有那么伟大！　——圣西门

每一个人可能的最大幸福是在全体人所实现的最大幸福之中。　——左拉

为伟大的事业献身的人，永远不会被人们遗忘。　——佚名

我们不能只要有所得，也要有所贡献。耀得暗室像白昼一般呢，但至少有些用处，可以使暗室中的人认识到一点周围的真正情形。　——恽代英

你要记得，永远要愉快地多给别人，少从别人那里拿取。　——高尔基

要重返生活就须有所奉献。　——高尔基

在人生的黄昏时，一代不幸的人在摸索徘徊；一些人在斗争中死去；一些人堕入深渊；种种机缘，希望和仇恨冲击着那些被偏见束缚着的人；在那黑暗泥泞的道路上同样也走着那些给人点亮灯光的人，每一个头上举着火种的人尽管没有人承认他的价值，但他总是默默地生活着劳动着，然后像影子一样消失。　——普鲁斯

如果有一天，我能够对我的公共利益有所贡献，我就会认为自己是世界上最幸福的人了。　——果戈里

要像灯塔一样，为一切夜里不能航行的人，用火光把道路照明。　——马雅可夫斯基

奉献乃生活的真正意义。　——阿德勒

仅仅一个人独善其身，那实在是一种浪费。上天生上我们，是要把我们当作火炬，不是照亮自己，而是普照世界；因为我们的德行尚不能推及他人，那就等于没有一样。　——莎士比亚

壮心欲填海，苦胆为忧天。　——文天祥

英雄主义是在于为信仰和真理而牺牲自己。　——托尔斯泰

一个有德性的人，往往为他的朋友和国家的利益而采取行动，必要时乃至牺牲自己的生命。他宁愿捐弃世人所争夺的金钱荣誉和一切财物，只求自己的高尚。　——亚里斯多德

我们应当在不同的岗位上，随时奉献自己。　——海塞

我不会半心半意。我要么把整个心都献出来，要么就什么也不给。　——捷尔任斯基

科学绝不是一种自私自利的享受。有幸能够致力于科学研究的人，首先应该拿自己的学识为人类服务。　——马克思

当你往前走的时候，要一路撒下花朵，因为同样的道路你决不会再走第二回。——欧文

自己脑子里只装满着自己，这种人正是那种最空虚的人。　——莱蒙托夫

点燃蜡烛照亮他人者，也不会给自己带来黑暗。　——杰弗逊

磨刀石牺牲自己，把锋利赠给宝剑。　——佚名

当你服务他人的时候，人生不再是毫无意义的。　——葛登纳

有的人觉得能够舍身，能够用牺牲来对人类表示深切而毫无私心的同情，是一种快乐。　——罗曼·罗兰

只要你曾经尽可能地贡献出来，就已经值得感激了。　——屠格涅夫

要求于人的甚少，给予人的甚多，这就是松树的风格。　——陶铸

以吾人数十年必死之生命，立国家亿万年不死之根基，其价值之重可知。
——孙中山

你自己和你所有的一切，倘不拿出来贡献于人世，仅仅一个人独善其身，那实在是一种浪费。　——莎士比亚

自然是伟大的，人类是伟大的，然而充满了崇高精神的人类的活动，乃是伟大中之尤其伟大者。　——茅盾

一个人无论禀有着什么奇才异能，倘然不把那种才能传达到别人的身上，他就等于一无所有。　——莎士比亚

要找出来我值多少，那是别人的事情，主要的是能够献出自己。　——屠格涅夫

一个人总得慷慨一点，才配受人感谢。　——托马斯·哈代

壮心欲填海，苦胆为忧天。　——文天祥

你们在开始一天生活的时候应该提醒自己去爱他人，应该努力去发现世间美好的事物，那么，从外界的反映中，你将发现一个可爱的自我。假如在你即将离开人世的时候，身边没有一个人紧紧握住你的手，这说明你在一生中未曾伸出友爱之手去帮助他人。　——巴斯凯利亚

有财富而不用，从没有达到目的这个角度上一看。就等于没有财富。　——《五卷书》

一个有德性的人，往往为他的朋友和国家的利益而采取行动，必要时乃至牺牲自己的生命。他宁愿捐弃世人所争夺的金钱荣誉和一切财物，只求自己的高

尚。　——亚里斯多德

贪婪的心像沙漠中的不毛之地，吸收一切雨水，却不滋生草木以方便他人。　——欧洲谚语

我们应当在不同的岗位上，随时奉献自己。　——海塞

生的人远比死的人更需要慈善。　——阿诺德

恨不抗日死，留作今日羞。国破尚如此，我何惜我头。　——吉鸿昌

剜心也不变，砍首也不变！只愿锦绣的山河，还我锦绣的面！　——柔石

我们的报酬取决于我们所作出的贡献。　——韦特莱

先天下之忧而忧，后天下之乐而乐。　——范仲淹

我好像是一只牛，吃的是草，挤出的是奶。　——鲁迅

捧着一颗心来，不带半根草去。　——陶行知

人生价值的大小是按人们对社会贡献的大小来衡量的。　——向警予

共产党员应该在群众最困难的时候，出现在群众的面前，在群众最需要帮助的时候，去关心群众，帮助群众。　——焦裕禄

死者的光荣不在于受世人之赞美，而在于为后人所效法。　——孟德斯鸠

幸福在于为别人而生活。　——列夫·托尔斯泰

一个没有受到献身精神所鼓舞的人，永远不会做出什么伟大的事情来。
　　　　　　　　　　　　——车尔尼雪夫斯基

一个只顾自己的人不足以成大器。　——罗斯金

无用的生命只是早的死亡。　——歌德

奉献无止境。　——钟南山

生命赐给了我们，我们必须奉献于生命，才能获得生命。　——泰戈尔

人只有献身于社会，才能找出那短暂而有风险的生命的意义。　——爱因斯坦

当我们为了公众的幸福而蔑视辛劳、危险和死亡时，当我们为了国家的利益献出生命从而使生命变得崇高时，辛劳、危险，还有死亡本身，便都会显得美好而动人。　——休谟

（二）助人

个人感悟

当人们寻找快乐的源泉，不难发现帮助别人是件快乐的事情。其实，助人为乐是人生的一大美德。人们在帮助别人的同时，也帮助了自己，或者说从心理上充实了自己，使自己也得到了快乐。有证据表明，无私的行为能够增加人们的快乐。

有这样一个故事：爱丽斯几年前因失恋得了忧郁症，从原来居住的美国东北部移居到中西部来生活。爱丽斯很快就发现，中西部人们的生活习惯与东北部居民有很大的不同。中西部的生活节奏缓慢，民风比较纯朴，人与人之间的关系很和谐。好几次，她从停车场出来上车道，尽管车道上排着长长的车队，可是总有人给她让道。这种彬彬有礼、先人后己的行为，让她深受感动。

一个早晨，她让一辆大卡车先行，结果深受感动的卡车司机后来在路上从后视镜里发现爱丽斯的车没油停下来了，他就停下车取出自己的备用汽油加进爱丽斯的车里，并"护送"爱丽斯到附近的加油站加足了油，后来这两个年轻人竟然喜结良缘。爱丽斯的忧郁症也从此不治而愈了。

这听起来很像个浪漫的电影故事，心理学家却认为其中蕴含着深刻的科学道理。美国一家心理学杂志发表了一个大型心理问卷的调查结果，发现经常帮助别人的人明显比不乐于助人的人快乐；从精神病学的角度来看，前者患忧郁症的可能性要比后者低得多。研究人员由此得出结论，养成助人为乐的习惯是预防和治疗忧郁症的良方。助人为乐的结果往往是双赢，既帮助了他人，同时也留给自己一份金钱买不到的快乐。

经典事例

1936年冬天，巴金收到杭州西湖边的庙里一位落难姑娘写来的求救信，知道了这位姑娘因母亲去世，受后娘虐待，又遇上失恋，曾打算投湖自杀，但因巧遇一个远亲，被安排到庙里安身，可姑娘后来发现庙里的和尚对她有了歹心，远亲又不在，无奈之中只好给巴金写了这封信。巴金当即约了鲁彦、靳以二人一起，到这位姑娘落脚的庙里，冒充是姑娘的舅父，替她付了80多元房租和饭钱，将她救了出来。然后又为她买了火车票，将她送到上海做了妥善安置。数十年后，有人要在文章中写进这件事，并向巴老打听有关细节。可巴老说，鲁彦、靳以都故世了，没有人证明，就算了吧。

名人箴言

君子贵人贱己，先人而后己。　——《礼记》

辅车相依，唇亡齿寒。　——《左传》

路见不平，拔刀相助。　——马致远

莫以善小而不为，莫以恶小而为之。　——刘备

病人之病，忧人之忧。　——白居易

每有患急，先人后己。　——陈寿

好事须相让，恶事莫相推。　——王梵志

人家帮我，永志不忘；我帮人家，莫记心上。　——华罗庚

你要记住，永远要愉快地多给别人，少从别人那里拿取。　——高尔基

世界上能为别人减轻负担的都不是庸庸碌碌之徒。　——狄更斯

最好的满足就是给别人以满足。　——拉布吕耶尔

投之以木瓜，抱之以琼瑶。匪报也，永以为好也。　——《诗经》

人生所贵在知己，四海相逢骨肉亲。　——《雁门集》

合意友来情不厌，知心人至话投机。　——冯梦龙

自己活着，就是为了使别人活得更美好。　——雷锋

得道者多助，失道者寡助　——孟子

为人民服务。　——毛泽东

牺牲我一个，幸福千万家。　——徐虎

助人为快乐之本。

助人为乐是一种美德。

助人为乐是共产主义世界观的体现。

助人要从日常小事做起，不因善小而不为。

现代化建设需要助人为乐的精神。

助人是人格升华的标志。

赠人玫瑰，手留余香

与人为善，乐于助人乃举手之劳，无需付出任何代价。

如果你对人友善，处处为别人着想，并总是显得很开心。

我们靠所得来谋生，但靠给予来创造生活。

当你学会了，尝试去教人；当你获得了，尝试去给予。

我们无法帮助每个人，但每个人能帮助到某些人。

若无任何慈善之心，你将拥有最严重的"心脏病"。

除了"爱"以外，世界上最美丽的动词是"帮助"。

弯下身子帮助他人站起来，这是对心灵很好的锻炼。

为别人点一盏灯，照亮别人，也照亮了自己。

助人为乐是我们中华民族的传统美德，一个人的成长过程中，一定得到过许许多多人的帮助和关心，大家互相帮助才构成了一个和谐的社会。

真正的快乐来源于宽容和帮助。

真正的助人者，是通过帮助别人，来提升自我人格境界的真英雄。他们不思回报，人格的完善就是最高的境界。

你在教人的时候，要好像若无其事一样。事情要不知不觉地提出来，好像被人遗忘一样。　——波着

一个人，如果隐藏自己，那么，独立无援的时候，就必须单独面对一切。一个人，如果不将自己的内心向别人透露，那么，要履行诺言是一件不容易的事。

——维斯冠

几十年的经验使我懂得，多想到别人，少想到自己，便可以少犯错误。

——巴金

你能诚心诚意地帮助别人，别人也会来帮助你的，这是我们人生中最好的一种报酬。 ——爱默森

这是个充满掠夺、自私自利的世界，所以，少数表现得不自私、愿意帮助别人的人，便能得到极大益处，因为很少人会在这方面跟他竞争。 ——卡耐基

如果你要别人喜欢你，或是改善你的人际关系；如果你想帮助自己也帮助别人，请记住这个原则：真诚地关心别人！ ——卡耐基

要散布阳光到别人心里，先得自己心里有阳光。 ——罗曼·罗兰

一个人要帮助弱者，应当自己成为强者，而不是是和他们一样变做弱者。

——罗曼·罗兰

二个人给予别人的东西越多，而自己要求的越少，他就越好；一个人给予别人的东西越少，而自己要求的越多，他就越坏。 ——列夫·托尔斯泰

你不能教人什么，你只能帮助他们去发现。 ——伽利略

我很少开口求人，这使我自由。 ——三毛

我当心地去关爱他人，这使情感不流于泛滥。 ——三毛

好邻居重要。

好亲戚也重要。

将亲戚请来做邻居，往往亲戚和邻居都成仇人。 ——三毛

能解除别人的痛苦时，就替他解除痛苦，而不要光是在那里表示忧虑。如果你只打开你的钱柜而不同时打开你的心，也是枉然的，别人的心也始终是向你紧紧关闭的。 ——卢梭

对待同志像春天般的温暖，对待工作像夏天般的火热，对待个人主义像秋天扫落叶一般，对待敌人像严冬一样残酷无情。 ——雷锋

（三）敬业

个人感悟

在现代社会，无论是政府机构还是民营企业，正越来越重视员工的敬业精神。敬业就是尽一切努力做好本职工作，敬业的人值得尊敬，所以，在工作中都应该具有敬业精神。即使是卑微的工作，也要用敬业的态度去面对。很多伟人的伟大之处就在于非常敬业，工作不敬业，可能会遭到淘汰。离开敬业精神，一个人很难取得大的成就。

在日常生活中，我们经常听到人们在抱怨，也包括我自己，说工作压力大，又忙又累，不能好好休息，好好地玩，轻松地生活。特别是一些工作认真的人，抱怨自己的认真和成绩得不到领导和同事的认可。而一些人平时吊儿郎当，工作成绩平平的，却能与领导保持密切关系，单位里的一些好事却多临到他们，为此心里常怀不平，以至于心有怨意，牢骚满腹。

其实，能工作就是一种幸运。对于一个失去工作权利的人，内心是何等的痛苦和无奈，又是多么地渴望工作啊！而能敬业地工作更是一种幸福。这是因为：

一个敬业的人，往往会有更多的成就感。因为他的工作往往更出色，他的生活会更充实。更主要的是他会更有尊严地活着，不必太看领导的眼色，不必过多地忧虑自己的前程，不必过分地说一些谄媚的话语，内心相对自由而淡定。

一个敬业的人，其实他已经得着上天最好的恩赐，因为他能够做到敬业。而不敬业的人，其实他不一定是不想敬业，实在是因为他们天生好逸恶劳、天生好动易迁，难以静下心来做事。

既是如此，敬业的人已经得着这样的赏赐，理应感激上天之厚爱，还有何理由埋怨牢骚呢？

经典事例

如果你没有离开，依然会带吴钩，巡万里关山。多希望你只是小憩，醉一下再挑灯看剑，梦一回再吹角连营。你听到了么？那战机的呼啸，没有悲伤，是为你而奏响！

罗阳，男，51岁，辽宁沈阳人。沈阳飞机工业（集团）有限公司董事长、总经理。

罗阳所在的沈飞集团是中国重要的歼击机研制生产基地，他本人也是飞机设计专家，2012年11月25日上午，随中国首艘航母"辽宁舰"参与舰载机起降训练的罗阳，在大连执行任务时突发急性心肌梗死、心源性猝死，经抢救无效，于12时48分在工作岗位上殉职。

罗阳1982年毕业于北京航天航空大学高空设计专业。他担任中航工业沈飞董事长、总经理的5年，是沈飞新型号飞机任务最多、最重的5年。难关难渡，难题难点，好像排着队一样。罗阳善于解决问题，采取多种措施推动研制进度，创造了新机研制提前18天总装下线，从设计发图到成功首飞仅用10个半月的奇迹。

2012年1月，罗阳担任中国第一艘航空母舰舰载机歼-15研制现场总指挥。没有经验，也没有现成的关键技术可以借鉴，航空制造大国对技术的封锁，逼着航空人只有自主创新一条路可以走。在航母上，罗阳坚持亲力亲为，与科研人员一起整理试验数据，观看每次起降过程，记录和分析飞机状态，出现身体不适，也没有中途下舰，甚至都没有去找医护人员检查。

难度高，任务重，时间短。重重考验摆在罗阳面前，可是他就有这么一股不服输、不懈怠的劲头。他曾说，外国人能干成的事情，中国人同样能干成，而且还能干得更好。

在生命的最后一个月里，他不知疲倦，劳心劳力，没有一刻休息，直至生命的最后一刻。

名人箴言

学校要求教师在他的本职工作上成为一种艺术家。　　——爱因斯坦

教育者应当深刻了解正在成长的人的心灵，只有在自己整个教育生涯中不断地研究学生的心理，加深自己的心理学知识，才能够成为教育工作的真正的能

手。　——苏霍姆林斯基

　　教师进行劳动和创造的时间好比一条大河，要靠许多小的溪流来滋养它。教师时常要读书，平时积累的知识越多，上课就越轻松。　——苏霍姆林斯基

　　教师是克服人类无知和恶习的大机构中的一个活跃而积极的成员，是过去历史所有高尚而伟大的人物跟新一代人之间的中介人，是那些争取真理和幸福的人的神圣遗训的保存者，是过去和未来之间的一个活的环节。　——乌申斯基

　　教师的威信首先建立在责任心上。　——马卡连柯

　　只有忠实于事实，才能忠实于真理。　——周恩来

　　只有在斗争中无所畏惧，才能在追求真理的过程中把自己雕塑成器。　——张志新

　　只有人们的社会实践，才是人们对于外界认识的真理性的标准。真理的标准只能是社会的实践。　——毛泽东

　　只要再多走一小步，仿佛是向同一方向迈的一小步，真理变会变成错误。
　　　　　　　　　　　　　　　　　　　——列宁

　　真理的小小钻石是多么罕见难得，但一经开采琢磨，便能经久、坚硬而晶亮。　——贝弗里奇

　　真理不是一种铸币，现成地摆在那里，可以拿来藏在衣袋里。　——莱辛

　　因为真理是灿烂的，只要有一个罅隙，就能照亮整个田野。　——赫尔岑

　　不能爱哪行才干哪行，要干哪行爱哪行。　——丘吉尔

　　我的人生哲学就是工作。　——爱迪生

　　神经即将崩溃的症状之一是相信自己的工作极端重要，休假将会带来种种灾难。　——罗素

　　为把明天的工作做好，最好的准备是把今天的工作做好。　——哈伯德·E

　　学者的工作就是通过向大众提示存在于现象中的事实来鼓舞大众、教育大众、引导大众。　——爱默生

　　要从事伟大的工作，一个人必须既非常勤劳又非常空闲。　——勃特勒·S

我感激他使我发现即使是很短的时刻,只要我分秒必争地一头钻进工作,积累起来就成为我需要的特别有用的几个钟头。 ——厄斯金

对于青年,我的忠告只有三个词——工作、工作、工作。 ——俾斯麦

我们常常听人说,人们因工作过度而垮下来,但是实际上十有八九是因为饱受担忧或焦虑的折磨。 ——卢伯克

不管是谁,匆匆忙忙只能说明他不能从事他从事的工作。

为什么工作竟然是人们获得满足的如此重要的源泉呢?最主要的答案就在于,工作和通过工作所取得的成就,能激起一种自豪感。 ——塞尔斯

工作撵跑三个魔鬼:无聊、堕落和贫穷。 ——伏尔泰

对大多数人来说,工作不仅仅是一种必需,它还是人们生活的焦点,是他们的个性和创造性的源泉。 ——塞尔斯

工作是良药,能医治一切困扰人的疾苦。 ——卡莱尔

一件事如果值得做好,就值得去做。 ——卡莱尔

少而好学,如日出之阳;壮而好学,如日中之光;老而好学,如炳烛之明。
——刘向

骐骥一跃,不能十步;驽马十驾,功在不舍;锲而舍之,朽木不折;锲而不舍,金石可镂。 ——荀子

习惯是一条巨缆——我们每天编结其中一根线,到最后我们最终无法弄断它。 ——梅茵

现实是此岸,理想是彼岸,中间隔着湍急的河流,行动则是架在川上的桥梁。 ——克罗地亚

形成天才的决定因素应该是勤奋。有几分勤学苦练,天资就能发挥几分。天资的充分发挥和个人的勤学苦练是成正比例的。 ——郭沫若

懒惰——它是一种对待劳动态度的特殊作风。它以难以卷入工作而易于离开工作为其特点。 ——杰普莉茨卡娅

"一劳永逸"的话,有是有的,而"一劳永逸"的事却极少。 ——鲁迅

社会主义制度的建立给我们开辟了一条到达理想境界的道路，而理想境界的实现还要靠我们的辛勤劳动。　——毛泽东

知识是从刻苦劳动中得来的，任何成就都是刻苦劳动的结果。　——宋庆龄

人，只要有一种信念，有所追求，什么艰苦都能忍受，什么环境也都能适应。　——丁玲

只有含辛茹苦，才能获得真正的快乐。　——泰戈尔

幸福并不存在于外在的因素，而是以我们对外界原因的态度为转移，一个吃苦耐劳惯了的人就不可能不幸福。　——托尔斯泰

使你自己有更多更多工作，使你习惯于工作。这是人生快乐的第一个条件。　——罗曼·罗兰

好动与不满足是进步的第一必需品。　——爱迪生

今天所做之事勿候明天，自己所做之事勿候他人。　——歌德

俯首甘为孺子牛！　——鲁迅

宝剑锋从磨砺出，梅花香自苦寒来！　——《警世贤文》

世界上没有卑贱的职业，只有卑贱的人。　——林肯

不论从事哪种职业，走向成功的第一步，就是必须对这种职业感兴趣。　——欧斯拉

凡事都要脚踏实地去做，不驰于空想，不骛于虚声，而唯以求真的态度做踏实的功夫。　——李大钊

从工作里爱生命，就是通彻了生命最深的秘密。　——纪伯伦

如果工作是一种乐趣，人生就是天堂。　——歌德

人生在世是短暂的。对这短暂的人生，我们最好的报答就是工作。　——爱迪生

职业是天然的医生，对人类的幸福来说是根本性的。　——克劳狄安

一个人如果对自己的职业坚信不移，不心怀二志，他的心里就只知道有这个职业，只承认这个职业，也只尊重这个职业。　——托马斯·曼

抱着一颗正直的心，专心致志干事业的人，他一定会完成许多事业。　——赫尔岑

不要把工作当成义务，要当作权利。　——池田大作

工作是生命的真正的精髓所在，最忙碌的人正是最快活的人。　——提奥多·马丁

知者必量其力所能至而从焉。　——墨子

功崇惟志，业广惟勤。　——《尚书》

只有能够鼓足干劲工作，并懂得什么是汗水和疲劳的人，才会理解欢乐的感情。　——苏霍林姆斯基

现代人最大的缺点，就是对自己的职业缺乏爱心。　——罗丹

小草，有时站在大山的头上，默默地，从不炫耀它自己。

月儿把她的光明遍照在天上，却留着她的黑斑给它自己。

尽力做好一件事，实乃人生之首务。

人并非为获取而给予；给予本身即是无与伦比的欢乐。

船锚是不怕埋没自己的。当人们看不见它的时候，正是它在为人类服务的时候。

我们的报酬取决于我们所作出的贡献。

像蜡烛为人照明那样，有一分热，发一分光，忠诚而踏实地为人类伟大事业贡献自己的青春。

牡丹花好空入目，枣花虽小结实成。

竭力履行你的义务，你应该就会知道，你到底有多大价值。

有一分热，发一分光。

人需要有一颗牺牲自己私利的心。

（四）爱国

个人感悟

爱国主义是人们对自己祖国形成的无限热爱之情。懂得爱国的人，才是具有高

尚忠诚的人，不热爱自己祖国的人，是不懂得什么叫忠诚，什么叫感情。

爱国是一个公民起码的道德，也是中华民族的优良传统。自古以来，我们中华民族从不乏热爱国家，为人民、为国家流血牺牲、奉献自己的英雄人物，无数的爱国事故和爱国诗篇代代流传，成为我们中华民族最宝贵的精神财富之一。

爱国是保证人的生存自由权利的需要，在不同的历史时期，爱国观也是不同的。儒家传统文化强调的是"舍生取义"，意思就是为了国家利益，捍卫国家主权，不惜牺牲个人生命。封建时代执政者强调的爱国观其本质是维护皇权，人民生活在国中，但国不属于人民。在社会主义制度下，爱国的内涵与以往有了质的变化。

社会主义制度下，实行的是人民民主专政，国家属于人民，人民是国家的主人。这样，公民爱国，实际上就是爱自己的政权，捍卫自己的根本利益。那种极端民族主义、大国沙文主义的表现不是我讲的爱国主义。

爱国热情是一个国家和民族弥足珍贵的精神财富，但热情需要与理性有机结合，这样才能真正对国家有利。爱国需要理性，而行为的理性取决于思维的理性。那么，什么才是理性爱国呢？面对国家利益受威胁、民族尊严受挑衅，任何一个中国人都不会无动于衷，想表达义愤之情，想做点什么，以使那些侮辱中国人、诋毁奥运会的人知道"中国人不可辱，中国不可欺"。这种初衷是朴素的、可贵的，而一个理智的人，还会充分考虑行为是否得当，导致的结果是否会背离初衷。

"理性对待发生的一切，不搞过激行动，更加努力地工作，全力配合国家办好奥运，让世界上所有的运动员感受到中国的文明、热情、友善，谣言不攻自灭"，"我们要防止被那些别有用心的人利用"，"过激行动只会陷入圈套，正中人家下怀"，这些都是爱国的一种理性的思考与认知。

此外，在当今世界上，还流传着一种"中国威胁论"的错误观念，认为中国的发展是一种威胁，因而"不希望看到中国继续强大、继续发展"。对此，我们最有力的应对，就是集中精力办好中国的事情，坚定不移地走自己的路，这样做也更符合我们的长远利益和根本利益。也只有脚踏实地、埋头苦干，坚定地发展壮大自己，我们才不会因外部的一些干扰而分心，乃至丧失宝贵的发展机遇。

总之,一个开放的、和平的、强大的中国,只会对世界有利,也一定会受欢迎。

今天的中国已经迈入法治的快车道,建设社会主义法治国家是中国人民的共同选择。作为一个中国人,维护法律尊严,维护文明,维护正常社会秩序,是公民的基本责任。爱国热情,作为一种神圣的道德情感,更需要依法有序理性地表达。这种对法律的尊重,更显示我们道德情感的正义与正当性。

爱国是每个国民的责任,只有爱国才能为国尽忠,爱国需要为之奉献,祖国是养育我们成长的母亲。

经典事例

我国当代杰出的科学家中,有三位姓钱的人物:钱学森、钱三强、钱伟长,人称"三钱"。他们都是出国留学后,怀着报效祖国的赤子之心回来的。其中钱学森的经历最为惊险。钱学森在美国度过了20年,在航空科学上取得了卓越的成就,成为有名的火箭专家,为美国的军事科学作出了贡献。1949年,他得知新中国成立了,非常兴奋,决定回国参加建设。可是美国方面敌视中国,怕钱学森回国对他们不利,就千方百计地阻挠。美国海军次长还恶狠狠地说:"我宁肯把他枪毙了,也不让他离开美国。他知道的太多了,一个人可顶五个师的兵力!"于是,美方无中生有,说钱学森是中国间谍,把他逮捕关押,后来虽然释放了,可又严密监视。钱学森没有屈服,向美方提出严正抗议,回国的决心更大了。他在家里放好三只小箱子,准备随时启程。后来在中国政府的过问下,被美方扣留了五年的钱学森,终于在1955年搭乘轮船回国了。他来到天安门广场,兴奋地说:"我相信我一定能回来,现在终于回来了!"钱学森回国后,为我国导弹和航天事业作出了巨大贡献,是最有声望的科学家之一。

名人箴言

爱国主义就是千百年来固定下来的对自己祖国的一种最深厚的感情。 ——列宁

天下兴亡,匹夫有责。 ——顾炎武

常思奋不顾身，而殉国家之急。　　——司马迁

僵卧孤村不自哀，尚思为国戍轮台。　　——陆游

位卑未敢忘忧国。　　——陆游

一身报国有万死，双鬓向人无再青。　　——陆游

死去原知万事空，但悲不见九州同。王师北定中原日，家祭无忘告乃翁。
　　　　　　　　　　　　　　　　　　　　——陆游

三万里河东入海，万千仞岳上摩天。遗民泪尽胡尘里，南望王师又一年。
　　　　　　　　　　　　　　　　　　　　——陆游

瞒人之事弗为，害人之心弗存，有益国家之事虽死弗避。　　——吕坤

人生自古谁无死，留取丹心照汗青。　　——文天祥

臣心一片磁针石，不指南方不肯休。　　——文天祥

风声雨声读书声声声入耳，国事家事天下是事事关心。　　——顾宪成

国耳忘家，公耳忘私。　　——班固

捐躯赴国难，视死忽如归。　　——曹植

国耻未雪，何由成名？　　——李白

苟利国家生死以，岂因祸福避趋之。　　——林则徐

商女不知亡国恨，隔江犹唱后庭花。　　——杜牧

唯有民魂是值得宝贵的，唯有他发扬起来，中国才有真进步。　　——鲁迅

恨不抗日死，留作今日羞。国破尚如此，我何惜此头。　　——吉鸿昌

我们爱我们的民族，这是我们自信心的泉源。　　——周恩来

为中华之崛起而读书。　　——周恩来

大江歌罢掉头东，邃密群科济世穷。面壁十年图破壁，难酬蹈海亦英雄。
　　　　　　　　　　　　　　　　　　　　——周恩来

人民不仅有权爱国，而且爱国是个义务，是一种光荣。　　——徐特立

我死国生，我死犹荣，身虽死精神长生，成功成仁，实现大同。　　——赵博生

英雄非无泪，不洒敌人前。男儿七尺躯，愿为祖国捐。　　——陈辉

祖国如有难，汝应作前锋。　　——陈毅

我们中华民族有同自己的敌人血战到底的气概，有在自力更生的基础上光复旧物的决心，有自立于世界民族之林的能力。　　——毛泽东

锦城虽乐，不如回故乡；乐园虽好，非久留之地。归去来兮。　　——华罗庚

一个人只要热爱自己的祖国，有一颗爱国之心，就什么事情都能解决。什么苦楚，什么冤屈都受得了。　　——冰心

我爱我的祖国，爱我的人民，离开了它，离开了他们，我就无法生存，更无法写作。　　——巴金

我荣幸地从中华民族一员的资格，而成为世界公民。我是中国人民的儿子。我深情地爱着我的祖国和人民。　　——邓小平

现阶段，爱国主义主要表现为献身于建设和保卫社会主义现代化的事业，献身于促进祖国统一的事业。　　——江泽民

凡是不爱自己国家的人，什么都不会爱。　　——拜伦

黄金诚然是宝贵的，但是生气勃勃、勇敢的爱国者却比黄金更宝贵。　　——林肯

除非你能消除人类的爱国之心，否则世界就永远不会太平。　　——萧伯纳

人类最高的道德是什么？那就是爱国心。　　——拿破仑

爱国是文明人的首要美德。　　——拿破仑

热爱祖国，这是一种最纯洁、最敏锐、最高尚、最强烈、最温柔、最有情、最温存、最严酷的感情。一个真正热爱祖国的人，在各个方面都是一个真正的人。

——苏霍姆林斯基

为祖国而死，那是最美的命运啊！　　——大仲马

我是你的，我的祖国！都是你的，我的这心、这灵魂；假如我不爱你，我的祖国，我能爱哪一个人？　　——裴多菲

我所谓共和国里的美德，是指爱祖国，也就是爱平等而言。这并不是一种道德上的美德，也不是一种基督教的美德，而是政治上的美德。　　——孟德斯鸠

爱国主义也和其他道德情感与信念一样，使人趋于高尚，使人愈来愈能了解并

爱好真正美丽的东西，从对于美丽东西的知觉中体验到快乐，并且用尽一切方法使美丽的东西体现在行动中。 ——凯洛夫

科学没有国界，科学家却有国界。 ——巴甫洛夫

谁不属于自己的祖国，那么他也就不属于人类。 ——别林斯基

纵使世界给我珍宝和荣誉，我也不愿离开我的祖国。因为纵使我的祖国在耻辱之中，我还是喜欢、热爱、祝福我的祖国。 ——裴多菲

祖国更重于生命，是我们的母亲，我们的土地。 ——聂鲁达

一个没有祖国的人，像一个没有家的孩子，永远都是孤独的。 ——尤今

科学没有国界，科学家却有国界。 ——巴甫洛夫

谁不属于自己的祖国，那么他也就不属于人类。 ——别林斯基

爱国是信仰的一部分。 ——穆罕默德

壮士临阵决死哪管些许伤痕，向千年老魔作战，为百代新风斗争。慷慨掷此身。 ——华罗庚

安得广厦千万间，大庇天下寒士俱欢颜。 ——杜甫

我们这一代就是施肥的一代，用自己的血灌溉快将实现的乐园，让后代享受人类应有的一切幸福，这就是我们一代的任务。 ——李卡

掷我们的头颅，奠筑自由的金字塔，洒我们的鲜血，染成红旗，万载飘扬。
——林基路

上天赋予的生命，就是要为人类的繁荣、和平和幸福而奉献。 ——松下幸之助

埋在地下的树根使树枝产生果实，却并不要求什么报酬。 ——泰戈尔

一个获得成功的人，前苏联作家高尔基从他的同胞那里所取得的，总是无可比拟地超过他对他们所作的贡献。 ——爱因斯坦

剜心也不变，砍首也不变！只愿锦绣的山河，还我锦绣的面！ ——柔石

不是每一个都要站在第一线上的，各人应该做自己分内的工作。 ——赫尔岑

我们的生命是天赋的，我们唯有献出生命，才能得到生命。 ——泰戈尔

真正的学者真正了不起的地方，是暗暗做了许多伟大的工作而生前并不因此出

名。 ——巴尔扎克

安得万里袭,盖裹周四垠。稳暖皆如我,天下无穷人。 ——白居易

青山埋白骨,绿水吊忠魂。 ——朱德

人的生命是有限的,可是,为人民服务是无限的,我要把有限的生命,投入到无限的为人民服务之中去。 ——雷锋

人需要有一颗牺牲自己私利的心。 ——屠格涅夫

船锚是不怕埋没自己的。当人们看不见它的时候,正是它在为人类服务的时候。 ——普列汉诺夫

凡可以献上我的全身的事,决不献上一只手。 ——狄更斯

夜把花悄悄地开放了,却让白日去领受谢词。 ——泰戈尔

我觉得,只有人类在由衷的感谢下生出的报效之心,才是地球上最美好的东西。 ——小路实笃

你若要为你的意义而欢喜,就必须给这个世界以意义。 ——歌德

对人来说,最大的欢乐,最大的幸福是把自己的精神力量奉献给他人。
——苏霍姆林斯基

应该让别人的生活因为有了你的生存而更加美好。 ——茨巴尔

尽力做好一件事,实乃人生之首务。 ——富兰克林

贝壳虽然死了,却把它的美丽留给了整个世界。 ——张笑天

历史把那些为了广大的目标而工作,因而使自己变得高尚的人看作是伟大的人;经验则把使最大多数人幸福的人称赞为最幸福的人。 ——马克思

光明的中国,让我的生命为你燃烧吧。 ——钱三强

有一分热,发一分光。 ——鲁迅

点燃了的火炬不是为了火炬本身,就像我们的美德应该超过自己照亮别人。 ——莎士比亚

生命的多少用时间计算,生命的价值用贡献计算。 ——裴多菲

竭力履行你的义务,你应该就会知道,你到底有多大价值。 ——列夫·托尔

斯泰

贤者不悲其身之死，而忧其国之衰。　——苏洵

我可以一再坚持我们的贡献，那是因为，只有这种看法，才能在世界上有权利赢得人类的同情。　——罗丹

长太息以掩涕兮，哀民生之多艰。　——屈原

我不如起个磨刀石的作用，能使钢刀锋利，虽然它自己切不动什么。　——贺拉斯

我不应把我的作品全归功于自己的智慧，还应归功于我以外向我提供素材的成千成万的事情和人物。　——歌德

我好像一只牛，吃的是草，挤出的是奶、血。　——鲁迅

我们从别人的发明中享受了很大的利益，我们也应该乐于有机会以我们的任何一种发明为别人服务；而这种事我们应该自愿地和慷慨地去做。　——富兰克林

我们为祖国服务，也不能都采用同一方式，每个人应该按照资禀，各尽所能。　——歌德

我有我的人格、良心，不是钱能买的。我的音乐，要献给祖国，献给劳动人民大众，为挽救民族危机服务。　——冼星海

我赞美目前的祖国，更要三倍地赞美它的将来。　——马雅可夫斯基

夜视太白收光芒，报国欲死无战场！　——陆游

一滴水只有放进大海里才永远不会干涸，一个人只有当他把自己和集体事业融合在一起的时候才能最有力量。　——雷锋

一堆沙子是松散的，可是它和水泥、石子、水混合后，比花岗岩还坚韧。

——王杰

一个人对人民的服务不一定要站在大会上讲演或是做什么惊天动地的大事业，随时随地，点点滴滴地把自己知道的、想到的告诉人家，无形中就是替国家播种、垦植。　——傅雷

一致是强有力的，而纷争易于被征服。　——伊索

英勇非无泪，不洒敌人前。男儿七尺躯，愿为祖国捐。 ——陈辉

真正的爱国主义不应表现在漂亮的话上，而应表现在为祖国和为人民谋福利的行为上。 ——杜勃罗留波夫

只有在集体中，个人才能获得全面发展其才能的手段，也就是说，只有在集体中才可能有个人自由。 ——马克思、恩格斯

中国人搞出的理论，首先要为中国人服务。 ——吴仲华

祖国，我永远忠于你，为你献身，用我的琴声永远为你歌唱和战斗。 ——肖邦

祖国更重于生命，是我们的母亲，我们的土地。 ——聂鲁达

爱国心再和对敌人的仇恨用乘法乘起来——只有这样的爱国心才能导向胜利。 ——奥斯特洛夫斯基

爱国应该和爱自己的家一样。为了国家，不仅在牺牲财产，就是牺牲生命，也在所不惜，这就是报国的大义。 ——福泽谕吉

爱国主义的力量多么伟大呀！在它面前，人的爱生之念，畏苦之情，算得是什么呢！在它面前，人本身也算得是什么呢！ ——车尔尼雪夫斯基

不辞艰险出夔门，救国图强一片心；莫谓东方皆落后，亚洲崛起有黄人。

——吴玉章

常思奋不顾身，而殉国家之急。 ——司马迁

人民是土壤，它含有一切事物发展所必须的生命汁液；而个人则是这土壤上的花朵与果实。 ——别林斯基

人是要有帮助的。荷花虽好，也要绿叶扶持。一个篱笆打三个桩，一个好汉要有三个帮。 ——毛泽东

谁若认为自己是圣人，是埋没了的天才，谁若与集体脱离，谁的命运就要悲哀。集体什么时候都能提高你，并且使你两脚站得稳。 ——奥斯特洛夫斯基

天时不如地利，地利不如人和。 ——孟子

为了国家的利益，使自己的一生边为有用的一生，纵然只能效绵薄之力，我也会热血沸腾。 ——果戈理

为了进行斗争，我们必须把我们的一切力量拧成一股绳，并使这些力量集中在同一个攻击点上。　——恩格斯

我们为祖国服务，也不能都采用同一方式，每个人应该按照资禀，各尽所能。　——歌德

我们知道个人是微弱的，但是我们也知道整体就是力量。　——马克思

我有我的人格、良心，不是钱能买的。我的音乐，要献给祖国，献给劳动人民大众，为挽救民族危机服务。　——冼星海

虚荣的人注视着自己的名字，光荣的人注视着祖国的事业。　——陶铸

要永远觉得祖国的土地是稳固地在你脚下，要与集体一起生活，要记住，是集体教育了你。那一天你若和集体脱离，那便是末路的开始。　——奥斯特洛夫斯基

只要千百万劳动者团结得像一个人一样，跟随本阶级的优秀人物前进，胜利也就有了保证。　——列宁

只有热爱祖国，痛心祖国所受的严重苦难，憎恨敌人，这才给了我们参加斗争和取得胜利的力量。　——阿·托尔斯泰

只有在集体中，个人才能获得全面发展其才能的手段，也就是说，只有在集体中才可能有个人自由。　——马克思、恩格斯

锦绣河山收拾好，万民尽作主人翁。　——朱德

科学家不是依赖于个人的思想，而是综合了几千人的智慧，所有的人想一个问题，并且每人做它的部分工作，添加到正建立起来的伟大知识大厦之中。　——卢瑟福

科学是没有国界的，因为它是属于全人类的财富，是照亮世界的火把，但是学者是属于祖国的。　——巴斯德

瞒人之事弗为，害人之心弗存，有益国家之事虽死弗避。　——吕坤

每个人应该遵守生之法则，把个人的命运联系在民族的命运上，将个人的生存放在群体的生存里。　——巴金

热爱自己的祖国是理所当然的事。　——海涅

热爱祖国，这是一种最纯洁、最敏锐、最高尚、最强烈、最温柔、最有情、最温存、最严酷的感情。一个真正热爱祖国的人，在各个方面都是一个真正的人。

——苏霍姆林斯基

（五）荣誉

个人感悟

当五星红旗在奥运赛场上冉冉升起那一刻，当航天英雄在太空中挥动五星红旗那一刻，每一名中华儿女都为之热血沸腾，是什么力量如此强大，让14亿中国人民紧紧地凝聚在一起？是荣誉，是对祖国荣誉、民族荣誉的归属。英雄儿女为了荣誉赴汤蹈火、视死如归。

荣誉是一种社会评价，但不是公众的评价，它是由政府、社团、所属单位或其他组织对特定人给予的评价，而且这种评价是一种积极的评价，而不包括消极的评价。荣誉是对一个人行为表现的肯定，它总与鲜花掌声为伴，带着耀眼的光环，让每一人都充满向往，但我们更要明白在这美丽的光环下它还有着深刻的内涵。

荣誉需要长期的积累。秦国宰相李斯曾说过："泰山不让土壤故能成其大，河海不择细流故能成其深。"荣誉又何尝不是如此呢？很多人总认为荣誉高高在上，遥不可及，其实，荣誉就在我们身边，就存在于我们的点滴生活之中，领导的一句表扬，同事们一个赞许的眼光，等等，这些都是荣誉。当然，也有一些人错误地认为所谓荣誉就必须是对整个社会、整个民族、整个国家的突出贡献，却对身边的小荣誉不屑一顾。刘备曾告诫自己的儿子："勿以善小而不为。"对于我们也应该"勿以誉小而不求"，只要能够珍惜生活中的点滴荣誉，将这些小荣誉积累起来，那么我们也会获得更大的荣誉。

荣誉不仅是一份荣耀，更是一份责任。2009年天安门广场举行了国庆60周年大阅兵，在阅兵方阵中有一支特殊的队伍，尤为引人注目，她们就是我国首批女歼击机飞行员，这也标志着我国成为世界上第六个拥有女战斗机飞行员的国家。上午

10时20分，飞行编队准确进入预定航线，就在这时一架战机却悄悄地离开了编队，开始返航。驾驶这架战机的是一位年仅23岁的年轻姑娘，她叫张晓佳，她目送着姐妹们消失在天边，自己却孤零零地返回，就像一只落单的大雁。当她将战机降落在机场，走下机舱，做的第一件事情就是面向北京方向行了一个庄重的军礼，久久地伫立在那，此时此刻她的心情是多么的复杂，她走到自己心爱的战机旁，含着泪水说："我知道你也想从天安门上空呼啸而过，接受祖国和人民的检阅。但我们更要知道祖国和人民需要我们来保障这次飞行的安全。"

在场的所有工作人员都被这一幕深深地感动了，全国人民也被张晓佳感动了。张晓佳虽然没能亲自驾机飞过天安门，但她却接受了祖国和人民真正的检阅；她虽然没有实现自己的心愿，但她却领悟到了荣誉的真谛。

荣誉是社会给你的奖牌，荣誉是靠辛勤劳动获得的，荣誉具有极大的激励力量，让我们用辛勤的汗水换来高尚荣誉吧，也让荣誉增辉自己的人生吧！

经典事例

一次，居里夫人的一个女朋友来到她家做客，忽然看到她的小女儿正在玩英国谚语皇家学会奖给她的一枚金质奖章。女朋友大吃一惊，忙问："现在能够得到一枚英国谚语皇家学会的奖章，是极高的荣誉，你怎么能拿给孩子玩呢？"居里夫人笑了笑说："我是想让孩子们从小就知道，荣誉就像玩具，只能玩玩而已，绝不能永远守着它，否则就将一事无成。"有荣誉固然值得高兴和自豪。但如果居"荣"自傲、沾沾自喜，就很可怕。人，总会有缺点，如果总是抱着取得的那点成绩和荣誉不放，那么，荣誉便只会成为你前进途中障眼的云翳。

名人箴言

荣誉使艺术盛兴，一切有志于钻研的人，无不受着荣誉感的激动。　——西塞罗
遇到的困难越多，得到的荣誉也越大。　——西塞罗
性清者荣，性浊者辱。　——左芬

在生活中，虚荣是被创造区别开来的兴趣，将虚荣与艺术上的兴趣相比较并以思考的人，也许能够找到切实解决虚荣的办法。　——三木清

荣誉是一种偏见，它来自人们不善于珍重自己。　——高尔基

荣誉的职业是沉重的负担。　——马辛杰

事业最要紧，名誉是空言。　——歌德

通往荣誉的捷径就是一无所有。　——塞缪尔·巴特勒

一个人光溜溜地到这个世界来，最后光溜溜地离开这个世界而去，彻底想起来，名利都是身外之物，只有尽一个人的心力，使社会上的人更多得到他工作的裨益，才是人生最愉快的事情。　——邹韬奋

冠冕，是暂时的光辉，是永久的束缚。　——冰心

由人授受的荣誉是长久不了的；世俗的荣誉只能给人带来烦恼。　——托马斯

那些已经过去的美绩，一转眼间就会在人们的记忆里消失。只有继续不断地前进，才可以使荣名永垂不朽。　——莎士比亚

荣誉是时间的女儿。　——阿兰

不汲汲于荣名，不戚戚于卑位。　——骆宾王

功名心对于伟大的历史人物的活动可能是一种刺激，但多半是一种障碍。
　　　　　　　　　　　　　　　　　　——斯大林

好利者逸出于道义之外，其害显而浅；好名者窜入于道义之中，其害隐而深。　——洪应明

好名而立异，立异则身危。　——林逋

风流人物的声誉不会维持很久，因为潮流会过去。　——拉布品耶尔

情操要高尚！成为我们真正荣誉的，是我们自己的心，而不是他人的议论。　——席勒

穿戴朴素而有声誉，胜于自诩富有而默默无闻。　——伊索

好人的荣誉深藏在人们的思想里，而不是挂在众人的嘴上。　——托马斯

荣誉称号不会抬高人的身价，人的荣誉称号全在于他自己。　——约·福特

倘若我们要计算报酬，那么高尚德操所能获得的最大报酬就是荣耀。 ——西塞罗

最大的困难是：第一获得名声，第二活着的时候维持它，第三死后还能保持它。 ——海顿

好名是追求名誉没有节制的欲望。 ——斯宾诺沙

当我估量到生命中所有的忧愁的时候，我就觉得生命是不值得留恋的；可是名誉是我所要传给我的后人的，它是我唯一关心的事物。 ——莎士比亚

当功名心认为伟大和荣誉只在于获得新的知识，而抛弃使人贪婪的不纯洁动机的时候，人们就会感到幸福。 ——圣西门

荣誉这东西，不会给一个偷盗它，但配不上它的人带来愉快，它只有在一个配得上它的人的心里才会引起不断的颤动。 ——果戈里

谁终将声震人间，必长久深自缄默；谁终将点燃闪电，必长久如云漂泊。
——尼采

得勿喜，失勿忧。抗之甚高，挤之必酷。 ——佚名

小利，大利之贼；小祸，大祸之津。敬贪小利则大利必亡，不遗小祸则大祸必至。 ——刘昼

得失一朝，而荣辱千载。 ——佚名

智者千虑，必有一失；愚者知虑，必有一得。 ——司马迁

做少许事情而做得很好，胜于做许多事情而做得很糟。 ——苏格拉底

只要你不计较得失的话，人生还有什么不能想法子克服的？ ——海明威

有机智之巧，必有机智之败。 ——刘向

君不见门前柳，荣耀暂时萧索久。 ——贺兰进明

见其可欲也，则不虑其可恶也者，见其可利也，则不顾及可害也者。是以动则必陷，为则必辱，是偏伤之患也。 ——荀子

小人其未得也，则忧不得；既已得之，又恐慌失之。是以有终身之忧，无一日之乐。 ——荀子

最爱嘲骂人的人，往往是最受嘲骂的人；天道循环，今天笑我的人，明天自有人笑他。　——辛尼加

许多人因为羡慕别人，不觉连自己的东西也丢掉了。　——伊索

成功大易，而获实丰于斯所期，浅人喜焉，而深识者方以为吊。　——梁启超

没有什么事比一心指望出人头地更为平庸陈腐了。　——霍姆斯

乐往必悲生，泰来犹否极。　——白居易

早荣亦早枯，易得还易失。　——张廷玉

荣誉应该是结果，而不是行为的动机。　——普利尼

荣誉比生命更宝贵。　——罗曼·罗兰

荣誉并没有绝对的目的，并不能超过生命的自身的存在和价值。　——叔本华

荣誉不过是一块铭旌。　——莎士比亚

荣誉不能寻找，任何追求荣誉的做法都是徒劳的。　——歌德

荣誉称号不会抬高人的身价，人的荣誉称号全在于他自己。　——约·福特

荣誉的产生不受外界条件限制。品行好，荣誉也就存乎其中了。　——簿柏

荣誉的职业是沉重的负担。　——马辛杰

荣誉就像玩具，只能玩玩而已，绝不能永远守住它，否则就一事无成。
　　　　　　　　　　　　　　　　　　　　——居里夫人

荣誉就像萤火虫，远看闪闪发光，近看既不发热，也不怎么亮。　——约翰·韦伯斯特

荣誉如同生命一样，一旦失去，就不可复得。　——赛勒斯

荣誉要靠我们用行动去争取。　——马洛

荣誉在于劳动的双手。　——达·芬奇

荣誉之所以伟大，就因为得之不易。　——华兹华斯

蔑视荣誉勋位本身，就是一枚一极荣誉勋章！　——莫奈

祸福同根，妖祥共域。祸之所倚，反以为福；福之所伏，还以成祸。　——刘昼

穷则独善其身，达则兼济天下。　——孟子

财富就像海水：饮得越多，渴得越厉害。名望实际上也是如此。　——叔本华

声名也会成为一种巨大的障碍：如果我们追求它，就必须投身于这样一条道路——尽量满足人们的想象，避其所憎、投其所好。　——斯宾诺莎

我们难以忍受别人的虚荣，因为它伤害了我们的虚荣。　——拉罗什夫科

无瑕的名誉是世间最纯粹的珍珠。　——莎士比亚

还有比生命更重大的，就是荣誉。　——席勒

烈士的墓是荣誉的最瑰丽的祭坛。　——何塞·马蒂

应当把荣誉当作你最高的人格的标志。　——牛顿

树由其果实而得名。　——马富尔

荣誉就像河流：轻浮和空虚的荣誉浮在河面上，学生的和厚实的荣誉沉在河底里。　——培根

名字本身有什么呢？我们叫作玫瑰的那种花，换个其他名字闻起来也一样芬芳。　——雨果

我所希冀的名声只是让人知道我曾安静地度过一生。　——蒙田

不求名的人，最是勇敢。　——斯坦克

通向荣誉的路上并不铺满鲜花。　——但丁

蔑视荣誉的人，才能得到真正的荣誉。　——李维

革命行动吸引社会上最好的和最坏的分子。　——萧伯纳

人类的历史很忍耐地等待着被侮辱者的胜利。　——泰戈尔

人类正在狂风暴雨中改变面目，整个世界在改造中，不能容许任何人到过去时代美好事物中去找一个藏身洞。　——罗曼·罗兰

君子不以利害义，则耻辱安从生哉！　——孔子

忠诚是通向荣誉之路。　——左拉

对于光荣的企求，和生物所同具的保全生命的本能，其间并无区别。能将自己的生命寄托在他人记忆中，生命仿佛就加长了一些；光荣是我们获得的新生命，其可珍可贵，实不下于天赋的生命。　——孟德斯鸠

如果你打算谋求一己的幸福，你就不要为扬名显迹，最大的光荣并不在于从来不摔跤，而在于每次摔倒后都爬起来。　——哥尔德斯密斯

名声有时会产生某些无用的东西。　——托马斯·富勒

虚荣心强的人，与其说是为了脱颖而出，不如说是由于自以为出类拔萃，因而不惜耍弄欺瞒，谋略的手段，使虚荣心获得最大的满足。　——尼采

当你做成功一件事，千万不要等待着享受荣誉，应该再做那些需要的事。
　　　　　　　　　　　　　　　　　　　　　　　——巴斯德

世界荣誉的桂冠，都用荆棘编织而成。　——贾赖

如果死后才得到盛名，那我倒不急于得到它了。　——马泰尔

真正的名声，是在虚荣之外。　——莱昂

虚荣、浮华、卑鄙狭隘的毛病是极普遍的，人们常发现自己有这些毛病，也常发现别人有这些毛病，所以人们虽然仰望比较完善标准，却从来不苛责这些缺点。　——居里夫人

埋没在底层的人才真正值得敬重，他一辈子辛勤，一辈子奔忙，不求声誉和光荣，只有一种思想给他鼓动，为公众利益而劳动。　——克雷洛夫

众人以亏形为辱，君子以亏义为辱。　——尸子

为人民利益而死，就比泰山还重。　——毛泽东

好胜者必争，贪勇者必辱。　——林逋

依靠别人的名声生活是可悲的。　——尤维纳利斯

我不能说我不珍重这些荣誉，并且我承认它很有价值，不过我却从来不曾为追求这些荣誉而工作。　——法拉第

我们爱名誉并不是为名誉，可以说完全是为了它所带来的利益。　——爱尔维修

虚荣是其他人的骄傲。　——吉特里

赞美令我羞惭，因为我暗自乞求得到它。　——泰戈尔

征服者的荣誉是一种残酷的荣誉，因为它是建立在对人类的毁灭之上的。
　　　　　　　　　　　　　　　　　　　　　　——切斯特菲尔德

名誉是表现在外的良心；良心是隐藏在内的名誉。 ——叔本华

你若失去了财产，你只失去了一点。你若失去了荣誉————你就会丢掉了许多，你若失掉了勇敢，你就会把一切失去。 ——歌德

荣誉躲避追求者，追求躲避者。 ——匈牙利

一个人的尊严并非在获得荣誉时，而在于本身真正值得这荣誉。 ——亚里士多德

头衔是个美化大师 。 ——向子堙

凡是希望荣誉而舒适地度过晚年的人，他必须在年轻时想到有一天会衰老；这样，在年老时，他也会记得曾有过年轻。 ——爱迪生

荣誉感是一种优良的品质，因而只有那些禀性高尚积极向上或受过良好教育的人才具备。 ——爱迪生

荣誉妒忌成功，而成功却以为自己就是荣誉。 ——罗斯唐

应当把荣誉当作你最高的人格的标志。 ——牛顿

一身轻似叶，所重全名节。 ——李玉

无论男人女人，名誉是他们灵魂里面最切身的珍宝。谁偷窃我的钱囊，不过偷窃到一些废物，一些虚无的幻质，它从我的手里转到他的手里，它也会做过千万人的奴隶；可是谁偷了我的名誉去，那么他虽然并不因此而富足，我却因为失去它而成为赤贫了。 ——莎士比亚

声誉有聪明的，也有愚蠢的；有公正的，也有不公正的；声誉有短促的、轻率的、昙花一现的；也有缓慢的、艰难的、紧跟着创造后面羞怯而来的。有的声誉凶多吉少，总是姗姗来迟，并耗尽了人的心血。 ——茨威格

虚荣心同真正的悲哀是完全矛盾的感情，但这种感情在人类天性中是那么根深蒂固，连最沉痛的悲哀都难得把它排除掉。在悲哀的时刻，虚荣心表现为希望显得伤心不幸或者坚强；我们并不承认这种卑鄙的愿望，但是它们从来；甚至在最沉痛的悲哀中，也离不开我们，它削弱了悲哀的力量并非美德和真诚。 ——列夫·托尔斯泰

不朽之名誉，独存于德。　——彼德拉克

坚持你的主义，主义重于生命；宁愿生命消失，只要声誉能够留存。　——裴多菲

一个放弃了名誉的人就等于放弃了生命。　——阿雷蒂诺

名誉能有力地激发欲望。　——格雷厄姆·格林

社会荣誉源自物质占有，而有时它又更像是获得这种占有的跳板。　——弗兰克·帕金

该得到的荣誉却未得到，比不该得到荣誉而得到要好得多。　——马克·吐温

勇士和荣誉在一起，罪人和法庭在一起。　——阿富汗

我不能说我不珍重这些荣誉，并且我承认它很有价值，不过我却从来不曾为追求这些荣誉而工作。　——法拉第

荣誉称号不会抬高人的身价。　——马基雅弗利

避开耻辱，但别去追求荣耀，没有什么东西比荣耀的代价更高。　——西德尼

知识是青年人的最佳的荣誉，老年人最大的慰藉，穷人最宝贵的财产，富人最珍贵的装饰品。　——第欧根尼

我不能说我不珍视这些荣誉，并且我承认它很有价值，不过我却从来不曾为追求这些荣誉而工作。　——法拉第

在我们讲的一切中，我只是探求真理，这并不是仅仅为了博得说出真理的荣誉，而是因为真理于人有益。　——爱尔维修

一分荣誉，十分责任。　——民间谚语

高尚的人重视荣誉胜过生命。　——德国谚语

名声、荣誉、快乐、财富这些东西，如果同友情相比，它们都是尘土。

——英国谚语

对滥用荣誉和世人的虚荣抱怨得最响的，正是那些最渴望得到荣誉的人们。　——斯宾诺莎

好人的荣誉深藏在人们的思想里，而不是挂在众人的嘴上。　——托马斯

比荣誉、美酒、爱情和智慧更宝贵、更使人幸福的东西是我的友谊。　——海塞

成功一件事，千万不要等待着享受荣誉。 ——法国谚语

如果你要成为一个有出息的人，你必须把诺言视为第二宗教，遵守诺言就职像保卫你的荣誉一样。 ——巴尔扎克

不要在荣誉的源泉边孤芳自赏。 ——阿拉伯谚语

好名声比坏名声要好，坏名声比没有名声要好。 ——唐纳德·特朗普

品格如同树木，名声如同树阴。我们常常考虑的是树阴，却不知树木才是根本。 ——林肯

维护声誉比取得声誉更难。 ——施纳贝尔

名望的滋味如此甘美，所以我们热爱自己接触到的与它有关的一切——甚至死亡。 ——帕斯卡

一句谎言会毁掉一个正直的人的全部名誉。 ——格拉西安

虚名是一个下贱的奴隶，在每一座墓碑上说着谀媚的诳话，倒是在默默无言的一荒土之下，往往埋葬着忠臣义士的骸骨。 ——莎士比亚

声名也会成为一种巨大的障碍：如果我们追求它，就必须投身于这样一条道路——尽量满足人们的想象，避其所憎、投其所好。 ——斯宾诺莎

名声是死者的太阳。 ——巴尔扎克

一切名声都享有一种难以想象的威信，而不管名声从何而来。 ——巴尔扎克

一个人的名誉，就像他的实质财产，是他的所有。名誉比财产更重要；它是平安和完全的守护神；苦海中的救生筏；从天堂掉下来时的降落伞；陷入流沙赖以救命的木板。 ——佚名

名声是一座活动的桥梁，可以令人飞渡深渊。 ——巴尔扎克

拥有一个好的名声比拥有金钱更显得重要。 ——赛勒斯

把名誉从我身上拿走，我的生命也就完了。 ——莎士比亚

声誉不过是人们的喁喁细语，但它往往是腐败了的气息。 ——卢梭

年轻的姑娘，特别是你们，必须知道好名誉比任何修饰都来得宝贵，而且好名誉像春天的花朵一样，一阵风就能把它毁了。 ——克雷洛夫

名誉是一种无聊的最靠不住的随意赏赐；往往得来全不凭功德，失去又不是咎由自取。 ——莎士比亚

好名是追求名誉没有节制的欲望。 ——斯宾诺沙

我的荣誉就是我的生命，二者互相结为一体。取去我的荣誉，我的生命也就不再存在。 ——莎士比亚

人有一个好名声，就等于拥有一大笔财产。 ——托·富勒

名声，你激励培养着纯洁的心灵，你是高尚者的最后一个弱点，鄙视欢乐，使人在艰苦中苦度时光。 ——弥尔顿

对名欲的欲望，是一切伟大心灵的本能。 ——伯克

宁可死掉也不能失口毁了自己的名誉。 ——戈里蒂

在人类所拥有的一切财富中，最有价值的，除了一副倨傲的气派外，就数美名了。 ——门肯

对名声的蔑视会导致对美德的蔑视。 ——琼森

虚荣的最高形式是爱名望。 ——桑塔亚那

爱惜衣裳要从新的时候起，爱惜名誉要从幼小时候起。 ——普希金

不管我们受到什么样的耻辱，我们几乎总是有能力恢复我们自己的名誉。
——拉罗什富科

除了能造福于人类的工作之外，世上再也没有什么事业能真正而永久的名声了。 ——查·萨姆纳

一生奉献于两个神明，即荣誉与英勇。 ——蒙森

只要能够保持自己的荣誉，我就相当富足了。 ——普拉图斯

荣誉不是法令所管得到的。 ——马克·吐温

名誉虽然不是德行的真正原则和标准，但是它离德行的真正原则和标准是最近的。 ——约翰·洛克

显赫的名声是一种巨大的音响，其音愈高，其响愈远。 ——拿破仑

你不诋毁死者的名声，你的名声才能永存。 ——萨迪

对于高贵的人，荣誉是一种醇酒。　——罗丹

对名誉的欲望，是一切伟大心灵的本能。　——伯克

说一个人爱虚荣，那意思只是指他对自己在别人身上产生的影响感到高兴。而一个自高自大的人则以他在自己身上产生的影响为满足。　——比尔博姆

一个人不应受名誉、金钱和地位的诱惑，去忽视正义和其他德行。　——柏拉图

当信仰丧失了，荣誉也失去了的时候，这人等于死了。　——惠蒂尔

追求赞誉的人，功绩不会很大。　——普鲁塔克

对一个人来说，所期望的不是别的，而仅仅是他能全力以赴和献身于一种美好的事业。　——爱因斯坦

名誉比生命宝贵。　——莫里哀

荣誉的获得在于把一个所有的才德和真价值无损无伤地显露出来。　——培根

如果毁掉了你的名誉，分明也就是送掉你的性命。　——塞万提斯

名誉是一件无聊的骗人的东西；得到它的人未必有什么功德，失去它的人也未必有什么过失。　——莎士比亚

凡真心希冀起初而永久的光荣者，不介意暂时的光荣。　——纪德

使人有面前之誉，不若使人无背后之毁。　——金缨

财富或声誉的宠儿们在我们眼前纷纷落马，却不能改变我们的雄心。　——沃维纳格

虚荣，与其说是骄傲的标志，倒不如说是谦卑的标志。　——斯威夫特

慧者心辩而不繁说，多力而不伐功，此以名誉扬天下。　——墨翟

唾沫还是静静的咽下去好，免得后来自己舔回去。　——鲁迅

尊于位而无德者黜，富于财而无义者刑。贱而好德者尊，贫而有义者荣。

——陆贾

虚荣以嘲弄别人为能事；自傲使人卑贱，野心使人穷凶恶极。　——斯达尔夫人

所谓名誉者，是众人对于我的过人之处的承认；若我虽有过人之处，众人不愿意承认，则虽有过人之处，名亦不立。　——冯友兰

虚荣心首先以社会为对象，名誉心则首先以自身为对象。与虚荣心针对社会相反，名誉心是对自身品格的认识。　——三木清

虚荣心和好奇心是我们灵魂的两条鞭子。后者驱赶我们把鼻子放在一切东西上面，前者禁止我们犯游移不决的毛病。　——蒙田

虚荣之于我们不啻是劳动的激素、休息的油膏；它紧紧依附在生命之泉上。　——拉斯金

虚荣是追求个人荣耀的一种欲望，它并不是根据人的品质、业绩和成就，而只是根据个人的存在就想博得别人的欣赏、尊敬和仰慕的一种愿望。所以虚荣充其量不过等于一个轻浮的漂亮女人。　——歌德

我不能说我不珍重荣誉，并且我承认它很有价值，不过我却从来不曾为追求这些荣誉而工作。　——法拉第

崇高的荣誉像开在山顶的一朵花，有的人看见了艰难的路，有的人看见了美的花。　——丁谦

没有比演员更幸运的人了，他们可以不负任何责任而得到荣誉。　——维尼

诚实的荣誉属于真正的好人。　——卢卡努斯

最大的荣誉是保卫祖国的荣誉。　——亚里士多德

世上最大的傻子，是为了外在而牺牲内在，以及为了光彩、地位、壮观、头衔和荣誉而付出全部或大部分闲暇和自己的独立。　——荷瑞斯

牺牲眼前的一些虚荣，日后就会大有收获。当荣誉一时尚未确定归属的时候，某些虚荣心比你更强的人就会跃跃欲试，把荣誉据为己有。但是过后，甚至心怀嫉妒的人，也会倾向给你公正的评价，拔下那些冒名插上的羽毛，把它奉还真正的主人。　——富兰克林

人如果出卖了自己的尊严，他将永远失去尊严。就是说，让别人作出可耻的行为，不管是迫害还是行贿，这本身就是不光彩的。这样的迫害或者诱惑者，在违反伦理的压力下，不管对方能否保卫自己的尊严和荣誉，他自己已经失去了尊严和荣誉。　——汤因比

世界上没有任何欢乐不伴随忧虑，没有任何和平不连着纠纷，没有任何爱情不埋下猜疑，没有任何安宁不隐伏恐惧，没有任何满足不带有缺陷，没有任何荣誉不留下耻辱。

我们难以忍受别人的虚荣，因为它伤害了我们的虚荣。 ——拉罗什夫科

月亮明亮的时候，我们就照不见灯光。小小的荣耀也正是这样给更大的光荣所掩。 ——莎士比亚

不管饕餮的时间怎样吞噬着一切，我们要在这一息尚存的时候，努力博取我们的声名，使时间的镰刀不能伤害我们；我们的生命可以终了，我们的名誉却要永垂万古。 ——莎士比亚

死是可怕的。耻辱的生命是尤其可恼的。 ——莎士比亚

伟人会死亡，但死亡却无法消灭他们的名字。 ——博恩

爱好虚荣的人，把一件富丽的外衣遮掩着一件丑陋的内衣。 ——莎士比亚

名誉过高，实在是一种重大的负担。 ——福尔特

虚荣的人注视着自己的名字；光荣的人注视着祖国的事业！ ——王杰

名不徒生，而誉不自长，功成名遂，名誉不可虚假。 ——墨子

山不在高，有仙则名；水不在深，有龙则灵。 ——刘禹锡

人不可因人生的名声与荣誉而成为盲目，因为所有得来的东西都是外物。

——伊索

勿屈己而徇人，勿沽名而钓誉。 ——詹天佑

名望就意味着孤独，名望仿佛商店橱窗里陈列的水晶，你被安置在那里展览，供人欣赏，马路上所有的过客都瞅着你，可是任何人都不能接触你，你同样也无法接触任何人。 ——莫拉维亚

一个好的名誉在黑暗中也保持它的光辉。 ——黎里

品行是一个人的内在，名誉是一个人的外貌。 ——莎士比亚

荣誉，如果巧于运用的话，就是可以致富的货币。 ——歌德

每个人都有权获得尊严；但只有很少数人才有资格获得名誉，因为名誉要凭突

出成就才能获得。　——叔本华

不论用什么方法获得名誉，如果没有品格来扶持，名誉终必归于消灭。

——华盛顿

荣誉当然是诱惑人的，但是和道德相比，只不过是浮云轻烟而已。　——果戈理

我不需要名誉这劳什子，名誉不过是葬礼时的点缀而已。　——莎士比亚

（六）财富

个人感悟

凡是对人有价值的东西都可以称之为财富。从拥有财富的主体来分，财富可分为个人财富、社会财富和国家财富；从财富的具体内容来分，可分为物质财富和精神财富；等等。

个人财富是指可以满足个人生存和发展的一切有价值的东西；社会财富是指劳动者在生产过程中创造的、具有对人有使用价值的，可以推动社会进步的一切有价值的物质和非物质产品；国家财富就是对整个国家的发展进步有用的一切东西。它们三者既是层层递进的关系，也是包含与被包含的关系，每一种财富的增加都会促进其他财富的增加。

物质财富包括自然财富和社会创造的一切物质形式的财富。自然财富包括土地、河流、森林及其生产物，各种生物以及地下的矿藏等自然物质，也包括水力、风力、阳光、核能、宇宙辐射能等自然力，还有生态、环境、气候等，这些都是宇宙以及地球在自然规律作用下的生成物，我们将这些能满足人的生产需要以及消费需要的自然对象、条件统称为自然财富。精神财富是指人们从事智力活动所取得的成就，如著作权、专利权、商标权、科技成果权以及发明权等。它是一个无形的东西，即除物质上的财富，就是精神财富。

精神财富虽然也像物质财富一样宝贵，但它与物质财富却有很大的不同，因为精神财富不会随时间的推移而贬值或遗失（除非失忆了）。相比之下，物质财富却

是外在的，一时的，短暂的，虽然我们可能拥有房产、存折，拥有汽车、家电，但所谓的拥有，只是一份使用权或保管权而已。佛教说财富是五家共有，或是天灾，或是人祸，都会将它们化为乌有，所以，这些身外之物是虚幻不实的，随时都可能更换主人，而内在的精神财富却是我们真正可以依赖的无价之宝。

当然，每个人对财富的理解都是不同的，因此对于获取财富的途径和各种财富的重要性也有着各自不同的看法。但我们认为，人们应该在注重物质财富的同时更倾向精神财富的获得。

不可否认的是，在金钱主义的影响下，在不正当的市场经济运作下，很多人似乎已经忘却了精神的需求。正是这种忘却，使我们的内心处于严重的失衡状态。人们对物质的需求变得日益迫切，对金钱的积累日益贪婪，在有些人的内心世界中，没有了明确的目标指引，没有了崇高的理想驱动，没有了坚定的信仰支撑，甚至没有了道德力量的约束。为了追求物质财富，我们不仅忽略了精神财富，甚至以丧失精神财富为代价，这是人类的悲哀，也是对财富追求的歧途。

失去物质财富，只会使生活受到暂时的影响，而一旦失去精神财富，不仅会影响到我们一生，更会殃及后代，所以，我们要培养心灵深处的慈悲和爱心，培养生命内在的信仰与智慧。

精神财富是存在于你心中最珍贵的记忆或真谛，在你失意或悲伤的时候，它可以给与你抚慰；在你挫折悲观的时候，它可以给你信心和前进的方向；在你渐渐老去的时候，它可以给你甜蜜的回味。对于人生来说，精神财富才是最宝贵的，是谁也拿不走得你的内心宝藏，是比任何金钱物质都要珍贵的东西，是一个人得以活下去，得以不断进取的不竭源泉。

我们必须牢记：追求物质的财富要正当合法，靠自身的辛勤劳动获得，追求精神财富的享有，要有健康向上的志趣，具有高尚无比的情操。

经典事例

比尔·盖茨是一个与众不同的人，单从他对待金钱的态度上就可以看得出来。

对他而言，创业是他人生的旅途，财富是他价值量化的标尺。"我只是这笔财富的看管人，我需要找到最合适的方式来使用它。"这就是比尔对金钱最真实的看法。

在生活中，比尔遵循他那句话用钱："花钱如炒菜一样，要恰到好处。盐少了，菜就会淡而无味；盐多了，苦咸难咽。"所以即使是花几美元钱，比尔也要让它们发挥出最大的效益。对于自己的衣着，比尔从不看重它们的牌子或者是价钱，只要穿起来感觉很舒适，他就会很喜欢。一次比尔应邀参加由世界32位顶级企业家举办的"夏日派对"，那次他穿了一身套装，这还是美琳达先前在泰国给他买的用来拍照时穿的衣服，样子还不错，只是价格还不到歌星、影星一次洗衣服的钱。他生活的教条就是："一个人只要用好了他的每一分钱，他才能做到事业有成、生活幸福。"平日里，如果没有什么特别重要的会议，比尔会选择便裤、开领衫，以及他喜欢的运动鞋，但是这其中没有一件是名牌。

众所周知，比尔与妻子都十分疼爱自己的孩子，但是在满足孩子们的一些要求上，他们绝对是一对吝啬鬼。比尔从不会给孩子们一笔很可观的钱，当罗瑞还不会数钱，但珍妮佛已经可以拿着一些零用钱买自己喜欢的东西时，罗瑞总是抱怨父母不给自己买他最想要的玩具车。比尔有自己的说法，他认为：再富也不能富孩子。

名人箴言

财富不应当是生命的目的，它只是生活的工具。 ——比才

金钱这种东西，只要能解决个人的生活就行；若是过多了，它会成为遏制人类才能的祸害。 ——诺贝尔

鸟翼上系上了黄金，鸟就飞不起来了。 ——泰戈尔

无知和富有在一起，就更加身份大跌了。 ——叔本华

节约与勤勉是人类两个名医。 ——卢梭

贫穷要一点东西，奢侈要许多东西，贪欲却要一切东西。 ——高里

贫穷的人往往富于仁慈。 ——甘地

把金钱奉为神明，它就会像魔鬼一样降祸于你。 ——菲尔丁

没有钱是悲哀的事。但是金钱过剩则倍过悲哀。　——托尔斯泰

金钱和时间是人生两种最沉重的负担，最不快乐的就是那些拥有这两种东西太多，我得不知怎样使用的人。　——约翰生

君子之德，益及子孙。今日之贵，昨日之功。　——方海权

一个真正而且热切地工作的人总是有希望的——只有怠惰才是永恒的绝望。　——卡莱尔

人们不太看重自己的力量——这就是他们软弱的原因。　——高尔基

人最伟大，得人心者就会得到一切。得财富者失人心，财富也失。故此我们要结好人缘。　——方海权

财富并不是品质高尚的明证；贫穷也不是缺乏道德的明证。　——潘恩

发财的捷径是视金钱如粪土。　——塞涅卡

贫穷不会磨灭一个人高贵的品质，反而是富贵叫人丧失了志气。　——薄伽丘

你能为别人做的最了不起的好事不只是与他们分享你的财富，而是为他们指出他们自己的财富。　——迪斯累里

一个人的真正财富，是他在这个世界上所做的善事。　——穆罕默德

财富实际上是空的，它的价值存在于交换中。　——约翰逊

贫穷不会使优秀的人变得卑贱，财富不会使低劣的人变得高贵。　——沃夫纳格

不少人蔑视财产，但很少有人知道怎样打发它。　——拉罗什富科

穷人是世界上最古老的贵族。　——苏河雷斯

勤劳是财富的右手，节俭是她的左手。　——雷伊

财富只有当它为人的幸福服务时，它才算作财富。　——苏霍姆林斯基

贫穷与否不取决于我们，但让人尊重我们的贫穷却总是取决于我们自己。
　——伏尔泰

财富是奢侈懒惰之源，贫穷是无耻与罪恶之母。二者皆不知足。　——柏拉图

万贯家产可掷千金投机，轻轻小舟不宜离岸远行。　——富兰克林

个人的灵魂可以埋葬及消灭于粪堆之中，也可以埋葬及消灭于钱堆之下。

——霍桑

如果我的财富要奴役我，我就毫不惋惜地抛弃它。只要我有做工的手，我就能够生活。 ——卢梭

使钱翻倍的最安全的方式就是：把它对折放在口袋里。 ——哈伯德

财产可能为你服务，但也可能把你奴役。 ——贺拉斯

金钱可以是许多东西的外壳，却不是里面的果实。它带来食物，却带不来胃口；带来药，却带不来健康；带来相识，却带不来友谊；带来仆人，却带不来他们的忠心；带来享受，却带不来幸福的宁静。 ——易卜生

金银财宝皆容易丧失，只有手艺才是永恒的财富。 ——萨迪

所谓财产并不能创造人类道德价值或智能价值。对平庸的人只会成为堕落的媒介，但如果掌握在坚定正确人的手中，就会成为有力的千手顶。 ——莫泊桑

金钱好比粪肥，只有撒在大地才是有用之物。 ——培根

留心微小的开支：一条小裂缝会使一艘大船沉没。 ——富兰克林

唯有本身的学问、才干，才是真实的本钱。 ——罗曼·罗兰

关于黄金：有了它，一个人就处于恐惧中；没有它，就处于忧愁中。 ——约翰逊

我终于明白人与野兽的区别在于：人为钱而担忧。 ——勒纳尔

形成罪恶根源的东西，并不是金钱本身，而是对钱的挚爱。 ——史密斯

财富是位勤快的仆人，又是位刻薄的主妇。 ——培根

我们的钱财常是我们自己的陷阱，而同时又是对别人的一种诱惑。 ——科尔顿

巨大的财富，落在傻瓜的手里则是巨大的不幸。 ——托·富勒

勿把信誉置于金钱中，要把金钱置于信誉里。 ——霍姆斯

我们不难发现隐藏一千个金币比遮盖衣服上的一个破洞来得容易。 ——科尔顿

施舍给穷人即借贷给上帝。 ——所罗门

在坟墓中为其继承人支付汇票，是对一个守财奴的惩罚。 ——霍桑

让财富占有了自己的人不可能占有财富。 ——富兰克林

金钱和时间是人生两种最沉重的负担，最不快乐的就是那些拥有这两种东西太多，却不知怎样使用的人。 ——约翰逊

守财奴最不需要钱，但他却偏偏最爱钱，而且拼命设法赚钱；挥霍者最需要钱，但他偏偏对钱最满不在乎。 ——巴克

财富不属于占有它的人，而属于享用它的人。 ——富兰克林

我自己口袋里的小钱，胜过别人口袋里的大钱。 ——塞万提斯

乞丐并不羡慕百万富翁，尽管他们一定会羡慕比他们乞讨得多的乞丐。
——罗素

人拥有的财富愈多，就愈少拥有他自己。 ——格拉夫

我们手里的金钱是保持自由的一种工具；我们所追求的金钱，则是使自己当奴隶的一种工具。 ——卢梭

人们不仅希望富有，而且希望比他人更富有。 ——穆勒

财富或美貌赢得的赞誉是脆弱的、短暂的；卓越的才智是光彩夺目、经久不灭的财富。 ——萨鲁斯特

财富的价值取决于财主的思想。对于懂得如何支配它们的人，财富是福祉；而对于拙于利用它们的人，财富又成了祸根。 ——泰伦提乌斯

没有充实的心灵，财富不过是个丑陋的乞丐。 ——爱默生

人类的百分之七十的烦恼都跟金钱有关，而人们在处理金钱时，却往往意外的盲目。 ——卡耐基

金钱并非像平常说的那样是万恶之源。而对金钱的贪图，即对金钱过分的、自私的、贪婪的追求，才是一切邪恶的根源。 ——霍桑

财富往往是自己的陷阱。 ——培根

无知和富有在一起，就更加身份大跌了。 ——叔本华

很多人说他们蔑视财富——这倒不假，不过他们通常是指财富在别人手里的时候。 ——卡尔顿

富人很少拥有财产，而是财产拥有他们。 ——英格索尔

对于富人来说，贫穷是不可理解的异常现象：他们怎么也弄不明白，那些想要吃饭的人，为什么不摇铃让人送来呢。　——巴杰特

你若寻求财富，不如寻求满足。满足才是最好的财富。　——萨迪

财富就像海水，你喝的越多，你就越感到渴。　——叔本华

巨大的财富对于一个不惯于掌握钱财的人，是一种毒害，它可侵入他的品德的血肉和骨髓。　——马克·吐温

正如我的一位祖母说过的那样，这个世界上只有两家人：那就是富人和穷人。　——塞万提斯

如果你把金钱当成上帝，它便会像魔鬼一样折磨你。　——费尔丁

财宝如火，当你认为它是有益的仆役时，已经成为你可怕的主人。　——卡莱尔

钱少的人不是穷人，希望钱更多的人才是穷人。　——塞涅卡

穷人有许多孩子，富人则有许多亲戚。　——外国谚语

穷人想钱的愿望比富人更强烈，这就是穷人最后一无所有的原因。　——王尔德

金钱不是善良的、罪恶的，也不是万能的。善恶的判断是由人主宰的。
　　　　　　　　　　　　　　　——犹太谚语

金钱虽然是好仆人，有时候也会摇身一变，成为坏主人。　——培根

富人是想吃就吃，穷人是能吃就吃。　——第欧根尼

如果我们能够支配我们的财富，我们就会富裕而自由；如果我们被财富所支配，我们将真的穷到骨子里。　——伯克

忘记你贫困的日子，但别忘记它给你的教训。　——歌德

夸耀贫穷比夸耀富裕更卑鄙。　——斋藤绿雨

我们所赞美的不是贫穷，而是那些在贫困面前不低头的人。　——塞涅卡

承认贫困并不是可耻的，相反，不为改变贫困而努力才是确实可耻的。
　　　　　　　　　　　　　　　——修昔底德

儿子可以欣然接受父亲亡故的噩耗，而遗产失传的消息会使他倍感失望。　——马基雅利

父亲的德行是给孩子最好的遗产。　——塞万提斯

给子女留下的钱越多，子女就越软弱无能。　——邓肯

真正的财富，不一定要看银行里的存款，也不一定是指土地、房屋、黄金、白银，这些你个人无法独得，临终时也不能带走。人生只有信仰、满足、欢喜、惭愧、人缘、智慧等，才是属于你真正的财富！因为这些财富不但一人受用，还可以大众受用。不但一时受用，还可以终身受用。不但现世受用，来世更可以受用。

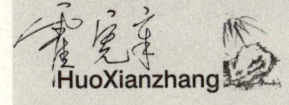

人生修养感悟　第七篇·**守纪篇**

（一）自由

个人感悟

"生命诚可贵，爱情价更高。若为自由故，二者皆可抛。"

这首裴多菲的不朽诗作《自由与爱情》，1929年由"文联五烈士"之一的中国著名诗人殷夫翻译过来，原文是"Life is dear, love is dearer. Both can be given up for freedom"。

自由，是古往今来所有人都在孜孜追求的最高生活境界。那么人的自由到底是怎样的自由？人很自由吗？

是的，万物皆自由，人类可以凭借理性超越他在肉身里的物质限制，而去思想许许多多超越肉体限制的事情，这是思想的自由。人类可以超越现实的生活，去架构一个很奇妙的、很特别的世界，在其中享受自由自在的生活，这是想象的自由。但生活中，许多人却往往感叹缺乏自由。

许多人都曾感叹自己没有做梦的自由，如果我们有做梦的自由，那么我们生命的三分之一很好过了，今天晚上做梦梦见自己当总统，明天晚上梦见自己当太空人。但是我们连做梦的自由都没有，明明想要做好梦，却梦见被老虎追。到底人有没有自由？

我们不太自由，但也很自由。连身体体态的结构、重心的安排、人行走的姿态、手脚的发挥，其自由的地步，是没有任何别的动物可以相比的。单单研究人体这个艺术、人体的可能性，就可以写几百本几千本书，从建筑学一直到芭蕾舞，从马戏团一直到弹钢琴，我们里面的可能性、潜在能，我们自由发挥的可能性是多么高，连我们的性生活都比任何动物自由。

人在肉身中间受物理的限制，人在肉体中间受地区的限制，人在时间中间受历史的限制，人有许多许多的限制是无可否认的，但在肉身中间有这些限制的人，仍然可以享受超过物理界、自然界里面所有动物所有的限制，来自由自在地发挥许多人性里面潜在的东西。但是，我们的自由却不是绝对的。

一个人只要宣称自己是自由的，就会同时感到他是受限制的。如果你敢于宣称自己是受限制的，你就会感到自己是自由的。

有人说自由就是无拘无束，不应该有所限制，如果自由是毫无限制，那叫野蛮、放纵、糊涂，那不是自由，那是没有方向的乱来。自由是有限制的，因为自由到了某一个阶段就与责任发生关系，所以自由就在责任里面找到了它的限制。

圣经从来没有随便剥夺人的自由，神也不随便轻看人间的主义，但是神也很清楚地给自由画了一个界限、一个篱笆，让你走到那边的时候，发现自己不过是人。我们是人，表示我们比万物都高超，"我们不过是人"则表示人上有神；当我们真正体会到自己不过是人时，我们便在神与物之间、在天与地之间，找到我们的本位，也欣赏我们的本位；而这个本位有向上看和向下看的两个方面。

康德说："自由就是我要做什么就做什么吗？"如果我要做什么就可以做什么，如果这就叫作自由，康德说，这种思想就太肤浅了，所以他反过来讲了一句很伟大的话，康德说："自由是我不要做什么就能够不做什么。"这才是真正的自由。

我要做什么就做什么，那不是自由，乃是野蛮鲁莽，放纵情欲，就如：我要烧国旗就烧国旗，要锯旗杆就锯旗杆，要打你就打你，要杀你就杀你，这一类行为，并不是自由，而是无法无天，是乱来。但是，当你发现你生活中有什么事情你做错了，你说："我不做了，我不要再做了！"而你果真就能不做了，那才是真正的自由。

经典事例

"你愿意到天堂去吗？"上帝问一只被囚在笼中的画眉。

"为什么呢？"

"天堂宽敞明亮，不愁吃喝。"

"可我现在也很好啊。我吃喝拉撒全由主人包办，风不吹头雨不打脸，还天天都能听主人说话唱歌。"

"可是你自由吗？"画眉沉默了。

于是，上帝以胜利者的姿态把画眉带到了天堂。他把画眉安置在翡翠宫里住下，便忙着处理各种事务去了。

一年后，上帝突然想起了画眉，便去悲翠宫看它，他问画眉："啊，我的孩子，你过得还好吗？"

画眉答道："感谢上帝，我活得还好。"

"那么，你能谈谈在天堂里生活的感受吗？"上帝真诚地说。

画眉长叹一声，说："唉，这里什么都好，只是这笼子太大了，怎么飞也飞不到边。"

看来，人生若是没有相互交流和相互欣赏，即使给你天堂，也注定找不到快乐、自由的感觉，更不要说幸福了。

名人箴言

能够自由地形成习惯的人，在一生中能够做更多的事。习惯是技术性的，因此可以自由地形成。 ——三木清

不要过分地醉心放任自由，一点也不加以限制的自由，它的害处与危险实在不少。 ——克雷洛夫

荣耀归于身经无数年代战斗的勇猛战士，他们已为我们保有了无价的自由遗产。 ——罗素

一个人的绝对自由是疯狂，一个国家的绝对自由是混乱。 ——罗曼·罗兰

只有由受过教育的人民组成的国家才能保持自由。 ——杰斐逊

唉，难于这个摧残天然仁厚和真诚友谊的鬼把戏 ——假派头，我再也不能忍受了。什么"应有的骄傲"！好一个"品位"和"特权"！品位和等级的次序简直是胡扯，应该把它扔到火里去！安排品位和特权吗？先前时代的掌握礼官们专会搞这个！来啊，现在来个伟大的典礼官在社会上安排平等吧。愿您的权标把一切骗人的金杖吞下去！假如这不是不灭的真理，假如世人不想这么做，假如世传的伟大崇拜并不是欺骗和偶像崇拜，那么我们还不如再把斯图阿特王朝的君王们迎回来，在颈手枷上割掉"自由言论"的耳朵！ ——萨克雷

人类的历史，就是一个不断地从必然王国向自由王国发展的历史。　——毛泽东

知识，只有知识，才能使人成为自由的人和伟大的人。　——皮萨列夫

自由固不是钱所买到的，但能够为钱而卖掉。　——鲁迅

我们认为下面这些真理是不言而喻的：人人生而平等，造物主赋予他们若干不可转让的权利，其中包括生命权自由权和追求幸福的权利。　——美国《独立宣言》

凡是不给别人自由的人，他们自己就不应该得到自由，而且在公正的上帝统治下，他们也是不能够长远地保持住自由的。　——林肯

我们只崇敬真理，自由的、无限的、不分国界的真理，毫无种族歧视或偏见的真理。　——罗曼·罗兰

只有在集体中，个人才能获得全面发展其才能的手段，也就是说，只有在集体中才有可能有个人自由。　——马克思、恩格斯

无可否认，创造力的运用自由的创造活动，是人的真正的功能；人的创造活动，是人的真正的功能；人在创造中找到他的真正幸福，证明了这一点。　——阿诺德

自由不是无限制的自由，自由是一种能做法律许可的任何事的权力。　——孟德斯鸠

浮生六十度春秋，无辱无荣尽自由。　——杨公远

自由应是一个能使自己变得更好的机会。　——加缪

你若爱她，让你的爱像阳光一样包围她，并且给她自由。　——泰戈尔

自由与放肆的分别，如同狗与狼的分别。外形固然仿佛，性质早大不相似。一个是有拘束，守范围的。一个是不受拘束不守范围的。　——老宣

人生的主要问题，就是不要做妨碍自由的事情。一切人生问题，都是认识什么是真正的生活并抗拒那妨碍人生的事物。　——佚名

在我们那页灿烂的历史中，将添上更加光荣的一页，而且奴隶们最后将会用自己身上的镣铐锻冶成锋利的宝剑，把宝剑亮给他们自由的兄弟们看。　——加里波第

爱情只有当它是自由自在时，才会叶茂花繁。认为爱情是某种义务的思想只能置爱情于死地。只消一句话：你应当爱某个人，就足以使你对这个人恨之入骨。

——罗素

如果能追随理想而生活,本着正直自由的精神、勇往直前的毅力、诚实不自欺的思想而行,则定能臻于至美至善的境地。 ——居里夫人

贪安稳就没有自由,要自由就要历些危险。只有这两条路。 ——鲁迅

智慧最后的结论是:生活也好,自由也好,都要天天去赢取,这才有资格去享有它。 ——歌德

不惜牺牲自由以图苟安的人,既不配享受自由,也不配获得安全。 ——富兰克林

真正的诗人哪怕在做梦的时候也是清醒的。他并没有像着了魔似的被他的诗才所支配,而是牢牢地控制着它。他漫游在伊甸园的圣林里,就像在自己家乡的小路上散步一样自由自在。他高蹈于九天之上,却并未因之如痴如醉。即使身处地狱,足踏着燃烧的火灰,他也毫不灰心丧气;即使穿过天花板外的浑沌界和"黑夜的古国",他依然毫不为难、得意翱翔。甚至,即使暂时让自己处于"心灵失调"的严重浑沌状态,他心甘情愿地与李尔王一同发疯,或者与泰门一同厌恶人类(这也算是一种疯病吧),然而,不管他发疯也好,厌恶人类也好,都不是毫无控制、任意泛滥的——尽管看起来他似乎完全甩掉了理智的缰绳,实际上他并未甩掉,他自有保护神在他耳边悄悄密语,有善良的臣仆肯特向他提出清醒的劝告,还有那正直的管家弗莱维斯向他推荐友好的决策。当他看起来最不近人情的时候,倒是反映出了人生的真谛。 ——兰姆

不能制约自己的人,不能称之为自由的人。 ——毕达哥拉斯

没有思想自由,就没有科学,没有真理。 ——勒南

只要不违反公正的法律,那么人人都有完全的自由以自己的方式追求自己的利益。 ——亚当·斯密

如果自由流于放纵,专制的魔鬼就乘机侵入。 ——华盛顿

真正的自由属于那些自食其力的人,并且在自己的工作中有所作为的人。

——罗·科林伍德

我是孤独的，我是自由的，我就是自己的帝王。　　——康德

生命诚可贵，爱情价更高，若为自由故，二者皆可抛。　　——裴多菲

首要问题不是自由，而是建立合法的公共秩序。人类可以无自由而有秩序，但不能无秩序而有自由。　　——塞缪尔·亨廷顿

土著们对于衣服、房屋、定时起居、教堂、学校、主日学校、工作以及文明强加在他们头上的其他迫害，都很不习惯，他们如饥似渴地怀念他们那丧失了的故乡和他们从前那种自由的野蛮生活。他们把那个天堂换了这个地狱，现在是悔之晚矣。他们坐在异乡的高崖岩上，思念故乡，一天又一天地含着眼泪，凝神注视着海外，怀着无法消除的渴望，遥望着烟雾迷蒙的地方，那就是他们原先那个天堂的鬼影。他们一个个都伤透了心，全都死掉了。　　——马克·吐温

人们会为了人类的至善而死，为了这种至善，人们乐意牺牲他们的一切自由。　　——萧伯纳

只有在集体中，个人才能获得全面发展其才能的手段，也就是说，只有在集体中才可能有个人自由。　　——马克思、恩格斯

知识哟！只要和你在一起，人甚至在枷锁下也是自由的。只要和你在一起，人甚至在逆运打击下也是幸福的。　　——爱尔维修

意志是自由自在的，人实现了他的意志，也等于实现了他自己，而这种自我实现对个人来说是一种最大的满足。　　——弗洛姆

自由不仅为滥用权力而失去，也为滥用自由而失去。　　——麦奇生

对一切人们的疾苦，希望是唯一价廉而普遍的治疗方法；它是俘虏的自由，病人的健康，恋人的胜利，乞丐的财富。　　——克鲁利

凡是教师缺乏爱的地方，无论品格还是智慧都不能充分地或自由地发展。

——卢梭

两性相爱，是人生最重要的部分。应该保持它的自由、神圣、纯洁、崇高，不要强制它、侮辱它、污蔑它、屈抑它，使它在人间社会丧失了优美的价值。

——李大钊

法律永远不会产生伟大的人物,只有自由才能造成巨人和英雄。　——席勒

财富可以成为一件宝物,因为它意味着权力,意味着安逸,意味着自由。

——詹·拉·洛威尔

由一小部分人来确定什么是公理,什么不是公理,这样的权力是真实抑或虚假的呢?在今天以前,它是真实的,但从今以后,它在我国将永远化为陈迹。因为比任何一个国王都要强大的一种力量,已经在世界上的这块唯一真正献身于自由的土地上崛起。凡是有眼睛的都能看见,凡是有耳朵的都能听见:旗帜在飘扬,大军在前进。尽管有人会吹毛求疵,有人会嘲笑唠叨,但是对不起,他仍将登上王位,他仍将举起王笏;饥肠辘辘的人将得到的是面包,衣不蔽体的人将得到衣服,绝望的眼睛将闪出希望的光芒,骗子贵族将要灭亡,名正言顺的主宰将要登位。

——马克·吐温

自由的目的是为他人创造自由。　——马拉默德

只有这亲的人才配生活和自由,假如他每天为之而奋斗。　——歌德

无畏是灵魂的一种杰出力量,它使灵魂超越那些苦恼,混乱和面对巨大危险可能引起的情感。正是靠这种力量,英雄们在那些最突然和最可怕的事件中,也能以一种平静的态度支持自己,并继续自由地运用他们的理性。　——拉罗什富科

道德是自由的保卫者。　——斯米茨

纪律是自由的第一条件。　——黑格尔

人是生而自由的,但却无往不在枷锁之中。自以为是其他一切的主人的人,反而比其他一切更是奴隶。　——卢梭

生活不应该过于拘泥、过于刻板,只要有可能就要任其自由发挥。　——佚名

热爱劳动吧,没有一种力量能像劳动,即集体、友爱、自由的劳动的力量那样使人成为伟大和聪明的人。　——高尔基

放肆的生活,不是自由的生活。　——佚名

正义和自由互为表里,一旦分割,两者都会失去。　——富尔克

一个人年轻的时候需要有个幻象,觉得自己参与着人间伟大的活动,在那里革

新世界，他的感官会跟着宇宙所有的气息而震动，觉得那么自由，那么轻松。他还没有家室之累，一无所有，无所惧。因为一无所有，所以能慷慨地舍弃一切。

——罗曼·罗兰

让我们维护公平，那么我们将会得到更多的自由。 ——约瑟夫·儒贝尔

只有让学生不把全部时间都用在学习上，而留下许多自由支配的时间，他才能顺利地学习，这是教育过程的逻辑。 ——苏霍姆林斯基

囊括大典，网罗众家；思想自由，兼容并包。 ——蔡元培

认为艺术家的自由在于他想干什么就干什么，那么是错误的。这是胡作非为者的自由。 ——斯坦尼斯拉夫斯基

只有受过教育的人才是自由的。 ——爱比克泰德

一个人只要宣称自己是自由的，就会同时感到他是受限制的。如果你敢于宣称自己是受限制的，你就会感到自己是自由的。 ——歌德

我们是法律的仆人，以便我们可以获得自由。 ——西塞罗

秩序意味着光明和安宁，意味着内在的自由和自我控制；秩序就是力量，秩序是人类最大的需要，是真正的幸福所在。 ——阿米尔

人像树木一样，要使他们尽量长上去，不能勉强都长得一样高，应当是：立脚点上求平等，于出头处谋自由。 ——陶行知

一个研究人员可以居陋巷，吃粗饭，穿破衣，可以得不到社会的承认。但是只要他有时间，他就可以坚持致力于科学研究。一旦剥夺了他的自由时间，他就完全毁了，再不能为知识作贡献。 ——坎农

放弃基本的自由以换取苟安的人，终归失去自由，也得不到安全。 ——富兰克林

对等工作的严肃态度，高度的正直，形成了自由和秩序之间的平衡 ——罗曼·罗兰

有困难的地方就有力量，有自由的地方就有知识。 ——埃塞俄比亚谚语

不在宪法规定的自由中，不可避免地会出现腐败现象。 ——吉本

青年之字典，无"困难"之字；青年之口头，无"障碍"之语；惟知跃进，惟知雄飞，惟知本身自由之精神，奇僻之思想，锐敏之直觉，活泼之生命，以创造环境，征服历史。　——李大钊

没有自由的秩序和没有秩序的自由，同样具有破坏性。　——西奥多·罗斯福

秩序，只有秩序才能产生自由　——法国

思想的自由就是最高的独立。　——费斯克

言论自由是一切权利之母。　——卡多索

有人问我"自由"的解释。我说合乎理法（或礼仪）而不妨害（或扰乱）别人的行动是自由。譬如你自己一人，独居在一个围墙之内，你纵然不穿裤子，也必无人干涉，那就是你的自由。是放肆。再譬如你进厕所，寻到尿桶，你尽量便溺，那是你的自由。你在大街小巷，无论白昼黑夜，不论有人无人，你若裸行便溺，不但不是自由，并且是违法。　——老宣

我们可以死，但是永远不会变节！我们可以死，但是要自由和尊严地去死！我们可以死，并不是因为我们不重视生命，不是因为我们不重视我国人民进行的创造性事业，看不到我们通过自己的劳动有权得到的光荣的未来，而是因为我们每个人的生命是同这种思想，这种前途不可分割地联系在一起的。　——卡斯特罗

天下无纯粹之自由，亦无纯粹之不自由。　——章炳麟

要解放孩子的头脑、双手、脚、空间、时间，使他们充分得到自由的生活，从自由的生活中得到真正的教育。　——陶行知

有的人不敢提到裸体，有的人死命地钻进心理分析，有的人一定要"对人类有热烈的态度"，有的人故意大段地描写自心要做中产阶级，有的人却要做贵族，等等。那些书中有的是成见谨慎狡猾；可是既没有自由，也没有要写什么就写什么的勇气，因此也就谈不上创造天才。　——契诃夫

智慧是唯一的自由。　——塞内加

养成他们有耐劳作的体力，纯洁高尚的道德，广博自由能容纳新潮流的精神，也就是能在世界新潮流中游泳，不被淹没的力量。　——鲁迅

一个人必须剔除自己身上的顽固的私心，使自己的人格得到自由表现的权利。 ——屠格涅夫

自由是对必然的认识。 ——黑格尔

一旦真理降临，她的妹妹自由也就不远了。 ——佚名

自由之于人类，就像亮光之于眼睛空气之于肺腑爱情之于心灵 ——英格索尔

这样说无论如何都不过分，那就是，法律的目的不是废除和限制自由，而是保护和扩大自由。就真正意义上的法律而言，不管在哪个国家中，哪儿没有法律，哪儿就没有自由。自由使我们免于他人的强制和暴力，而这在没有法律的地方是不可想象的。 ——哈耶克

我认为，与制度结合的自由才是唯一的自由。自由不仅要同制度和道德并存，而且还须臾缺不了它们。 ——伯克

自由固不是钱所能买到的，但能够为钱而卖掉。 ——鲁迅

谁因为害怕贫穷而放弃比财富更加富贵的自由，谁就只好永远做奴隶 ——西塞罗

爱情是自由自在的，而自由自在的爱情是最真切的。 ——丁尼生

当人们自由地追求真理时，真理就会被发现。 ——罗斯福

自由只有通过友爱才得以保全。 ——雨果

只有这样的人才配生活和自由，假如他每天为之奋斗。 ——歌德

甘心做奴隶的人，不知道自由的力量。 ——贝克

我愿我能在横过孩子心中的道路上游行，解脱了一切的束缚；在那儿，理智以它的法律造为纸鸢而飞放，真理也使事实从桎梏中自由了。 ——泰戈尔

真理的精神和自由的精神是社会的支柱。 ——谚语

保护消费者的最有效方法是国内的自由竞争和遍及全世界的自由贸易。

——弗里德曼

在我们这样自由制度的国家，任何人只要高兴，只要肯花钱，就能自己毒害自己。 ——马克·吐温

爱情的天平加上金钱的砝码，就会失去幸福的平衡； 买卖婚姻成交的时候，往往就是爱情悲剧的开始。 如果把金钱当作爱情的化身，无疑是把爱情推向绞架。不要在别人的痛苦泪水中去驾驶自己的快乐之舟吧。当你在行使"恋爱自由"权利的时候，请不要忘记遵守起码的社会公德。 ——陈玉蜀

时来天地皆同力，运去英雄不自由。 ——罗隐

为了享有自由，我们必须控制自己。 ——任尔夫

我们不能仅靠人类内心热爱自由来维护自由。 ——约翰·亚当斯

一个公民的自由是以另一个公民的自由为界限的。 ——法国《国民公会宣言》

给别人自由和维护自己的自由，两者同样是崇高的事业。 ——林肯

人们往往把任性也叫作自由，但是任性只是非理性的自由，人性的选择和自决都不是出于意志的理性，而是出于偶然的动机以及这种动机对感性外在世界的依赖。 ——黑格尔

我们手里的金钱是保持自由的一种工具。 ——卢梭

掷我们的头颅，奠筑自由的金字塔，洒我们的鲜血，染成红旗，万载飘扬。

——林基路

个人的自由，以不侵犯他人的自由为自由。 ——穆勒

养成他们有耐劳作的体力，纯洁高尚的道德，广博自由能容纳新潮流的精神，也就是能在世界新潮流中游泳，不被淹没的力量。 ——鲁迅

人只有在独身的时候，才能安静自由地过活。家庭生活好像故意使同一屋顶底下的人互相厌弃，结果大家只好分手。如果不住在一起，马上就变得无聊了。

——赫尔岑

（二）纪律

个人感悟

古语云"不以规矩，不成方圆"，纪律是学习的前提、是胜利的保障，是一条

颠扑不破的真理。邓小平同志曾说过："有了共同的理想，也就有了铁的纪律，无论过去、现在和将来，这都是我们的优势。"

纪律作为人们的一种行为规则，是伴随着人类社会的产生而产生，伴随着人类社会的发展而发展的，因此具有历史性的特点。在原始社会里，人们在共同生活中养成集体行动的习惯。他们总是成群结队地寻食打猎，如果没有一定的行为规则，就无法进行协同活动，甚至连抵御野兽的侵袭也不可能。所以纪律就作为人们的习惯因此而产生。

随着生产力的发展，特别是随着大工业革命的到来，生产越社会化和现代化，分工越精密，协作越广泛，纪律就越重要、越发展。例如，一个现代化大企业生产的一件产品，就有成千上万个零部件，这就需要许多人相互配合、进行协同作业，也就必须制定一套具有高度科学性的工艺规程和规章制度。由此看出，纪律的演变标志着人类的进步。

"家有家规，国有国法。"这是对纪律二字的最通俗演绎，没有纪律，一个种族就无法生存；没有纪律，一个国家就无法富强。遵守纪律也是我们生活的保障，如果没有纪律，食物、衣服、出行就没有安全，房屋、医疗、生命就没有保障。

有的时候纪律是有些不近如人愿，这是很正常的，如果都随心所欲，那么纪律就无从谈起。因为纪律本身就是对人们的行为进行的某些规范，一定不能由着人们的性子来，这是必然的，所以遵守纪律就必须带有强制性，否则就不是纪律了。

为了确保每个人都去遵守纪律，不能仅仅依靠个人的修养和素质，必须要有一定的强制性，这样的纪律就一定要有约束力，不然就不可能有人按照纪律的要求去做。有的纪律缺乏约束力，因此造成违反纪律的人有恃无恐，这一问题必须抓紧解决。

没有约束力的纪律是很难得到落实的，由于缺乏纪律的约束力，就会使违反纪律的人面对纪律要求无动于衷，我行我素，使违反纪律的问题愈演愈烈，这一沉痛的教训应当牢牢汲取。

纪律的约束力不能只靠说教，更是靠落实严厉的制度和措施，这样才可以保证纪律的实施和落实。约束纪律主要靠行政手段和经济制裁，行政手段是给予警告、记过、撤职或开除等处分，经济手段是给予必要的停薪、罚款等处罚，这两个首都是必不可少的。试图只用做思想工作的方法去解决违纪问题，那是难以奏效的。

经典事例

讲两则关于遵守纪律的故事。

一次，周恩来去北戴河，需要看世界地图和一些书籍。工作人员给北戴河文化馆打电话，说有位领导要看世界地图和其他一些书籍。接电话的工作人员断然回答："我们有规定，图书不外借，要看请自己来。"周恩来便冒雨到图书馆借书，工作人员一见是周总理，心里很懊悔，总理却和蔼地说："无论谁都要遵守纪律。"

还有一次，刘少奇同志去散步，走到某炮兵阵地，想进去看看。站岗的战士不让进。随行人员上前对战士说："少奇同志想去看看阵地。"战士认真地说："上级有规定，要有上级指示才能看。"随行人员很生气，少奇同志却没有生气。反而笑着说："回去吧！"说着就往回走。一边走一边告诉随行人员："回去告诉那个战士的领导，不要批评他，他做得很对。"后来部队领导知道了，要批评那个战士，少奇同志再次让工作人员转告部队领导："这个战士认真执行规定制度，不但不应批评，还应该表扬。"

遵守纪律，其实并不都是多么重大而庄严的规定，而往往是生活中的小细节，即便是对于国家领导人来说也是如此。

十月革命刚刚胜利，一天早晨，朝阳透过薄雾，把金色的光辉洒在高大的斯莫尔尼宫上。

人民委员会就设在斯莫尔尼宫，今天是著名演员唐·小卡列莲娜汇报演出的日子，在门前站岗的是新战士洛班诺夫。班长叮嘱他说："洛班诺夫同志，你今天第一次站岗，而且是我们实行一次性通行证的第一天。到这里来的人很多，你的任务是检查他们的通行证，确认后就要收上来，不得第二次使用。列宁同志要来这里看演出，你千万不能让坏人混进来！而且这一次性通行证是瓦西利同志的创新，千万不要搞砸了!"

"是,班长同志。"洛班诺夫行了个军礼,"我以革命的名义保证,一定为列宁同志站好岗!"

太阳越升越高,到斯莫尔尼宫看演出的人真多,有工人,有士兵,有农民,还有学生。洛班诺夫认真地检查了他们的通行证,并一一收取。

人民委员会主席列宁来了。他一边走,一边在考虑什么问题。

"同志,您的通行证?"洛班诺夫拦住了他。

"噢,通行证,我就拿。"列宁急忙把手伸进衣兜里拿通行证。

一位来开会的同志看到洛班诺夫拦住了列宁查通行证,就生气地嚷起来:"放行吧,放行吧!他是列宁!"

"对不起。"洛班诺夫严肃地说,"我没有见过列宁。没有通行证,谁也不能进!"

列宁把通行证交给洛班诺夫。洛班诺夫接过来一看,果然是列宁同志,他非常不安,举手行礼说:"列宁同志,请原谅,我耽误了你的时间。"

列宁握住这位年轻战士的手,高兴地说:"你做得很对,小伙子!你对工作很负责任。谢谢!"

他又回过头来对旁边那位同志说:"你不该责备他。我们就需要这样认真负责的好战士。革命纪律是每个人都应该遵守的,我也不能例外。"

名人箴言

道德行为训练,不是通过语言影响,而是让儿童练习良好道德行为,克服懒惰、轻率、不守纪律、颓废等不良行为。　　——夸美纽斯

一个人应该:活泼而守纪律,天真而不幼稚,勇敢而不鲁莽,倔强而有原则,热情而不冲动,乐观而不盲目。　　——马克思

政治合格,军事过硬,作风优良,纪律严明,保障有力。　　——江泽民

遵守纪律的风气的培养,只有领导者本身在这方面以身作则才能收到成

效。　——马卡连柯

机会是不守纪律的。　——雨果

学校没有纪律便如磨坊没有水。　——夸美纽斯

纪律是集体的面貌，集体的声音，集体的动作，集体的表情，集体的信念。

——马卡连柯

改革如果不讲纪律，就难以成功。　——佚名

纪律是自由的第一条件。　——黑格尔

纪律是管理关系的形式。　——阿法纳西耶夫

教导儿童服从真理、服从集体，养成儿童自觉的纪律性，这是儿童道德教育最重要的部分。　——陈鹤琴

中国教育之两大需要：一为发达学生之自创心；一为强学生之遵从纪律心。　——张伯苓

人生来是自由的，也生来是社会性的。为了正当地运用他的自由，他需要纪律；为了在社会中生活，他需要德行；为了最充分地发展人的本性，需要有良好的道德的和理智的习惯。　——赫钦斯

劳动者的组织性、纪律性、坚毅精神以及同全世界劳动者的团结一致，是取得最后胜利的保证。　——列宁

我们现在必须完全保持党的纪律，否则一切都会陷入污泥中。　——马克思

一切纪律只是自觉地遵守，不是受到无理的外力压迫而遵守。因此，对于破坏纪律的学生，不是惩戒而是说服。说服的方法不是由教师片面地注入，而是双方的讨论和研究。不是压下学生的坚强意志，而是增加对问题进一步的了解，以正确的知识来克服无知的盲动。　——徐特立

正是纪律才能把社会和无政府区别开来，正是纪律才能决定自由。　——马卡连柯

严酷的纪律不应当用在与功课或文学练习有关的事情上面，只能逢到道德问题感受危险的时候才施用。　——夸美纽斯

不过，一切纪律都当小心地施用，除了诱导学生去把他们的工作完全做好以外，没有别种目的。　——夸美纽斯

教学中维持纪律的能力，来源于教师的充沛的精力和意志的坚定性，一句话在于教师的性格的力量。　——第斯多惠

新的教育学不是在抽象思想的痛苦煎熬中产生出来的，而是在人的活生生的行动中，在真正的集体的传统和反应中，在友谊和纪律的新形式中产生出来的。
　　　　　　　　　　　　　　　　　　　　　　——马卡连柯

不要过分地醉心放任自由，一点也不加以限制的自由，它的害处与危险实在不少。　——克雷洛夫

在今天的科学中，只有集体的努力才会有真正的成就。　——别林斯基

自由固不是钱所买到的，但能够为钱而卖掉。　——鲁迅

在危险关头，要拯救大家的生命，所有的人就得立即绝对服从一个人的意志。　——恩格斯

任何一个新的社会制度都要求人与人之间有新的关系，新的纪律。　——列宁

如果你敢于宣称自己是受限制的，你就会感到自己是自由的。　——歌德

没有纪律，就既不会有平心静气的信念，也不能有服从，也不会有保护健康和预防危险的方法了。　——赫尔岑

要有必要的清规戒律。　——毛泽东

挣断线的风筝不仅不会得自由，反而会一头栽向大地。　——佚名

我们不能不仅靠人类内心爱自由来维护自由。　——约翰·亚当斯

纪律是达到一切雄图的阶级。　——莎士比亚

人民的安全是最高的法律。　——培根

秩序是自由的第一条件。　——黑格尔

无道德则不能存在。　——卢梭

自由是在法律许可的范围内，做任何事的权利。　——孟德斯鸠

法律永远不会产生伟大人物，只有自由才能造成巨人和英雄。　——席勒

邪恶的法律是一种最坏的暴政。 ——伯克

纪律是胜利之母。 ——苏沃洛夫

节制是一种秩序，一种对于快乐与欲望的控制。 ——柏拉图

不以规矩，不能成方圆。 ——孟子

纪律是执行路线的保证。 ——毛泽东

摆脱土壤的束缚，对于树来说并不是自由。 ——泰戈尔

必须使法律对执行法律的人特别严格。 ——罗伯斯庇尔

法律应对人有权威，而不是对法律有权威。 ——波萨尼亚

不应把纪律仅仅看成教育的手段。纪律是教育过程的结果，首先是学生集体表现在一切生活领域，生产、日常生活、学校、文化等领域中努力的结果。 ——马卡连柯

（三）守法

个人感悟

依法治国我们该怎么做，这是个值得思考的问题。

依法治国是党领导下的人民的依法治国。人民是依法治国的主体。依法治国必须以人民民主为基础。同时，依法治国也是建设政治文明，发展民主的保障。社会主义民主的本质就是主权在民，人民当家做主。因此，我们应该在法治的轨道上促进民主循序渐进地发展，使人民更好地当家做主。

依法治国基本方略体现了人类社会历史发展规律、社会主义建设规律，反映了建设富强、民主、文明、和谐的社会主义现代化国家的内在要求，代表了全党、全国各族人民的共同愿望和根本利益。

十年来，在党的领导下，我们认真实施了依法治国方略，在树立法治观念，依法发展社会主义民主，依法民主科学立法，依法行政、建设法治国家，依法公正、独立司法，发展法律服务事业，进行普法教育，逐步把政治活动、经济活动、文化

活动和社会活动纳入法治轨道等方面，取得了举世瞩目的成就。但是，十年的进步和成就与人民对依法治国方略的期望和要求还有一定距离。

在社会上，我们时常还会看到违反国纪民法的事件屡见不止，一些人没有敬畏之心、没有法律意识，置人民与国家的安全和稳定于不顾。

依法治国方略实施的情况如何，涉及经济的发展、政治的昌明、文化的繁荣、社会的进步，直接关系着党执政地位的巩固和国家的长治久安。整个国家从上到下都应该以高度的历史责任感和使命感，提高实施依法治国的自觉性，提升依法治国的水平，把宪法和法律作为一切活动的准则。

依法治国的重点是治权、治官。任何权力不受监督必然导致腐败。只有权力得到有力的规范和监督，才能从根本上铲除各种违法现象，维护党和国家的形象。

法治国的重要内容依法规范、调控、监管、保障社会主义市场经济，要注意把国家作为公权力机构和国家作为所有者、出资人区分开来。要杜绝权力寻租、权钱交易。保障社会主义市场经济沿着崇尚公平正义、追求共同富裕的方向发展。

依法治国的根本要求是健全尊重和保障人权的法律机制。人权是人根据其本质属性要求应当享有的权利，关系到亿万人民的切身利益。我国人权已经入宪，尊重和保障人权是国家神圣的职责。我们应当进一步健全人权法律保障制度，把人民的各种权利和自由维护好、实现好。只有这样国家才能兴盛，社会才能和谐，人民才能幸福。

经典事例

商鞅变法时曾起草了一个改革的法令，但是怕老百姓不信任他，不按照新法令去做，就先叫人在都城的南门竖了一根三丈高的木头，下命令说："谁能把这根木头扛到北门去的，就赏十两金子。"不一会儿，南门口围了一大堆人，大家议论纷纷。有的说："这根木头谁都拿得动，哪儿用得着十两赏金？"有的说："这大概是左庶长成心开玩笑吧。"大伙儿你瞧我，我瞧你，就是没有一个敢上去扛木头的。

商鞅知道老百姓还不相信他下的命令，就把赏金提到五十两。没有想到赏金越高，看热闹的人越觉得不近情理，仍旧没人敢去扛。

正在大伙儿议论纷纷的时候，人群中有一个人跑出来说："我来试试。"他说着，真的把木头扛起来就走，一直搬到北门。商鞅立刻派人传出话来，赏给扛木头的人五十两黄澄澄的金子，一分也没少。

这件事立即传了开去，一下子轰动了秦国。老百姓说："左庶长的命令不含糊。"

商鞅知道，他的命令已经起了作用，就把他起草的新法令公布了出去。新法令赏罚分明，规定官职的大小和爵位的高低以打仗立功为标准。贵族没有军功的就没有爵位；多生产粮食和布帛的，免除官差；凡是为了做买卖和因为懒惰而贫穷的，连同妻子儿女都罚做官府的奴婢。

自从商鞅变法以后，秦国农业生产增加了，军事力量也强大了，为以后秦始皇统一六国奠定了基础。

名人箴言

法律解释者都希望在法律中寻获其时代问题的答案。　——拉伦茨

立法者三句修改的话，全部藏书就会变成废纸。　——基希曼

法律的真理知识，来自于立法者的教养。　——黑格尔

解释法律系法律学之开端，并为其基础，系一项科学性工作，但又为一种艺术。　——萨维尼

法律是人类为了共同利益，由人类智慧遵循人类经验所作出的最后成果。

——强森

法治意味着，政府除非实施众所周知的规则，否则不得对个人实施强制。

——哈耶克

没有信仰的法律将退化成为僵死的教条，而没有法律的信仰将蜕变成为狂信。　——伯尔曼

法治概念的最高层次是一种信念，相信一切法律的基础，应该是对于人的价值的尊重。　——陈弘毅

法律职业的社会地位是一个民族文明的标志。 ——费尔德

尽量大可能把关于他们的意志的知识散布在人民中间，这就是立法机关的义务。 ——边沁

法律显示了国家几个世纪以来发展的故事，它不能被视为仅仅是数学课本中的定律及推算方式。 ——霍姆斯

宪法创制者给我们的是一个罗盘，而不是一张蓝图。 ——波斯纳

法律提供保护以对抗专断，它给人们以一种安全感和可靠感，并使人们不致在未来处于不祥的黑暗之中。 ——布鲁纳

民众对权利和审判的漠不关心的态度对法律来说，是一个坏兆头。 ——庞德

在一个法治的政府之下，善良公民的座右铭是什么？那就是"严格地服从，自由地批判"。 ——边沁

一项法律越是在它的接受者那里以恶行为前提，那么它本身就越好。 ——拉德布鲁赫

无论何人，如为他人制定法律，应将同一法律应用于自己身上。 ——阿奎那

真想解除一国的内忧应该依靠良好的立法，不能依靠偶然的机会。 ——亚里士多德

宪法是一个无穷尽的、一个国家的世代人都参与对话的流动的话语。 ——劳伦·却伯

法律的基本原则是：为人诚实，不损害他人，给予每个人他应得的部分。
——查士丁尼

法律是一种不断完善的实践，虽然可能因其缺陷而失效，甚至根本失效，但它绝不是一种荒唐的玩笑。 ——德沃金

法发展的重心不在立法、不在法学，也不在司法判决，而在社会本身。——埃利希

自由是一种必须有其自己的权威、纪律以及制约性的生活方式。 ——李普曼

有理智的人在一般法律体系中生活比在无拘无束的孤独中更为自由。 ——斯

宾诺莎

  自由就是做法律许可范围内的事情的权利。　——西塞罗

  由于有法律才能保障良好的举止，所以也要有良好的举止才能维护法律。
                ——马基雅弗利

  立善法于天下，则天下治，立善法于一国，则一国治。　——王安石

  有法必然治国，无法不然乱国；法有权威则活，法无权威则乱。　——董必武

  国无常强，无常弱；奉法者强，则国强，奉法者弱，则国弱。　——韩非子

  国不可无法，有法而不善与无法等。　——沈家本

  刑过不避大臣，赏善不遗匹夫。　——韩非子

  仓廪实，则知礼节，衣食足，则知荣辱。　——管仲

  天下之事，不难于立法，而难于法之必行。　——张居正

  法者，天下之程式也，万事之仪表也。　——管子

  不知亲疏、远近、贵贱、美恶，以度量断之。贵贱、美恶，以度量断之。
                ——管子

  法律就是：法律它是一座雄伟的大厦，庇护着我们大家；它的每一款砖石都垒在另一块砖石上。　——高尔斯华绥

  法律是无私的，对谁都一视同仁。在每件事上，她都不徇私情。　——托马斯

  守法和有良心的人，即使有迫切的需要也不会偷窃，可是，即使把百万金元给了盗贼，也没法指望他从此不偷不盗。　——克雷洛夫

  法律不能使人人平等，但是在法律面前人人是平等的。　——波洛克

  只要爱自由，就足以建立共和国；但是，能够维护共和国和使它繁荣，只有爱法律。　——马布利

  在民主的国家里，法律就是国王；在专制的国家里，国王就是法律。　——马克思

  法律的目的是对受法律支配的一切人公正地运用法律，借以保护和救济无辜者。　——洛克

  自由就是做法律许可范围内的事情的权利。　——西塞罗

宪法，就是一张写着人民权利的纸。　——列宁

世界上唯有两样东西能让我们的内心受到深深的震撼，意识我们头顶上灿烂的星空，意识我们内心从高的道德法则。　——康德

人们往往把任性也叫作自由，但是任性只是非理性的自由，人性的选择和自决都不是出于意志的理性，而是出于偶然的动机以及这种动机对感性外在世界的依赖。　——黑格尔

我们现在必须完全保持党的纪律，否则一切都会陷入淤泥中。　——马克思

自由是做法律所许可的一切事情的权利。　——孟德斯鸠

劳动者的组织性、纪律性、坚毅精神以及同全世界劳动者的团结一致，是取得最后胜利的保证。　——列宁

特权是这样一种东西，得到的人，人人喜欢，没得到的，人人痛恨。要想遏制特权，唯一的办法，是没有特权。　——张鸣

（四）廉洁

个人感悟

"自李唐以来，世人皆爱牡丹；予独爱莲之出淤泥而不染，濯清涟而不妖，中通外直，不蔓不枝，香远益清，亭亭静植……"宋名家周敦颐的《爱莲说》大家耳熟能详，这篇文章之所以能千古传颂，是因为此文以莲的高洁，表明了作者洁身自好，不甘同流合污，追求刚正不阿的高尚情操和正直品格。

廉洁，自古以来就是一种可贵的品质，翻开中华文明史，廉洁遍布汗青：孔子笃信"不降其志，不辱其身"。孟子箴言："富贵不能淫，贫贱不能移，威武不能屈。""穷则独善其身，达则兼善天下。"由此可见，清正廉洁是中华民族自古以来推崇的一种人格境界，它要求人们诚信，廉洁，正直；古人说得好：正心，修身，齐家，治国，平天下。

廉洁修身，乃齐家之始，治国之源，平天下之基。古往今来，人们对廉洁的理

解有着不同的时代风格，因为地域时空的差异而带给人们多种廉洁，但廉洁所蕴含的内容却是大致相似的。

清正廉洁是一种个人修养，也是一种道德行为，只有遵纪守法，不贪图，才能善待所有人。如果人人廉洁，国家将繁荣富强。不廉洁则会产生恶劣的影响，导致国家腐败，民不聊生，拖垮整个国家。因此，自古以来每个朝代的领导人都提倡廉洁的作风。

廉洁属理念、信仰、价值范畴，与每个人自身的品质和情操相关。无论你是位高权贵还是布衣平民，凡能法正廉明、洁身自好总能获得声望受到赞誉。因此，为官之道，为人之道，需要用自身的高尚品德和情操去赢得荣誉，去影响社会，以打造一个充满文明、礼仪、崇尚美德，追求信仰的理想社会。

廉洁是物质与精神还有政治的沉重积淀，荷塘月色里，泥潭深布，阴影滋生，大千世界芸芸众生，时而昭昭时而昏昏，却始终保持警觉的信念，是的，廉洁，是一种信念，它需要我们时刻铭记；廉洁，是一股清风，一曲莲韵，能拂去灰尘，洗涤污垢；廉洁，是一种个人修养，也是一种道德行为，它是一个人的立身之本，也是一个集体、一个民族、一个国家的生存之基。

廉洁是一种心灵的美丽、是一种精神的魅力。人们的心灵因廉洁而变得淳厚朴实、纯洁无瑕，人们也因廉洁而走向一个又一个胜利。欣赏廉洁，因为它最经得起时间的磨砺："健康"随着时间损毁；"美貌"随着光阴枯萎；"金钱"随着时光耗尽；"荣誉"随着历史封尘。但"廉洁"却如一杯醇酒，越品越有味儿，越品越觉得芬芳、醉人……古今中外，人们徘徊于形形色色的诱惑之中，大千世界，无奇不有。但是，廉洁的光芒仍然照亮着我们前进的方向。

"公生明，廉生威"，是为明鉴。不管时代的潮流和社会的风尚怎样，一个人总可以凭着自己高贵的品质，超脱时代和社会，走自己正确的道路。德国诗人海涅说过："生命不可能从谎言中开出灿烂的鲜花。"我们，应做一个心地清净、品行端正的人，做一个心系群众、乐于奉献的人，做一个求真务实、奋发有为的人！前路漫漫，群聚而又孤独，清晰而又迷茫的我们要扛好廉洁这面旗帜，守好廉洁这座灯塔，本着"淡泊人生蓄以明志，清廉处事方能致远"的理念，用廉洁的光辉为自己导航！

经典事例

唐宋八大家之一的苏轼深受北宋皇室推崇和偏爱，虽仕途坎坷，多遭磨难，但他一直廉洁奉公，严于律己，为后代树立典范。

21岁时，苏轼中进士，前后共做了40年的官。做官期间，他总是注意节俭，常常精打细算过日子。公元1080年，苏轼被降职贬官来到黄州，由于薪俸减少了许多，他穷得过不了日子，后来在朋友的帮助下，弄到一块地，便自己耕种起来。为了不乱花一文钱，他还实行计划开支：先把所有的钱计算出来，然后平均分成12份，每月用一份；每份中又平均分成30小份，每天只用一小份。钱全部分好后，按份挂在房梁上，每天清晨取下一包，作为全天的生活开支。拿到一小份钱后，他还要仔细权衡，能不买的东西坚决不买，只准剩余，不准超支。积攒下来的钱，苏轼把它们存在一个竹筒里，以备意外之需。就这样，在困境、逆境中，苏轼以勤俭节约来维持生活、渡过难关，从不凭借权力和才能贪污半分。

（五）自律

个人感悟

自律就是人们对自我约束的严格要求。能否自律是人成熟的标志，也是自身境界的体现，要做到自律，就要注意以下几点。

一是要信念坚定不动摇。理想信念是共产党人指引人生的灵魂灯塔，是经受住任何考验的精神支柱，更是品格操守的约束红线。有了坚定的理想信念，就会有高尚的目标追求和不竭的精神动力。要不断提高政治敏锐性、政治洞察力和政治鉴别力，在大是大非面前保持清醒头脑，在大风大浪面前坚持正确立场，在各种诱惑面前筑牢思想防线，无论在任何时候、任何情况下都相信党、拥护党、维护党，在思想、政治和行动上与党中央始终保持高度一致，用坚定的理想信念站稳脚跟，永远保持思想纯洁、立场坚定。

二是要公道正派不偏私。心正则廉、身正则刚、行正则威。有了一腔浩然正气，才能秉公用权、公道处事，堂堂正正做人、清清白白做事，才能无所畏惧地前进。要坚守气节祛邪，对不正之风敢于抵制，对违法乱纪行为坚决反对，始终坚守高尚气节、保持正派作风，树立起一面众邪不侵的屏障，打造出一个众恶不生的心灵。

三是要遏制私欲不贪占。"贪如火，不遏则自焚；欲如水，不遏则自溺。"无数教训警示我们，贪图金钱、权力、美色，必将滑入腐败之渊、踏上不归之路。必须常修为政之德，常思贪欲之害，常怀律己之心，堵住贪欲的缺口，坚守清廉的圣洁；要保持一颗戒备心，切忌"贿随权集"，权力越大诱惑越多，慎初慎独慎友慎微，做到防微杜渐常抓不懈、拒腐防变警钟长鸣；要保持一颗律己心，始终有一种如履薄冰、如临深渊的危机感，不为名所累、不为利所缚、不为权所动、不为欲所惑，为人民掌好权用好权。

四是要接受监督不排斥。有权必有责，用权受监督。不受监督的权力必然导致腐败，不受监督的干部难保清廉。自觉把自己置于组织和群众的监督之下，真心诚意地听取各方面的意见，甘心情愿地接受各方面的监督，养成在公开中行使权力的习惯，享受在监督下工作生活的安宁，筑起拒腐防变的安全屏障。要敢于面对监督，对待监督不回避、不隐瞒、不耍横，闻过则喜，从善如流，"有则改之，无则加勉"，以开明的态度赢得群众的信赖与支持。

五是要严管亲属不放纵。管好家属和身边工作人员，不仅是对领导干部廉洁自律的要求，也是对党员干部党性原则的考验。党员干部在管好自己、做好榜样的同时，要切实加强对家属和身边人员的严格管理、严格教育，给他们多留精神财富、多传良好作风，教他们真学识、真本事，引导他们自立自强、遵纪守法，做对家庭、对社会、对国家有益的人。

六是要择善而交不随意。党员干部结交朋友，事关生活清白，形象清正，用权规范，从政廉洁，体现出道德情操，反映出党性修养。古人云："与善人居，如入芝兰之室，久而不闻其香，即与之化矣；与不善人居，如入鲍鱼之肆，久而不闻其臭，亦与之化矣。"因交友不慎而被拉下水腐化堕落的党员干部不在少数。每一位党员干部特别是领导干部都应树立正确的交友观，既要近君子，主动同普通群众交朋友，同基层干部交朋友，同先进模范交朋友，同专家学者交朋友，不断扩大丰富自己的"朋友圈"，又要远小人，坚持原则，防微杜渐，始终做到不用权力作交易，不拿原则作人情，讲规矩不讲关系，讲纪律不讲交情，不为趋炎附势、投机钻营之人留机会，不为品行低劣、歪门邪道之徒放条件，谨慎而交、坦荡而为，用心净化自己的"社交圈""生活圈"。

七是要情趣健康不低俗。一个让党放心、让群众满意的党员干部，必然是一个品德高尚、情趣健康的人。健康向上的情趣，充实人生、净化心灵、陶冶情操、助推事业。庸俗低级的情趣，萎靡意志、败坏风气，往往成为别有用心者搞权钱交易、权色交易的"诱饵"和"陷阱"，成为变相行贿受贿的俘虏。一定要把培养健康向上的情趣作为终身课题，不因职位提升而忽视自身修养，不因公务繁忙而忽视心灵净化，把时间用在勤奋学习、补充知识上，用在提高修养、提升品位上，用在服务人民、服务国家上，自觉做情趣健康、品行高尚的楷模，努力成为一个高尚的人、一个纯粹的人、一个有道德的人、一个脱离了低级趣味的人、一个有益于人民的人。

经典事例

许衡是我国古代杰出的思想家、教育家和天文历法学家。一年夏天，许衡与很多人一起逃难。在经过河阳时，由于长途跋涉，加之天气炎热，所有人都感到饥渴难耐。这时，有人突然发现道路附近刚好有一棵大大的梨树，梨树上结满了清甜的梨子。于是，大家都你争我抢地爬上树去摘梨来吃，唯独只有许衡一人，端正坐于树下不为所动。众人觉得奇怪，有人便问许衡："你为何不去摘个梨来解解渴呢？"许衡回答说："不是自己的梨，岂能乱摘！"问的人不禁笑了，说："现在时局如此之乱，大家都各自逃难，眼前的这棵梨树的主人早就不在这里了，主人不在，你又何必介意？"许衡说："梨树失去了主人，难道我的心也没有主人吗？"许衡始终没有摘梨。混乱的局势中，平日约束、规范众人行为的制度在饥渴面前失去了效用。许衡因心中有"主"则能无动于衷。在许衡心目中的这个"主"就是自律。有了自律，才能在没有纪律约束的情况下亦能牢牢把握住自己。

杨震在担任荆州刺史时，发现秀才王密是个人才，便举荐王密为昌邑县令。后来杨震改任东莱太守，路过昌邑时，王密对他照应得无微不至。到了晚上，王密悄悄来到杨震住处，见室内无人，便捧出黄金十斤送给杨震。杨震连忙摆手拒绝说："以前因为我了解你，所以举荐你；你这样做就是你太不了解我了！"王密轻声说："现在是夜里，没人知道。"杨震正色道："天知，地知，你知，我知，怎么说没人知道！"王密听了，羞愧地退了出来。

名人箴言

立志言为本，修身行乃先。　——吴叔达

一个知识不全的人可以用道德去弥补，而一个道德不全的人却难以用知识去弥补。　——但丁

自制是一种秩序，一种对于快乐与欲望的控制。　——柏拉图

品行是一个人的内在，名誉是一个人的外貌。　——莎士比亚

勿以恶小而为之，勿以善小而不为。　——刘备

不患人之不能，而患己之不勉。　——王安石

一个人一旦明白事理，首先就要做到诚实而有节制。　——德拉克罗瓦

不奋发，则心日颓靡；不检束，则心日恣肆。　——朱熹

征服自己的一切弱点，正是一个人伟大的起始。　——沈从文

如若你想征服全世界，你就得征服自己。　——陀思妥耶夫斯基

任何一种不为集体利益打算的行为，都是自杀的行为，它对社会有害，也对自己有害。　——马卡连柯

个人勇敢是没有意义的，重要的是个人从属于全体。　——黑格尔

一个年轻人，心情冷下来时，头脑会变得健全。　——巴尔扎克

在今天和明天之间，有一段很长的时期；趁你还有精神的时候，学习迅速地办事。　——歌德

一个人的品位通过他的业余爱好表现出来。的确如此，职业生活至多能显示人在才干上的差别，业余生活才能显示人生在灵魂上的差别。——爱因斯坦

君子有三戒："少之时血气未定，戒之在色；及其壮也，血气方刚，戒之在斗；及其老也，血气既衰，戒之在得。　——孔子

自暴自弃，这是一条永远腐蚀和啃啮着心灵的毒蛇，它吸取着心灵的新鲜血液，并在其中注入厌世和绝望的毒液。　——马克思

妄自骄傲是我们一切巨大痛苦的根源，所以对人间的苦难一加沉思，睿智的人就会变得很有节制。　——卢梭

妄自尊大和妄自菲薄都是一项严重的错误。　——歌德

（六）慎独

个人感悟

人生如酒，或可口，或浓烈，或芳香，有了慎独，它可以变得更醇厚；

人生如画，或素雅，或黯淡，或明丽，有了慎独，它可以变得更美丽；

人生如歌，或悲戚，或低沉，或高昂，有了慎独，它可以变得更动听。

对于我们个人来说，"慎独"乃人生的至高境界。君子坦荡荡，小人常戚戚，无私才能无畏，无畏才能无为，才能有所为有所不为甚至无所不为！才能坦然面对一切世间沉浮荣枯！

每个人的内心世界都是错综复杂的，就好像"一粒沙里有一个世界"一样，当我们在无拘无束无人管制的时候，往往会产生一种放纵的情绪，这种巨大的内在力量，很有可能会驱使我们去为所欲为。一个人在独处的时候，便是考验他修养是否高深的时候；一个人独处的时候，便是考验他立场是否坚定的时候；一个人独处的时候，便是考验他能力是否强大的时候。

"慎独"是一面盾牌，可助我们抵御各种各样的诱惑，防范各色各类的"糖弹"；

"慎独"是一条忠犬，可帮你避开处处陷阱，躲开种种是非；

"慎独"是一剂良方，可使你内心清爽，外形昂然。

对我们而言，无论是对前程、对事业，也无论是对时下、对将来，"慎独"都是十分必要的，一刻都不可疏忽。我们时刻都要保持着清醒的头脑。所谓清醒，也就是"慎独"。

经典事例

《后汉书·杨震传》有一则"暮夜无知"的故事：杨震赴任东莱太守时途经昌邑，被他推荐为昌邑县令的王密夜晚亲拜见，想送他十斤黄金，杨震拒绝了。王密说："暮夜无知。"杨震义正词严："天知、神知、我知、你知，怎么说没有人知道呢！"王密羞愧而返。同是暮夜无人时，同样面对十斤黄金，杨震慎独自律，不为金钱所动，从而留下千古美谈。

2005年感动中国的王顺友，一个普通的乡村邮递员，更是是当代恪守"慎独"的典范。他一个人20年走了26万多公里的寂寞邮路。尽管生存环境和工作条件十分恶劣，但他没有延误过一个班期，没有丢失过一封邮件，投递准确率达100%。他说："保证邮件送到，是我的责任。"在漫漫"孤独之旅"上他对自己的严格要求，在"一个人的长征"中，他服务无数山里人的执著，为人类创造了一笔宝贵的精神财富。

名人箴言

道也者不可须臾离也，可离非道也。是故君子戒慎乎其所不睹，恐惧乎其所不闻。莫见乎隐，莫显乎微，故君子慎其独也。　——《礼记·中庸》

兰生幽谷，不为莫服而不芳；舟在江海，不为莫乘而不浮；君子行义，不为莫知而止休。　——《淮南子·说山训》

君子慎其独，非特显明之处是如此，虽至微至隐，人所不知之地，亦常慎之。

小如如此，大处亦如此，显明处如此，隐微处亦如此。表里内外，粗精隐显，无不慎之，方谓之"诚其意"。 ——朱熹

独之外别无本体，慎独之外别无功夫。 ——刘宗周

一个人在独立工作，无人监督，有做各种坏事的可能的时候，不做坏事，这就叫慎独。 ——刘少奇

畏神明，敬惟慎独。 ——曹植

我们讲理学的人，最讲究的是慎独工夫，总要能够衾影无愧，屋漏不惭。

——《官场现形记》

在这种不开通、不文明的地方，身当人师的人，哪敢不慎独？ ——李人

所谓诚其意者，毋自欺也。如恶恶臭，如好好色，此之谓自谦。故君子必慎其独也。 ——《礼记·大学》

小人闲居为不善，无所不至。见君子而后厌然，掩其不善，而著其善。人之视己，如见其肺肝然，则何益矣。此谓诚于中，形于外。故君子必慎独也。 ——《礼记·大学》

十目所视，十手所指，其严乎。 ——曾子

若安天下，必须先正其身。未有身正而影曲，上治而下乱者。 ——吴兢

反躬自省和沉思默想只会充实我们的头脑。 ——巴尔扎克

不能控制自己的人就没有支配价值。 ——歌德

自制是指服从理性而抑制人类欲望。 ——西塞罗

自重、自知、自制，唯有此三者能引导人生步人至高无上的权力之境。

——但尼生

不加节制就有害于快乐。节制并不是快乐之祸，而是快乐之药。 ——蒙田

青年时代过于放纵会失去心灵的风趣；过于压抑会失去头脑的灵活。 ——圣佩韦

人并不是生来解决宇宙的问题，而是要找出他要做什么，在自己了解的范围内遏制自己。 ——歌德

坏人辩解自己的缺点；好人则静静地反省。　——约翰逊

毫无节制的活动，无论属于什么性质，最后必将一败涂地。　——歌德

知道在适当的时候自动管制自己的人就是聪明人。　——雨果

没有人愿意发怒，而且发怒也不是一件有趣的事。怒火必须发泄而且要对方负责。怒火轻微会较容易消除，消除得快心理便较为好过。表达怒意的最好方法是向对方说："请不要再刺激我吧！你已经伤害我的情感。"　——维斯冠

在你要战胜外来的敌人之前，先得战胜你内在的敌人；你不必害怕沉沦与堕落，只请你能不断地自拔与更新。　——罗曼，罗兰

完全集中注意他人而不自省是某些人的一种盲目状态。这些人全神贯注于眼前事物以及感官感受到的一切。自以为聪明含蓄，心中充满自我，只要自满的情绪受到丝毫干扰便心烦意乱。这是虚假的聪明；表面上堂而皇之，实际上跟纯为追求享乐的愚蠢行为同样荒唐。　——弗朗索瓦·弗奈隆

人生修养感悟　第八篇·幸福篇

(一)健康

个人感悟

健康是指一个人在身体、精神和社会等方面都处于良好的状态。健康是人的基本权利,是人生的第一财富。

传统的健康观认为"无病即健康",强调的只是生理健康,但现代人的健康观是整体健康,世界卫生组织提出"健康不仅是躯体没有疾病,还要具备心理健康、社会适应良好和有道德",因此,现代人的健康内容包括生理健康、智能健康、心理健康和环境健康等。

生理健康是指能够顺利完成日常工作,没有疾病和残废,具有良好的健康行为和习惯。智能健康是指智力正常,具备思维的认知能力,能够准确地用语言和文字表达自己的思维,描述不同的事物,并能对不同的人与事物作出分析与判断。心理健康是指人的基本心理活动的过程内容完整、协调一致,即认识、情感、意志、行为、人格完整和协调,能适应社会,与社会保持同步。

虽然人们对现代健康含义的解释是多元的、广泛的,但归根结底主要取决于生理和心理的素质状况。心理健康是生理健康的精神支柱,生理健康是心理健康的物质基础。良好的情绪状态可以使生理功能处于最佳状态,反之则会降低或破坏某种功能而引起疾病。生理状况的改变可能带来相应的心理问题,生理上的缺陷、疾病,特别是痼疾,往往会使人产生烦恼、焦躁、忧虑、抑郁等不良情绪,导致各种不正常的心理状态。所以,作为身心统一体的人,身体和心理是紧密依存的两个方面。

现在,健康问题已经成了一个全球普遍关注的问题,引起各国的的重视。世界卫生组织进行的调查显示:全球真正健康的人约占5%;经医生诊断患有疾病的人约占20%。显然,其余75%的人都处于一种健康和疾病之间的亚健康状态。中国卫生部公布的数据显示,我国处于亚健康状态的人占总人口的73%—77%。显然,这一数据与世界卫生组织调查的数据高度吻合。

健康问题之所以会成为一个全球的忧虑,这主要与现代人们不良的生活习惯和饮食习惯有关。改变生活习惯，尤其是饮食习惯，是保持健康的重要条件。现在社会的高节奏生活使许多人承受很大的心理压力，作息没有规律，为了发泄，很多人一味地追求美味和美食，错误地以为，好吃就是对自己身体的最大奖赏，好吃对身体就有好处，却根本不明白美味和美食的饮食标准，与身体健康的营养需要相差甚远甚至完全相反。因此，让人们远离药物和医生的最好的办法，就是给他们正确的知识和正确的观念。

除了与外部环境、生活习惯有关外，性格也是造成健康问题的一个因素。人体的每个器官都有其特定的功能，与我们的意识和心理有存在着严格的特定联系。养生学家就认为，能够影响人的大脑的一切东西都可以影响到人的身体，不满、委屈、气愤、自责、有过错感等这些负面情感会把我们带到病床上。要想避免这些，必须立刻终止那些让我们痛苦和不安的东西。所以说，良好的性格是健康的一个保证，只有培养良好的性格，才能拥有健康的体魄。搞好健康吧，这是人们从事工作的物质基础，更是幸福愉悦的源泉。

经典事例

很久以前，一名妇女发现三位蓄着花白胡子的老者坐在家门口。她不认识他们，就说："我不知道你们是什么人，但各位也许饿了，请进来吃些东西吧。"三位老者问道："男主人在家吗？"她回答："不在，他出去了。"老者们答道："那我们不能进去。"傍晚时分，妻子在丈夫到家后向他讲述了所发生的事。丈夫说："快去告诉他们我在家，请他们进来。"妻子出去请三位老者进屋。但他们说："我们不一起进屋。"其中一位老者指着身旁的两位解释："这位的名字是财富，那位叫成功，而我的名字是健康。"接着，他又说："现在回去和你丈夫讨论一下，看你们愿意我们当中的哪一个进去。"妻子回去将此话告诉了丈夫。丈夫说："我们让财富进来吧，这样我们就可以黄金满屋啦！"妻子却不同意："亲爱的，我们还是请成功进来更妙！"他们的女儿在一旁倾听。她建议："请健康进来不好吗？这样一来我们一家人身体健康，就可以幸福地享受生活、享受人生了！"丈夫对妻子说：

"听我们女儿的吧。去请健康进屋做客。"妻子出去问三位老者："敢问哪位是健康？请进来做客。"健康起身向她家走去，另外两人也站起身来，紧随其后。妻子吃惊地问财富和成功："我只邀请了健康。为什么两位也随同而来？"两位老者道："健康走到什么地方我们就会陪伴它到什么地方，因为我们根本离不开它，如果你没请他进来，我们两个不论是谁进来，很快就会失去活力和生命，所以，我们在哪里都会和他在一起的！"

最后要说："人生的幸福之一，是保持了你的健康。"

名人箴言

健康的身体乃是灵魂的客厅，有病的身体则是灵魂的禁闭室。　——培根

健康是最好的天赋，知足为最大的财富，信任为最佳的品德。　——释迦牟尼

不要用珍宝装饰自己，而要用健康武装身体。　——欧洲谚语

幸福的首要条件在于健康。　——柯蒂斯

保持健康是做人的责任。　——斯宾诺莎

理想的人是品德、健康、才能三位一体的人。　——木村久一

身体健康者常年轻；无负于人者常富有。　——玛尔托夫特

身体是你终身必须携带的行李。行李超重越多，旅程越短。　——A.H.G.

祈求三样事物吧：一个好妻子，一个好胃口，一个好梦。　——犹太格言

人在阳时则舒，在阴时则惨。　——张衡

凡是有志为社会出力，为国家成大事的青年，一定要十分珍视自己的身体健康。　——徐特立

革命，要能力也要体力，为了革命，可以牺牲生命；为了革命，又必须有生命的存在和生命的长存。　——谢觉哉

啊，健康！健康！富人的幸福，穷人的财富！　——本·琼森

良好的健康状况和由之而来的愉快的情绪，是幸福的最好资金。　——斯宾塞

疾病有成千上万种，但健康只有一种。　——白尔尼

健康是人的第一幸福，第二是温存的秉性，第三是正道得来的财产，第四是与朋友分享快乐。　——罗·赫里克

健康不是身体状况的问题，而是精神状况的问题。　——艾迪夫人

欢乐就是健康，忧郁就是病魔。　——哈利德顿

万事难并欢，达生幸可托。　——谢灵运

人间有味是清欢。　——苏轼

壮志因愁减，衰容与病俱。　——白居易

保持一生健壮的真正方法是延长青春的心。　——柯林斯

长期的心灰意懒以及烦恼足以致人于贫病枯萎。　——布朗

长寿之道在于我有快乐的性格。　——阿巴斯·哈萨

悲观的人虽生犹死，乐观的人永生不老。　——拜伦

理智的全部乐趣，官能的所有快感，皆寓于健康、清静和生活富裕之中。但是健康唯独和节制并存；而清静，呵，美德的所在，你无需异物做伴。　——蒲柏

有这么三位医生：第一位叫节食，第二位叫安静，第三位叫愉快。　——毫厄尔

愉快的笑声，是精神健康的可靠标志。　——契诃夫

乐观是养生的唯一秘诀，常常忧思和愤怒，足以使健康的身体变成衰弱而有余。　——屠格涅夫

一种美好的心情，比十副良药更能解除生理上的疲惫和痛楚。　——马克思

心情愉快是肉体和精神的最佳卫生法。　——乔治

有规律的生活原是健康与长寿的秘诀。　——巴尔扎克

节制是最好的医术。　——博恩

食不厌精，脍不厌细。鱼馁而肉败不食，沽酒市脯不食，色恶不食，臭恶不食。　——《论语》

安燕而血气不惰，劳倦而容貌不枯。　——荀子

已饥方食，未饱先止。　——苏轼

以自然之道，养自然之生，不自戕贼夭阏，而尽其天年，比自古圣智之所同也。
——欧阳修

少睡眠则神自澄。 ——王阳明

健全自己的身体，保持合理的规律生活，这是自我修养的物质基础。 ——周恩来

精神畅快，心气和平。饮食有节，寒暖当心。起居以时，劳逸均匀。 ——梅兰芳

人生欲求安全，当有五要：一、清洁空气；二、澄清饮水；三、流通沟渠；四、扫洒屋宇；五、日光充足。 ——南丁格尔

谁要想寿命和钱财两旺，请您从今天开始即早睡早起。 ——拜伦

平平静静地吃粗茶淡饭，胜于提心吊胆地吃大酒大肉。 ——伊索

早眠早起，使人健康、富有而明智。 ——富兰克林

休息与工作的关系，正如眼帘与眼睛的关系。 ——泰戈尔

疾病是逸乐所应得的利息。 ——培根

身体健康，起居有节，能延年益寿。生命没有节制，往往缩短生命。 ——塞万提斯

休息乃劳动者之妙药。 ——彼得拉克

溺死在酒杯中的人多于溺死在大海中。 ——福莱

生命在于运动。 ——卢梭

大夫不能治病，只能帮助有理性的人避免得到病而已。人们倘若正规地生活，正当地饮食，就不会有病。 ——萧伯纳

节制和劳动是人类的两个真正医生。 ——卢梭

只知工作而不知休息的人，有如没有煞车的汽车，极为危险。而不知工作的人，则和没有引擎的汽车一样，没有丝毫用处。 ——福特

一个埋头脑力劳动的人，如果不经常活动四肢，那是一件极痛苦的事情。
——列夫·托尔斯泰

你每天一定要抽出一两小时散步。这样埋头用心做功课，会损害健康的。

——列宁

生活多美好啊，体育锻炼乐趣无穷！　——普希金

只有活动才可以除去各种各样的疑虑。　——歌德

器官得不到锻炼，同器官过度紧张一样，都是极其有害的。　——康德

散步能促进我的思想，我的身体必须不断运动，脑力才会开动起来。　——卢梭

水若停滞即失其纯洁，心不活动精气立清。　——达·芬奇

只有身体好才能学习好、工作好，才能均衡地发展。　——周恩来

是中学生，一定得有这个气魄：有一个挨得起饿、受得起冻、经得起跌打的身体，有一个不怕风吹，不会失眠，不知道什么叫作晕眩的脑袋。　——茅盾

古语说：业精于勤。据我看，光勤于用脑力而总不用体力，也许不见得能精；两样都用，心身并健，一定更有好处。　——老舍

体弱病欺人，体强人欺病。　——汉族谚语

身体健康常年轻，不欠人债常富裕。　——佚名

拿体力精力与黄金钻石比较，黄金和钻石是无用的废物。　——佚名

安燕而血气不惰，劳倦而容貌不枯。　——荀子

以自然之道，养自然之生，不自戕贼夭阏，而尽其天年，比自古圣智之所同也。　——欧阳修

万事难并欢，达生幸可托。　——谢灵运

人间有味是清欢。　——苏轼

保持一生健壮的真正方法是延长青春的心。　——柯林斯

长寿之道在于我有快乐的性格。　——阿巴斯·哈萨

悲观的人虽生犹死，乐观的人永生不老。　——拜伦

早眠早起，使人健康、富有而明智。　——富兰克林

世界上没有比结实的肌肉和新鲜的皮肤更美丽的衣裳。　——马雅可夫斯基

良好的健康状况和高度的身体训练，是有效的脑力劳动的重要条件。　——杰

普莉茨卡娅

健康就是金子一样的东西。　——高尔基

要从小把自己锻炼得身强力壮，能吃苦耐劳，不要娇滴滴的，到大自然里去远走高攀吧！　——恩里科·费米

保持健康，这是对自己的义务，甚至也是对社会的义务。　——富兰克林

健康是智慧的条件，是愉快的标志。　——爱默生

健康不是身体状况的问题，而是精神状况的问题。　——艾迪夫人

健康是一种自由——在一切自由中首屈一指。　——亚美路

保持健康是做人的责任。　——斯宾诺莎

健全的身体比皇冠更有价值。　——英国谚语

和疾病相比较，方能识得健康之可贵。　——英国谚语

不要用珍宝装饰自己，而要用健康武装身体。　——欧洲谚语

有两种东西丧失之后才会发现它的价值——青春和健康。　——阿拉伯谚语

盈缩之期，不但在天；养怡之福，可得永年。　——曹操

一个人的身体，决不是个人的，要把它看作是社会的宝贵财富。凡是有志为社会出力，为国家成大事的青年，一定要十分珍视自己的身体健康。　——徐特立

必须从年轻时期就打好基础，随时随地去锻炼身体。　——徐特立

有规律的生活原是健康与长寿的秘诀。　——巴尔扎克

健康的身体乃是灵魂的客厅，有病的身体则是灵魂的禁闭室。　——培根

（二）乐观

个人感悟

悲观容易，乐观难。人生一世，悲观的情绪笼罩着生命中的各个阶段，战胜悲观情绪，用开朗、乐观的情绪支配自己的生命，你就会发现原来生活别有一番洞天。征服自己的悲观情绪便能征服世界上的一切困难之事。

一位著名的政治家曾经说过："要想征服世界，首先要征服自己的悲观。"人生在世，不如意十之八九。如果一味地沉入不如意的忧愁中，只能使不如意变得更加不如意。"去留无意，闲看庭前花开花落；宠辱不惊，漫随天际云卷云舒。"这是一种心境。既然悲观于事无补，那我们何不换个角度，用乐观的态度来对待人生、善待自己呢？

乐观的人处处可见"青草池边处处花""百鸟枝头唱春山"；悲观的人时时感到"黄梅时节家家雨""风过芭蕉雨滴残"。一个心态正常的人可在茫茫的夜空中读出星光灿烂，增强自己对生活的自信；一个心态不正常的人让黑暗埋葬了自己且越葬越深。因此，无论何时何地身处何境，都要用乐观的态度微笑着对待生活，微笑是乐观击败悲观的有利武器。微笑着，生命才能将不利于自己的局面一点点打开。

守住乐观的心境实在不易，悲观在寻常的日子里随处可以找到，而乐观则需要努力，需要智慧，才能使自己保持一种人生处处充满生机的心境。悲观使人生的路愈走愈窄，乐观使人生的路愈走愈宽。乐观其实是一种机智，是用坚忍不拔的毅力支撑起来的一种风景。

守住乐观的心境，"不以物喜，不以己悲"，就能看遍天上胜景，览尽人间春色。

经典事例

一次，美国前总统罗斯福的家中被盗，丢失了许多东西。一位朋友闻讯，忙写信安慰他，劝他不必太在意。

罗斯福给朋友写了一封回信："亲爱的朋友，谢谢你来安慰我，我现在很平安，感谢生活。因为，第一，贼偷去的是我的东西，而没伤害我的生命；第二，贼只偷去我的部分东西，而不是全部；第三，最值得庆幸的是，做贼的是他，而不是我。"

名人箴言

一切的和谐与平衡，健康与健美，成功与幸福，都是由乐观与希望的向上心理

产生与造成的。　——华盛顿

当生活像一首歌那样轻快流畅时，笑颜常开乃易事；而在一切事都不妙时仍能微笑的人，是真正的乐观。　——威尔科克斯

一个人也许会相信许多废话，却依然能以一种合理而快乐的方式安排他的日常工作。　——诺曼·道格拉斯

我们曾经为欢乐而斗争，我们将要为欢乐而死。因此，悲哀永远不要同我们的名字连在一起。　——伏契克

乐人之乐，人亦乐其乐；忧人之忧，人亦忧其忧。　——白居易

一个人的特色就是他存在的价值，不要勉强自己去学别人，而要发挥自己的特长。这样不但自己觉得快乐，对社会人群也更容易有真正的贡献。　——罗兰

各人有各人理想的乐园，有自己所乐于安享的世界，朝自己所乐于追求的方向去追求，就是你一生的道路，不必抱怨环境，也无须艳羡别人。　——罗兰

一个人如能让自己经常维持像孩子一般纯洁的心灵，用乐观的心情做事，用善良的心肠待人，光明坦白，他的人生一定比别人快乐得多。　——罗兰

开朗的性格不仅可以使自己经常保持心情的愉快，而且可以感染你周围的人们，使他们也觉得人生充满了和谐与光明。　——罗兰

快乐应该是美德的伴侣。　——巴尔德斯

不应该追求一切种类的快乐，应该只追求高尚的快乐。　——德谟克利特

真正的快乐是内在的，它只有在人类的心灵里才能发现。　——布雷默

所谓内心的快乐，是一个人过着健全的正常的和谐的生活所感到的快乐。

——罗曼·罗兰

内心的欢乐是一个人过着健全的、正常的、和谐的生活所感到的喜悦。

——罗曼·罗兰

人们需要快乐，就像需要衣服一样。　——玛格瑞特·科利尔·格雷厄姆

人生要有意义只有发扬生命，快乐就是发扬生命的最好方法。　——张闻天

真正的快乐是对生活的乐观，对工作的愉快，对事业的兴奋。　——爱因斯坦

最明亮的欢乐火焰大概是由意外的火花点燃的。人生道路上不时散发出芳香的花朵，也是由偶然落下的种子自然生长出来的。　——塞·约翰逊

最幸福的似乎是那些并无特别原因而快乐的人，他们仅仅因快乐而快乐。
　　　　　　　　　　　　　　　　　　　　　　——威廉姆·拉尔夫·英奇

快乐并不需要下流或肉欲。往昔的智者们都认为只有智性的快乐最令人满足而且最能持久。　——毛姆

快乐不在于事情，而在于我们自己。　——理查德·瓦格纳

快乐的秘诀是：让兴趣尽可能地扩张，对人对物的反应尽可能出自善意而不是恶意的兴趣。　——罗素

快乐既然是人类和兽类所共同追求的东西，所以从某种意义上说，它就是最高的善。　——亚里士多德

快乐是一种奢侈。若要品尝它，绝不可缺的条件是心无不安。心若不安，即使稍受威胁，快乐就立刻烟消云散。　——司汤达

风力掀天浪打头，只须一笑不须愁。　——杨万里

休将白发唱黄鸡，门前流水尚能西。　——苏轼

如果人是乐观的，一切都有抵抗，一切都能抵抗，一切都会增强抵抗力。
　　　　　　　　　　　　　　　　　　　　　　　　　　　　——瞿秋白

生命苦短，便这既不能阻止我们享受生活的乐趣，也不会使我们因其充满艰辛而庆幸其短暂。　——沃维纳格

凡事总要有信心，老想着"行"。要是做一件事，先就担心着"怕咱不行吧"，那你就没有勇气了。　——盖叫天

既然太阳上也有黑点，"人世间的事情"就更不可能没有缺陷。　——车尔尼雪夫斯基

人生的道路都是由心来描绘的。所以，无论自己处于多么严酷的境遇之中，心头都不应为悲观的思想所萦绕。　——稻盛和夫

乌云后面依然是灿烂的晴天。　——朗弗罗

一切的和谐与平衡，健康与健美，成功与幸福，都是由乐观与希望的向上心理产生与造成的。　——华盛顿

生活的理想，就是为了理想的生活。　——张闻天

过去属于死神，未来属于你自己。　——雪莱

世间的活动，缺点虽多，但仍是美好的。　——罗丹

如烟往事俱忘却，心底无私天地宽。　——陶铸

辛勤的蜜蜂永没有时间悲哀。　——布莱克

所有的人都以快乐幸福作为他们的目的；没有例外，不论他们所使用的方法是如何不同，大家都在朝着这同一目标前进。　——帕斯卡

家居的快乐，是所有志向的最终目标；是所有事业的劳苦的终点。　——塞·约翰生

家庭和睦是人生最快乐的事。　——歌德

对于那些内心充溢快乐的人们而言，所有的过程都是美妙的。　——罗莎琳·德卡斯奥

一个有真正大才能的人会在工作过程中感到最高度的快乐。　——歌德

大忙人往往是最快乐的人，因为他没时间去想自己快不快乐。

笑实在是仁爱的象征，快乐的源泉，亲近别人的媒介。有了笑，人类的感情就沟通了。　——雪莱

保持快乐，你就会干得好，就更成功、更健康，对别人也就更仁慈。　——马克斯威尔·马尔兹

所谓的快乐，是指身体的无痛苦和灵魂的无纷扰。　——伊壁鸠鲁

开朗的性格不仅可以使自己经常保持心情的愉快，而且可以感染你周围的人们，使他们也觉得人生充满了和谐与光明。　——罗兰

快乐应该是美德的伴侣。　——巴尔德斯

当我们爱别人的时候，生活是美好、快乐的。　——列夫·托尔斯泰

快乐是从艰苦中来的，只有经过劳作、经过奋斗得来的快乐，才是真正的快乐。

不可能从天下掉下来一个快乐给你享受。而且快乐常常不是要等到艰苦之后，而是即在艰苦之中。　——谢觉哉

快乐不在于事情，而在于我们自己。　——理查德·瓦格纳

人们需要快乐，就像需要衣服一样。　——玛格瑞特·科利尔·格雷厄姆

如果人是乐观的，一切都有抵抗，一切都能抵抗，一切都会增强抵抗力。
——瞿秋白

碰到最危险的时候，我都必须往它们幽默的一面看，并且笑一笑，理由，唯一的理由，就在这里。　——安妮

所谓内心的快乐，是一个人过着健全的、正常的、和谐的生活所感到的快乐。　——罗曼·罗兰

沉沉的黑夜都是白天的前奏。　——郭小川

充满着欢乐与斗争精神的人们，永远带着欢乐，欢迎雷霆与阳光。　——赫胥黎

体育和运动可以增进人体的健康和人的乐观情绪，而乐观情绪却是长寿的一项必要条件。　——勒柏辛斯卡娅

永远以积极乐观的心态去拓展自己和身外的世界。　——曾宪梓

忧愁、顾虑和悲观，可以使人得病；积极、愉快和坚强的意志和乐观的情绪，可以战胜疾病，更可以使人强壮和长寿。　——华盛顿

快乐就是健康，忧郁就是疾病。　——马克·吐温

还有谁比一个身体健康，没有债务和问心无愧的人更快乐？　——亚当·斯密

所有快乐中最伟大的快乐存在于真理的沉思之中。　——阿奎那

唯独具有最高尚和最快乐性格的人才会感染周围的人的快乐。　——陀思妥耶夫斯基

快乐的心情使一碟菜成为盛宴。　——赫伯特

当我们在为恶时是很少有欢乐可言的，一种纯粹的欢笑只有在行善时才能得到。　——尼采

希望中的快乐不亚于实际享受的忧乐。　——莎士比亚

要想别人快乐,自己先得快乐。要把阳光散布到别人的心田里,先得自己心里有阳光。 ——罗曼·罗兰

一个不欣赏自己的人,是难以快乐的。 ——三毛

有一个方法可以让自己好看,就是尽量保持快乐的心境。 ——席慕蓉

不应该追求一切种类的快乐,应该只追求高尚的快乐。 ——德谟克利特

生的真正快乐,是致力于一个自己认为是伟大的目标。 ——萧伯纳

静穆是表示快乐的最好方法。要是我可以说出自己心里是多么快乐,那么我的快乐就是有限的。 ——莎士比亚

快乐有人分担,也就分外快乐;一个人再怎么幸福,没有外人知道,心里也不满足。 ——莫里哀

快乐是生命唯一的意义,没有快乐的地方,人类的生活会变得疯狂而可怜。 ——桑塔亚那

快乐来来去去,如同旋转着的灯塔灯光,光辉地闪烁刹那,然后就灭去。它若一直发光,你便无法察觉。 ——戴尔·卡耐基

总是乐呵呵的人最能说明他聪明。 ——蒙田

人生是各种不同的变故,循环不已的痛苦和欢乐组成的。 ——巴尔扎克

我们这些具有无限精神的有限的人,就是为痛苦和欢乐而生的,几乎可以这样说,最优秀的人物通过痛苦才得到快乐。 ——贝多芬

痛苦或者欢乐,完全蕴含于眼界的宽窄。 ——雪莱

生活乐趣的大小是随我们对生活的关心程度而定的。 ——蒙田

"留住快乐,忘记烦",这就是我们找到快乐生活的秘诀之一。 ——罗兰

痛苦这把犁刀一方面割破了你的心,一方面掘出了生命的新的水源。 ——罗曼·罗兰

幻想出来的痛苦一样可以伤人。 ——海涅

不管处境如何,女人的痛苦总是比男人多,而且程度也很深。 ——巴尔扎克

有了精神上的痛苦,肉体的痛苦变得不足道了;但因为精神的痛苦是肉眼看不

见的，倒反不容易得到人家同情。　——巴尔扎克

世界以它的痛苦同我接吻，而要求歌声作报酬。　——泰戈尔

人生最苦痛的是梦醒了无路可走。　——鲁迅

忍受痛苦，要比接受死亡需要更大的勇气。　——拿破仑

一切痛苦毕竟是懦弱的表现，在坚强有力的生活感召下会悄悄退隐。　——茨威格

了解许多问题的存在，却无力去改变或控制任何一种，人生最大的痛苦莫过于此。　——海隆达斯

痛苦并非坏事，除非痛苦征服了我们。　——金斯利

在任何情况下，遭受的痛苦越深，随之而来的喜悦也就越大。　——奥古斯狄尼斯

只要是人，就有痛苦，只是你没有勇气去克服它而已，如果你有这种勇气，它就会变成一种巨大的力量，否则，你只有终生被它践踏奴役。　——古龙

要保持健康的身体，除了节食、安静这两位医生外，还有一位，就是快乐。

——丘吉尔

乐观意味着不对无可奈何的事情怨天尤人。怨天尤人是那些失去自我依赖的人的借口。　——雷音

内心自的欢乐是一个人过着健全的、正常的、和谐的生活所感到的喜悦。

——罗曼·罗兰

（三）慈善

个人感悟

慈善，一是"慈"，要有仁爱之心，二是"善"要有善行义举。慈善应该不计回报，不计结果，慈善只是有仁爱之心的人们的一种善举。

慈是一种施舍,善是公益行为,慈善更多的是对他人、对弱者的关注、给予和付出。

慈善和志愿活动会慢慢消解人们心头的坚冰，让人们重新对这个社会充满信心。这种精神意义上的结果，比什么现实的救助结果都重要。

曾经读过一篇文章说：有一个乞丐去一家乞讨，主人让他把屋后的一些砖头搬到院子里来，他搬运完已经满头大汗，主人给了他一些钱，他接过钱很感激地说："谢谢。"主人说："不用谢，这是你劳动的报酬。"后来那位乞丐变了一位成功的企业家，他感慨地说："是那位主人尊重我，教会我自食其力。"

慈善究竟有什么意义？第一，它是一种良心，经常捐赠者是善人，也就是我们常说的好人；第二，它是一种公德和品质，只有和善之邦和道德水平高尚的国度人们才会踊跃捐赠，它展现的不仅是国民整体素质，也是公民个人的品质；第三，它是一种信仰，几乎所有宗教都主张行善，其中以佛教为最，因为佛教宣扬因果报应，所谓"种善得善、种恶得恶"；第四，它是一种回报，富人的钱固然是他们努力赚来的，但他们赚来的钱是建立在广大百姓的劳动之上的，工厂靠的是工人，名人明星靠的是公众的眼球和手里的钞票，所以他们的慈善就是对百姓或公众的一种回报；第五，慈善也是一种投资，热衷于慈善的人总会获得媒体和舆论的褒扬，其事业就会顺风顺水，反之不仅备受批评而且事业之路也会越来越窄。

慈善的目的是使接受资助的人从此改变他们的生活和命运，不是良心发现时偶尔的施舍和恩赐，而是每个人从内心深处发出的对他人的同情与关爱。帮助别人是一种快乐，行善也是一种获得心灵的愉悦。那些做了好事的，四处宣扬，烘托自己的高大形象，只会被公众蔑视，认为慈善的动机不纯。不论身份、地位、贫富，人人都是平等的，人人都应该彼此尊重。捐助要在捐献者和受助者之间平等、自然、和谐的状态下进行。尊严无价，如果伤害了受助者的尊严，给与再多的物质帮助也无法弥补。

经典事例

2007年2月16日，刚刚卸任的联合国秘书长安南，在得克萨斯州的一个庄园里举行了一场慈善晚宴。应邀参加晚宴的都是富商和社会名流。当一个叫露西的小女孩儿捧着她的全部储蓄来到庄园，要求进去参加慈善晚宴的时候，遇到了保安的阻止。小露西说："叔叔，慈善的不是钱，是心，对吗？"她的话让保安愣住了。这句话打动了正要进去的沃伦·巴菲特先生。他带小露西进了庄园。当天慈善晚宴的主角不是倡议者的安南，不是捐出300万美元的巴菲特，而是仅仅捐出30美元零25美分的小露西。而晚宴的主题标语也变成了这样一句话："慈善的不是钱，是心。"

多么纯真善良的童心！在小露西的心灵里，爱心是不分钱多钱少的。30美元零25美分相对于300万美元来说，不值一提，然而，这却是小露西的全部所有，她奉出了全部的爱心，毫无保留！保安是以地位来看待来客的，而小露西却能在保安面前不卑不亢，那是因为她认为自己是来奉爱心的。爱心不分贫富，爱心是不以金钱的数量来衡量的。奉献爱心，只要是尽自己所能，就是义举。善良的心是不分高低贵贱的。只要怀有真诚的慈善，你的心灵就是高贵的。

名人箴言

如果人们都能以同情慈善，以人道的行径来剔除祸根，则人生的灾患便可消灭过半。　——爱迪生

生的人远比死的人更须要慈善。　——阿诺德

真正的慈善是神灵培植的作物。　——威·柯珀

慈善行及至亲，但不应仅此为止。　——富勒

慈善是心灵的，而不是手的美德。　——阿狄生

高调慈善和低调慈善的爱心是平等的。　——陈光标

慈善的行为比金钱更能解除别人的痛苦。　——卢梭

捐赠的地方不投资，投资的地方不搞捐赠。　——陈光标

感谢是爱心的第一步。　——西方谚语

爱是美德的种子。　——但丁

爱是理解的别名。　——泰戈尔

人生是花，而爱是花蜜。　——雨果

慈悲不是出于勉强，它是像甘露一样从天上降下尘世；它不但给幸福于受施的人，也同样给幸福于施与的人。　——莎士比亚

对于我来说，生命的意义在于设身处地替人着想，忧他人之忧，乐他人之乐。　——爱因斯坦

几十年的经验使我懂得，多想到别人，少想到自己，便可以少犯错误。
　　　　　　　　　　　　　　　　　　　　——巴金

爱是生命的火焰，没有它，一切变成黑暗。　——罗曼·罗兰

爱是不会老的，它留着的是永恒的火焰与不灭的光辉，世界的存在，就以它为养料。　——左拉

慈善是阳光，美德在它的沐浴下成长。　——英国谚语

慈善也即是给予人们的爱比他们应得到的要多。　——诺贝尔

慈善的行为比金钱更能解除别人的痛苦。　——卢梭

真正的慈善能明察秋毫，哪里需要行善它一看就知道。　——托·布朗

慈善是心灵的，而不是手的美德。　——阿狄生

生的人远比死的人更需要慈善。　——阿诺德

教育是使人改变命运的工作，是世界上最伟大、最有意义的慈善事业！

世界上只有一种人，就是需要关心的人。　——温世仁

一个人有再大的权力、再多的财富、再高的智慧，如果没有学会去关怀别人、去爱别人，那他的生命还有多少意义呢！　——温世仁

慈悲不是出于勉强，它是像甘露一样从天上降下尘世；它不但给幸福于受施的人，也同样给幸福于施与的人。　——莎士比亚

感谢是爱心的第一步。　——西方谚语

爱之花开放的地方，生命便能欣欣向荣。　——凡高

爱是不会老的，它留着的是永恒的火焰与不灭的光辉，世界的存在，就以它为养料。　——左拉

善待那些具有爱心的人。　——梅特灵克

只有肚子饿的时候，吃东西才有益无害，同样，只有当你有爱心的时候，去同人打交道才会有益无害。　——列夫·托尔斯泰

把别人的幸福当作自己的幸福，把鲜花奉献给他人，把棘棘留给自己！
　　　　　　　　　　　　　　　　　　　　　　　　——巴尔德斯

上天赋予的生命，就是要为人类的繁荣和平和幸福而奉献。　——松下幸之助

德行善举是唯一不败的投资。　——梭洛

奉献乃生活的真正意义。　——阿德勒

有的人觉得能够舍身，能够用牺牲来对人类表示深切而毫无私心的同情，是一种快乐。　——罗曼·罗兰

心心相印的人，在悲哀之中必然会发出同情的共鸣。　——莎士比亚

应当善于同情，而不是善于严惩。　——罗佐夫

真正的同情，在忧愁的时候，不在快乐的期间。　——冰心

应该尊重彼此间的相互帮助，这在社会生活中是必不可少的。　——高尔基

真诚的关心，让人心里那股高兴劲儿就跟清晨的小鸟迎着春天的朝阳一样。　——高尔基

无论是朋友或是生人遭到了危险，我们都要大胆地承担下来，尽力帮助人家，根本不考虑自己要付出多大的代价。　——马克·吐温

聪明人都明白这样一个道理，帮助自己的唯一方法就是帮助别人。　——哈伯德

只有当你给你的朋友以某种帮助时，你的精神才能变得丰富起来。　——苏霍姆林斯基

一个人要帮助弱者，应当自己成为强者，而不是和他们一起变成弱者。
　　　　　　　　　　　　　　　　　　　　　　　　——罗曼·罗兰

帮自己的忙，帮到后来，只忙了自己，这是常常要遇到的。　——鲁迅

只要还有能力帮助别人，就没有权利袖手旁观。　——罗曼·罗兰

一个人的力量是很难应付生活中无边的苦难的。所以，自己需要别人帮助，自

己也要帮助别人。　——茨威格

有人问我们的行为会产生什么后果，能走多远而不致出错，我们应该欢迎他，把他当作朋友。　——泰戈尔

爱是纯洁的，爱的内容里，不能有一点渣滓；爱是至善至诚的，爱的范围里，不能有丝毫私欲。　——卢莎公爵夫人

爱别人，也被别人爱，这就是一切，这就是宇宙的法则。为了爱，我们才存在。有爱慰藉的人，无惧于任何事物，任何人。　——彭沙尔

爱就是充实了的生命，正如盛满了酒的酒杯。　——泰戈尔

当人们一旦遇到自己寻找的人时，心中将会充满惊讶和喜悦之感。如果找的时间越长，越难找，这种心情就会越激烈。　——洛岱丹巴

爱能使伟大的灵魂变得更伟大。　——席勒

你可曾想到，失去了爱，你的生活就离开了轨道。　——拿破仑

地球无爱则犹如坟墓。　——勃朗宁

爱可以战胜一切。　——希尔泰

希望被人爱的人，首先要爱别人，同时要使自己可爱。　——富兰克林

不被任何人爱，是巨大无比的痛苦；无法爱任何人，则生犹如死。　——格林贝克

爱是自然而来的，不是买得到的。　——朗费罗

一切真挚的爱，是建筑在尊敬上面的。　——白金汉

（四）孝廉

个人感悟

孝与廉首先是中国传统道德的两个德目。孝，就是子女善事父母亲祖的伦理义务与伦理行为的称谓。而廉则是官员克己奉公、廉洁不贪的道德义务与品德。这是分别处理家庭家族关系与国家关系的两种不同的道德。从中国道德德目的演变发展

来看，孝出现得比较早，最初在周代，孝作为一种观念与美德已经大行于天下。孝在中国文化中是一种始基性的核心价值观，是"百善孝为先"的首德，是中国人做人的根本，也是中国古人认为的为官从政的人格道德基础。

孝与廉是相互支持的关系。

孝何以能廉？廉何以能孝？

第一，孝是一切道德的基础也是廉德的基础。孝，诚如《孝经》所说是"德之本也，教之所由生也"。在中国古人看来，孝是为人第一德，是诸种道德的基础。在家能孝亲，在朝必能忠君。廉实际上是为官之人对公共财物的道德态度，它实际上体现为对君主、国家的忠诚之德。

第二，不辱其亲的孝道责任感使人产生清廉为官的责任意识。一个守孝的人必然要在为官的过程中自觉遵守清勤慎的为官道德，绝不能做贪赃枉法之事，受牢狱之灾辱没先祖。这种孝道责任感成了某些官员得以廉洁自律的精神动因。

第三，廉才能保证行孝。一个人在古代中国能为官，已经是有出息有成就的人，但是权力是一种机遇也是一种风险，如果一个官员不能正确处理义利关系，在财利与权力面前不能保持清醒的头脑，既要当官又要谋财，那势必就会成为一名贪官，轻则贬官，重则受刑甚至丢命，这样肯定不能顾及父母之养，而且辱没家门家风，而成为不孝之逆子。因此，廉洁，不仅能保证官员长守富贵，一生平安，而且还能保证官员行孝，做到"大孝尊亲，其次不辱"。

经典事例

黄帝的后裔舜，父亲又聋又瞎，性情十分暴躁，母亲则十分贤淑，舜在母亲的照料下，幼年过得相当美满。

但后来他的母亲得了重病，不久离开人世，自母亲去世后，他父亲的性情变得更坏。后来父亲娶了继室，生下了弟弟象。从此父亲对继母更加宠爱，而继母是一心空狭窄的人，常在父亲面前说舜的坏话，使舜常被父亲责打。

但孝顺的舜没有因此而心生埋怨，仍然百般孝顺。但继母还是恐怕他会分去大半家业，因此常想把舜除掉。亦一次又一次设计陷害他。

虽然继母和弟弟不断迫害，但舜从不介意，当他20岁那年，他的孝行传及千里，天子尧亦由地方官吏的推荐而得见舜，他亦非常赞赏他的为人，便把两个女儿嫁给舜，而舜的孝行最终亦感动了继母和弟弟，一家人最终和和乐乐地过日子。而尧亦禅让给舜。在舜的治理下，国家得以兴盛太平。

名人箴言

孝子之养也，乐其心，不违其志。　　——《礼记》

孝有三：大尊尊亲，其次弗辱，其下能养。　　——《礼记》

父母之年，不可不知也。一则以喜，一则以惧。　　——《论语》

孟武伯问孝，子曰："父母惟其疾之忧。"　　——《论语》

父母之所爱亦爱之，父母之所敬亦敬之。　　——孔子

长幼有序。　　——孟子

老吾老，以及人之老；幼吾幼，以及人之幼。天下可运于掌。　　——孟子

孝子之至，莫大乎尊亲。　　——孟子

惟孝顺父母，可以解忧。　　——孟子

父子有亲，君臣有义，夫妇有别，长幼有叙，朋友有信。　　——孟子

事，孰为大？事亲为大；守，孰为大？守身为大。不失其身而能事其亲者，吾闻之矣；失其身而能事其亲者，吾未闻也。孰不为事？事亲，事之本也；孰不为守？守身，守之本也。　　——孟子

仁之实，事亲是也；义之实，从兄是也。　　——孟子

不得乎亲，不可以为人；不顺乎亲，不可以为子。　　——孟子

君子有三乐，而王天下不与存焉。父母俱存，兄弟无故，一乐也；仰不愧于天，俯不怍于人，二乐也；得天下英才而教育之，三乐也。君子有三乐，而王天下不与存焉。　　——孟子

世俗所谓不孝者五，惰其四支，不顾父母之养，一不孝也；博奕好饮酒，不顾

父母之养，二不孝也；好货财，私妻子，不顾父母之养，三不孝也；从耳目之欲，以为父母戮，四不孝也；好勇斗狠，以危父母，五不孝也。 ——孟子

无父无君，是禽兽也。 ——孟子

贤不肖不可以不相分，若命之不可易，若美恶之不可移。 ——《吕氏春秋》

孝子不谀其亲，忠臣不谄其君，臣子之盛也。 ——庄子

事其亲者，不择地而安之，孝之至也。 ——庄子

礼者，断长续短，损有余，益不足，达爱敬之文，而滋成行义之美也。
——荀子

天地之性，人为贵；人之行，莫大于孝，孝莫大于严父。 ——《孝经·圣至章》

父母者，人之本也。 ——司马迁

事亲以敬，美过三牲。 ——挚虞

父子不信，则家道不睦。 ——武则天

谁言寸草心，报得三春晖。 ——孟郊

内睦者，家道昌。 ——林逋

慈孝之心，人皆有之。 ——苏辙

长者立，幼勿坐，长者坐，命乃坐。尊长前，声要低，低不闻，却非宜。进必趋，退必迟，问起对，视勿移。 ——李毓秀

侍于亲长，声容易肃，勿因琐事，大声呼叱。 ——周秉清

长者问，对勿欺；长者令，行勿迟；长者赐，不敢辞。 ——周秉清

重资财，薄父母，不成人子。 ——朱柏庐

失去了慈母便像花插在瓶子里，虽然还有色有香，却失去了根。 ——老舍

母亲是没有什么东西可以代替的。 ——巴金

老年人犹如历史和戏剧，可供我们生活的参考。 ——西塞罗

开始吧，孩子，开始用微笑去认识你的母亲吧！ ——维吉尔

亲善产生幸福，文明带来和谐。 ——雨果

一个人如果使自己的母亲伤心，无论他的地位多么显赫，无论他多么有名，他

都是一个卑劣的人。　——亚米契斯

年老受尊敬是出现在人类社会里的第一种特权。　——拉法格

我们体贴老人，要像对待孩子一样。　——歌德

母亲，是唯一能使死神屈服的力量。　——高尔基

世界上的一切光荣和骄傲，都来自母亲。　——高尔基

老人受尊敬，是人类精神最美好的一种特权。　——司汤达

所有杰出的非凡人物都有出色的母亲，到了晚年都十分尊敬自己的母亲，把他们当作最好的朋友。　——狄更斯

在孩子的嘴上和心中，母亲就是上帝。　——萨克雷

在这个世界上，我们永远需要报答最美好的人，这就是母亲。　——奥斯特洛夫斯基

就是在我们母亲的膝上，我们获得了我们的最高尚、最真诚和最远大的理想，但是里面很少有任何金钱。　——马克·吐温

共产主义不仅表现在田地里和汗水横流的工厂，它也表现在家庭里、饭桌旁，在亲戚之间，在相互的关系上。　——马雅可夫斯基

丑恶的海怪也比不上忘恩的儿女那样可怕。　——莎士比亚

仁爱和打人都先自家中开始。　——鲍蒙特和弗莱彻

慈善行及至亲，但不应仅此为止。　——富勒

作为一个人，对父母要尊敬，对子女要慈爱，对穷亲戚要慷慨，对一切人要有礼貌。　——罗素

对孩子来说，父母的慈善的价值在于它比任何别的情感都更加可靠和值得信赖。　——罗素

家庭的基础无疑是父母对其新生儿女具有特殊的情感。　——罗素

还有什么比父母心中蕴藏着的情感更为神圣的呢？父母的心，是最仁慈的法官，是最贴心的朋友，是爱的太阳，它的光焰照耀、温暖着凝聚在我们心灵深处的意向！　——马克思

智慧之子使父亲欢乐，愚昧之子使母亲蒙羞。　——所罗门

黄昏，你把清晨驱散的一切收集回来；羊群归棚，孩子回到母亲身边。
——萨福

母爱是一种巨大的火焰。　——罗曼·罗兰

亲人不睦家必败。　——林肯

天下最苦恼的事莫过于看不起自己的家。　——狄更斯

要用希望孩子对待你的方式去对待父母。　——苏格拉底

在家庭中，孩子最微小的欢笑，就是使父母认识统一能得到巩固的伟大精神动力。　——苏霍姆林斯基

建立和巩固家庭的力量是爱情，是父亲和母亲、父亲和孩子、母亲和孩子相互之间的忠诚的、纯真的爱情。　——苏霍姆林斯基

母亲的安宁和幸福取决于她的孩子们。母亲的幸福要靠孩子、少年儿童去创造。　——苏霍姆林斯基

父母和子女，是彼此赠予的最佳礼物。　——维斯冠

有的儿女使我们感到此生不虚，有的儿女为我们留下了终身遗憾。　——纪伯伦

再没有什么能比人的母亲更为伟大。　——惠特曼

一家人能够相互密切合作，才是世界上唯一的真正幸福。　——居里夫人

和睦的家庭空气是世界上的一种花朵，没有东西比它更温柔，没有东西比它更适宜于把一家人的天性培养得坚强、正直。　——德莱塞

没有和平的家庭，就没有和平的社会。　——池田大作

互相赠送礼物的家庭习惯有助于增进父母与孩子之间诚挚的友谊。其主要意义并不在于礼物的本身，而在于对亲人的关心，在于希望感谢亲人的关心。　——伊林娜

良好的家庭传统有助于家庭成员相互尊重，有助于家庭建成一个友爱的、生气勃勃的集体。　——伊林娜

母子之情是世界上最神圣的情感。　——大仲马

我们有谁看到从别人处所受的恩惠有比子女从父母处所受的恩惠更多呢？ ——色诺芬

人生最美的东西之一就是母爱，这是无私的爱，道德与之相形见绌。 ——小路实笃

母亲在家事事顺。 ——阿尔科特

全世界的母亲多么相像！她们的心始终一样。 ——瓦普察洛夫

一个高尚的人，如果有一个像他自己一样的儿子，其乐一定不亚于他自己生命的延续。 ——斯梯尔

父母的美德是一笔巨大的财富。 ——贺拉斯

母亲，我祝福您，因为您知道怎样把您的儿子培养成一个真正的人。他将在人生的战斗中获得胜利。 ——阿斯杜里亚斯

谁拒绝父母对自己的训导，谁就首先失去了做人的机会。 ——哈吉·阿布巴卡·伊芒

静以修身，俭以养德。 ——诸葛亮

君子忧道不忧贫。 ——孔丘

贫而无谄，富而无骄。 ——子贡

强本而节用，则天不能贫。 ——荀况

侈而惰者贫，而力而俭者富。 ——韩非

夫君子之行，静以修身，俭以养德，非淡泊无以明志，非宁静无以致远。

——诸葛亮

奢者狼藉俭者安，一凶一吉在眼前。 ——白居易

不念居安思危，戒奢以俭；斯以伐根而求木茂，塞源而欲流长也。 ——魏征

历览前贤国与家，成由勤俭破由奢。 ——李商隐

霸祖孤身取二江，子孙多以百城降。豪华尽出成功后，逸乐安知与祸双？

——王安石

清风凉自林谷出廉洁源从自律来。 ——俞士超

认认真真做人，踏踏实实做事；不求个人得失，只求问心无愧。 ——姚钦颖

身在官场志守廉，敢为苍生质昊天；为民着想民方敬，致仕美誉价万千。 ——许大昭

为了国家和集体的利益，为了人民大众的利益，一切有革命觉悟的先进分子必要时都应当牺牲自己的利益。 ——邓小平

为民贵，社稷次之，君为轻。 ——孟子

只有代表群众才能教育群众，只有做群众的学生才能做群众的先生。 ——毛泽东

苟利国家生死以，岂因祸福避趋之。 ——林则徐

为国者以民为基。 ——《三国志》

其身正，不令而行；其身不正，虽令不从。 ——《论语》

正以处心，廉经律己。 ——《薛文清公公政录》

廉不言贫，勤不言苦；尊其所闻，行其所知。 ——格言对联

勤能补拙，俭以养廉。 ——金缨

德惟善政，政在养民。 ——《尚书》

在世一日，要做一日好人；为官一日，要行一日好事。 ——金兰生

才者，德之资也；德者，才之帅也。 ——《资治通鉴》

公则生明，廉则生威。 ——朱舜水

吏不廉平，则治道衰。 ——《资治通鉴》

廉耻事大，死生事小。 ——《宋史》

流水不腐，户枢不蠹。 ——《吕氏春秋》

为政者，不赏私劳，不罚私怨。 ——《左传》

公生明，偏生暗，端悫生道，诈伪生塞。 ——《荀子》

简能而任之，择善而从之。 ——魏征

贪侈会破坏人们的心灵纯质，因为不幸的是，你获得愈多，就愈贪婪，而且确实总感到不能满足自己。 ——安格尔

人类也需要梦想者，这种人醉心于一种事业的大公无私的发展，因而不能注意自身的物质利益。　——居里夫人

德行告诉人们：反抗诱惑吧，那样你才有更多的机会做出高尚的行为来。
　　　　　　　　　　　　　　　　　　　　　　——车尔尼雪夫斯基

不贪为宝。　——左丘明

激浊而扬清，废贪而立廉。　——柳宗元

出污泥而不染，濯清涟而不妖。　——周敦颐

廉者民之表也，贪者民之贼也。　——包拯

清风两袖朝天去，免得闾阎（老百姓）话短长。　——于谦

临官莫如平，临财莫如廉。　——白居易

嗜欲之原灭，廉正之心生。　——刘向

苟非吾之所有，虽一毫而莫取。　——苏轼

清贫，洁白朴素的生活，正是我们革命者能够战胜许多困难的地方。　——方志敏

俭朴的生活，不但可使精神愉快，而且可以培养革命品质。　——徐特立

以财为草，以身为宝。　——刘向

不管时代的潮流和社会的风尚怎样，总可以凭着自己高贵的品质，超脱时代和社会，走自己正确的道路。　——爱因斯坦

没有思想上的清白，也就不能够有金钱的廉洁。　——巴尔扎克

（五）进取

个人感悟

一个民族和时代的进步，是由进取心推动的。一个人的成功，更离不开进取心作为前行的动力。

进取心的源头是不安现状。陈胜少时"与人佣耕"，在田头喟叹"燕雀安

知鸿鹄之志",便因为他较同伴更多一份不甘贫贱的心。机会总降临于有准备的人,于是大泽乡的一场暴雨竟帮了陈胜大忙。试想秦朝征戍兵丁无数,因故不能按期抵达的也无数,为何偏轮到陈胜揭竿而起?答案很简单,他比常人更想改变命运。

当然,进取心并非都这般惊天动地。不安现状本是人之常情,在所有人的内心深处都不乏进取的因子。只不过由于现实条件和个体特性的差异,每个人的进取心有着强弱之别。但可以肯定,谁沉溺于现状、自满于现状,就只能原地踏步,而且在激烈竞争的社会环境中不进则退,随时可能被淘汰。所以进取心不是可有可无,不想着进步,必然将退步;不想着更好,只能会变糟。这也是一个硬道理。

如果说不安现状还是本能,真正支撑和引导进取心的是志向。古人云:"志小则易足,易足则无由进。"就将人的志向与进取心紧紧相联。据说有人经过某建筑工地,问三个工人在干啥。甲回答:"在砌一堵墙。"乙回答:"在盖一幢楼。"丙回答:"在建一座城。"许多年后,甲仍然是工人,乙成了建筑公司经理,丙成了城市管理者。这或许是杜撰的故事,但在现实生活中,确实是人各有志。有的抱负很远大,以天下兴亡为己任;有的目标很具体,立足当下看得见、摸得着的事。有的偏重精神,如古人崇尚立德、立功、立言"三不朽";有的偏重物质,如今人攀比车子、房子、票子"三齐备"。无论是哪种志向,它都决定了你的目标和路径。同样是进取的人生,是追求卓越还是浮华,追求长远还是眼前,追求价值还是体面?人们的行为选择不同,人生的气质和境界也将不同。

确立进取的人生态度,自然会像奥林匹克格言说的力求"更快、更高、更强",却又不意味我们必须急切向上攀爬、向前迈进。在非洲原野有种尖茅草,半年里只长一寸,但到了雨季,三五天就会窜出一两米,成为"草中之王"。原来它的前半年是往下生长,根系竟长达三十米左右。正因如此,便为雨水的降临做了充分准备。从尖茅草身上,我们领略了"先用功,才成功;先埋头,再出头;先让己蛰伏,后让人折伏"的传奇,它体现了厚积薄发、蓄势待发的进取精神。凡有大作为者,背后总有鲜为人知的故事，通常需面壁十年、铁杵磨针的累积，先得静下心练就内功，否则光凭场面上的热闹，不可能有脚力真正走远。

人生的进取，最可贵的是那股精神，在于努力留下自己的足迹，喊出自己的声响，而不是以成败评判的结果。人生无常，进取也不可能一帆风顺。在困难和挫折面前，唯有不动摇、不放弃、不退缩，才是一颗具有定力的进取心。

经典事例

"凌晨4点的洛杉矶"，这是科比的自称。

自从他进NBA以来，长期坚持早晨4点起床练球，每天都要投进1000球才算结束。因此，当有记者问科比为什么能那么成功时，科比反问道："你知道洛杉矶早晨4点的样子吗？"记者摇头。"我知道每天洛杉矶早晨4点的样子。"科比说，他的成功完全出于他的勤奋，当大多数人都还在睡梦中时，他已出现在湖人队训练房了。

科比为美国队备战2012年伦敦奥运会时，在拉斯维加斯的一段训练经历。美国队首次合练前一晚，凌晨3点30分，罗伯特·阿勒特的电话忽然响起，他一看是科比打来的，便略带紧张地接了电话。"罗伯特，希望没打扰你。"科比在电话里说。"没有，科比，什么事呢？"罗伯特回答。"我想知道，你是否能帮我做点体能训练。"科比说。

罗伯特看了看时间，当时已经4点15分。尽管他正准备睡觉，但因为是科比打来的电话，他只能硬着头皮回答："当然，一会训练馆见。"

挂了电话，罗伯特大概用了20分钟的时间准备，然后离开酒店去了训练馆。可当他到达训练馆的时候，科比已经一个人练得汗流浃背了，当时是凌晨5点，"科比身上的汗就像刚从游泳池里出来一样"。

随后科比在罗伯特的指导下大概用了1个小时15分钟的时间进行体能训练，然后是45分钟的力量训练。"我已经累得不行，只能回酒店休息，而科比则继续回到训练馆进行投篮训练。"按照安排，罗伯特上午11点还得去训练馆指导全队合练，他醒来的时候还有点头昏，就跟没睡过一样。当他再次到达训练馆时发现，美国队的队员都到齐了,"勒布朗与安东尼在聊天,老 K 教练在为杜兰特解答着什么,而右边的科比还在进行投篮训练"。

"你啥时候结束呢?"罗伯特问。

"结束什么?"科比反问。

"投篮训练,你什么时候离开训练馆?"

"噢,我刚结束,因为我想命中 800 个投篮。"科比说道。

听了科比的话,罗伯特意识到,科比上赛季高效率的表现一点也不让人吃惊,他在比自己年轻 10 岁的年轻球员头上扣篮也不再意外,他赛季初在得分榜上领跑,更是一点也不奇怪了,这就是科比,凌晨 4 点的科比。

名人箴言

自然赋予人们的不调和还很多,人们自己萎缩堕落退步的也还很多,然而生命决不因此回头。无论什么黑暗来防范思潮,什么悲惨来袭击社会,什么罪恶来亵渎人道,人类的渴仰完全的潜力,总是踏了这些铁蒺藜向前进。   ——鲁迅

缺乏进取精神的民族意味着堕落。唯有开拓和竞争,才能立于不败之地。
                                    ——怀特海

千金之珠,必在九重之渊而骊龙颔下。   ——庄子

什么是路?就是从没路的地方践踏出来的,从只有荆棘的地方开辟出来的。   ——鲁迅

要有那股不甘落后的天生傲气。   ——汉姆生

你们所多的是生力,遇见深林,可以辟成平地的,遇见旷野,可以栽种树木的,遇见沙漠,可以开掘井泉的。   ——鲁迅

时代环境全部迁流,并且进步,而个人始终如故,毫无长进,这才谓之"落伍者"。   ——鲁迅

真者,精诚之至也,不精不诚,不能动人。   ——《庄子》

傲不可长,欲不可纵,乐不可极,志不可满。   ——魏征

青，取之于蓝而青于蓝；冰，水为之而寒于水。　——《荀子·劝学》

天将降大任于斯人也，必先苦其心志，劳其筋骨，饿其体肤，空乏其身，行拂乱其所为。　——《孟子·告子下》

古之立大事者，不惟有超世之才，亦必有坚忍不拔之志。　——苏轼

尺有所短；寸有所长。物有所不足；智有所不明。　——屈原

人生的旅途，前途很远，也很暗。然而不要怕，不怕的人的面前才有路。
　　　　　　　　　　　　　　　　　　　　　　——鲁迅

空谈之类，是谈不久，也谈不出什麽来的，它始终被事实的镜子照出原形，拖出尾巴而去。　——鲁迅

见贤思齐焉，见不贤而内自省也。　——《论语》

人一能之，己百之；人十能之，己千之。　——《礼记·中庸》

不积跬步，无以至千里，不积小流，无以成江海。　——《荀子·劝学》

好学近乎知，力行近乎仁，知耻近乎勇。　——《礼记·中庸》

精选列举，学问勤中得，萤窗万卷书。三冬今足用，谁笑腹空虚？　——辛弃疾

业精于勤，荒于嬉。行成于思，毁于随。　——韩愈

不奋苦而求速效，只落得少日浮夸，老来窘隘而已。　——郑板桥

勤学如春起之苗，不见其增日有所长。辍学如磨刀之石，不见其损日有所亏。　——陶渊明

聪明在于勤奋，天才在于积累。　——华罗庚

应该记住我们的事业，需要的是手而不是嘴。　——童第周

埋头苦干是第一，发白才知智叟呆。勤能补拙是良训，一分辛苦一分才。
　　　　　　　　　　　　　　　　　　　　　　——华罗庚

如果你颇有天赋，勤勉会使其更加完美；如果你能力平平，勤勉会补之不足。　——雷诺兹

懒惰是很奇怪的东西，它使你以为那是安逸，是休息，是福气；但实际上它所给你的是无聊，是倦怠，是消沉；它剥夺你对前途的希望，割断你和别人之间的友

- 576 -

情，使你心胸日渐狭窄，对人生也越来越怀疑。　——罗兰

一切事无法追求完美，唯有追求尽力而为。这样心无压力，出来的结果反而会更好。　——方海权

勤奋是一条神奇的线，用它可以串起无数知识的珍珠。　——佚名

莫要由于侥幸取得一次收获，便否认踏实苦干是成就的基础。　——佚名

拼搏的汗水放射着事业的光芒，奋斗的年华里洋溢着人生的欢乐。　——张衡

人生在勤，不索何获。　——张衡

人生应该如蜡烛一样，从顶燃到底，一直都是光明的。　——萧楚女

情愿让日子过得忙迫，也不要让日子过得无聊。—罗兰

不满足是滚滚向上的车轮。　——鲁迅

人定胜天。　——《逸周书·文传》

不想当将军的士兵不是好士兵。　——拿破仑

人致力于一个目标，一种观念，是人在生活过程中追求完整之需要的一种表现。　——弗洛姆

一个人追求的目标越高，他的能力就发展得越快，对社会就越有益。　——高尔基

只有不可知，不可得的，才有人去追求。　——朱自清

没有追求的人生是十分乏味的。　——乔治·爱略特

人生就是行动、斗争和发展，因而不可能有什么固定不变的目标，人生的欲望和追求决不会停止不动。　——弗兰克，梯利

不实用的东西不值得追求。　——伯克

没有追求的人，必须是怠慢的。　——维纳德

人们努力追求的庸俗的目标——财产、虚荣、奢侈的生活，我总觉得都是可鄙的。　——爱因斯坦

占有不能带来幸福，人只有在不断地追求中才会感到持久的幸福和满足。　——赵鑫珊

对精神的追求和对物质的追求都是无止境的。但是脱离了前者的后者,是虚空、堕落;脱离了后者的前者,是虚假、倒退。　——陈祖芬

也许人就是这样,有了东西不知道欣赏,没有的东西又一味追求。　——海伦·凯勒

为了追求光和热,将身子扑向灯火,终于死在灯下,或者浸在油中,飞蛾是值得赞美的,在最后的一瞬间,它得到光,得到热了。　——巴金

让整个一生都在追求中度过吧,那么在这一生中必定会有许许多多顶顶美好的时刻。　——高尔基

人生的追求,情感的冲撞,进取的热情,可以隐匿却不可以贫乏,可以恬然却不可以清淡。　——余秋雨

人生最大的快乐不在于占有什么,而在于追求什么的过程中。　——班廷

物质上无止境的追求,其结果是对个人价值无止境的否定。　——罗兰

一个有事业追求的人,可以把"梦"做得高些。虽然开始时是梦想,但只要不停地做,不轻易放弃,梦想能成真。　——虞有澄

没有追求的人很快就会消沉。哪怕只有不足挂齿的追求也总比没有好。
　　　　　　　　　　　　　　　——卡莱尔

天地万物都在追求自身的独一无二的完美。　——泰戈尔

追求是一个人进行自我教育的最初的动力,而没有自我教育就不能想象会有完美的精神生活。　——苏霍姆林斯基

对我来说,没有任何事实是神圣的,没有任何事实是污秽的;我只是进行实验,永无止境地追求。在我身后没有过去。　——爱默生

生活中常有这种事情:来到眼前的往往轻易放过,远在天边的却又苦苦追求;占有它时感到平淡无味,失去它时方觉可贵。　——丁谦

有不少人,他们不追求那些物质的东西,他们追求理想和真理,从而得到了内心的自由和安宁。　——爱因斯坦

一个人只要强烈地坚持不懈地追求,他就能达到目的。　——司汤达

我们的一切追求和作为都是一个令人厌倦的过程。做一个不识厌倦为何物的人就好。 ——歌德

我们要追求那真实的功业，要追求对宇宙人生更深远的了解；要追求远超过狭小生活圈子之外的更多的东西。 ——罗兰

我有手杖可以打击猛兽。为了得到我所追求的东西，我愿与猛兽搏斗。
——巴金

对真理的和知识的追求并为之奋斗，是人的最高品质之——尽管把这种自豪感喊得最响的却往往是那些努力最小的人。 ——爱因斯坦

世间的任何事物，追求时候的兴致总要比享用时候的兴致浓烈。 ——莎士比亚

只有不断地追求探索，永远不满足已取得的成绩的人，生活才是美好的、有价值的。 ——萨帕林娜

世上的一切真正有益的东西，无一不是智者通过正确的追求所得到的。
——伯克

世人总是精益求精。 ——伏尔泰

人往往异想天开，竭力追求得不到的东西，干办不到的事，结果不是后悔，就是苦恼。 ——谢德林

人类的使命在于自强不息地追求完美。 ——列夫·托尔斯泰

不断去收获，不断去追求，永远学习苦干和等待。 ——朗费罗

（六）知福

个人感悟

幸福是什么？

幸福就是偎依在妈妈温暖怀抱里的温馨；

幸福就是依靠在恋人宽阔肩膀上的甜蜜；

幸福就是抚摸儿女细嫩皮肤的慈爱；

幸福就是注视父母沧桑面庞的敬意。

幸福是什么？
幸福就是摔倒会坚强站起来的勇气；
幸福就是妈妈在电话那边的一句唠叨；
幸福就是当你做出一个决定时爸爸沉默的支持。

幸福是什么？
幸福就是当我看不到你时，可以这么安慰自己：能这样静静想你，就已经很好了。
幸福就是不管外面的风浪多大，你都会知道，家里，总有一杯热腾腾的咖啡等着你。
幸福就是当相爱的人都变老的时候，还相看两不厌。
幸福就是可以一直都在一起，合起来的日子是一生一世，从人间到天堂。

幸福是什么？
幸福就是放下沉重的包袱，敞开你的心扉，参加朋友们的一次聚会。周末和家人看看电视，享受团圆的欢乐。
幸福就是给自己一份轻松的心情，保持健康积极向上的生活态度，凡事不抱怨，不贪图安逸，勤奋工作，给自己动力，保持生活的理想，珍惜时间，心怀感激。
幸福就是坦坦荡荡做人，踏踏实实做事。

幸福是什么？
幸福就是听一首优美的音乐，唱一首喜欢的歌曲。家里准备一顿丰盛的晚餐，和家人聊聊天。或者什么都不想，放下工作的繁忙，到大自然看树木，听鸟叫。幸福就是沏一杯清茶，或一杯自制的热饮，打开喜欢的杂志，读读美文，从字里行间感受轻松和愉悦。

幸福就是享受大自然带给你的美丽，吸一口清晨的清新空气，忘却喧嚣。与好朋友聚一聚，打一个电话给好朋友，寒暄寒暄。放松一下，上上网、打打牌、唱唱卡拉OK、下下棋，钓钓鱼。

幸福就是每天送自己一个微笑。有事没事打扮打扮自己，有事没事收拾收拾衣物。打扫打扫屋内的灰尘，唱个小曲，和朋友们一起去郊游。

幸福是什么？
有人说，幸福是有形状的，可以放在手心里的。
有人说，幸福是没有形触摸不到的。
有人说，幸福就是心怀感激地看待拥有的一切。

幸福是什么？
幸福不是给别人看的，与别人怎样说无关，重要的是自己心中充满快乐的阳光。
幸福掌握在自己手中，而不是在别人眼中幸福是一种感觉，这种感觉应该是愉快的，使人心情舒畅、甜蜜快乐的。
真正的幸福是不能描写的，它只能体会，体会越深就越难以描写，因为真正的幸福不是一些事实的汇集，而是一种状态的持续。

幸福是什么？
幸福是一个谜，你让一千个人来回答，就会有一千种答案。
但是你要知道，幸福不仅是物质的，它还是回馈给你的一种美丽、愉悦、舒畅无比的礼品，让你享受无比的快乐。

经典事例
林觉民是黄花岗七十二烈士之一，他出身于富贵家庭，为了推翻清朝的封建统治,他抛妻别子,离开了幸福的小家庭投身了革命。为了国家繁荣昌盛,民族振兴,他参加了孙中山领导的广州起义,不幸在攻打总督署的时候,中弹受伤而被捕,最后就义牺牲了。林觉民在起义前就做好了牺牲的充分准备,在攻打总督署的前三天夜里,他给父亲和妻子分别写了一封诀别信。给父亲的信这样写道:"儿死矣,惟累大人吃苦,弟妹缺衣食耳,然大有补于全国同胞。"给妻子的信中这样写道:"吾自遇汝以来,常愿天下有情人都成眷属。然遍地腥云,满街狼犬,称心快意,几家能够?吾充吾爱汝之心,助天下人爱其所爱,所以敢先汝而死,不顾汝也。汝体吾此心,于啼泣之余,亦以天下为念,当亦乐牺牲吾身与汝身之福利,为天下人谋永福也。" 林觉民怀着对爱妻深深的眷恋,写下了这封信。从中,我们看到了一个革命者的高尚情怀,牺牲个人的幸福换来天下人的幸福,这才是最大的幸福。

名人箴言

人类之所以感到幸福的原因,并不是身体健康,也不是财产富足;幸福的感受是由于心多诚直,智慧丰硕。 ——德谟克里特

获得幸福的唯一途径,就是忘掉目前的幸福,以除此之外的目的作为人生目标。 ——米勒

人生最大的幸福是放得下,一个人在处世中,拿得起是一种勇气,放得下是一肚量,对于人生道路上的鲜花、掌声,有处世经验的人大都能够闲视之,屡经风雨的人更有自知之明。但对于坎坷与泥泞,能以平常视之,绝非易事。大的挫折与大的灾难,能不为之所动,能坦然承受之,这就是一种肚量。佛家以大肚能容天下之事为乐事,这便是一种极高的境界,既来之,则安之,便是一种超脱,但这种超脱又需多年磨炼才能养成,拿得起,实为可贵,放得下,才是人生处世之真谛。

——佛家妙语

明智的人在劳动中找到自己的幸福,而不在家庭、城市、山区或海市蜃楼里寻找幸福,浪费时间。谁在绝望中耽于分析自己的内心,以控究自己痛苦的原因和深度,那就宛如把玫瑰枝插枝而操心吧,可不要在傍晚或早晨把它控掘出来,以断定

它是否抽出了幸福的幼芽。而这，我以生命起誓，正是真正的幸福。　——雷哈尼

幸福在于为别人生活。　——托尔斯泰

那些为共同目标劳动因而使自己变得更加高尚的人，历史承认他们是伟人；那些为最大多数人们带来幸福的人，经验赞扬他们为最幸福的人。　——马克思

让别人过得舒服些，自己没有幸福不要紧，看到别人得到幸福，生活也是舒服的。　——鲁迅

人类最大的幸福就在于每天能谈谈道德方面的事情。无灵魂的生活就失去了人的生活价值。　——苏格拉底

对人来说，最大的欢乐，最大的幸福是把自己的精神力量奉献给他人。
　　　　　　——苏霍姆林斯基

建筑在别人痛苦上的幸福不是真正的幸福。　——阿·巴巴耶娃

人们所努力追求的庸俗的目标——财产、虚荣、奢侈的生活——我总觉得都是可鄙的。　——爱因斯坦

人类的一切努力的目的在于获得幸福。　——欧文高尚

幸福的斗争不论它是如何的艰难，它并不是一种痛苦，而是快乐，不是悲剧的，而只是戏剧的。　——车尔尼雪夫斯基

幸福，假如它只是属于我，成千上万人当中的一个人的财产，那就快从我这儿滚开吧！　——别林斯基

当你幸福的时候，切勿丧失使你成为幸福的德行。　——莫罗阿

一无所有的人是有福的，因为他们将获得一切！　——罗曼·罗兰

如果有一天，我能够对我们的公共利益有所贡献，我就会认为自己是世界上最幸福的人了。　——果戈理

如果幸福在于肉体的快感，那么就应当说，牛找到草料吃的时候是幸福的。　——赫拉克利特

只有整个人类的幸福才是你的幸福。　——狄慈根

科学家的天职叫我们应当继续奋斗，彻底揭露自然界的奥秘，掌握这些奥秘便

能在将来造福人类。　——约里奥·居里

创造，或者酝酿未来的创造。这是一种必要性：幸福只能存在于这种必要性得到满足的时候。　——罗曼·罗兰

我的艺术应当只为贫苦的人造福。啊，多么幸福的时刻啊！当我能接近这地步时，我该多么幸福啊！　——贝多芬

人在履行职责中得到幸福。就像一个人驮着东西，可心头很舒畅。人要是没有它，不尽什么职责，就等于驾驶空车一样，也就是说，白白浪费。　——罗佐夫

即使自己变成了一撮泥土，只要它是铺在通往真理的大道上，让自己的伙伴们大踏步地冲过去，也是最大的幸福。　——吴运铎

只要你有一件合理的事去做，你的生活就会显得特别美好。　——爱因斯坦

把别人的幸福当作自己的幸福，把鲜花奉献给他人，把棘刺留给自己。

——巴尔德斯

有研究的兴味的人是幸福的！能够通过研究使自己的精神摆脱妄念并使自己摆脱虚荣心的人更加幸福。　——拉美特利

真正的幸福只有当你真实地认识到人生的价值时，才能体会到。　——穆尼尔·纳素夫

每一个人可能的最大幸福是在全体人所实现的最大幸福之中。　——左拉

为人类的幸福而劳动，这是多么壮丽的事业，这个目的有多么伟大。　——圣西门

节食比绝食更难。饮食适量需要头脑清醒，而滴水不进只需死硬的意志。

——荪多·麦克纳波

攀登顶峰，这种奋斗的本身就足以充实人的心。人们必须相信，垒山不止就是幸福。　——加缪

要记着，幸福并不是依存于你是什么人或拥有什么，它只取决于你想的是什么？　——卡内基

正像我们无权只享受财富而不创造财富一样，我们也无权只享受幸福而不创造

幸福。 ——萧伯纳

生活中最大的幸福是坚信有人爱我们。 ——雨果

痛苦的秘密在于有闲工夫担心自己是否幸福。 ——萧伯纳

对于大多数人来说，他们认定自己有多幸福，就有多幸福。 ——林肯

与其说人类的幸福来自偶尔发生的鸿运，不如说来自每天都有的小实惠。
——富兰克林

醉心于某种癖好的人是幸福的。 ——萧伯纳

你想成为幸福的人吗？但愿你首先学会吃得起苦。 ——屠格涅夫

严肃的人的幸福，并不在于风流、娱乐与欢笑这种种轻佻的伴侣，而在于坚忍与刚毅。 ——西塞罗

谦卑并不意味着多顾他人少顾自己，也不意味着承认自己是个无能之辈，而是意味着从根本上把自己置之度外。 ——威廉·特姆坡

人真正的完美不在于他拥有什么，而在于他是什么。 ——王尔德

想不付出任何代价而得到幸福，那是神话。 ——徐特立

每一个人可能的最大幸福是在全体人所实现的最大幸福之中。 ——左拉

真正的幸福只有当你真实地认识到人生的价值时，才能体会到。 ——穆尼尔·纳素夫

有研究的兴味的人是幸福的！能够通过研究使自己的精神摆脱妄念并使自己摆脱虚荣心的人更加幸福。 ——拉美特利

唯独革命家，无论他生或死，都能给大家以幸福。 ——鲁迅

幸福越与人共享，它的价值越增加。 ——森村诚一

个人的痛苦与欢乐，必须融合在时代的痛苦与欢乐里。 ——艾青

安得广厦千万间，大庇天下寒士俱欢颜。 ——杜甫

一个人有了远大的理想，就是在最艰苦难的时候，也会感到幸福。 ——徐特立

作家当然必须挣钱才能生活，写作，但是他决不应该为了挣钱而生活，写作。 ——马克思

人生并非游戏，因此，我们并没有权利只凭自己的意愿放弃它。　——托尔斯泰

你想成为幸福的人吗？但愿你首先学会吃得起苦。　——屠格涅夫

我们手里的金钱是保持自由的一种工具。　——卢梭

快乐没有本来就是坏的，但是有些快乐的产生者却带来了比快乐大许多倍的烦扰。　——伊壁鸠鲁

使人幸福的不是体力，也不是金钱，而是正义和多才。　——德谟克利特

做好事的乐趣乃是人生唯一可靠的幸福。　——托尔斯泰

当你能够感觉你愿意感觉的东西，能够说出你所感觉到的东西的时候，这是非常幸福的时候。　——塔西伦

幸福没有明天，也没有昨天，它不怀念过去，也不向往未来；它只有现在。

——屠格涅夫

幸福时代的到来，不会像睡了一宵就是明天那样。　——布莱希特

快乐可依靠幻想，幸福却要依靠实际。　——尚福尔

幸福不是一件容易的事：她很难求之于自身，但要想在别处得到则不可能。

——尚福尔

能把自己生命的终点和起点联接起来的人是最幸福的人。　——歌德

我们能尽情享受的只是施与的快乐。　——穆克

不要向不幸的人道说你自己的幸福。　——布劳塔奇

你明白，人的一生，既不是人们想象的那么好，也不是那么坏。　——莫泊桑

一切幸福，都是由生命热血换来的。　——王尽美

真正的幸福，双目难见。真正的幸福存在于不可见事物之中。　——扬格

我是广大劳苦大众当中的一员，我能帮助人民克服一点困难，是最幸福的。　——雷锋

我觉得人生在世，只有勤劳，发奋图强，用自己的双手创造财富，为人类的解放事业，共产主义贡献自己的一切，这才是最幸福的。　——雷锋

我们每个人的幸福也依赖于祖国的繁荣，如果损害了祖国的利益，我们每个人

就得不到幸福。　——雷锋

我觉得一个革命者就得应该把革命利益放在第一位，为党的事业贡献自己的一切，这才是最幸福的。　——雷锋

一个人吃好、穿好，不算幸福，只有天下穷苦的人都过上美好的生活，才是真正的幸福。　——王杰

一个人的生命是短暂的，而我的事业却无限的长久，个人尽管遭到不幸和许多痛苦，但是我们的劳动融合在集体的胜利里，这幸福有我的一份。只要我活一天，我一定为党为人民工作一天。什么是最大的幸福？毫不利己，专门利人。　——艾润生

如果痛苦换来的是结识真理、坚持真理，就应自觉地欣然承受，那时，也只有那时，痛苦才将化为幸福。　——张志新

人只有为自己同时代的人完善，为他们的幸福而工作，他才能达到自身的完善。　——马克思

在选择职业时，我们应该遵循的主要方针是人类的幸福和我们自身的完美。

——马克思

如果我们选择了最能为人类福利而劳动的职业，那么，重担就不能把我们压倒，因为这是为大家而献身；那时我们所感到的就不是可怜的、有限的、自私的乐趣，我们的幸福将属于千百万人，我们的事业将默默地、但是永恒发挥作用地存在下去，而面对我们的骨灰，高尚的人们将洒下热泪。　——马克思

当一个人专为自己打算的时候，他追求幸福的欲望只有在非常罕见的情况下才能得到满足，而且决不是对己对人都有利。　——恩格斯

在富有、权力、荣誉和独占的爱当中去探求幸福，不但不会得到幸福，而且还一定会失去幸福。　——托尔斯泰

幸福存在于生活之中，而生活存在于劳动之中。　——托尔斯泰

幸福的家庭都是相似的，不幸的家庭各有各的不幸。　——托尔斯泰

幸福并不在于外在的原因，而是以我们对外界原因的态度为转移，一个吃苦耐

劳惯了的人就不可能不幸。　——托尔斯泰

幸福不表现为造成别人的哪怕是极小的一点痛苦，而表现为直接促成别人的快乐和幸福。照我看来，它在这一方面可以最为简明地表达为：幸福在于勿恶、宽恕和热爱他人。　——托尔斯泰

不错，达到生活中真实幸福的最好手段，是像蜘蛛那样，漫无限制地从自身向四面八方撒放有粘力的爱的蛛网，从中随便捕捉落到网上的一切。　——托尔斯泰

爱和善就是真实和幸福，而且是世界上真实存在和唯一可能的幸福。　——托尔斯泰

为了要活得幸福，我们应当相信幸福的可能。　——托尔斯泰

被人爱和爱别人是同样的幸福，而且一旦得到它，就够受用一辈子。　——托尔斯泰

应该多行善事，为了做一个幸福的人。　——托尔斯泰

有生活的时候就有幸福。　——托尔斯泰

感到自己是人们所需要的和亲近的人——这是生活最大的享受，最高的喜悦。这是真理，不要忘记这个真理，它会给你们无限的幸福。　——高尔基

太阳是幸福的，因为它光芒四照；海也是幸福的，因为它反射着太阳欢乐的光芒。　——高尔基

书籍使我变成了一个幸福的人，使我的生活变成轻快而舒适的诗，好像新生活的钟声在我的生活鸣响了。　——高尔基

凡是创造自己幸福的人，应该做全体工人和农民的幸福的匠人和创造者。当他成为一切人幸福的匠人时，他就会成为自己自身幸福的匠人了。　——加里宁

坏记性是变得幸福的一大法宝。　——丽塔·梅·布朗

幸福的秘诀是得到自由，而自由的秘诀是勇气。　——修西得底斯

生活中最幸福之所在是我们一直以来搭建的情感网络。　——佚名

一个人的激情与理想越多，越有可能幸福。　——夏洛特·凯瑟琳

意志力是幸福的源泉，幸福来源于自我约束。　——乔治·桑塔耶那

一个人成为他自己了，那就是达到了幸福的顶点。　——德西得乌·伊拉斯谟

真正的幸福来自于全身心的投入到对我们目标的追求之中。　——威廉·考伯

幸福永远是不会光顾那些不珍惜自己所有的人。　——佚名

不是因为身处何处何种情境，而是因为精神世界，让人或高兴或悲伤。
　——罗杰·莱斯特兰奇

幸福来自成就感，来自富有创造力的工作。　——富兰克林·D·罗斯福

笨人寻找远处的幸福，聪明人在脚下播种幸福。　——詹姆斯·奥本汉

真正的幸福包含了一个人能力与天资的完全运用。　——道格拉斯·斐杰斯

幸福不是被巨大的灾难或者是致命的错误扼杀的，而是被不断重复出现的小错一点点分解掉的。　——欧内斯特·蒂姆尼特

野心终止了，幸福就开始了。　——佚名

幸福就像香水，不是泼在别人身上，而是洒在自己身上。　——拉尔夫·沃尔多·爱默生

如果你希望别人快乐，那么请你学会同情。如果你希望自己快乐，那么也请你学会同情。　——佚名

幸福来源于我们自己。　——亚里士多德

人类的一切努力的目的在于获得幸福。　——欧文

建筑在别人痛苦上的幸福不是真正的幸福。　——阿·巴巴耶娃

幸福永远存在于人类不安的追求中，而不存在于和谐与稳定之中。　——鲁迅

每一个人可能的最大幸福是在全体人所实现的最大幸福之中。　——左拉

真正的幸福只有当你真实地认识到人生的价值时，才能体会到。　——穆尼尔·纳素夫

牛吃草，马吃料，牛的享受最少，出力最大，所以还是当一头黄牛最好。我甘愿为党、为人民当一辈子老黄牛。　——王进喜

生命的过程如黄河水，其中只有四分一是泥沙，四分之三是幸福和快乐。摇晃一下，生命中充满浑浊，但把心静下来以后，泥沙沉淀下来，才能发现你生命中的四

分之三是幸福和快乐。　　——俞敏洪

　　幸福＝效用／期望值，要获得幸福，最好不要让欲望影响你的生活。　　——郎咸平

　　我们走在现实生活的羊肠小路上，自私与无知封杀了俭朴与纯真，人们早早走进人类自己所设的局中，将原本轻松愉快的一生过成一片苦海。　　——朱李平

　　有人说：幸福的人都沉默。百思不得其解，问一友人，对方淡然自若地答：因为幸福从不比较，若与人相比，只会觉得自己处境悲凉。　　——梁文道

　　你不但自己要感觉幸福，而且能够使你一起共事的人都感觉幸福，有你惦记着人，有真正惦记着你的人，那才是最大的幸福。

　　知足常足，终身不辱；知止常止，终身不耻。　　——老子

　　清虚静泰，少私寡欲。旷然无忧患，寂然无思虑。　　——嵇康

　　也许人就是这样，有了东西不知道欣赏，没有的东西又一味追求。　　——海伦·凯勒

　　贪心好比一个套结，把人的心越套越紧，结果把理智闭塞了。　　——巴尔扎克

　　在我们了解什么是生命之前，我们已将它消磨了一半。　　——赫伯特

　　幸福的最大障碍就是期待过多的幸福。　　——丰特奈尔

　　知足者贫贱亦乐，不知足者富贵亦忧。

　　知足是天然的财富，奢侈是人为的贫困。　　——希腊谚语

　　罪莫大于可欲，祸莫大于不知足，咎莫大于欲得。　　——老子

　　幸福有它的两重性：一方面在于福至心灵，时来运至。另一方面，也是最实际的方面，就是知足常乐地安度日常生活，这也就是说，头脑清醒，不干蠢事。

　　　　　　　　　　　　　　　　　　　　　　　　——冯塔纳

　　对于不知足的人，没有一把椅子是舒服的。　　——富兰克林

　　贪得者，分金恨不得玉，封公怨不受侯，权豪自甘乞丐。知足者，藜羹旨好于膏，布袍暖于狐貉，编民不让王公。　　——洪自诚

　　知足者仙境，不知足者凡境。　　——洪自诚

知足不辱，知止不殆。　——老子

知足而不贪，知节而不淫。　——林逋

吃屎的狗不知饱，吃贿的官不知足。　——蒙古族格言

轻浮和虚荣是一个不知足的贪食者，它在吞噬一切之后，结果必然牺牲在自己的贪欲之下。　——莎士比亚

自愿的贫困胜于不定的浮华；穷奢极欲的人要是贪得无厌，比最贫困的而知足的人更是不幸得多了。　——莎士比亚

人是永远不知足的。这正是人类所具备的最伟大的才能之一，正是这种才能使人比那些对自己已有的东西而感到满足的动物优越。　——斯坦贝克

知足是天赋的财富，奢侈是人为的贫穷。　——苏格拉底

不自满者受益，不知足者博闻。　——《隋书》

谁要是在内心里真正是知足常乐，他就能获得一切幸福。　——《五卷书》

金钱是一种有用的东西，但是，只有在你觉得知足的时候，它才会带给你快乐，否则的话，它除了给你烦恼和妒忌之外，毫无任何积极的意义。　——席慕蓉

为人但知足，何处不安生？　——耶律楚材

知足天地宽，贪得宇宙隘。　——曾国藩

图书在版编目（CIP）数据

人生修养感悟 / 霍宪章著. -- 郑州：中州古籍出版社，2014.4
　　ISBN 978-7-5348-4712-7

Ⅰ. ①人… Ⅱ. ①霍… Ⅲ. ①人生哲学—通俗读物 Ⅳ. ①B821-49

中国版本图书馆CIP数据核字（2014）第045364号

责任编辑：王小方　周　媛
责任校对：周　媛
出 版 社：中州古籍出版社
　　　　　（地址：郑州市经五路66号　邮编：450002）
发行单位：新华书店
承印单位：郑州新海岸电脑彩色制印有限公司
开　　本：787mm×1092mm　　1/16
印　　张：38.25
字　　数：540千字
印　　数：1—2000册
版　　次：2014年4月第1版
印　　次：2014年4月第1次印刷
定　　价：96.00元（全两册）

本书如有印装质量问题，由承印厂负责调换。